有限元极限分析法及其在边坡中的应用

郑颖人 赵尚毅 李安洪 唐晓松 著

人民交通出版社
China Communications Press

内 容 提 要

本书从力学理论与边坡工程治理角度详细阐述了有限元极限分析方法的原理与基本理论、土质与岩质边坡稳定分析、涉水边（滑）坡稳定分析、抗滑桩设计、加筋土边坡、地震边坡与滑坡预报等内容。

本书适用于岩土工程勘察、设计和施工人员，亦可供大专院校相关专业师生使用。

图书在版编目（CIP）数据

有限元极限分析法及其在边坡中的应用/郑颖人等著．—北京：人民交通出版社，2011.9
　　ISBN 978-7-114-09205-3

Ⅰ.①有… Ⅱ.①郑… Ⅲ.①有限元分析—应用—边坡稳定性—稳定分析 Ⅳ.①O241.82②TV698.2

中国版本图书馆 CIP 数据核字（2011）第 130030 号

书　　名：	有限元极限分析法及其在边坡中的应用
著 作 者：	郑颖人　赵尚毅　李安洪　唐晓松
责任编辑：	吴有铭　李　农
出版发行：	人民交通出版社
地　　址：	（100011）北京市朝阳区安定门外外馆斜街 3 号
网　　址：	http：//www.ccpress.com.cn
销售电话：	（010）59757969，59757973
总 经 销：	人民交通出版社发行部
经　　销：	各地新华书店
印　　刷：	北京盛通印刷股份有限公司
开　　本：	787×1092　1/16
印　　张：	20
字　　数：	488 千
版　　次：	2011 年 9 月　第 1 版
印　　次：	2011 年 9 月　第 1 次印刷
书　　号：	ISBN 978-7-114-09205-3
定　　价：	138.00 元

（如有印刷、装订质量问题的图书，由本社负责调换）

前言

有限元极限分析法,又称数值极限分析法,是近年发展起来的一门崭新的工程力学分析方法,在岩土工程领域的应用得到迅速发展。十余年来,本书作者及其同事对该方法及其在边(滑)坡、地基、基坑与隧道方面的应用进行了研究。本书阐明了有限元极限分析法的原理与实质及其与传统极限分析方法的区别,并介绍了其在边坡工程中的实际应用。重点介绍了该方法在边(滑)坡方面的应用,适合不同层次的读者,包括教学、科研人员,工程技术人员与硕士、博士研究生。

1975年,Zienkiewicz提出了有限元强度折减法与超载法,由此可应用数值方法求解边(滑)坡稳定安全系数以及地基的极限荷载。2005年,郑颖人指出,有限元强度折减法等方法实质上是应用数值方法求解极限分析问题,而且可以自动生成破坏面,不必像传统极限分析方法那样事先假定破坏面;它不但可以求出稳定安全系数和极限荷载,而且还可以求出破坏面的位置与形状,由此提出有限元极限分析方法。除引入少量国内外其他研究成果外,本书绝大部分内容是作者团队的原创性成果,主要创新点包括:

(1)指出了有限元极限分析法,通过降低强度或者增加荷载状况下的弹塑性数值计算,使岩土最终达到极限破坏状态,自动生成破坏面,同时求出稳定安全系数或极限荷载。与传统极限分析方法不同,有限元极限分析法不需要事先假设破坏面,反而可求出破坏面。

(2)概括了现行的边(滑)坡三种不同的安全系数定义,并给出了三种安全系数的关系。

(3)概括提出了判别岩土破坏的三种计算判据:塑性区贯通是破坏的必要条件,而不是充分条件;边坡失稳与有限元数值计算不收敛同时发生,这是目前国际通用软件中常用的判断依据;安全系数(强度折减系数)与位移的关系曲线发生突变。

(4)发展了广义米赛斯屈服准则,即D-P准则。将国际上三个准则发展成为五个准则,并给出不同准则条件下的安全系数转换公式及其应用范围,提高了有限元极限分析法的计算精度和适用性。

(5)提出了双强度折减系数法,为今后岩土强度储备安全系数的研究指出了方向。

(6)提出了确定临界滑动面的方法和多剪出口型复杂滑坡稳定性分析方法,为解决多剪出口和多滑动面边(滑)坡的勘测、设计提供了新的手段。

（7）提出了模拟挡土墙土压力的数值方法。

（8）对模拟岩体结构面的软弱夹层和无厚度接触单元两种方法提出了建议；开展了多组贯通结构面和非贯通结构面岩坡、二元岩土边坡、岩体边坡倾倒等计算，开创了岩质边坡稳定分析新方法。

（9）验证了有限元极限法在三维边坡稳定分析中的可行性，及其在锚杆挡墙与格构锚索中的应用，扩大了有限元极限分析法的应用范围。

（10）采用有限元极限分析法，提出了确定库水作用下坡体内浸润面位置和稳定分析的方法，填补了国内空白。

（11）发展了水平排水孔法，为边（滑）坡中排水治理和设计提供了定量依据。

（12）指出了在抗滑桩推力计算中，传统极限分析方法与有限元极限分析法在理念上的不同，前者基于极限分析，后者基于桩土共同作用，并分析了两种计算方法在推力计算中的各种影响因素。

（13）应用有限元强度折减法进行抗滑桩设计计算，求出了抗滑桩的推力和抗力及其分布形式，弥补了传统方法的不足。

（14）开创了具有显著效益的抗滑桩的桩长设计及埋入式抗滑桩的设计计算方法。

（15）提出了多排全长桩与多排埋入式桩的设计计算方法及其优化算法，解决了多排抗滑桩的设计难题。

（16）应用有限元强度折减法提出锚拉抗滑桩的设计计算方法，提高了计算的可靠性。

（17）应用有限元极限分析法提出了加筋土挡墙的三种模式，以及基于严格力学理论的加筋土挡墙设计新方法。

（18）进行了加筋土挡墙各种影响因素的敏感性分析，开展了土工格栅加筋土高陡边坡的应用研究。

（19）揭示了地震作用下岩土边坡的破坏机制，提出了确定拉剪组合破裂面的方法，并通过振动台试验得以验证，与汶川地震边坡实际调查情况相符。

（20）开创了强度折减动力稳定分析法，并由此提出了基于拉剪破裂面的动力时程分析法和完全动力分析法，后者可以充分考虑动力效应，优于现行的时程分析法。

（21）提出了地震边坡的锚杆、抗滑桩设计计算方法，并通过振动台试验得以验证。

（22）从地质变形、位移速率监测和坡体稳定性定量分析三个方面，研究了滑坡的演化过程，提出了滑坡的四阶段演化理论。

（23）提出了流变模型的强度折减法和复变量求导法反演流变参数的计算方法。

（24）提出了多手段、动态、全过程滑坡预警预报方法，应用基于岩土流变模型的有限元强度折减法求出了不同安全系数下的滑坡位移—时间曲线，通过与监测曲线对比得到滑坡的实时安全系数，为重要滑坡的预警预报提供了有效手段。

（25）提出了基于改进的斋藤模型与遗传算法的临滑预报方法，提高了临滑预报的准确度。

作者希望本书能对我国有限元极限分析法的发展，以及从事边（滑）坡工程治理的广大设计、施工人员及科研、教学人员和研究生有所帮助。鉴于有限元极限分析法及其应用还在初步发展阶段，有一些理论还有争议，有些方法还不成熟，加上作者水平有限，恳请专家与读者批评指正。本书引用了国内外同仁的一些研究成果，作者表示衷心感谢！

本书内容是在《边坡与滑坡工程治理》一书第六章基础上发展起来的，是我们团队成员共同的科研结晶，各章编写人员名单如下：

第 1 章　郑颖人、赵尚毅

第 2 章　赵尚毅、郑颖人、唐芬、邓楚键、张鲁渝、时卫民

第 3 章　赵尚毅、郑颖人、刘明维

第 4 章　赵尚毅、郑颖人、唐晓松、董诚、叶海林、孔位学

第 5 章　唐晓松、郑颖人、时卫民

第 6 章　郑颖人、李安洪、赵尚毅、雷文杰、雷用、唐晓松、梁斌、陈卫兵、杨波、许江波、宋雅坤

第 7 章　郑颖人、宋雅坤、唐晓松

第 8 章　郑颖人、叶海林

第 9 章　郑颖人、谭万鹏、陈卫兵、刘明维

本书得到科技部 973 项目"重大工程灾变滑坡演化与控制的基础研究（2011CB710603）"、重庆市自然科学基金三个项目（CSTC2010BC8002、CSTC2006BC7001、CSTC2009BC0002），以及科研项目"滑桩设计计算新方法与新型埋入式抗滑桩研究（SXKY3-4-1-200709）"、"地震边坡稳定性评价新方法及支挡结构抗震设计方法的理论与实验研究（科 2010-07）"、"库水波动下滑坡稳定性预测评价研究"的支持，在此表示深切感谢！

作　者

2011 年 5 月

目录

第1章 绪论 ·· (1)
  1.1 边坡与滑坡的含义及其区别 ·· (1)
  1.2 边(滑)坡稳定性分析理论基础与方法简介 ·· (2)
    1.2.1 边(滑)坡稳定性分析理论基础 ·· (2)
    1.2.2 边(滑)坡稳定性分析中传统极限分析方法简介 ··· (4)
    1.2.3 数值极限分析法(有限元极限分析法) ·· (5)
  1.3 边(滑)坡稳定安全系数的定义 ·· (6)
    1.3.1 强度储备安全系数 ·· (6)
    1.3.2 超载储备安全系数 ·· (7)
    1.3.3 下滑力超载储备安全系数 ·· (7)
  1.4 滑坡推力计算中的下滑力增大安全系数和强度折减安全系数及其关系 ················ (8)
  参考文献 ··· (10)

第2章 有限元极限分析法原理 ·· (11)
  2.1 概述 ··· (11)
    2.1.1 有限元极限分析法的基本思想 ··· (11)
    2.1.2 有限元极限分析法的优势 ·· (12)
    2.1.3 应用有限元极限分析法需要满足的条件 ··· (12)
    2.1.4 理想弹塑性增量本构模型 ·· (12)
    2.1.5 弹塑性增量应力—应变本构模型有限元计算过程 ······································ (13)
    2.1.6 非线性有限元方程组的求解 ·· (14)
    2.1.7 收敛准则 ·· (16)
    2.1.8 有限元模型极限状态的判据 ·· (16)
  2.2 屈服准则的研究与选用及其计算精度的要求 ·· (17)
    2.2.1 屈服准则的研究与选用 ·· (17)
    2.2.2 不同D-P准则条件下安全系数的转换 ·· (23)
    2.2.3 采用不同流动法则时的影响 ·· (24)
    2.2.4 有限元模型计算范围与网格划分以及计算参数对计算精度的影响 ··············· (25)
  2.3 土坡稳定的双强度折减法分析 ·· (25)
    2.3.1 双折减系数法的提出 ··· (25)
    2.3.2 双强度折减法中双折减系数的确定 ·· (26)

    2.3.3　不同土性边坡的双安全系数分析算例……………………………(29)
  参考文献………………………………………………………………………………(32)
第3章　有限元强度折减法在土坡中的应用……………………………………(34)
  3.1　均质土坡稳定性分析……………………………………………………………(34)
    3.1.1　ANSYS 程序简介………………………………………………………(34)
    3.1.2　用 ANSYS 创建有限元模型……………………………………………(35)
    3.1.3　应用边界条件、荷载……………………………………………………(42)
    3.1.4　非线性问题有限元求解…………………………………………………(43)
    3.1.5　收敛准则设置……………………………………………………………(47)
    3.1.6　求解器设置………………………………………………………………(49)
    3.1.7　边坡强度折减安全系数求解……………………………………………(50)
    3.1.8　塑性区和等效塑性应变分布的绘制……………………………………(52)
    3.1.9　边坡破坏过程中滑面上节点的应力—应变曲线绘制…………………(53)
    3.1.10　边坡临界滑动面的确定………………………………………………(56)
  3.2　多剪出口型复杂土质滑坡稳定性分析…………………………………………(57)
    3.2.1　有限元强度折减搜索滑(边)坡多滑动面方法…………………………(58)
    3.2.2　算例………………………………………………………………………(59)
  3.3　挡土墙土压力数值模拟…………………………………………………………(61)
    3.3.1　概述………………………………………………………………………(61)
    3.3.2　模型一：墙体不动时的静止土压力模拟………………………………(62)
    3.3.3　模型二：土体有一定侧向变形时的土压力模拟………………………(66)
    3.3.4　模型三：土体有足够侧向变形时的主动土压力模拟…………………(66)
    3.3.5　小结………………………………………………………………………(68)
  参考文献………………………………………………………………………………(68)
第4章　有限元强度折减法在岩坡中的应用……………………………………(70)
  4.1　岩坡有限元模型的建立及其安全系数的求解…………………………………(70)
  4.2　用无厚度接触单元分析折线形滑动面岩坡稳定性……………………………(72)
  4.3　具有两组贯通结构面的岩坡算例………………………………………………(73)
  4.4　具有非贯通结构面的岩坡稳定性分析…………………………………………(74)
  4.5　岩土质二元边坡稳定性分析……………………………………………………(78)
  4.6　岩质边坡倾倒稳定性分析………………………………………………………(79)
  4.7　有限元强度折减法在三维边坡稳定性分析中的应用…………………………(81)
  4.8　有限元强度折减法在岩质基坑边坡中的应用…………………………………(86)
    4.8.1　相邻既有建筑物的基础变形标准………………………………………(87)
    4.8.2　无结构面的岩质基坑边坡计算…………………………………………(88)
    4.8.3　有限元位移计算结果与位移监测数据的对比…………………………(95)
    4.8.4　不同水平位移时边坡岩石侧压力计算…………………………………(98)
  4.9　有限元强度折减法在岩质边坡锚杆拉力计算中的应用………………………(98)
    4.9.1　工程概况…………………………………………………………………(98)
    4.9.2　锚杆拉力计算……………………………………………………………(99)

4.9.3　计算结果比较……………………………………………………………(100)
　4.10　有限元法在格构锚索中的应用………………………………………………(101)
　　4.10.1　工程概况……………………………………………………………(101)
　　4.10.2　有限元模型的建立…………………………………………………(103)
　　4.10.3　计算采用的物理力学参数…………………………………………(104)
　　4.10.4　各工况条件的模拟…………………………………………………(104)
　　4.10.5　数值模拟结果及分析………………………………………………(104)
　参考文献…………………………………………………………………………………(107)

第5章　库水作用下的边（滑）坡稳定性分析………………………………………(108)
　5.1　PLAXIS程序和PLAXFLOW模块简介……………………………………(108)
　5.2　库水作用下坡体内浸润面位置的求解…………………………………………(111)
　　5.2.1　库水作用下坡体内浸润面位置的数值解……………………………(111)
　　5.2.2　库水作用下坡体内浸润面位置的经验概化解及其和数值解的对比分析…(114)
　5.3　库水作用下边（滑）坡的稳定性分析…………………………………………(115)
　　5.3.1　渗流条件下边（滑）坡的稳定性分析………………………………(115)
　　5.3.2　库水水位变化过程中岸坡的稳定性分析……………………………(116)
　　5.3.3　浸润面位置经验概化解引起的误差…………………………………(119)
　5.4　有限元强度折减法在水平排水孔治理工程中的应用…………………………(121)
　　5.4.1　水平排水孔法概述……………………………………………………(121)
　　5.4.2　含水平排水孔的渗流场的有限元分析及治理工程的稳定性分析…(122)
　　5.4.3　水平排水孔孔长、孔径对治理效果的影响分析……………………(129)
　参考文献…………………………………………………………………………………(130)

第6章　有限元强度折减法在抗滑桩设计中的应用…………………………………(133)
　6.1　概述………………………………………………………………………………(133)
　6.2　边（滑）坡推力与桩前抗力的计算方法………………………………………(134)
　　6.2.1　传统计算方法…………………………………………………………(134)
　　6.2.2　有限元法与有限元强度折减法………………………………………(135)
　　6.2.3　有限元法与传统极限分析法计算抗滑桩推力的区别………………(136)
　　6.2.4　有限元强度折减法与传统方法计算滑坡推力的比较与分析………(136)
　　6.2.5　有限元法计算滑坡推力与抗力的工程实例…………………………(140)
　6.3　有限元强度折减法在埋入式抗滑桩设计计算中的应用………………………(142)
　　6.3.1　抗滑桩合理桩长的确定………………………………………………(142)
　　6.3.2　埋入式抗滑桩上滑坡推力与桩前抗力的计算与模型验证…………(144)
　　6.3.3　抗滑桩桩身内力的计算………………………………………………(146)
　　6.3.4　埋入式抗滑桩治理工程实例…………………………………………(147)
　6.4　双排全长式抗滑桩的推力、抗力与桩距影响…………………………………(149)
　　6.4.1　三种典型滑坡双排全长式抗滑桩的推力与抗力……………………(149)
　　6.4.2　三种典型滑坡双排抗滑桩排距影响的共同特点……………………(153)
　　6.4.3　三种典型滑坡双排抗滑桩排距影响的不同点………………………(159)
　6.5　双排埋入式抗滑桩的推力与抗力………………………………………………(161)

  6.5.1 折线型滑坡 …………………………………………………………… (161)
  6.5.2 顺层直线型滑坡 ………………………………………………………… (164)
 6.6 多排埋入式抗滑桩在滑坡治理工程中的应用实例 ………………………… (166)
  6.6.1 工程概况 ………………………………………………………………… (166)
  6.6.2 稳定性分析 ……………………………………………………………… (167)
  6.6.3 抗滑桩治理方案 ………………………………………………………… (168)
 6.7 有限元强度折减法在锚拉抗滑桩设计计算中的应用 ……………………… (173)
  6.7.1 工程概况 ………………………………………………………………… (173)
  6.7.2 锚拉抗滑桩的分析计算 ………………………………………………… (173)
 参考文献 ……………………………………………………………………………… (178)

第7章 有限元极限分析法在加筋土挡墙中的应用 ………………………… (181)
 7.1 加筋土挡墙设计方法概述 …………………………………………………… (181)
 7.2 传统加筋土挡墙设计方法 …………………………………………………… (182)
  7.2.1 传统加筋土挡墙破坏模式 ……………………………………………… (182)
  7.2.2 传统加筋土挡墙的设计计算方法及其存在的问题 …………………… (182)
 7.3 PLAXIS 程序中加筋土的有限元数值计算 ………………………………… (183)
  7.3.1 土工格栅与土体之间相互作用的本构模型 …………………………… (183)
  7.3.2 材料参数的选择及其影响 ……………………………………………… (184)
 7.4 土工格栅加筋土挡墙稳定性影响因素敏感性分析 ………………………… (184)
  7.4.1 加筋土挡墙稳定性影响因素分析 ……………………………………… (184)
  7.4.2 稳定性影响因素的敏感性分析 ………………………………………… (190)
 7.5 土工格栅加筋土挡墙破坏模式及有限元极限设计计算方法 ……………… (194)
  7.5.1 加筋土挡墙破坏模式 …………………………………………………… (194)
  7.5.2 加筋土挡墙有限元极限设计计算方法 ………………………………… (194)
  7.5.3 加筋土挡墙有限元极限设计计算方法的工程应用 …………………… (195)
  7.5.4 高陡土工格栅加筋土挡墙的工程实例 ………………………………… (199)
 参考文献 ……………………………………………………………………………… (203)

第8章 强度折减动力分析法在地震边坡工程中的应用 ……………………… (205)
 8.1 概述 …………………………………………………………………………… (205)
 8.2 强度折减动力分析法简介 …………………………………………………… (205)
  8.2.1 强度折减动力分析法原理 ……………………………………………… (205)
  8.2.2 边坡动力破坏条件探讨 ………………………………………………… (206)
  8.2.3 强度折减动力分析法的优越性 ………………………………………… (206)
 8.3 地震边坡破坏机制及其破裂面的分析 ……………………………………… (207)
  8.3.1 岩质边坡动力破坏机制分析 …………………………………………… (207)
  8.3.2 土质边坡动力破坏机制分析 …………………………………………… (211)
  8.3.3 地震边坡破坏机制振动台试验验证 …………………………………… (215)
  8.3.4 小结 ……………………………………………………………………… (224)
 8.4 地震边坡动力稳定性分析 …………………………………………………… (224)
  8.4.1 地震边坡稳定性评价方法分类 ………………………………………… (225)

    8.4.2 基于拉—剪破裂面的动力时程分析法 ………………………………（226）
    8.4.3 完全动力分析法 ……………………………………………………（226）
    8.4.4 土质边坡地震动稳定性分析 ………………………………………（228）
  8.5 强度折减动力分析法在锚杆支护边坡抗震设计中的应用 ………………（230）
    8.5.1 岩质边坡锚杆支护抗震动力分析 …………………………………（230）
    8.5.2 锚杆支护边坡在地震作用下的抗震机制分析 ……………………（234）
    8.5.3 锚杆支护边坡抗震设计新方法 ……………………………………（236）
    8.5.4 锚杆支护边坡动力稳定敏感性分析 ………………………………（237）
    8.5.5 锚杆支护边坡振动台试验研究 ……………………………………（239）
    8.5.6 小结 …………………………………………………………………（246）
  8.6 强度折减动力分析法在抗滑桩支护边坡动力稳定性分析中的应用 ……（248）
    8.6.1 抗滑桩抗震设计简介 ………………………………………………（248）
    8.6.2 算例应用 ……………………………………………………………（248）
    8.6.3 抗滑桩支护边坡振动台试验分析 …………………………………（251）
    8.6.4 小结 …………………………………………………………………（259）
  参考文献 ………………………………………………………………………（259）

第9章 多手段、动态、全过程滑坡预警预报研究 ……………………………（262）
  9.1 概述 …………………………………………………………………………（262）
    9.1.1 现有滑坡预报方法评述 ……………………………………………（262）
    9.1.2 滑坡预警预报的对象和作用 ………………………………………（263）
  9.2 滑坡预报全过程及阶段划分 ………………………………………………（263）
    9.2.1 中长期预报 …………………………………………………………（264）
    9.2.2 短期预报 ……………………………………………………………（265）
    9.2.3 临滑预报 ……………………………………………………………（265）
  9.3 滑坡变形破坏全过程及其阶段划分 ………………………………………（266）
    9.3.1 宏观变形破坏全过程及其阶段划分 ………………………………（266）
    9.3.2 监测位移变形全过程及阶段划分 …………………………………（267）
    9.3.3 计算分析全过程及其阶段划分 ……………………………………（267）
  9.4 多手段、动态、全过程滑坡预警预报 ……………………………………（267）
    9.4.1 概述 …………………………………………………………………（267）
    9.4.2 监测位移分析 ………………………………………………………（268）
    9.4.3 滑坡的数值分析 ……………………………………………………（271）
  9.5 滑坡稳定性评价指标体系 …………………………………………………（286）
  9.6 工程实例分析 ………………………………………………………………（287）
    9.6.1 滑坡影响因素分析和计算参数确定 ………………………………（287）
    9.6.2 不同安全系数对应的计算位移—时间曲线 ………………………（289）
    9.6.3 确定滑坡实时的稳定安全系数 ……………………………………（291）
    9.6.4 滑坡稳定状态的综合评价 …………………………………………（292）
  9.7 临滑预报与滑动时间预报 …………………………………………………（293）
    9.7.1 临滑预报现状 ………………………………………………………（293）

  9.7.2 基于改进的斋藤模型和遗传算法的临滑预报研究 ……………………（293）
  9.7.3 基于连续改进切线角的临滑阶段与滑动时间预报 ……………………（298）
9.8 三级预警预报体系的实施 ………………………………………………………（303）
9.9 本章小结 …………………………………………………………………………（304）
参考文献 ………………………………………………………………………………………（304）

第1章 绪论

1.1 边坡与滑坡的含义及其区别

人们对边坡与滑坡的含义往往理解不一,不同领域的工程专业人员常常有不同的理解。本书重点在于研究边(滑)坡稳定性分析及其工程防治方法,因而从工程防治观点出发,对边坡防治工程与滑坡防治工程作了区分。由于边坡与滑坡成因、滑面形成、失稳机制、稳定性分析方法及其防治措施等不同而形成了两种不同的防治工程,简言之可称为边坡工程与滑坡工程。不过按这种分法,边坡与滑坡虽有明显的区别但同时却又缺少严格的区别标准。一般来说,边坡是指由于工程行为而人工开挖或填筑的斜坡,坡体中滑面是新形成的,开挖与填筑前没有变形与滑动迹象。而滑坡多数指由于自然因素而引起坡体变形或滑动的自然斜坡,坡体中的滑面是自然存在的,坡体正处于蠕动变形或滑动阶段,坡体有变形或滑动迹象。少数滑坡指工程开挖形成的斜坡,坡体中存在自然形成的滑面(如古老滑坡),开挖前坡体可以处在蠕动或滑动状态,也可以处在静止状态。从某种意义上说,这种分类方法实际上是把边坡与滑坡视作两种治理工程,因而从工程治理上讲是合适的,但其中滑坡的含义已与滑坡的真实含义有所不同。

本书把一切自然的与人为的岩土斜坡统称为斜坡。一般情况下,把一切由于工程建设而开挖与填筑的斜坡,称为边坡。通常由自然原因引发的正在蠕动与滑动的自然斜坡,称为自然滑坡;另一部分滑坡则由于边坡开挖或填筑而引发古老滑坡复活或自然滑坡的加剧而引发大规模滑坡,通常工程界把这种边坡列入滑坡范围之内,称为工程滑坡。可见边坡与滑坡并没有非常严格的区别标准,通常可按下述特征来进行综合判别:

(1)边坡指由于工程原因而开挖或填筑的人工斜坡;而滑坡指由于自然原因而正在蠕动或滑动的自然斜坡。

(2)边坡在工程开挖与填筑前坡体内不存在滑面,但可以存在未曾滑动的构造面,开挖前坡体无蠕动或滑动迹象;滑坡在坡体中存在天然的滑面,坡体已有蠕动或滑动迹象。

(3)当人工斜坡内存在天然的滑面或引发古老滑坡滑面复活时,称之为工程滑坡;反之,当天然斜坡危及工程安全而需治理时,则称之为自然边坡。

按此,边坡与滑坡的区别在于:

(1) 边坡是涉及工程建设的人工斜坡,即使是自然边坡也必须与工程建设有关;而滑坡通常是由自然原因引发蠕动或滑动的自然斜坡,只有工程滑坡才与工程建设有关。

(2) 边坡坡体的滑面是由于人工开挖与填筑后才形成的,原先并不存在,且坡体无蠕动与滑动迹象;而滑坡具有自然的滑面,且坡体有蠕动与滑动的迹象。

1.2 边(滑)坡稳定性分析理论基础与方法简介

1.2.1 边(滑)坡稳定性分析理论基础

土质边(滑)坡是指具有倾斜坡面的土体。由于土坡表面倾斜,在土体自重及结构物的作用下,整个土体都有从高处向低处滑动的趋势。如果土体内某一个面上的下滑力超过抗滑力且无支挡,就可能发生滑坡。土坡稳定性分析的方法都是基于岩土塑性理论,因为岩土边坡的变形发展都从弹性进入塑性阶段,直至坡体失稳破坏。边坡失稳在力学上主要是一个强度问题,在岩土工程界常称为稳定性问题。

经典的岩土稳定性问题包括边坡稳定性、地基承载力、土压力等,其理论基础是极限分析理论。土体的极限分析起始于1773年的库仑定律。20世纪20年代,Fellenius等人建立了极限平衡法;40年代,又相继出现了Sokolovskii等人提出的滑移线场法(特征线法);50年代,又提出了极限分析的上、下限法。经过100年的发展,极限分析法已渐趋成熟。从工程实践上看,极限分析法具有很好的效果,解决了岩土工程的一些设计问题,尤其是强度与稳定问题;但对复杂的层状、非均质岩土材料,面对各类工程的复杂情况,这一方法往往无能为力。随着岩土力学数值方法的发展,逐渐兴起了数值极限分析方法,它既有很广的适用性,又有很好的实用性。

传统的极限分析法是求解极限状态的力学方法,求解过程常常分成两步走:先应用平衡方程与屈服条件求出3个应力分量,也可由此求出极限荷载或稳定安全系数;然后依据求出的应力与岩土的本构关系,再求速度分量。显然这不是严格的解法,但对于求解岩土的强度与稳定问题,它已有足够的工程精度。对于强度与稳定问题,目的是求极限荷载或稳定安全系数,采用上述第一步,应用平衡方程与屈服方程就可以了,不必引入本构关系,从而使问题大为简化。近百年来,极限分析法在工程上的应用以及室内模型试验,证明了这一方法的可行性;尤其是最近几年来有限元强度折减法的出现,采用严格的弹塑性数值方法求解极限问题,计算表明传统的极限分析方法与数值极限分析方法可以得到同样的结果,由此进一步论证了极限分析方法的可靠性。

固体材料受力后一般先进入弹性状态,随着荷载的增大,材料中有些点达到屈服,进入塑性状态,然后经塑性状态达到破坏。破坏如果只限于局部点,那么在土体中会发生一些裂缝,但不会发生岩土体的整体破坏;如果点的破坏扩展到岩土体的某一贯通整体的面上,这个面就成为破坏面,那么就会发生岩土体的整体破坏,使岩土工程处于破坏状态。不过目前还没有材料点破坏的准则,无法体现这一过程。

极限分析法与材料力学和弹性力学不同，材料力学和弹性力学是求荷载作用下材料所受的内力，不引入材料的强度，计算中没有强度参数；而极限分析法是研究材料极限状态时的力学，计算中引入了屈服准则，准则中既有应力状态，又有与强度有关的抗力状态，它与强度有关。当材料受力后，岩土体内会产生许多贯通的屈服面，面上所有点的应力都达到了抗剪强度，但真正使岩土发生整体破坏的面只有一个，被称为破坏面或滑面，它是最危险的屈服面，即最有可能发生破坏的屈服面。当真实破坏面上的滑动力大于或等于抗滑力时，材料就会发生破坏。由此就可求出材料的安全系数，并将安全系数定义如下：

安全系数＝破坏面上的抗滑力/破坏面上的滑动力

或

安全系数＝材料的极限荷载/材料实际承受的荷载

传统的极限分析方法都要事先假设或寻找出破坏面才能求解，这使传统极限分析方法的适应性受到极大限制，能求解的问题不多，适应性不广。传统极限分析方法是有条件限制的：一是要进入极限状态，而进入极限状态必须要有足够的位移产生；二是要事先知道整体潜在破坏面；三是当破坏面上滑动力与抗滑力相等时才发生破坏。

材料从塑性发展到破坏有一个过程，塑性力学规定材料进入无限塑性状态（应力不变，应变无限增大）时称作破坏，因此，理想塑性状态下以应力表述的屈服面，其初始屈服面也是破坏面。不过初始屈服与破坏的应变状态是不同的，前者的应变对应着材料刚进入屈服状态，而后者的应变对应着材料从塑性状态进入破坏状态。对于理想塑性材料，其初始屈服面与破坏面有共同的特点，它们都与历史参量无关。如果用应力来表述屈服条件，它既是初始屈服条件，也是破坏条件，可见应力表述难以区分屈服与破坏，因此对于破坏还必须加上应变或能量表述的破坏条件。例如当某点塑性应变达到极限应变值时，即发生点的破坏，破坏是塑性应变发展的极限点。材料的屈服条件一般是依据某种理论或者是某种实验现象而建立的，也有依据经验而建立的，对金属材料有屈瑞斯卡与米赛斯准则，岩土中有莫尔—库仑准则。由于莫尔—库仑准则没有考虑中间主应力的影响，从而出现了由真三轴试验获得的三剪应力屈服准则，如 Matsuoka 的 SMP 准则、Lade 准则等。近年，高红、郑颖人依据能量理论与3个主剪应力矢量和两种方法导出了米赛斯准则与高红—郑颖人准则，两种方法得到的结果相同。后者是岩土材料与金属材料共同的屈服准则，当不考虑内摩擦角时，即成为米赛斯准则，如又不考虑中间主应力，就成为屈瑞斯卡准则；如果考虑内摩擦角，不考虑中间主应力，就成为莫尔—库仑准则。而且得到的屈服面形状与国内外真三轴试验结果一致。因而，高红—郑颖人准则是材料的统一屈服准则。

目前关于岩土破坏准则的研究很少，还没有达到成熟的地步。虽然目前没有破坏准则，但材料的传统极限分析方法可以提供材料整体破坏的条件，并由此求出极限荷载或稳定安全系数。不过，传统极限分析方法目前尚无法求出材料的整体破坏面，反而要事先找出或假定破坏面。这是由于传统方法局限性的缘故。郑颖人认为材料的破坏可以从点破坏与整体破坏两个角度进行研究，只是目前还没有公认的点破坏准则，如高红—郑颖人的应变点破坏准则、谢和平的能量破坏准则还都处于研究阶段。上面说过岩土材料的点破坏准则不能用应力表述，但如果考虑岩土的整体破坏，那么还是可以采用应力表述破坏条件的，其实质就是采用材料的极限分析力学方法。岩土工程的整体破坏通常可用极限荷载与材料稳定安全系数来表述，极限荷载对应着材料进入破坏状态，此时荷载不变，变形可不断增大，即沿滑面发生破坏；稳定安全系数对应着滑面上材料的抗滑力与滑动力之比或极限荷载与实际荷载之比，当安全系数为1时,材料发生破坏。应当注意滑面上的力是整个滑面上的总剪力,它是当前唯一能判别材料整体剪切失稳的判据。从上述含义看,极限分析理论不仅可以求极限荷载与稳定安全系数,而且可以求材料中的破坏状态与滑面,因而它是一种十分贴合工程设计的有效方法。如果已经知道滑面,那么滑面上的滑动力与抗滑力可由传统极限分析方法,即利用平衡方程与屈服方程求出。基于上述内容,有可能把传统极限分析方法提到整体破坏准则的高度。

岩土体的整体破坏条件可描述为,在达到极限状态的情况下滑面上的力满足下式:

$$F = Q \tag{1-1}$$

式中:F——外荷载产生的滑面上的滑动力;

Q——强度产生的和外荷载产生的滑面上的抗滑力。

当应用传统极限分析方法中的能量法时,滑面上外力所做的虚功和内能耗散的虚功满足虚功方程时岩土发生破坏,因而也可用滑面上的外力功与内能耗散功相等来描述岩土的整体破坏,如下式:

$$W = D \tag{1-2}$$

式中:W——外力在岩土体内所做的功;

D——沿间断面的内部能量耗散功。

式(1-1)和式(1-2)就是岩土材料的整体破坏条件。

上述论述是作者近年对传统极限分析方法新的理解,据此将它提升为岩土材料的整体破坏准则,作为边(滑)坡稳定性分析的理论基础。

1.2.2　边(滑)坡稳定性分析中传统极限分析方法简介

传统的边坡稳定性分析方法都采用极限分析方法,常用的方法有极限平衡法、滑移线场法、极限分析法等。现代的边(滑)坡稳定性分析方法采用数值方法,尤其是近年兴起的数值极限分析法。下面对其中几种方法进行简单介绍。

1) 极限平衡法

极限平衡法是用岩土力学的一种简单的极限分析法,假设材料为刚性体或刚塑性体,采用隔离体方法,并假定隔离体边界达到极限平衡状态,然后利用平衡和边界条件求出极限荷载。这类方法没有考虑本构关系与机动条件,得不出应力、应变与位移速度,只能给出极限荷载的近似解或者相应的安全系数。这种方法广泛应用于边坡的稳定性分析中。传统的极限平衡法需要作一些假定,所得结果是近似解。

极限平衡法是当前国内外应用最广的边坡稳定性分析方法,是传统边坡稳定性分析方法的代表。极限平衡法是在已知滑移面上对边坡进行静力平衡计算,从而求出边坡稳定安全系数。可见,采用极限平衡法必须事先知道滑面的位置与形状。对于均质的土体可以通过经验或者优化的方法获得滑移面,因而该方法十分适用于土质边坡。当滑移面为一简单平面时,静力平衡计算可采用解析法,因而可获得解析解。著名的库仑公式就是一例,一直沿用至今。当滑移面为一圆弧、对数螺线、折线或任意曲线时,无法获得解析解,通常要采用条分法求解。此时坡体为一静不定问题,通过对某些未知量作假定,使方程式的数目与未知数数目相等从而使问题成为静定。这种方法十分简便,而且计算结果能满足工程要求而被广为应用。由于假设条件与应用的方程不同,条分法分为非严格条分法与严格条分法。在非严格条分法中,通常只满足一个平衡条件,而不管另一个平衡条件;在土条的平衡中只满足力的平衡，而不满足力矩平衡；在总体平衡中只满足力的平衡或者力矩平衡。可见，非严格条分法的计算结果是有一定误差的。非严格条分法有两个未知数（安全系数和条间力的作用方向），但只有一个方程，因而尚需作一个假定。非严格条分法通常是假定条间力的方向，由于假定不同而形成各种不同的方法，有瑞典法、简化 Bishop 法、简化 Janbu 法、陆军工程师团法、罗厄法、不平衡推力法（传递系数法）等。严格条分法满足所有的力平衡条件，它有 3 个未知数（安全系数、条间力作用方向和作用点）和两个方程，因而也要作一个假定。如果假定合理，其解答十分接近准确解。由于所用的假设不同，严格条分法有 Morgenstern-Price 法、Spencer 法、Janbu 法、Sarma 法等。

2) 滑移线场法

滑移线就是破裂面（滑面）的迹线。滑移线场法就是按照滑移线场理论和边界条件，先在受力体内构造相应的滑移线网，引入平衡方程发展成为滑动面上极限平衡方程，然后利用滑移线的性质与边界条件求出塑性区的应力与极限荷载。可以证明滑移线场中也是只引入平衡方程与屈服方程，而与本构关系无关，它不受变形参数弹性模量和泊松比的影响。滑移线场法是极限平衡法中的精确解法。

滑移线场法严格满足塑性理论，但假定土体为理想塑性体，并将土体分为塑性区与刚性区。塑性区满足静力平衡条件和莫尔—库仑准则。二者结合得一组偏微分方程，采用特征线法求解。然而，严格滑移线场解是十分有限的，因而这种方法在实际应用中并不广泛。可以应用数值方法求取滑移线场的数值解，但这也只能用于稍微复杂的问题，对于复杂的问题滑移线场法常常无效，而且滑移线法一般用于均质的土体。

3) 极限分析上、下限法

极限分析法是将岩土体视为理想刚塑性体，在极限上、下定理基础上建立起来的分析方法。利用连续介质中的虚功原理，可证明两个极限分析定理即下限定理与上限定理。极限分析法是通过一组极限定理，即上限定理或下限定理，推求极限荷载的上限（pu+）或下限（pu−）。上限解满足机动条件（即满足速度方程）与屈服条件，应力场服从机动条件或塑性功率不为负的条件，这样就可由虚功方程求出极限荷载。虚功方程是外功率与能量耗散率形式的平衡方程，可见，上限法求解不只是引用平衡方程与屈服条件，还需要引入本构关系，但它只要求满足本构关系，而求解中并不直接引用本构方程。上限法通常先要假设一个滑面，构筑一个协调位移场，即要求按采用的本构关系确定位移速度与滑面之间的夹角；然后根据虚功原理求解极限荷载，通常需要计算外力功和内能耗散功，并使它们相当，因而也叫做能量法。上限法要采用流动法则，不同的流动法则有不同的求解过程。基于传统塑性理论的流动法则，用假想的剪胀能耗率代替实际的摩擦能耗率，从而使计算简化；基于广义塑性的流动法则时，在体变为零的情况下求出摩擦能耗率，但此时要知道法向应力，虽然这种方法理论上正确，但计算较为麻烦。两种方法得出的结果一致，因为极限荷载本质上与本构关系无关，所以其结果只与平衡方程和屈服准则有关。

下限解只要求满足平衡条件和不违背屈服条件，也与本构关系无关。下限法要构筑一个合适的静力许可的应力分布来求得下限解，由于很难找到合适的静力许可应力场，所以应用有限。

1.2.3 数值极限分析法（有限元极限分析法）

由于传统极限分析法求解不易，20 世纪下半叶，数值分析法兴起，也在极限分析中引入了离散方法，如有限差分滑移线场法，有限元上、下限法等。同时，又出现了Zienkiewicz提出的有限元超载法与强度折减法，直接采用有限元求解极限荷载与稳定安全系数，作者将其统称为数值极限分析法或有限元（可以是有限元法、有限差分法、离散元法等）极限分析法。由于该法准确、简便，适用性广，实用性强，尽管目前还主要用于边坡稳定性分析中，但其应用前景十分广阔。

弹塑性数值分析严格地应用了弹塑性力学原理，具有较高精度，但数值分析不能获得岩土的破坏状态与破坏面，因而也无法求出极限荷载与稳定安全系数。如果将适应性很广的数值解法与极限分析结合起来，那么就可以简便地获得破坏状态，也可以求出极限荷载与稳定安全系数。可见，数值极限分析法对岩土工程的设计有很大的优越性，这种方法由此应运而生。数值极限分析法的本质是通过将强度降低或荷载增大，使岩土达到破坏状态，由此计算机自动生成破坏面，并求出稳定安全系数。与传统方法不同的是，有限元极限分析法不需要事先假定破坏面，而是靠计算机自动生成，因而它不需要假设破坏面，反而可以求出破坏面。郑颖人等提出了确定破坏面的方法。只是目前国际上的软件还没有这种功能，需要人工求出破坏面。由上可见，数值极限分析法的本质还是极限分析方法，只不过是应用数值分析工具求解极限分析问题。这种方法不必事先知道滑面，也不需要求滑面上的滑动力与抗滑力，可通过计算机直接获得极限荷载和稳定安全系数，还可确定破裂面的位置与形状，极大地扩大了极限分析法的功能与适用范围。

然而，应用数值极限分析法时需要找出计算中岩土体发生破坏的有效判据，如果找不到这种判据，尽管计算机已自动找到破坏面和显示出破坏状态，岩土体已经发生破坏，但是求解者并不知道。或者由于种种原因计算机不能顺利求解，导致岩土体不能达到破坏状态。例如网格剖分不合理，可能导致计算不收敛，尤其是强度折减后网格畸变，无法求解。类似求解中的各种问题都需要通过计算实践加以解决。数值极限分析法虽然求解十分容易，但需要寻找合理有效的破坏判据。目前采用的一些破坏判据虽然源于力学分析，但没有严格的力学证明，导致其应用范围受到一定限制。目前，有限元极限分析法还处于初始阶段，对于各种复杂情况还需要进一步探索。

1.3 边(滑)坡稳定安全系数的定义

边（滑）坡稳定安全系数的定义有多种形式，当前较为公认和应用较多的有如下3种。

1.3.1 强度储备安全系数

1952年毕肖普提出了著名的适用于圆弧滑动面的"简化毕肖普法"。在这一方法中，边坡稳定安全系数定义为：土坡某一滑裂面上抗剪强度指标按同一比例降低为c/F_{sl}和$\tan\varphi/F_{sl}$，则土体将沿着此滑裂面达到极限平衡状态，即整体破坏状态：

$$\int_0^l \tau dl = \int_0^l (c' + \sigma\tan\varphi')dl \tag{1-3}$$

其中
$$c' = \frac{c}{F_{sl}}, \quad \tan\varphi' = \frac{\tan\varphi}{F_{sl}}$$

上述定义完全符合滑移面上抗滑力与下滑力相等为极限平衡的概念。

$$F_{s1} = \frac{\int_0^l (c + \sigma \tan\varphi) dl}{\int_0^l \tau dl} \tag{1-4}$$

将式（1-4）两边同除以 F_{s1}，则式（1-4）变为：

$$1 = \frac{\int_0^l \left(\frac{c}{F_{s1}} + \sigma \frac{\tan\varphi}{F_{s1}}\right) dl}{\int_0^l \tau dl} = \frac{\int_0^l (c' + \sigma \tan\varphi') dl}{\int_0^l \tau dl} \tag{1-5}$$

式（1-5）左边为1，表明当强度折减 F_{s1} 后，坡体达到极限平衡状态。

上述将强度指标的储备作为安全系数定义的方法是经过多年来的实践被国际工程界广泛承认的一种方法。这种安全系数只是降低抗滑力，而不改变下滑力。同时，用强度折减法也比较符合工程实际情况，许多边（滑）坡常常是由于外界因素引起岩土体强度降低而导致的。不过，岩土的强度参数有两个（c 与 $\tan\varphi$），却只有一个安全系数，这意味着假设 c 与 $\tan\varphi$ 按同一比例衰减。

1.3.2 超载储备安全系数

将荷载（主要是自重）增大倍 F_{s2} 后，坡体达到极限平衡状态，F_{s2} 即为超载储备安全系数。按此定义有：

$$1 = \frac{\int_0^l (c + F_{s2}\sigma \tan\varphi) dl}{F_{s2}\int_0^l \tau dl} = \frac{\int_0^l \left(\frac{c}{F_{s2}} + \sigma \tan\varphi\right) dl}{\int_0^l \tau dl} = \frac{\int_0^l (c' + \sigma \tan\varphi) dl}{\int_0^l \tau dl} \tag{1-6}$$

其中
$$c' = \frac{c}{F_{s2}}$$

由式（1-5）和式（1-6）得：

$$\frac{\int_0^l (c + \sigma \tan\varphi) dl}{F_{s1}\int_0^l \tau dl} = \frac{\int_0^l (c + F_{s2}\sigma \tan\varphi) dl}{F_{s2}\int_0^l \tau dl} \tag{1-7}$$

所以有：

$$F_{s1} = \frac{F_{s2}\int_0^l (c + \sigma \tan\varphi) dl}{\int_0^l (c + F_{s2}\sigma \tan\varphi) dl} \tag{1-8}$$

可见，两种安全系数值显然是不同的。从式（1-6）还可以看出，超载储备安全系数相当于折减黏聚力 c 值的强度储备安全系数，对无黏性土（$c=0$）采用超载储备安全系数，并不能提高边坡稳定性。

1.3.3 下滑力超载储备安全系数

增大下滑力的超载法是将滑裂面上的下滑力增大 F_{s3} 倍，使边坡达到极限状态，也就是增大荷载引起的下滑力项，而不改变荷载引起的抗滑力项。按此定义有：

$$F_{s3} = \frac{\int_0^l (c + \sigma \tan\varphi) dl}{\int_0^l \tau dl} \tag{1-9}$$

可见，式（1-9）与式（1-4）得到的安全系数在数值上相同，但含义不同。这种定义在国内采用传递系数法显式解求安全系数时应用。

式（1-9）表明，极限平衡状态时，下滑力增大 F_{s3} 倍，一般情况下也就是土体重力增大 F_{s3} 倍。而实际上重力增大不仅使下滑力增大，也会使摩擦力增大，因此下滑力超载安全系数不符合工程实际，不宜采用。

由上可见，$F_{s1}=F_{s3}$，但与 F_{s2} 不同。下面通过算例对此进行比较。

算例 1-1：均质土坡，坡高 $H=20\text{m}$，黏聚力 $c=42\text{kPa}$，土重度 $\gamma=20\text{kN/m}^3$，内摩擦角 $\varphi=17°$，求坡角 $\beta=30°$、$35°$、$40°$、$45°$、$50°$、$90°$时边坡的稳定安全系数。

不同安全系数定义条件下的计算结果见表 1-1。

不同安全系数定义条件下的稳定安全系数计算结果对比　　　　表 1-1

方　　法	坡角（°）					
	30	35	40	45	50	90
Spencer 法强度储备安全系数	1.55	1.41	1.30	1.20	1.12	0.64
有限元强度折减强度储备安全系数	1.56	1.42	1.31	1.21	1.12	0.65
折减黏聚力 c 值的强度储备安全系数	2.84	2.06	1.65	1.40	1.21	0.55
增大重力荷载的超载储备安全系数	2.84	2.06	1.65	1.40	1.21	0.55

由表 1-1 可见，传统的 Spencer 法与现代的有限元强度折减法，其强度储备安全系数基本相同，验证了现代方法的可行性。计算结果还表明，不同的定义会导致安全系数的差别。超载安全系数与折减黏聚力 c 值的强度储备安全系数完全一致。

不同的安全系数定义也会引起在同一边（滑）坡稳定安全系数情况下，作用在抗滑桩上推力的不同，从而造成边（滑）坡设计的混乱，因而必须对边（滑）坡安全系数作出统一的定义。我们认为按照传统的计算方法采用目前国际上使用的强度储备安全系数是较合理的，也符合边（滑）坡受损破坏的实际情况，所以建议一般情况下采用强度储备安全系数作为边（滑）坡的稳定安全系数。

1.4　滑坡推力计算中的下滑力增大安全系数和强度折减安全系数及其关系

1）滑坡推力计算中的下滑力增大安全系数

按照设计要求，滑坡推力计算要求有一定的安全系数。传递系数法采用对下滑力增大安全系数 F_1，得到滑坡推力设计值：

$$E_1 = R_a F_1 - R_r$$

式中：R_r——岩土体抗滑力；
　　　R_a——岩土体下滑力。

2）基于强度折减的滑坡推力计算安全系数

基于强度折减的滑坡推力计算安全系数是将滑面强度（c 和 $\tan\varphi$）除以一个折减系数 F_2，得到滑坡推力设计值：

$$E_2 = R_a - \frac{R_r}{F_2}$$

3）下滑力增大安全系数和强度折减安全系数的关系

若使下滑力增大方法得到的滑坡推力与强度折减方法得到的滑坡推力数值相等，可得：

$$E_1 = R_a F_1 - R_r = E_2 = R_a - \frac{R_r}{F_2}$$

可求得：

$$F_2 = \frac{R_r/R_a}{R_r/R_a + 1 - F_1}$$

由 $F_{xs} = R_r/R_a$，可得：

$$F_2 = \frac{F_{xs}}{F_{xs} + 1 - F_1}$$

可见，二者之间的关系与边坡的现状稳定安全系数 F_{xs} 有关。表 1-2 列出了边坡现状稳定安全系数从 0.80 到 1.20 时，这两种方法计算的推力相等时安全系数之间的对应关系。

下滑力增大安全系数和强度折减安全系数的关系　　表 1-2

边坡现状稳定安全系数 F_{xs}	下滑力增大安全系数 F_1	对应的强度折减安全系数 F_2
0.80	1.25	1.45
0.80	1.15	1.23
0.80	1.05	1.07
0.90	1.25	1.38
0.90	1.15	1.20
0.90	1.05	1.06
1.00	1.25	1.33
1.00	1.15	1.18
1.00	1.05	1.05
1.05	1.25	1.31
1.05	1.15	1.17
1.05	1.05	1.05
1.10	1.25	1.29
1.10	1.15	1.16
1.20	1.25	1.26

从表 1-2 可见，当边坡的现状稳定安全系数越差时，两种推力计算安全系数的差别也越大。当边坡现状稳定安全系数为 1.0 时，两种推力安全系数的差别最小。比如，当坡体现状稳定安全系数为 1.0 时，推力计算安全系数取 1.25 用传递系数法计算得到的推力与强度折减安全系数取 1.33 时用强度折减法得到的推力相等。此时治理后坡体的稳定安全系数等于 1.33。

如果使下滑力增大安全系数和强度折减安全系数取相同的数值，那么下滑力增大法得到的滑坡推力正好是强度折减法得到的滑坡推力的 F_s 倍，即：

$$E_1 = R_a F_s - R_r = F_s \left(R_a - \frac{R_r}{F_s} \right) = F_s E_2$$

参 考 文 献

[1] 郑颖人，陈祖煜，王恭先，等. 边坡与滑坡工程治理[M]. 2版. 北京：人民交通出版社，2010.

[2] 郑颖人，孔亮. 岩土塑性力学[M]. 北京：中国建筑工业出版社，2010.

[3] 陈祖煜. 土质边坡稳定分析——原理、方法、程序[M]. 北京：中国水利水电出版社，2003.

[4] 王恭先，徐峻龄，刘光代，等. 滑坡学与滑坡防治技术[M]. 北京：中国铁道出版社，2004.

[5] 唐芬，郑颖人. 强度储备安全系数不同定义对稳定系数的影响[J]. 土木建筑与环境工程，2009（6）：61-65.

[6] Zheng Yingren, Deng Chujian, Zhao Shangyi. Development of Finite Element Limiting Analysis Method and Its Applications in Geotechnical Engineering[J]. Engineering Sciences，2007，5（3）.

[7] 郑颖人，赵尚毅. 岩土工程极限分析有限元法及其应用[J]. 土木工程学报，2005，38（1）.

[8] 赵尚毅，郑颖人. 边（滑）坡工程设计中安全系数的讨论[J]. 岩石力学与工程学报，2006（9）.

[9] 郑颖人，赵尚毅，孔位学，等. 岩土工程极限分析有限元法[J]. 岩土力学，2005，26（1）：163-168.

第2章 有限元极限分析法原理

2.1 概 述

2.1.1 有限元极限分析法的基本思想

所谓有限元极限分析法，就是在弹塑性有限元模型中，通过强度降低或者增大荷载和弹塑性数值计算，使模型达到极限破坏状态，从而获得模型的破坏状态和相应的安全系数。在边坡稳定性分析中，结合边坡稳定安全系数的定义，有限元极限分析法可以分为有限元强度折减法与有限元超载法。

边坡工程中采用强度储备安全系数时，与此相应的计算方法就是常用的有限元强度折减法，它是通过不断降低边坡岩土体抗剪切强度参数直至达到极限破坏状态自动形成滑面为止，程序自动根据弹塑性有限元计算结果，得到的强度折减系数就是边坡的稳定安全系数。由于这种方法十分贴近工程设计，必将使边坡稳定性分析进入一个新的时代。

对于莫尔—库仑材料，强度折减安全系数可表示为：

$$\tau = \frac{c + \sigma \tan\varphi}{\omega} = \frac{c}{\omega} + \sigma \frac{\tan\varphi}{\omega} = c' + \sigma \tan\varphi'$$

所以有：

$$c' = \frac{c}{\omega}, \quad \tan\varphi' = \frac{\tan\varphi}{\omega}$$

这种强度折减安全系数的定义与边坡稳定性分析的极限平衡条分法安全系数的定义是一致的，都属于强度储备安全系数。它们表示整个滑面达到了极限状态，因而是滑面的平均安全系数，而不是某个应力点的安全系数。一般情况下无需求出滑面，但也可以从剪应变云图中明显看到滑面，或者采用力学判断方法求出准确滑面。

1975年，英国力学家Zienkiewicz提出在有限元中采用增加外荷载或降低岩土强度的方法来计算岩土工程的安全系数，实质上它就是有限元极限分析法，当采用降低强度的方法时，就是有限元强度折减法。但由于当时有限元法尚在发展阶段，因而该法当时没有得到广泛的接受，但目前这一情况已经有了根本的改变，有限元强度折减法已被绝大多数学者与工程人员认可。国内学者和本书作者在提升有限元强度折减法计算理论和提高其计算精度方面做了大量工作，使该方法的计算精度得到较大提高，并将此法应用于岩质边坡和边（滑）坡支挡结构的计算，以及扩展到地基基础承载力与隧道稳定安全系数的计算中，极大地扩展了有限元强度折减法的应用范围。

2.1.2 有限元极限分析法的优势

有限元极限分析法的主要优势，首先是将极限分析法的适用性扩大，它能够对复杂地貌、地质的边坡进行计算，不受边坡几何形状、边界条件以及材料不均匀性的限制，并在不假定滑面的情况下，求出边坡的稳定安全系数。此外，在地基承载力的计算方面，传统方法无法对层状土与非均质土地基、加筋土地基的承载力或稳定安全系数等情况进行计算，而采用数值极限分析法，如有限元强度折减法或有限元超载法就可顺利求得。其次，能够模拟土体与各种支挡结构的共同作用。在有支护的情况下，如有抗滑桩情况下，传统方法无法求得边坡安全系数及桩上的推力，而数值极限分析法不受这种条件的限制。应当注意，有桩情况下，求得的桩上推力不一定全是极限状态下的推力，即主动土压力，而是桩土共同作用下的推力，这一推力考虑了桩土的共同作用，更符合实际受力情况。再次，传统极限分析法无法求出岩土体的位移与塑性区，以及真正的滑面，而数值极限分析法可以求出岩土体内各点的应力、位移、塑性区与滑面。最后，采用数值极限分析法能考虑岩土工程开挖、支护的施工过程，以及岩土地应力的释放过程等，而传统极限分析方法很难做到这点。

2.1.3 应用有限元极限分析法需要满足的条件

应用有限元极限分析法分析边坡稳定性需要满足以下条件：
（1）要有一个成熟可靠和功能强大的有限元程序；
（2）计算范围、边界条件、网格划分等要满足有限元计算精度要求；
（3）有可供实用的岩土材料本构模型和强度准则。

关于本构模型的选择，由于岩土材料具有复杂的本构特性，而边坡的稳定分析主要关心的是力和强度问题，而不是位移和变形问题，所以对本构关系的选择不必十分严格，可采用理想弹塑性本构模型，但必须选择合适的强度准则。以前该法计算精度不高，多数是由于强度准则选择不当所致。

2.1.4 理想弹塑性增量本构模型

在有限元极限分析法中，岩土体材料采用理想弹塑性模型，在有限元计算的每一个迭代过程中，任意一个单元的应变增量由弹性应变和塑性应变两部分组成：

$$\{d\varepsilon\} = \{d\varepsilon_e\} + \{d\varepsilon_p\}$$

弹性部分根据虎克定律计算：

$$d\sigma = [D_e]\{d\varepsilon_e\}$$

当采用关联流动法则时，塑性部分根据塑性位势理论采用增量法计算：

$$\{d\varepsilon_p\} = d\lambda \left\{\frac{\partial Q}{\partial \sigma}\right\}$$

理想塑性材料的加载准则要求应力增量矢量 $d\sigma$ 相切于屈服面，而流动法则要求塑性应变增量矢量 dε 的方向与塑性位势函数 Q 的梯度方向一致，即塑性势面的法线方向。塑性应变增量矢量的大小由一致性条件决定，塑性变形时，应力点停留在屈服面上，这个条件叫做一致性条件，用数学式子表示为：

$$f(\sigma) = 0, f(\sigma + d\sigma) = f(\sigma) + \frac{\partial f}{\partial \sigma}d\sigma = \frac{\partial f}{\partial \sigma}d\sigma = 0$$

$$d\sigma = [D_e](\{d\varepsilon\} - \{d\varepsilon_p\})$$

所以：$\frac{\partial f}{\partial \sigma}d\sigma = \frac{\partial f}{\partial \sigma}[D_e]\left(\{d\varepsilon\} - d\lambda\left\{\frac{\partial Q}{\partial \sigma}\right\}\right) = 0$

经过变换得到：

$$d\lambda = \frac{\left\{\frac{\partial f}{\partial \sigma}\right\}^T [D_e]\{d\varepsilon\}}{\left\{\frac{\partial f}{\partial \sigma}\right\}^T [D_e]\left\{\frac{\partial Q}{\partial \sigma}\right\}}$$

所以：$d\sigma = [D_e](\{d\varepsilon\} - \{d\varepsilon_p\}) = ([D_e] - [D_p])\{d\varepsilon\} = [D_{ep}]\{d\varepsilon\}$

其中，$[D_{ep}] = [D_e] - [D_p]$，称为弹塑性刚度矩阵。

$$[D_p] = \frac{[D_e]\left\{\frac{\partial Q}{\partial \sigma}\right\}\left\{\frac{\partial f}{\partial \sigma}\right\}^T [D_e]}{\left\{\frac{\partial f}{\partial \sigma}\right\}^T [D_e]\left\{\frac{\partial Q}{\partial \sigma}\right\}}$$

以上就是采用关联流动法则时，理想弹塑性材料的应力增量和应变增量之间的关系式。对于一个给定的应变增量 dε，可以利用上式计算出应力增量 dσ。

当采用非关联流动法则时，也可得到上述相应的关系，这里不再赘述。国际通用软件中，都有采用关联流动法则和非关联流动法则的程序。

2.1.5 弹塑性增量应力—应变本构模型有限元计算过程

这里介绍 ANSYS 程序采用的一种理想弹塑性增量应力—应变本构模型的有限元计算方法——欧拉法，也称为欧拉应力拉回技术。欧拉应力拉回技术（Euler backward scheme）通过执行一致性条件，确保应力点停留在屈服面上。其计算过程如下：

（1）根据当前的应力状况以及材料参数计算屈服强度。

例如，在广义米赛斯屈服准则中，对于不同的屈服圆面，σ_y 有不同的表达式。对于外接圆，σ_y 的表达式为：

$$\sigma_y = \frac{6c\cos\varphi}{\sqrt{3}(3-\sin\varphi)}$$

（2）如前所述，对于一个给定的应变增量，可以计算出唯一的应力增量，然而，我们不能唯一地建立逆关系。目前的做法是由试算应变增量计算出应力增量，再根据一致性条件来调整应力和应变。

施加荷载增量后，由于尚不知道其应力是处于弹性还是处于塑性状态，只好暂时忽略材料的塑性，假设发生弹性变形，计算初始应变，再由初始应变计算出试算应力。初始应变等于总的应变减去上一步计算后的塑性应变。

$$\{\varepsilon_{n+1}^{tr}\} = \{\varepsilon_{n+1}\} - \{\varepsilon_n^{pl}\}$$

所以，初始试算应力为：

$$\{\sigma_{n+1}^{tr}\} = D\{\varepsilon_{n+1}^{tr}\}$$

(3) 根据屈服准则计算等效应力。

对于广义米赛斯准则，$\sigma_e = \alpha I_1 + \sqrt{J_2}$。

如果 $\sigma_e < \sigma_y$，即 $F(\sigma_{n+1}^{tr}) < 0$，则说明材料处于弹性状态，没有塑性应变发生。

(4) 如果 $\sigma_e > \sigma_y$，$F(\sigma_{n+1}^{tr}) \geq 0$，则说明应力点超过了屈服面，需要将应力拉回到屈服面。设此加载步中的塑性应变增量为 $d\varepsilon_{n+1}^p$，则调整后的应力表示为：

$$\sigma_{n+1} = \sigma_{n+1}^{tr} - Dd\varepsilon_{n+1}^p = \sigma_{n+1}^{tr} - Dd\lambda \left\{ \frac{\partial Q}{\partial \sigma_{n+1}^{tr}} \right\} = \sigma_{n+1}^{tr} + \Delta\sigma$$

其中

$$\Delta\sigma = -Dd\lambda \left\{ \frac{\partial Q}{\partial \sigma_{n+1}^{tr}} \right\}$$

式中，产生的塑性应变的大小 $d\lambda$ 由一致性条件确定，程序通过牛顿—拉普森（Newton-Raphson）迭代计算得到。

执行一致性条件：

$$F(\sigma_{n+1}) = F(\sigma_n) = F(\sigma_{n+1}^{tr} + \Delta\sigma) = 0$$

采用泰勒展开，并略去高次项：

$$F(\sigma_{n+1}^{tr} + \Delta\sigma) = F(\sigma_{n+1}^{tr}) + \left(\frac{\partial F}{\partial \sigma_{n+1}^{tr}} \right)^T \Delta\sigma$$

$$= F(\sigma_{n+1}^{tr}) - \left(\frac{\partial F}{\partial \sigma_{n+1}^{tr}} \right)^T Dd\lambda \left\{ \frac{\partial Q}{\partial \sigma_{n+1}^{tr}} \right\} = 0$$

所以：

$$d\lambda = \frac{F(\sigma_{n+1}^{tr})}{\left(\frac{\partial F}{\partial \sigma_{n+1}^{tr}} \right)^T D \left\{ \frac{\partial Q}{\partial \sigma_{n+1}^{tr}} \right\}}$$

式中：$F(\sigma_{n+1}^{tr})$——加载函数。

塑性应变的方向则通过流动法则确定：

$$\{\Delta\varepsilon^{pl}\} = d\lambda \left\{ \frac{\partial Q}{\partial \sigma_{n+1}^{tr}} \right\}$$

(5) 更新应力及应变（塑性应变和弹性应变）。

应力：$\{\sigma_{n+1}\} = D\{\varepsilon_{n+1}^e\}$

塑性应变：$\{\varepsilon_{n+1}^p\} = \{\varepsilon_n^p\} + \{\Delta\varepsilon^{pl}\}$

弹性应变：$\{\varepsilon_{n+1}^e\} = \{\varepsilon^{tr}\} - \{\Delta\varepsilon^{pl}\}$

2.1.6 非线性有限元方程组的求解

有限元法是求解偏微分方程的一种方法。其两个数学基础分别是变分原理和离散逼近。基于离散逼近原理的有限元所追求的不是问题的精确解，而是一个在容许的函数空间内寻找一个精度能够满足使用要求的近似解。程序将连续介质用有限元法离散以后，选择节点位移作为基本未知量，根据单元的材料性质、形状、尺寸、节点数目、位置等建立力和位移的方程式，从而导出单元刚度矩阵，得到整体结构的节点力与节点位移的关系，即整体结构平衡方程组：

$$\{P\} = [K]\{u\}$$

式中：$\{P\}$——全部节点荷载组成的向量；

$[K]$——整体刚度矩阵；

$\{u\}$ —— 全部节点位移组成的向量。

根据边界条件，采用合适的算法求解上述平衡方程组，得到各个节点位移，然后根据位移求出应变，根据应变求出应力。

在理想弹塑性分析中，由于应力$\{\sigma\}$和应变$\{\varepsilon\}$的非线性关系，刚度矩阵不是常数，而是与应变和位移值有关，可以记为$[K(u)]$。这时结构的整体平衡方程是一非线性方程组：

$$\{\psi\} = \{P\} - [K(u)]\{\delta\}$$

如果$\{u\}$是精确解的话，则$\{\psi\} = \{P\} - [K(u)]\{u\} = 0$，但是用有限元法计算连续介质，所得到的不是精确解，只是近似解。此时

$$\{\psi\} = \{P\} - [K(u)]\{u\} \neq 0$$

$\{\psi\}$称为不平衡力，也就是外荷载和结构内力之间的差值，代表计算误差。

有限元静力计算时的迭代过程就是寻找一个外力和内力达到平衡状态的过程。对于上面的非线性方程组的求解用一系列线性问题的解逐步逼近非线性问题的解，可以采用增量法、迭代法和混合法。增量法是将荷载划分为许多增量，逐渐施加，在一个荷载增量中，假定刚度矩阵为常数，用一系列线性问题去近似非线性问题，实质上是用分段线性的折线去代替非线性曲线。迭代法在每次迭代过程中施加全部荷载，然后逐步修正位移和应变，使之满足非线性的应力—应变关系。混合法同时采用增量法和迭代法。牛顿—拉普森平衡迭代法可能是在固体力学中对非线性问题求解时应用最广的方法，具有较高的收敛速率。图 2-1 为一次牛顿—拉普森迭代过程示意图。

在$\{u\} = \{u_n\}$附近将$\{\psi\} = \{P\} - [K(u)]\{u\}$作泰勒展开，并只保留线性项，得到：

$$\{\psi\} = \{\psi_n\} + [K_t^n](\{u\} - \{u_n\}) = 0$$

式中：$[K_t^n]$ —— 切线刚度矩阵。

由此可以得到第$n+1$次近似解：

$$\{\psi_n\} = [K_i^T](\{u_{n+1}\} - \{u_n\}) = [K_i^T]\{\Delta u_n\} = F^a - F_i^{nr}$$

上式右端为失衡力，F^a为所加荷载矢量，F_i^{nr}为对应于单元应力的荷载矢量，计算过程中需要反复迭代，重复这个过程直到前后两次计算结果充分接近，一个合适的收敛标准得到满足为止，如图 2-2 所示。可见，牛顿—拉普森迭代过程中切线刚度矩阵$[K_t^n]$在每个迭代步中都要计算和分析，对于一个大系统来说，这将花费很多时间。

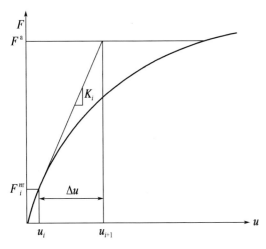

图 2-1 一次牛顿—拉普森迭代示意图

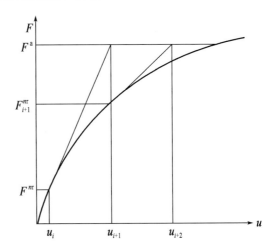

图 2-2 牛顿—拉普森迭代法示意图

2.1.7 收敛准则

有限元计算的迭代过程就是寻找一个外力和内力达到平衡状态的过程,整个迭代过程直到一个合适的收敛标准得到满足才停止,用来终止平衡迭代的合理收敛标准是有效的增量求解策略中的一个基本部分。每次迭代结束,得到的解必须对照一个设定的允许值进行检查,看是否已经收敛。对于一次平衡迭代,就是要找到一个解使得以下平衡方程得到满足:

$$\{\psi\} = \{P\} - [K(u)]\{u\} = 0$$

这就要求不平衡力或者说内力和外力的差值$\{\psi\}$为零,但是在数值计算过程中,通常这是不可能的,而且也不需要不平衡力达到为0的状态。因此可以设定一个很小的允许值来判断,这个标准就是力的收敛标准。

2.1.8 有限元模型极限状态的判据

采用有限元强度折减法进行边(滑)坡的稳定性分析,其中一个关键问题是如何根据有限元计算的结果来判别坡体是否达到极限破坏状态。作者在前人基础上对静力问题概括了如下三个判据:

(1) 以塑性应变从边坡坡脚到坡顶是否贯通作为判据,即以塑性区从内部贯通至地面或临空面作为破坏的判据。但塑性区贯通只意味着达到屈服状态,而不一定是土体整体破坏状态,可见塑性区贯通只是破坏的必要条件,而不是充分条件。

(2) 在有限元计算过程中,边坡失稳与有限元数值计算不收敛同时发生。目前国际通用软件中,一般都以有限元数值计算不收敛作为边坡失稳的判断依据。

(3) 土体破坏标志着土体滑移面上应变和位移发生突变,同时安全系数(强度折减系数)与位移的关系曲线也会发生突变,因此也可将其作为破坏的判据。但考虑到边坡在地震作用下,荷载是随时间变化的,因而在地震期间,其位移也随时发生急剧变化。图2-3为某岩质边坡输入地震波后用FLAC动力计算得到的潜在滑体上一点的位移时程曲线。从图2-3中可以看出,位移曲线在地震作用中间时刻发生较大的突变,但是地震作用完毕后,最终位移几乎归零,也就是在地震作用下,最终并没有发生移动和破坏。所以与静力问题不同,单凭某一时刻位移发生突变不能判断边坡破坏,但是震动完后的最终位移发生突变,仍然可以作为破坏的判据。

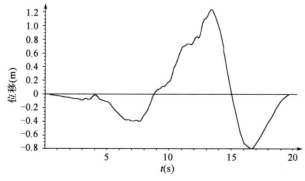

图2-3 岩质边坡动力计算的关键点位移曲线

如图2-4与图2-5所示,边坡坡体特征点水平位移随着强度折减安全系数的增大,边坡达到极限状态时特征点水平位移产生突变。此时有限元程序已无法从有限元方程组中找到一个既能满足静力平衡又能满足应力—应变关系和强度准则的解。此时不管是从力的收敛标准，还是从位移的收敛标准来判断，有限元计算都不收敛。

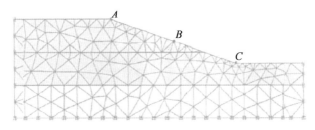

图 2-4 边坡特征点位置选取

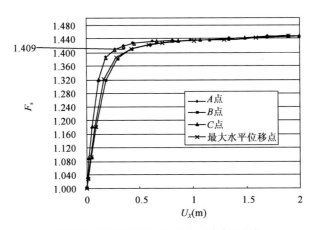

图 2-5 特征点位移随折减系数增大产生突变

2.2 屈服准则的研究与选用及其计算精度的要求

2.2.1 屈服准则的研究与选用

有限元强度折减法中岩土材料本构模型采用理想弹塑性模型。选用合理的岩土屈服准则十分重要，所求安全系数大小与采用的岩土屈服准则密切相关，不同的屈服准则会得出不同的安全系数。通常采用的岩土屈服准则是广义米赛斯准则与莫尔—库仑准则。

1）广义米赛斯准则（Drucker-Prager 准则）

广义米赛斯准则是在米赛斯准则的基础上，考虑平均压应力而将米赛斯条件推广成为如下形式：

$$F = \alpha I_1 + \sqrt{J_2} = k \tag{2-1}$$

其中
$$I_1 = \sigma_1 + \sigma_2 + \sigma_3$$
$$J_2 = \frac{1}{6}[(\sigma_1 - \sigma_2)^2 + (\sigma_1 - \sigma_3)^2 + (\sigma_2 - \sigma_3)^2]$$

式中：I_1，J_2——分别为应力张量的第一不变量和应力偏张量的第二不变量；

α，k——与岩土材料内摩擦角 φ 和黏聚力 c 有关的常数；不同的 α、k 在 π 平面上代表不同的圆（图 2-6），各准则的 α、k 见表 2-1。

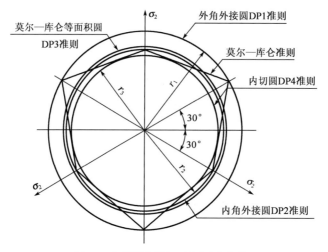

图 2-6 各屈服准则在 π 平面上的曲线

各准则 α、k 参数表　　　　　　　　　　　　　　　表 2-1

编　号	准　则　种　类	α	k
DP1	外角外接圆	$\dfrac{2\sin\varphi}{\sqrt{3}(3-\sin\varphi)}$	$\dfrac{6c\cos\varphi}{\sqrt{3}(3-\sin\varphi)}$
DP2	内角外接圆	$\dfrac{2\sin\varphi}{\sqrt{3}(3+\sin\varphi)}$	$\dfrac{6c\cos\varphi}{\sqrt{3}(3+\sin\varphi)}$
DP3	莫尔—库仑等面积圆	$\dfrac{2\sqrt{3}\sin\varphi}{\sqrt{2\sqrt{3}\pi(9-\sin^2\varphi)}}$	$\dfrac{6\sqrt{3}c\cos\varphi}{\sqrt{2\sqrt{3}\pi(9-\sin^2\varphi)}}$
DP4	内切圆（平面应变关联法则下莫尔—库仑匹配准则）	$\dfrac{\sin\varphi}{\sqrt{3(3+\sin^2\varphi)}}$	$\dfrac{3c\cos\varphi}{\sqrt{3(3+\sin^2\varphi)}}$
DP5	平面应变非关联法则下莫尔—库仑匹配准则	$\dfrac{\sin\varphi}{3}$	$c\cos\varphi$

式（2-1）是 1952 年由 Drucker-Prager 提出的，因此广义米赛斯准则也称为 Drucker-Prager（D-P）准则。

2) 莫尔—库仑准则

莫尔—库仑准则在二维应力空间中可表示如下（图 2-7）：

$$\tau = c + \sigma_n \tan\varphi$$

其中

$$\sigma_n = \frac{1}{2}(\sigma_X + \sigma_Y) - R^{\mathrm{MC}}\sin\varphi = \frac{1}{2}(\sigma_1 + \sigma_3) - R^{\mathrm{MC}}\sin\varphi$$

$$R^{\mathrm{MC}} = c \times \cos\varphi + \rho\sin\varphi = \sqrt{(\sigma_X - \sigma_Y)^2/4 + \tau_{XY}^2} = \frac{1}{2}(\sigma_1 - \sigma_3)$$

$$\rho = (\sigma_X + \sigma_Y)/2$$

因为 $\tau = R^{\mathrm{MC}}\cos\varphi$，则有：

$$\sigma_1(1+\sin\varphi) - \sigma_3(1-\sin\varphi) = 2c\cos\varphi$$

若将主应力换成应力张量的第一不变量 I_1 和应力偏张量的第二不变量 J_2 及罗德角 θ_σ，则可得：

$$F = \frac{1}{3}I_1\sin\varphi + \left(\cos\theta_\sigma - \frac{1}{\sqrt{3}}\sin\theta_\sigma\sin\varphi\right)\sqrt{J_2} - c\cos\varphi = 0 \quad \left(-\frac{\pi}{6} \leqslant \theta \leqslant \frac{\pi}{6}\right) \quad (2\text{-}2)$$

3) 莫尔—库仑准则的另一种表达式

若将 I_1、J_2 转换成 p、q，莫尔—库仑准则可写成如下形式：

$$F = p\sin\varphi + \frac{1}{\sqrt{3}}\left(\cos\theta_\sigma - \frac{1}{\sqrt{3}}\sin\theta_\sigma\sin\varphi\right)q - c\cos\varphi = 0 \tag{2-3}$$

或

$$q = \frac{-3\sin\varphi}{\sqrt{3}\cos\theta_\sigma - \sin\theta_\sigma\sin\varphi}p + \frac{3c\cos\varphi}{\sqrt{3}\cos\theta_\sigma - \sin\theta_\sigma\sin\varphi} \tag{2-4}$$

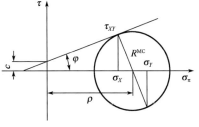

图 2-7 二维应力空间的莫尔—库仑屈服条件

其中

$$q = \frac{1}{\sqrt{2}}[(\sigma_1 - \sigma_2)^2 + (\sigma_2 - \sigma_3)^2 + (\sigma_1 - \sigma_3)^2]^{0.5}$$

$$p = \frac{1}{3}(\sigma_1 + \sigma_2 + \sigma_3)$$

莫尔—库仑准则还可表示成另外一种形式：

$$q = -p\tan\bar{\varphi} + \bar{c}$$

其中

$$\tan\bar{\varphi} = \frac{3\sin\varphi}{\sqrt{3}\cos\theta_\sigma - \sin\theta_\sigma\sin\varphi}$$

$$\bar{c} = \frac{3c\cos\varphi}{\sqrt{3}\cos\theta_\sigma - \sin\theta_\sigma\sin\varphi}$$

4) 莫尔—库仑准则的几种特殊情况

当 $\varphi = 0$ 时，式（2-2）可写成：

$$\sqrt{J_2}\cos\theta_\sigma - C = 0$$

此即屈瑞斯卡条件，它在 π 平面上的图形是外接米赛斯圆的六边形。

如上式 θ_σ 再等于零，即得米赛斯条件：

$$\sqrt{J_2} - C = 0$$

注意：这里的 C 与米赛斯原式中的 C 含义不同，差一平方。

当 θ_σ 为常数时，屈服函数不再与 θ_σ 或第三不变量 J_3 有关。它在 π 平面上为一个圆，这时式（2-2）可写成：

$$\alpha I_1 + \sqrt{J_2} - k = 0$$

这就是广义米赛斯条件。

在式（2-2）中取不同的 θ_σ 值，即有不同的 α、k 值，由此可得到大小不同的圆锥形屈服面。当取 $\theta_\sigma = \frac{\pi}{6}$ 时可得：

$$\alpha = \frac{2\sin\varphi}{\sqrt{3}(3 - \sin\varphi)}, \quad k = \frac{6c\cos\varphi}{\sqrt{3}(3 - \sin\varphi)}$$

它在 π 平面上的屈服曲线是通过莫尔—库仑不等角六角形外角点的外接圆，称 DP1 准则。大型商业有限元分析软件 ANSYS 采用的 D-P 准则就是这一表达式。

当取 $\theta_\sigma = -\frac{\pi}{6}$ 时可得：

$$\alpha = \frac{2\sin\varphi}{\sqrt{3}(3+\sin\varphi)}, \quad k = \frac{6c\cos\varphi}{\sqrt{3}(3+\sin\varphi)}$$

它在 π 平面上的屈服曲线是通过莫尔—库仑不等角六角形内角点的外接圆，叫做内角点外接圆 DP2 准则。

将式（2-2）对 θ_σ 微分，并使之等于零，这时 F 取极小，可得：

$$\tan\theta_\sigma = -\frac{\sin\varphi}{\sqrt{3}}$$

取此 θ_σ 值时，可得：

$$\alpha = \frac{\sin\varphi}{\sqrt{3(3+\sin^2\varphi)}}, \quad k = \frac{3c\cos\varphi}{\sqrt{3(3+\sin^2\varphi)}}$$

此式即为平面应变条件下采用关联流动法则时，在 1952 年由 Drucker-Prager 导出的准则，也称为平面应变关联流动法则下莫尔—库仑匹配准则。它在 π 平面上的屈服曲线是通过莫尔—库仑不等角六角形的内切圆，称 DP4 准则。

徐干成、郑颖人（1990）提出的莫尔—库仑等面积圆 DP3 准则，在 π 平面上的面积等于不等角六边形莫尔—库仑屈服准则的面积。由图 2-6 可以看出，莫尔—库仑准则构成的六角形面积可以用正弦定理求得：

$$s_{\text{morl}} = 6 \times \frac{1}{2} \times r_1 \times r_2 \times \sin\frac{\pi}{3} = \frac{3\sqrt{3}}{2}r_1 r_2$$

对于半径为 r 的圆锥，其面积为 $s = \pi r^2$，令 $s = s_{\text{morl}}$ 可得：

$$r = \sqrt{\frac{3\sqrt{3}}{2\pi}r_1 r_2} = \frac{\sqrt{3}}{\sqrt{2\sqrt{3}\pi(9-\sin^2\varphi)}}\sqrt{2}(6c\cos\varphi - 2I_1\sin\varphi)$$

$$\frac{r}{\sqrt{2}} = \sqrt{J_2} = \frac{6\sqrt{3}c\cos\varphi}{\sqrt{2\sqrt{3}\pi(9-\sin^2\varphi)}} - \frac{2\sqrt{3}\sin\varphi}{\sqrt{2\sqrt{3}\pi(9-\sin^2\varphi)}}I_1$$

由此可得：

$$\alpha = \frac{2\sqrt{3}\sin\varphi}{\sqrt{2\sqrt{3}\pi(9-\sin^2\varphi)}}, \quad k = \frac{6\sqrt{3}c\cos\varphi}{\sqrt{2\sqrt{3}\pi(9-\sin^2\varphi)}}$$

上式就是莫尔—库仑等面积圆 DP3 屈服准则的 α、k 表达式。大量算例表明，在平面应变情况下，采用莫尔—库仑等面积圆屈服准则求得的稳定安全系数与传统 Spencer 法的误差大致在 6% 左右，但它在三维空间条件下应用有较高的计算精度。

1) 平面应变条件下莫尔—库仑匹配 D-P 准则的推导

在平面应变这一特殊条件下，还可采用平面应变条件下的莫尔—库仑匹配 D-P 准则。

按式（2-1），在三维应力空间中 D-P 准则可定义为：

$$F(\sigma) = \alpha_\varphi I_1 + \sqrt{J_2} = k \tag{2-5}$$

式中：I_1，J_2——分别为应力张量的第一不变量和应力偏张量的第二不变量；

σ——应力空间的主应力，分别为 σ_1、σ_2、σ_3，规定压为负，拉为正；

α_φ，k——与岩土材料内摩擦角 φ 和黏聚力 c 有关的常数。

对于关联流动法则，屈服函数与塑性势函数相同，即 $F = Q$，其流动矢量 r 可表示为（以张量表示）：

$$r_{ij} = \frac{\partial F}{\partial \sigma} = \alpha_\varphi \delta_{ij} + \frac{1}{2\sqrt{J_2}}s_{ij}$$

其中
$$\delta_{ij} = \begin{cases} 1 & i = j \\ 0 & i \neq j \end{cases}$$

式中：s_{ij}——应力偏量。

对于非关联流动法则，$F \neq Q$，可假定 Q 与 F 的形式相同，只是将 α_ψ 代替 α_φ。

$$r_{ij} = \frac{\partial Q}{\partial \sigma} = \alpha_\psi \delta_{ij} + \frac{1}{2\sqrt{J_2}} s_{ij}$$

对于理想弹塑性材料进入塑性屈服后，假定弹性应变不变，所以弹性应变增量 $d\varepsilon^e = 0$，总应变增量等于总的塑性应变增量，即 $d\varepsilon = d\varepsilon^p$。对于平面应变：$d\varepsilon_Z^p = d\varepsilon_{XZ}^p = d\varepsilon_{YZ}^p = 0$，根据流动方程：

$$d\varepsilon_{ij}^p = d\lambda \frac{\partial Q}{\partial \sigma} = d\lambda \left(\alpha_\psi \delta_{ij} + \frac{1}{2\sqrt{J_2}} s_{ij} \right)$$

有：

$$d\varepsilon_Z^p = d\lambda \frac{\partial Q}{\partial \sigma} = d\lambda \left(\alpha_\psi + \frac{1}{2\sqrt{J_2}} S_Z \right) = 0$$

$$d\varepsilon_{XZ}^p = d\lambda \frac{\partial Q}{\partial \sigma} = d\lambda \frac{1}{2\sqrt{J_2}} S_{XZ} = 0$$

$$d\varepsilon_{YZ}^p = d\lambda \frac{\partial Q}{\partial \sigma} = d\lambda \frac{1}{2\sqrt{J_2}} S_{YZ} = 0$$

得到：

$$S_Z = -2\alpha_\psi \sqrt{J_2} = S_3 = \sigma_3 - \frac{I_1}{3}, \quad S_{XZ} = \tau_{XZ} = S_{YZ} = \tau_{YZ} = 0$$

因为
$$I_1 = \sigma_1 + \sigma_2 + \sigma_3 = \sigma_1 + \sigma_2 + S_3 + \frac{I_1}{3}$$

所以
$$I_1 = \frac{3}{2}(\sigma_1 + \sigma_2) - 3\alpha_\psi \sqrt{J_2}$$

$$\sigma_Z = S_3 + \frac{I_1}{3} = -2\alpha_\psi \sqrt{J_2} + \frac{1}{2}(\sigma_1 + \sigma_2) - \alpha_\psi \sqrt{J_2} = \frac{1}{2}(\sigma_1 + \sigma_2) - 3\alpha_\psi \sqrt{J_2}$$

由于
$$\sigma_1 + \sigma_2 = \sigma_X + \sigma_Y$$

所以
$$\sigma_X - \sigma_Z = \sigma_X - \frac{1}{2}(\sigma_1 - \sigma_2) + 3\alpha_\psi \sqrt{J_2} = \frac{1}{2}(\sigma_X - \sigma_Y) + 3\alpha_\psi \sqrt{J_2}$$

同样得：

$$\sigma_Y - \sigma_Z = \frac{1}{2}(\sigma_Y - \sigma_X) + 3\alpha_\psi \sqrt{J_2}$$

因而
$$J_2 = \frac{1}{6}\left[(\sigma_X - \sigma_Y)^2 + (\sigma_X - \sigma_Z)^2 + (\sigma_Y - \sigma_Z)^2 + 6\tau_{XY}^2 + 6\tau_{YZ}^2 + 6\tau_{XZ}^2 \right]$$

$$J_2 = \frac{1}{6}\left[\frac{3}{2}(\sigma_X - \sigma_Y)^2 + 18\alpha_\psi^2 J_2 + 6\tau_{XY}^2 \right]$$

与平面应变情况下莫尔—库仑条件拟合，进一步得到：

$$J_2 = \frac{\frac{1}{4}(\sigma_X - \sigma_Y)^2 + \tau_{XY}^2}{1 - 3\alpha_\psi^2} = \frac{(R^{MC})^2}{1 - 3\alpha_\psi^2}$$

将 I_1、J_2 代入式（2-5）得：

$$\frac{3}{2}\alpha_\varphi(\sigma_X+\sigma_Y)+\frac{R^{MC}(1-3\alpha_\varphi\alpha_\psi)}{\sqrt{1-3\alpha_\psi^2}}-k=0$$

$$R^{MC}=\frac{\sqrt{1-3\alpha_\psi^2}}{1-3\alpha_\varphi\alpha_\psi}\left[-\frac{3}{2}\alpha_\varphi(\sigma_X+\sigma_Y)+k\right] \quad (2\text{-}6)$$

联立式（2-5）、式（2-6）可得：

$$\sin\varphi=3\alpha_\varphi\frac{\sqrt{1-3\alpha_\psi^2}}{1-3\alpha_\varphi\alpha_\psi}$$

$$c\cos\varphi=k\frac{\sqrt{1-3\alpha_\psi^2}}{1-3\alpha_\varphi\alpha_\psi}$$

进一步可得：

$$\alpha_\varphi=\frac{\sin\varphi}{3}(\alpha_\psi\sin\varphi+\sqrt{1-3\alpha_\psi^2})^{-1}$$

$$k=c\cos\varphi(\alpha_\psi\sin\varphi+\sqrt{1-3\alpha_\psi^2})^{-1}$$

当采用关联流动法则时，有 $\alpha_\psi=\alpha_\varphi$，可得：

$$\alpha_\varphi=\frac{\tan\varphi}{\sqrt{9+12\tan^2\varphi}}=\frac{\sin\varphi}{\sqrt{3(3+\sin^2\varphi)}}$$

$$k=\frac{3c}{\sqrt{9+12\tan^2\varphi}}=\frac{3c\cos\varphi}{\sqrt{3(3+\sin^2\varphi)}} \quad (2\text{-}7)$$

式（2-7）表明，此时 D-P 圆为内切圆，它就是采用关联法则时在平面应变条件下导出的莫尔—库仑匹配 DP4 准则。在平面应变条件下，采用此准则与莫尔—库仑准则等效。可见，在平面应变条件下，莫尔—库仑屈服面已由六角形转变为圆形。

当采用非关联流动法则时，设体变为零，表明塑性势面采用了米赛斯准则，此时有 $\alpha_\psi=0$，可得：

$$\alpha_\varphi=\frac{\sin\varphi}{3}$$

$$k=c\cos\varphi \quad (2\text{-}8)$$

式（2-8）在 π 平面上对应的圆稍大于内切圆，它就是采用非关联流动法则时在平面应变条件下导出的莫尔—库仑匹配 DP5 准则。由于体变为零，材料处于纯剪状态，即有 $\theta_\sigma=0$，将此代入莫尔—库仑准则式（2-2）也可得到式（2-8）。

2) 有限元强度折减法中屈服准则的选用

莫尔—库仑准则应用最为广泛，但也存在诸多缺点。例如，莫尔—库仑准则没有考虑中间主应力的影响，它在三维应力空间中不是一个连续函数，它在主应力空间中由 6 个屈服函数构成。莫尔—库仑准则的屈服面为不规则的六角形截面的角锥体表面，在 π 平面上的图形为不等角六边形，存在尖顶和棱角，给数值计算带来困难。实际应用时要对莫尔—库仑准则作近似处理。

D-P 准则在主应力空间的屈服面为一圆锥，在 π 平面上为圆形，不存在尖顶处的数值计算问题，因此目前国际上许多流行的大型有限元软件采用了广义米赛斯准则。

研究表明，采用外角外接圆 DP1 准则与传统莫尔—库仑屈服准则的计算结果有较大出入，不管是评价边坡稳定性，还是计算地基极限承载力等，在实际工程中采用该准则算出的安全系数都偏大，所以是偏于不安全的。依据理论分析和计算实例，对屈服准则的选用提出如下建议：

（1）对于平面应变问题，可采用与传统莫尔—库仑准则相匹配的 DP4 与 DP5 准则，它们有较高计算精度，其计算误差一般在 3% 以内。

①采用非关联流动法则时 $\left(剪胀角宜采用 \psi = \dfrac{\varphi}{2} \sim 0\right)$，采用 DP5 准则：

$$\alpha = \frac{\sin\varphi}{3}, \quad k = c\cos\varphi$$

②采用关联流动法则时（剪胀角 $\psi = \varphi$），采用 DP4 准则：

$$\alpha = \frac{\sin\varphi}{\sqrt{3(3+\sin^2\varphi)}}, \quad k = \frac{3c\cos\varphi}{\sqrt{3(3+\sin^2\varphi)}}$$

（2）对于三维空间问题，可采用莫尔—库仑等面积圆 DP3 准则，其 α、k 的表达式如下：

$$\alpha = \frac{2\sqrt{3}\sin\varphi}{\sqrt{2\sqrt{3}\pi(9-\sin^2\varphi)}}, \quad k = \frac{6\sqrt{3}c\cos\varphi}{\sqrt{2\sqrt{3}\pi(9-\sin^2\varphi)}}$$

2.2.2 不同 D-P 准则条件下安全系数的转换

传统边坡稳定分析的极限平衡条分法采用莫尔—库仑准则，稳定安全系数定义为：

$$c' = \frac{c}{\omega}, \quad \tan\varphi' = \frac{\tan\varphi}{\omega}$$

这种安全系数定义有明确的物理意义，安全系数定义根据滑动面的抗滑力（矩）与下滑力（矩）之比得到。为了和目前工程中采用的安全系数定义形式一致，对于 D-P 准则，也采用 c/ω、$\tan\varphi/\omega$ 的安全系数定义形式。

D-P 准则中 α、k 有多种表达形式，采用不同的屈服条件得到的边坡稳定安全系数是不同的，但这些屈服条件是可以互相转换的。目前，国际上的通用程序中，最多也只有外角圆、内角圆、内切圆三种准则，因而实施屈服条件的转换是十分必要的。下面介绍其推导过程。

平面应变莫尔—库仑匹配 DP5 准则（非关联流动法则）中的 α、k 表达式为：

$$\alpha_2 = \frac{\sin\varphi}{3}, \quad k_2 = c\cos\varphi$$

设 c_0、φ_0 为初始强度参数，在外接圆 DP1 准则条件下的安全系数为 ω_1，折减后的参数为 c_1、φ_1；在平面应变莫尔—库仑匹配 DP5 准则（非关联流动法则）条件下的安全系数为 ω_2，折减后的参数为 c_2、φ_2，因此有：

$$\frac{c_0}{c_1} = \frac{\tan\varphi_0}{\tan\varphi_1} = \omega_1, \quad \frac{c_0}{c_2} = \frac{\tan\varphi_0}{\tan\varphi_2} = \omega_2 \tag{2-9}$$

由式（2-9）变换得：

$$\sin\varphi_1 = \sqrt{\frac{\sin^2\varphi_0}{\sin^2\varphi_0 + \omega_1 \times \cos^2\varphi_0}} \tag{2-10}$$

$$\sin\varphi_2 = \sqrt{\frac{\sin^2\varphi_0}{\sin^2\varphi_0 + \omega_2 \times \cos^2\varphi_0}} \tag{2-11}$$

令：

$$\frac{2\sin\varphi_1}{\sqrt{3}(3-\sin\varphi_1)} = \alpha_1 = \frac{\sin\varphi_2}{3} = \alpha_2 \tag{2-12}$$

联立式（2-10）~式（2-12）可得：

$$\omega_2 = \sqrt{\frac{(3\sqrt{\cos^2\varphi_0\omega_1^2+\sin^2\varphi_0}-\sin\varphi_0)^2-12\sin^2\varphi_0}{12\cos^2\varphi_0}} \quad (2-13)$$

式（2-13）即为平面应变莫尔—库仑匹配 DP5 准则（非关联流动法则）和外角外接圆 DP1 准则（非关联流动法则）之间的安全系数转换关系式。只要求得了外角外接圆 DP1 准则条件下的安全系数 ω_1，利用该表达式就可以直接计算出平面应变莫尔—库仑匹配 DP5 准则条件下的安全系数 ω_2。

采用同样的方法，可以得到外角外接圆 DP1 准则的安全系数 ω_1 和莫尔—库仑等面积圆屈服准则 DP3 的安全系数 ω_2 之间的转换关系：

$$\omega_2 = \sqrt{\frac{3\sqrt{3}(3\sqrt{\cos^2\varphi_0\omega_1^2+\sin^2\varphi_0}-\sin\varphi_0)^2-8\sin^2\varphi_0}{18\pi\cos^2\varphi_0}} \quad (2-14)$$

式（2-14）即为外角外接圆 DP1 准则和莫尔—库仑等面积圆 DP3 准则之间的安全系数转换关系式。只要求得了外角外接圆屈服准则条件下的安全系数 ω_1，利用该表达式就可以直接计算出莫尔—库仑等面积圆准则条件下的安全系数 ω_2。表 2-2 为不同参数条件下两种准则之间安全系数的实际转换数据。

不同参数条件下两种准则之间的安全系数转换数据示例　　　　表 2-2

等面积圆 DP3 准则的安全系数 ω_2			1	1.1	1.2	1.3	1.4	1.5	1.6	1.7	1.8	1.9
外角外接圆 DP1 准则的安全系数 ω_1	内摩擦角 φ_0 (°)	0	0.909	1.000	1.091	1.182	1.273	1.364	1.455	1.546	1.637	1.728
		10	0.854	0.945	1.036	1.127	1.218	1.310	1.401	1.492	1.583	1.674
		15	0.822	0.914	1.006	1.097	1.188	1.280	1.371	1.462	1.553	1.644
		20	0.786	0.879	0.971	1.063	1.155	1.247	1.339	1.430	1.521	1.613
		25	0.742	0.837	0.931	1.024	1.117	1.210	1.302	1.394	1.486	1.578
		30	0.685	0.784	0.881	0.977	1.072	1.166	1.259	1.352	1.445	1.537

2.2.3　采用不同流动法则时的影响

有限元计算中，采用关联还是非关联流动法则，取决于 ψ 值（剪胀角）。$\psi=\varphi$ 为关联流动法则，$\psi\neq\varphi$ 为非关联流动法则。对于在平面应变条件下与莫尔—库仑相匹配的 D-P 准则，剪胀角 ψ 可以取 $0\sim\varphi$ 之间不同的值，但是屈服准则中的 α、k 表达式也应相应不同。但通常对应 DP4 准则的 α、k 值剪胀角取 $\psi=\varphi$，而对应 DP5 准则的 α、k 值剪胀角 ψ 宜采用 $0\sim\dfrac{\varphi}{2}$，从计算位移来看，考虑有一定的剪胀，剪胀角取 $\dfrac{\varphi}{2}$ 值有较高的计算精度。

对采用不同流动法则的算例进行分析，结果表明，对同一边坡、同一屈服准则，采用关联还是非关联流动法则，安全系数计算结果稍有一些差异；采用关联流动法则的计算结果比采用非关联流动法则的计算结果略大。

2.2.4 有限元模型计算范围与网格划分以及计算参数对计算精度的影响

边界范围的大小对有限元计算精度的影响较大。经计算分析可知,当坡角到左端边界的距离为坡高的1.5倍,坡顶到右端边界的距离为坡高的2.5倍,且上下边界总高不低于2倍坡高时,计算精度较为理想。若包含渗流计算,其边界范围还要扩大。

计算时必须考虑适当的网格密度,如果网格划分太粗,将会造成很大的误差。究竟单元大小取多大呢?一般根据具体的问题来解决。可以先执行一个你认为合理网格划分的初始分析,再在可能滑裂区域利用两倍多的网格重新分析并比较两者的结果。如果这两者给出的结果几乎相同,则认为前次划分的网格密度是合适的。

网格划分过程中,还可以对重要部位进行局部加密,不重要的地方,可以稀疏一些。需要注意的是,从密集到稀疏最好要有一个平缓的过渡,单元大小不要突然急剧变化,如图2-8所示。

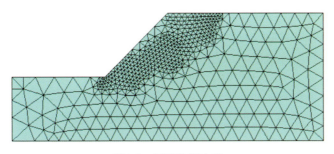

图2-8 有限元网格加密

研究表明,泊松比ν对边坡的塑性区分布范围有影响,ν的取值越小,边坡的塑性区范围越大。但是计算表明,泊松比ν的取值对安全系数计算结果的影响很小。内摩擦角φ值的大小对有限元强度折减系数法的计算精度稍有些影响,且随φ值增大误差随之增大,一般φ值在30°以下时影响很小。弹性模量对边坡位移大小有影响,但是对于稳定安全系数无影响,因而变形参数E、ν可按实际情况来取,即使选用有误,对计算结果也影响不大。

2.3 土坡稳定的双强度折减法分析

2.3.1 双折减系数法的提出

在传统的极限平衡条分法稳定性分析中,两个强度指标c、φ采用了同一安全系数;在强度折减法中,两个强度指标c、φ也采用了同一安全系数。

双强度参数是岩土材料的重要特性,岩土材料既具有黏结强度,又具有摩擦强度。在边坡稳定性分析中,如采用传统的单一安全系数(或折减系数),不能完全反映两个强度参数各自的安全储备特点。首先在边坡失稳过程中,岩土体的强度会发生衰减恶化,但双强度参数中黏聚力与内摩擦角的衰减速度与程度不同,通常黏聚力的衰减程度、速度大于内摩擦角;其次黏聚力与内摩擦角作用机制也不同;再次黏聚力与内摩擦角发挥的先后顺序以及发挥程度也不同,因此,在岩土稳定性分析中各自的强度安全储备也就不同。在岩土稳定性分析中，其安全系数（或折减系数）理应有两个，若采用同一安全系数（或折减系数），则不能准确反映 c、φ 各自的安全储备。

双强度折减法的基本原则：折减后的双强度参数应符合边坡失稳时的实际强度特性。因此，在岩土的稳定性分析中，采用双安全系数或双折减系数能更准确地反映 c、φ 各自的安全储备，也就具有了重要的理论意义和工程实用价值。

2.3.2 双强度折减法中双折减系数的确定

在边坡发生滑动时，黏聚力与内摩擦角到底如何衰减恶化？黏聚力与摩阻力到底谁先发挥作用以及发挥程度怎样？黏聚力与摩阻力作用机制怎样？目前关于这几方面的研究文献很少，而这几方面的问题是解决双安全系数（或折减系数）岩土稳定性研究的关键。

1) 双强度折减系数的定性关系

从微观机制分析，边坡失稳分为突然滑动型、渐进破坏型和复活蠕滑型三种。

（1）若滑带和滑体为剪缩型土体，一般发生突然快速滑动。由于剪缩，颗粒很难发生定向排列，紧密的咬合也未被破坏，破坏前后土体的内摩擦角几乎不变，因此此类型滑坡的稳定系数可以粗略地采用滑动前后黏聚力的安全储备。

（2）若滑带和滑体为渐进破坏型，原来比较紧密的咬合关系受到破坏及扁平颗粒的剪切定向排列引起的内摩擦角的降低和胶结作用等形成的黏聚力丧失，但是，黏聚力丧失的程度比内摩擦角更为厉害，因此，在边（滑）坡稳定性的双折减系数法分析中，黏聚力的折减系数应小于内摩擦角。

（3）若滑带和滑体为临界状态型土体，土体滑动时已达到残余应力状态，一般发生复活蠕滑破坏。该类滑坡一般为深层滑动，滑动的主要原因也是内摩擦角与黏聚力同时衰减。但是对于深层滑动，因为滑动面上的正应力大，内摩阻力的衰减对边（滑）坡的启动贡献相对比较大，因此，此类滑坡与渐进破坏型相比，黏聚力的折减系数应略大于内摩擦角。

2) 双强度折减系数的定量关系

边（滑）坡启动的原因很多，其中含水率变化引起土体强度衰减与应变累积引起土体的应变软化造成的边坡不稳定现象，是边（滑）坡启动中较为常见的。

（1）强度随含水率增加的衰减特性

含水率变化引起土体强度迅速衰减造成的边坡不稳定现象，是边坡失稳中最为常见的一种。而降雨入渗是导致土体含水率发生变化的一个主要因素。降雨入渗造成边坡失稳的主要原因：在坡体内产生较高的孔隙水压力和动水压力，加大了坡体下滑力；在坡体内产生的地下水浮力，降低了滑坡体自重所产生的岩土抗滑摩阻力；雨水的入渗，引起滑带土体含水率变化，从而对滑动面岩土的软化和水解，降低了滑动面岩土的抗剪强度，促使坡体滑动。

黏聚力 c 是土的连接力的反映，包括胶结物连接、结合水连接、毛细水连接。随着含水率增加，土粒外围水膜厚度逐渐增大，致使土中结合水与毛细水的连接逐渐减弱，从而 c 值降低；随含水率增大，土粒外围水膜厚度逐渐增大，土粒间距也在增大，降低了土粒间相对滑动、滚动与相互嵌接咬合力，从而使内摩擦角 φ 下降。分析大量的试验结果得出：随着含水率增加，c 值减少的幅度相对较大，而 φ 值减少的幅度相对较小，即黏聚力的衰减速度大于内摩擦角。如从三峡库区的碎石土的直剪试验可以得出：随着土体含水率的增加，c 值出现明显的降低，而且当饱和度达到90%时，c 值可降到原状土样的1/5左右，但内摩擦角 φ 降到原状土样的2/3左右。

(2) 土体的应变软化特性

土坡发生滑动时，必先形成剪切带。剪切带的形成与土体的应变软化特性相关。沈珠江院士将土体的应变软化特性分为三种：减压软化、剪胀软化和损伤软化。在应变较小时，黏聚力分量能充分发挥作用，同时，剪胀分量也基本发挥，因此土体具有较大的抗剪强度；而当应变超过一定程度时，黏聚力分量迅速破坏且剪胀分量逐渐消失，土体的抗剪强度明显降低，即表现为强度衰减。

黏性土的强度表现出损伤软化特征，随着剪切位移增加，一般会发生剪胀即孔隙增大，克服了粒间的咬合和颗粒的定向排列、结构崩解变松，从而产生结构性损伤而使黏聚力分量和剪胀分量逐渐消失，土粒的排列发生变化及粒间引力减小，从而土体的黏聚力迅速降低，内摩擦角也会相应衰减。对于结构性黏土，其峰值强度比一般正常固结土的峰值强度大得多，但发生剪切时，黏聚力迅速消失殆尽，随着剪胀分量的逐渐消失，抗剪强度逐渐趋于摩擦分量，即内摩擦角逐渐趋于恒定值，黏聚力的衰减速度远大于内摩擦角的衰减速度，最后达到一般正常固结土的残余强度。

砂土的强度表现出剪胀软化特征，由于剪胀即孔隙增大，克服了粒间的咬合和颗粒的定向排列、结构崩解变松，土的连接力即黏聚力肯定会迅速下降，内摩擦角也会相应衰减，从而土体强度达到其残余抗剪强度值 c_r、φ_r。一般情况下，c_r 很小，而残余内摩擦角 φ_r 值比峰值内摩擦角 φ_P 降低幅值不大。

(3) 双强度发挥作用的顺序

岩土材料是双强度材料，试样的直剪试验表明：当水平位移很小时，抗剪强度迅速增加，黏聚力发挥作用，随着水平位移增大，摩擦力逐渐发挥作用并随之增大，直至达到极限值；边坡稳定与否是 c、φ 共同作用的结果，在边坡发生滑动时，黏聚力首先得到充分发挥，随着应变增加，内摩阻力（即内摩擦角）才逐渐发挥作用。

基于土体的衰减特性和 c、φ 不同的作用机制，在双安全系数（或双折减系数）分析中，应采用黏聚力 c 的折减系数大于内摩擦角 φ 的折减系数的双折减系数法。

(4) 边坡稳定性的双安全系数（或双折减系数）公式推导

下面对边坡稳定性计算时 c、φ 的不同折减系数进行推导。

将均质土坡竖直分成 n 个条块，土条 i 上的作用力有重力 W_i、滑面上的法向反力 N_i 和切向反力 T_i，及土条两侧的竖向剪切力 X_i、X_{i+1} 和法向力 E_i、E_{i+1}。这里有 5 个未知数，但只能建立 3 个平衡方程，因此为静不定问题。为了求得 T_i 和 N_i，必须对土条两侧作用力作适当的假定。

在推导边坡安全系数时，借助于简化 Bishop 条分法的基本思路，条块受力如图 2-9 所示。基本假定：不考虑条块之间的竖向剪切力差值，即假定条块两边竖向作用力大小相等，方向相反。那么根据土条 i 的竖向平衡可得：

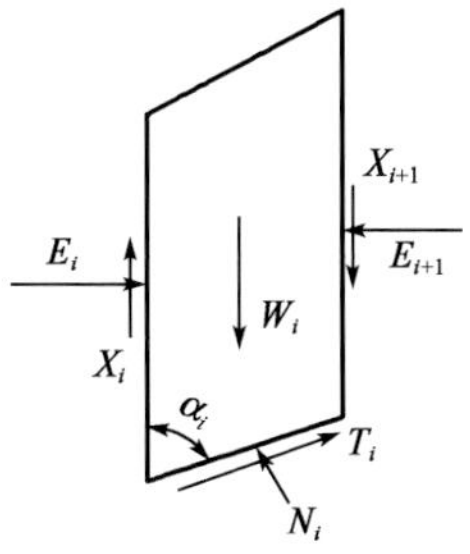

$$W_i - T_i \sin\alpha_i - N_i \cos\alpha_i = 0$$

即
$$N_i \cos\alpha_i = W_i - T_i \sin\alpha_i \tag{2-15}$$

图 2-9 条块受力示意图

若 c、φ 的折减系数不同，当 φ 的折减系数为 F_φ，c 的折减系数为 F_c 时，土条 i 可达到极限平衡，滑面上的切向力刚好与抗剪强度相平衡，即滑面上的切向力为：

$$T_i = \frac{1}{F_\varphi} N_i \tan\varphi_i + \frac{c_i l_i}{F_c}$$

$$N_i\cos\alpha_i = W_i - \frac{1}{F_\varphi}N_i\tan\varphi_i\sin\alpha_i - \frac{1}{F_c}c_il_i\sin\alpha_i$$

即
$$N_i = \frac{W_i - \dfrac{c_il_i\sin\alpha_i}{F_c}}{\cos\alpha_i + \dfrac{1}{F_\varphi}\tan\varphi_i\sin\alpha_i} \tag{2-16}$$

根据 $K = \dfrac{\sum(N_i\tan\varphi_i + c_il_i)}{\sum W_i\sin\alpha_i}$ 得到：

$$1 = \frac{\sum\left(\dfrac{W_i - \dfrac{1}{F_c}c_il_i\sin\alpha_i}{\cos\alpha_i + \dfrac{1}{F_\varphi}\tan\varphi_i\sin\alpha_i} \cdot \dfrac{\tan\varphi_i}{F_\varphi} + \dfrac{c_il_i}{F_c}\right)}{\sum W_i\sin\alpha_i}$$

整理后，可得：

$$1 = \frac{\sum\left(\dfrac{W_i\tan\varphi_i}{F_\varphi} + \dfrac{c_il_i\cos\alpha_i}{F_c}\right)}{\sum W_i\sin\alpha_i\left(\cos\alpha_i + \dfrac{1}{F_\varphi}\tan\varphi_i\sin\alpha_i\right)} \tag{2-17}$$

式中：W_i——第 i 土条的重力（kN）；

α_i——第 i 土条底部与水平面的倾角；

F_φ——内摩擦角 φ 的安全系数（或折减系数）；

F_c——黏聚力 c 的安全系数（或折减系数）；

c_i,φ_i——第 i 土条滑面的初始黏聚力与内摩擦角。

式（2-17）即为极限平衡条分法双安全系数的隐式解，即边坡达到极限平衡时，两个安全系数（或双折减系数）的隐式关系。但一个等式里有两个安全系数（或折减系数），为了能求出这两个安全系数，必须进行假定。对于不同土坡，可以根据双强度的衰减特性与作用机制，假定两个安全系数成一定的比例进行配套折减。

配套折减的基本原则就是使 c、φ 采用不同的折减系数的配套折减后的强度参数符合边坡失稳时的实际情况，其双折减系数比值 $k = F_c/F_\varphi$ 大小的依据主要是 c、φ 不同的衰减速度和衰减程度。若黏聚力 c 衰减得快、下降多，φ 衰减得慢，未破坏之前的黏聚力 c 与剪切带形成时的黏聚力 c 的比值就大，即 F_c 就大，而未破坏之前的 φ 与土坡失稳时 φ 的比值就小，即 F_φ 就小，按 $k = F_c/F_\varphi > 1$ 方式配套折减。从前面土体的衰减特性可以得出初步建议：三峡库区一般残坡积土的 $k = F_c/F_\varphi \approx 1.5$；结构性黏土 $k = F_c/F_\varphi \geqslant 2$。

边坡双安全系数稳定分析计算步骤如下：首先进行竖直条分，并根据式（2-17）编制 Excel 表，不断按比例折减强度参数 c、φ，将折减后的强度参数输入 Excel 表，直至边坡的稳定系数等于 1（即达到极限平衡），此时的双折减系数即为所求的双安全系数。这种方法就是极限平衡双强度折减条分法。

3）边坡稳定的有限元双强度折减法

在 ANSYS 有限元程序中，屈服准则采用了外角外接圆 DP1 准则。但采用外角外接圆 DP1 屈服准则计算出来的安全系数偏大，在平面应变条件下采用莫尔—库仑匹配 DP4 准则得出的安全系数较合理。因此，在采用有限元双强度折减法时强度参数的折减采用两步：

(1) 准则的转换：以土体的实际强度参数将安全系数设置为1，将外角外接圆DP1准则转换为莫尔—库仑匹配DP4准则，转换后得到c_1和φ_1；

(2) 再按双折减系数F_c和F_φ将c_1和φ_1进行折减，得到c_2和φ_2，将c_2和φ_2值输入程序中，直到计算不收敛为止，对应的F_c和F_φ即为所求的双安全系数。

外角外接圆DP1准则与关联流动法则下的平面应变莫尔—库仑匹配DP4准则之间安全系数的转换公式如下：

$$F_2 = \sqrt{\frac{(3\sqrt{\cos^2\varphi_0 F_1^2 + \sin^2\varphi_0} - \sin\varphi_0)^2 - 12\sin^2\varphi_0}{12\cos^2\varphi_0}} \tag{2-18}$$

式中：φ_0——土体实际的抗剪强度参数；

F_1，F_2——分别为外角外接圆DP1准则和平面应变莫尔—库仑匹配DP4准则下的安全系数（折减系数）。

令$F_2 = 1$，求得F_1，即其隐式解如下：

$$9F_1^2\cos^2\varphi_0 + 10\sin^2\varphi_0 - 6\sin\varphi_0\sqrt{\cos^2\varphi_0 F_1^2 + \sin^2\varphi_0} - 12 = 0 \tag{2-19}$$

将土体实际的抗剪强度参数φ_0代入式（2-19）即可求得F_1；然后将土体实际的抗剪强度参数c_0、φ_0除以F_1，即可得c_1、φ_1，到此完成了两种准则之间的转换，最后将c_1、φ_1分别除以F_c和F_φ得到的按双折减系数法折减的值输入程序。

2.3.3 不同土性边坡的双安全系数分析算例

算例2-1：$\gamma = 20\text{kN/m}^3$，$E = 2 \times 10^3 \text{kPa}$，$\mu = 0.32$，坡高10m，坡角为45°的边坡，$c = 120\text{kPa}$，$\varphi = 10°$，滑体为结构性黏土，采用双折减系数分析。

因为边坡为结构性黏土，根据前面对结构性黏土的强度衰减特性分析知：黏聚力分量的迅速破坏，同时随着颗粒的剪切定向等，内摩擦角一般要降低2°左右，因此，在进行强度折减时，应该有$F_c \gg F_\varphi$；下面采用$F_c = 2F_\varphi$、$F_c = 2.5F_\varphi$、$F_c = 3F_\varphi$和$F_c = 4F_\varphi$四种方案进行分析，分析结果见表2-3。并与传统的c、φ同一折减系数进行对比分析，同时用有限元强度折减法的计算结果作印证。

边坡极限平衡双强度折减条分法c、φ各自的安全系数表　　　　表2-3

折减方式	F_c	F_φ	折减后的黏聚力（kPa）	折减后的内摩擦角（°）
$F_c = 2F_\varphi$	3.08	1.54	38.96	6.53
$F_c = 2.5F_\varphi$	3.24	1.30	37.04	7.75
$F_c = 3F_\varphi$	3.52	1.17	34.09	8.55
$F_c = 4F_\varphi$	4.01	1.00	29.93	10.00
$F_c = F_\varphi$	2.56	2.56	46.90	3.94

有限元（采用ANSYS）强度折减法的计算模型如图2-10所示。达到极限平衡时，其潜在滑动面位置根据ANSYS的水平塑性应变等值云图来表示，其滑动面如图2-11所示。传统的同一折减系数时的滑动面如图2-12所示。

表2-3为极限平衡双强度折减条分法的计算结果，表2-4为有限元双强度折减法的计算结果。从表2-3可以看出，采用双折减系数的比例不同，达到极限平衡时的强度参数具有显

著差别,但是哪一比例比较符合实际呢?因为边坡为结构性黏土,黏聚力会迅速崩解破坏,最后达到一般黏性土的残余黏聚力,而内摩擦角下降比较少。当采用 $F_c=2.5F_\varphi$ 方式,达到极限平衡时,$F_\varphi=1.30$,$F_c=3.24$,折减后,内摩擦角下降了 $2.25°$,黏聚力下降了 83kPa(约 70%),这与前面分析的结构性黏土强度衰减特性比较吻合,因此,在进行此边坡的双安全系数分析时,对于此结构性土坡建议采用 $F_c=2.5F_\varphi$ 方式。

有限元双强度折减法 c、φ 各自的安全系数表 表 2-4

折减方式	F_c	F_φ	程序输入的黏聚力 c_2 (kPa)	程序输入的内摩擦角 φ_2 (°)
$F_c=2F_\varphi$	3.14	1.57	31.21	5.23
$F_c=2.5F_\varphi$	3.33	1.33	29.43	6.18
$F_c=3F_\varphi$	3.56	1.19	27.53	6.90
$F_c=4F_\varphi$	4.10	1.00	29.93	8.19
$F_c=F_\varphi$	2.59	2.59	37.83	3.18

注:外角外接圆 DP1 准则转换为平面应变莫尔—库仑匹配 DP4 准则后,$c_1=98$kPa,$\varphi_1=8.19°$。

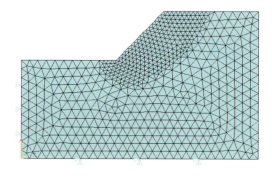

图 2-10 计算模型

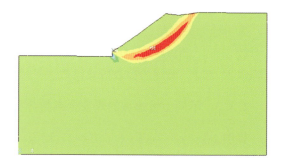

图 2-11 水平塑性应变等值云图($F_c=3F_\varphi=3.56$)

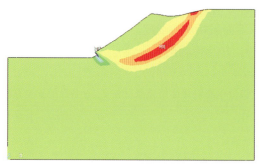

图 2-12 水平塑性应变等值云图($F_c=3F_\varphi=2.55$)

从表 2-3 与表 2-4 可以看出,通过有限元双强度折减法分析,其计算结果与极限平衡双强度折减条分法吻合得很好。从图 2-11 与图 2-12 对比可以看出,采用同一安全系数时滑动面要比实际的深得多。

算例 2-2:边坡坡高 $H=20$m,坡角 $\beta=45°$,材料重度 25kN/m³,黏聚力 $c=42$kPa,内摩擦角 $\varphi=17°$,滑体为一般的残坡积土。

因为滑体为残坡积土,强度衰减特性为:黏聚力的衰减速度大于内摩擦角,一般内摩擦角要降低 2°左右。因此,在进行强度折减时,应该有 $F_c \gg F_\varphi$。下面采用 $F_c=1.5F_\varphi$ 和 $F_c=2F_\varphi$ 两种方案进行分析,分析结果见表 2-5。

边坡极限平衡双强度折减条分法 c、φ 各自的安全系数表　　　　表 2-5

折减方式	F_c	F_φ	折减后的黏聚力（kPa）	折减后的内摩擦角（°）
$F_c=1.5F_\varphi$	1.74	1.16	24.14	14.77
$F_c=2F_\varphi$	2.10	1.05	20.00	16.24
$F_c=F_\varphi$	1.376	1.376	30.52	12.52

因为边坡为残坡积土，根据其衰减特性，当采用 $F_c=1.5F_\varphi$ 方式的双安全系数分析时，边坡达到极限状态时内摩擦角下降了 2.23°，黏聚力下降了 17.9kPa（降幅 42.5%）。这种折减方式是比较符合实际情况的。因此，在进行此边坡的双安全系数分析时，建议采用 $F_c=1.5F_\varphi$ 方式。若采用同一安全系数时，破坏时内摩擦角下降了 4.48°，黏聚力下降了 11.48kPa，与实际的强度衰减特性不很吻合。

有限元（采用 ANSYS）强度折减法的计算模型如图 2-13 所示。达到极限平衡时，在有限元强度折减法中采用平面应变下莫尔—库仑匹配 DP4 准则。其潜在滑动面位置根据 ANSYS 的水平塑性应变等值云图来表示，其滑面如图 2-14 和图 2-15 所示。分析结果见表 2-6。

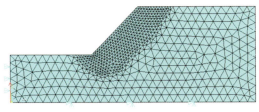

图 2-13　ANSYS 计算模型

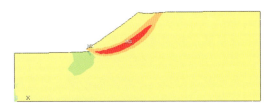

图 2-14　c、φ 的折减系数均为 1.39 时得到的水平方向塑性应变等值云图（同等折减）

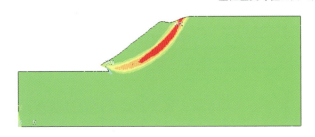

图 2-15　$F_c=1.5F_\varphi$ 折减方式达到极限平衡时的水平塑性应变等值云图（$F_\varphi=1.18$）

有限元双强度折减法 c、φ 各自的安全系数表　　　　表 2-6

折减方式	F_c	F_φ	程序输入的黏聚力 c_2（kPa）	程序输入的内摩擦角 φ_2（°）
$F_c=1.5F_\varphi$	1.77	1.18	18.38	11.35
$F_c=2F_\varphi$	2.06	1.03	15.79	12.95
$F_c=F_\varphi$	1.39	1.39	23.41	9.67

注：外角外接圆 DP1 屈服准则转换为平面应变莫尔—库仑匹配 DP4 准则后，$c_1=32.54$kPa，$\varphi_1=13.33°$。

从表 2-5 与表 2-6 可以看出，通过有限元双强度折减法分析，其计算结果与极限平衡双强度折减条分法吻合。从图 2-14 与图 2-15 对比可以看出，采用同一安全系数时滑动面比实际的深得多，但要平缓一些。

参 考 文 献

[1] Zienkiewicz O C, Humpheson C, Lewis R W. Associated and Non-associated Visco-plasticity and Plasticity in Soil Mechanics[J]. Geotechnique, 1975, 25 (4): 671-689.

[2] Matsui T, San K C. Finite Element Slope Stability Analysis by Shear Strength Reduction Technique[J]. Soils and Foundations, 1992, 32 (1): 59-70.

[3] Griffiths D V, Lane P A. Slope Stability Analysis by Finite Elements[J]. Geotechnique, 1999, 49 (3): 387-403.

[4] Lane P A, Griffiths D V. Assessment of Stability of Slopes under Drawdown Condition [J]. Geotech Geoenv Eng ASCE, 2000, 126 (5): 443-450.

[5] Smith I M, Griffiths D V. Programming the Finite Element Method. John Wiley and Sons Chichester[M]. 3rd ed. New York: 1998.

[6] Dawson E M, Roth W H, Drescher A. Slope Stability Analysis by Strength Reduction[J]. Geotechnique, 1999, 49 (6): 835-840.

[7] 宋二祥. 土工结构安全系数的有限元计算[J]. 岩土工程学报, 1997, 19 (2): 1-7.

[8] 连镇营, 韩国城, 孔宪京. 强度折减有限元法研究开挖边坡的稳定性[J]. 岩土工程学报, 2001, 23 (4): 407-411.

[9] 赵尚毅, 郑颖人, 时卫民, 等. 用有限元强度折减法求边坡稳定安全系数[J]. 岩土工程学报, 2002, 24 (3): 343-346.

[10] 郑宏, 李春光, 李焯芬, 等. 求解安全系数的有限元法[J]. 岩土工程学报, 2002, 24 (5): 626-628.

[11] 郑颖人, 赵尚毅. 岩土工程极限分析有限元法及其应用[J]. 土木工程学报, 2005, 38 (1): 91-99.

[12] 郑颖人, 赵尚毅, 孔位学, 等. 岩土工程极限分析有限元法[J]. 岩土力学, 2005, 26 (1): 163-168.

[13] 郑颖人, 赵尚毅, 张鲁渝. 用有限元强度折减法进行边坡稳定分析[J]. 中国工程科学, 2002, 10 (4): 57-61.

[14] 赵尚毅, 郑颖人, 张玉芳. 有限元强度折减法中边坡失稳的判据探讨[J]. 岩土力学, 2005, 26 (2): 332-336.

[15] 时卫民, 郑颖人. 莫尔—库仑屈服准则的等效变换及其在边坡分析中的应用[J]. 岩土工程技术, 2003 (3): 155-159.

[16] 邓楚健, 何国杰, 郑颖人. 基于M-C准则的D-P系列准则在岩土工程中的应用研究[J]. 岩土工程学报, 2006 (6): 735-739.

[17] 郑颖人, 沈珠江, 龚晓南. 岩土塑性力学原理[M]. 北京: 中国建筑工业出版社, 2002.

[18] 张鲁渝, 时卫民, 郑颖人. 平面应变条件下土坡稳定有限元分析[J]. 岩土工程学报, 2002, 24 (4): 487-490.

[19] 赵尚毅, 郑颖人. 基于Drucker-Prager准则的边坡安全系数转换[J]. 岩石力学与工程学报, 2006 (增1): 270-273.

[20] 张鲁渝，郑颖人，赵尚毅. 有限元强度折减系数法计算土坡稳定安全系数的精度研究[J]. 水利学报, 2003 (1)：21-27.

[21] Duncan J M. State of the Art：Limit Equilibrium and Finite Element Analysis of Slopes[J]. Journal of Geotechnical Engineering, 1996，122 (7)：577-596.

[22] Zheng Yingren，Deng Chujian，Zhao Shangyi, et al. Development of Finite Element Limit Analysis Method and Its Applications in Geotechnical Engineering[J]. Engineering Sciences，2007，9 (3)：10-36.

[23] 唐芬，郑颖人，赵尚毅. 土坡渐进破坏的双安全系数讨论[J]. 岩石力学与工程学报，2007，26 (7)：1402-1407.

[24] 吴丽君. 有限元强度折减法有关问题研究及工程应用[D]. 中南大学硕士论文，2009.

[25] 赵尚毅. 有限元强度折减法及其在土坡与岩坡中的应用[D]. 后勤工程学院博士学位论文，2004.

[26] 邓楚键. 有限元极限分析法及其在地基工程中的应用[D]. 后勤工程学院博士学位论文，2008.

第3章 有限元强度折减法在土坡中的应用

本章通过一个土坡稳定性分析算例，介绍采用有限元强度折减法分析土坡稳定安全系数的主要过程。

3.1 均质土坡稳定性分析

均质土坡，坡高 $H=20\text{m}$，土重度 $\gamma=20\text{kN/m}^3$，黏聚力 $c=42\text{kPa}$，内摩擦角 $\varphi=17°$，用有限元强度折减法求坡角 $\beta=30°$ 时边坡的稳定安全系数以及对应的滑动面。

3.1.1 ANSYS 程序简介

在众多可用的通用和专用有限元软件中，ANSYS 是较为通用有效的商用有限元软件之一，目前在世界各地拥有 50 000 多用户。ANSYS 软件从 20 世纪 70 年代诞生至今，经过 40 多年的发展，已经成为能够紧跟计算机软硬件发展最新水平、功能丰富、用户界面友好、前后处理和图形功能完备的，融结构、热、流体、电磁、声学于一体的有限元软件。该软件从 20 世纪 90 年代开始在我国铁道、石油化工、航空航天、机械制造、能源、汽车交通、国防军工、电子、土木工程、造船等领域得到应用，许多理工院校也应用该软件进行科学研究。最近开发的土木工程模块 Civil-FEM for ANSYS 应用在岩土工程上可以处理土力学、基础工程和岩石力学中的二维与三维应力分析以及填筑和开挖问题、边坡稳定性问题、土与结构的相互作用，及坝、隧洞、钻孔涵洞、船闸分析等平衡问题。

ANSYS 程序有两个基本层：开始器层和处理器层。当第一次进入 ANSYS 时，处于处理器层。从处理器层可以进入任何一个 ANSYS 处理器。图 3-1 所示处理器层是完成待定目的的函数和程序的集合，用户能够在开始层清除数据库或改变文件分配。

常用的 ANSYS 处理器有三种：前处理器（PREP7）、求解器（SOLUTION）、通用后处理器（POST1）。

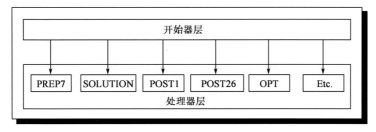

图 3-1 ANSYS 程序的组织结构

3.1.2 用 ANSYS 创建有限元模型

前处理模块（PREP7）包含了创建有限元模型所需要的所有命令：
（1）定义单元类型及其选项；
（2）定义材料属性；
（3）建立几何模型；
（4）定义单元网格控制参数；
（5）单元网格划分。

1）定义单元类型及其选项

ANSYS 提供了 150 多种单元来分析各种不同的问题，因此选择正确的单元类型是分析工程中非常重要的一步。ANSYS 中的每一个单元类型都是由类别名跟一个编号来识别的。例如二维实体单元的类别名为 PLANE，而 PLANE42 是一个 4 节点的四边形单元，用于结构力学问题的建模。该单元由 4 个节点组成，每个节点有两个自由度。而 PLANE82 是一个 8 节点（4 个角节点和 4 个中节点）组成的单元，是二维 4 节点四边形单元 PLANE42 的高阶形式。

本次二维边坡稳定性分析模型选择 PLANE82 单元，如图 3-2 所示。它是二维 4 节点单元的高阶版本，对于四边形和三角形混合网格，可用于对含曲线边界的问题建模，适应不规则形状且损失较少精度。ANSYS 使用的许多单元都允许用户针对特定的分析指定额外的选项。这些选项在 ANSYS 中被当做关键选项 KEOPT。在 PLANE82 单元中，用户可以通过 KEOPT3 选项选择平面应力、轴对称、平面应变等。本次二维边坡稳定分析单元选项选择平面应变模型，如图 3-3 所示。

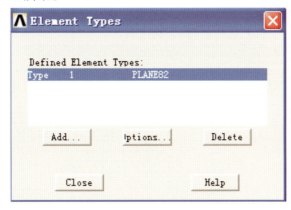

图 3-2 选择单元类型对话框

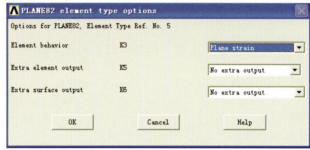

图 3-3　单元受力模式选择

2）定义材料属性

单元类型选择好后，接下来定义材料属性。对于均质土坡稳定性分析，需要获得边坡极限状态时的破坏模式及其对应的强度储备安全系数，所关心的主要是强度问题，因此，岩土体材料可选择理想弹塑性模型。ANSYS 程序提供了理想弹塑性模型，但屈服准则是外角外接圆 DP1 准则。在 ANSYS 中需要输入的参数有土体重度、弹性模量、泊松比、内摩擦角、黏聚力、剪胀角 6 个参数，见表 3-1。

土体材料力学参数　　　　　　　　　　　表 3-1

参数名称	符号	参　数	参数名称	符号	参　数
弹性模量	E	10 000kPa	内摩擦角	φ	17°
泊松比	ν	0.35	黏聚力	c	42kPa
土体重度	γ	20kN/m³	剪胀角	ψ	17°

用户可以通过下列命令定义材料的属性：

主菜单：Preprocessor→Material Props→Material Model。

图 3-4～图 3-8 是定义材料属性的对话框。

图 3-4　定义材料模型对话框

密度参数采用国际标准单位 kg/m³，弹性模量单位为 Pa。

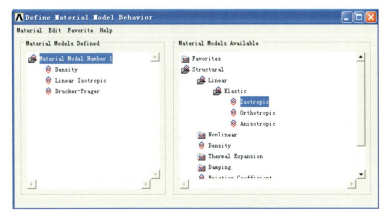

图 3-5 定义各向同性材料对话框

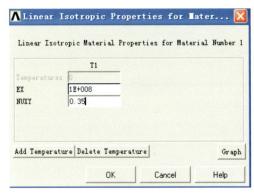

图 3-6 材料弹性变形参数输入

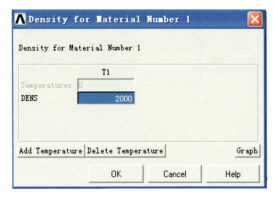

图 3-7 岩土材料密度参数输入

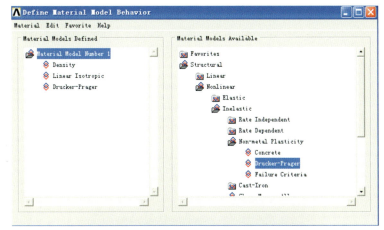

图 3-8 岩土材料抗剪强度参数定义及输入

3) 建立几何模型

在 ANSYS 中建立二维边坡几何模型的方法有多种：一是直接手工法，在 ANSYS 前处理模块中通过建立关键点、线、面形成模型。这种方法一般适合于比较简单的问题。二为实体建模法，通过 AutoCAD 建立几何实体模型，然后再转换输入。这种方法适合于几何模型比较复杂的问题，比如地面线不规则的地质剖面图。

下面介绍在 ANSYS 中建立边坡几何模型的主要步骤。

(1) 直接手工法

①首先创建关键点。

主菜单：Preprocessor→Modeling→Create→Keypoints→In Active CS，弹出如图 3-9 所示对话框。

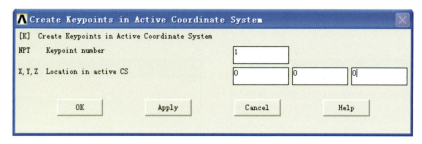

图 3-9 手工法输入关键点坐标

在 X、Y 中分别输入各关键点的坐标，单击 OK 便创建了一个关键点。依次重复上述过程，创建边坡几何模型控制点。列表如下：

NO.	X	Y	Z
1	0.000 000	0.000 000	0.000 000
2	−30.000 00	0.000 000	0.000 000
3	34.641 00	20.000 00	0.000 000
4	84.641 00	20.000 00	0.000 000
5	−30.000 00	−20.000 00	0.000 000
6	84.641 00	−20.000 00	0.000 000

②通过关键点直接创建面。

主菜单：Preprocessor→Modeling→Create→Areas→Arbitrary→Through KPS，弹出如图 3-10 所示对话框，依次拾取各关键点，点击 OK 便生成需要创建的几何模型。

(2) 实体建模法

直接建模法适合于简单的规则小模型，如果形状复杂则需要处理大量的坐标数据。此时可采用 AutoCAD 建模输入。AutoCAD 是微机系统中应用最为广泛的图形平台，对系统硬件条件要求低，易学易用，功能齐全，拥有众多用户。

ANSYS 提供了与大多数 CAD 软件进行数据共享和交换的图形接口，ANSYS 自带的图形接口能识别 IGES、ParaSolid、CATIA、Pro/E、UG 等标准的文件。使用这些接口转换模型的方法很简单，只要在 CAD 中将建好的模型使用"另存为"或者"导出命令"，保存为 ANSYS 能识别的标准图形文件，通常使用的有 IGES 和 ParaSolid 文件。在 ANSYS 中使用 File→Import 导入模型,然后进行模型修改。对于 CATIA 和 PRO/E 等 CAD 软件,AN-SYS 能直接识别它们的文件,不需要另存为其他格式的文件。对于 AutoCAD、UG、SOLIDWORKS 来说,由于 ANSYS 不能直接识别,所以要保存为 ANSYS 能识别的格式。有如下两种方法:

①在 AutoCAD 中打开 file,选择 Export,保存类型选 ACIS(*.sat),输入要导出的 AutoCAD 文件名,在 ANSYS 中打开 file,选择 Import 下的 sat 文件类型,输入要导出的 AutoCAD 文件名即可。

②利用 ANSYS 自带的 iges 格式进行文件交换。AutoCAD2000 以上版本,要从 AutoDesk 网站下载转换工具,再打开 file 菜单下的 Export,选择文件类型为 *.iges,输入文件名。在 ANSYS 下将 Import 下的文件类型选为 iges,输入要导出的 AutoCAD2000 文件名即可。

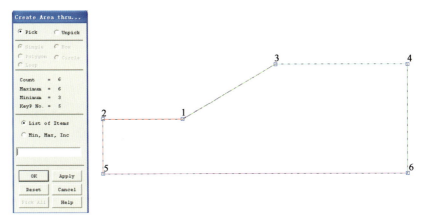

图 3-10　通过关键点创建面

具体操作步骤如下:

①首先在 AutoCAD 中建立边坡几何模型,然后运用 Boundary 命令,对象类型选择面域,并选择拾取点,回车后点击封闭的区域,生成一个封闭的面域,如图 3-11 所示。

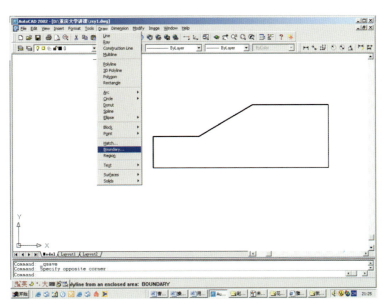

图 3-11

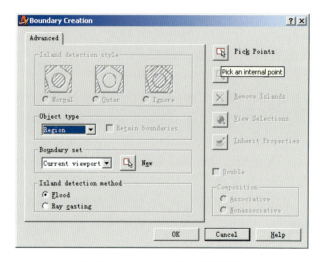

图 3-11 在 AutoCAD 中创建面域实体

②然后在文件下拉菜单中选择 Export 输出选项，将文件名设置为 ZSY.sat，如图 3-12 所示。

图 3-12 面域实体文件输出

③选择输出目标时，输入回车，此时得到一个 ANSYS 程序可以读入的文件 ZSY.sat。

④打开 ANSYS 软件，在 ANSYS 中输入 AutoCAD 保存的 sat 文件，过程如图 3-13 所示。

4）定义单元网格控制参数

如果指定了单元属性和大小，ANSYS 程序会自动生成节点和单元。

单元属性包括单元类型、实常数和材料属性。控制单元大小最简单的方法是定义一个全局范围内的单元大小，例如指定单元的边长为 1 个单位，那么 ANSYS 自动产生的单元边长不会超过 1 个单位；另外一种控制单元网格大小的方法是指定边线上单元的数目。

主菜单：Preprocessor→Meshing→Size Cntrls→Manual Size→Global→Size，弹出如图 3-14 所示对话框。

计算结果与网格密度有关，如果网格划分太粗，将会造成很大的误差，如果网格划分过于细致，将花费过多的计算时间，计算时必须考虑适当的网格密度。究竟单元大小取多少呢？不幸的是，目前还没有人能给出确切的答案。一般根据具体的问题来解决。可以先执行一个认为合理的网格划分的初始分析,再在危险区域利用两倍多的网格重新分析并比较两者的结果。如果这两者给出的结果几乎相同,则认为前次划分的网格密度是合适的。

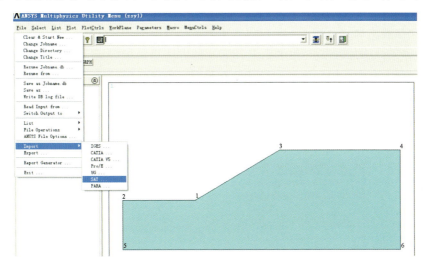

图 3-13　在 ANSYS 中输入面域实体

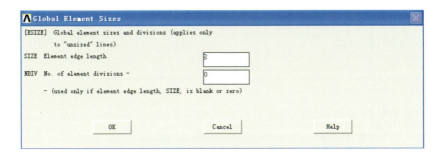

图 3-14　单元边长设置

5) 单元网格划分

创建有限元模型的下一步是将几何模型分解成节点和单元。这一过程称为网格化。

主菜单:Preprocessor→Meshing→Mesh→Areas→Free,这时会弹出一个拾取对话框。此时用户可以拾取边坡几何面选取 Apply 按钮进行网格划分,如图 3-15 所示。

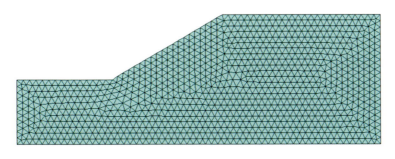

图 3-15　单元网格划分

自由网格划分既可以使用混合的单元形状,也可以全部使用三角形单元,而映射网格划分仅使用四边形单元和六面体单元。单元网格局部加密如图 2-8 所示。

3.1.3 应用边界条件、荷载

单元网格划分后的下一步是施加边界条件和正确的荷载。在 ANSYS 中有两种方法可以将边界条件和荷载施加到模型上：①可以将边界条件直接施加在实体模型上（关键点、线和面）；②将边界条件施加在节点和单元上。第一种方法更可取，因为以后改变网格的大小，不需要再次对新的有限元模型施加边界条件和荷载。值得一提的是，如果决定在求解阶段对关键点施加荷载，ANSYS 会自动将这些信息传递给节点。用户可以使用求解器中的命令来设置边界条件和荷载，包括自由度约束、重力荷载。本边坡模型边界条件为坡体底边界为固定约束，左、右边界为水平约束，上边界为自由边界，如图 3-16 所示。

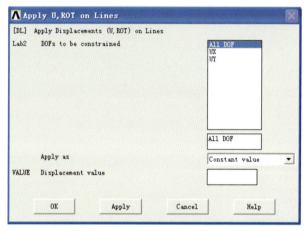

图 3-16 边界条件设置

土体重力荷载的施加是通过设置重力加速度来实现的，如图 3-17 所示。

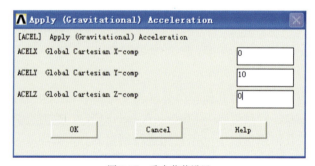

图 3-17 重力荷载设置

注意这里输入的是向上（Y 方向）的重力加速度值 10，而不是向下的 -10，如图 3-18 所示。由此得到向下的重力荷载。

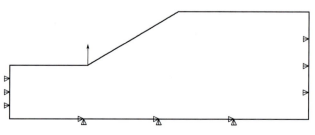

图 3-18 边界条件设置示意图

3.1.4 非线性问题有限元求解

完成模型创建,并应用边界条件和正确的荷载之后,就可以用 ANSYS 求解由模型产生的非线性矩阵方程组。在这一步中,定义分析类型和选项,指定荷载步选项,开始有限元求解。非线性求解常常采用增量荷载,而且总是需要平衡迭代。处理过程如下:

1) 进入 ANSYS 求解器

命令:/SOLU

GUI:Main Menu>Solution

2) 定义分析类型及选项

(1) 分析类型和分析选项在第一个荷载步后,也就是说在发出第一个 SLOVE 命令之后不能改变。ANSYS 提供的结构分析类型有:

①静力分析:用于静态荷载,可以考虑结构的线性及非线性行为,例如大变形、大应变、应力刚化、接触、塑性、超弹及蠕变等。

②模态分析:计算线性结构的自振频率及振型。

③谱分析:是模态分析的扩展,用于计算由于随机振动引起的结构应力和应变(也叫做响应谱或 PSD)。

④谐响应分析:确定线性结构对随时间按正弦曲线变化的荷载响应。

⑤瞬态动力学分析:确定结构对随时间任意变化的荷载响应,可以考虑与静力分析相同的结构非线性行为。

⑥特征屈曲分析:用于计算线性屈曲荷载并确定屈曲模态形状(结合瞬态动力学分析可以实现非线性屈曲分析)。

⑦专项分析:断裂分析、复合材料分析、疲劳分析。

⑧显式动力学分析 ANSYS/LS-DYNA:用于模拟非常大的变形,惯性力占支配地位,并考虑所有的非线性行为。它的显式方程用于求解冲击、碰撞、快速成型等问题,是目前求解这类问题最有效的方法。

(2) 在采用有限元强度折减法分析边坡稳定性时,分析类型选用静力分析,如图 3-19 所示。静力分析是计算在固定不变的荷载作用下结构的效应,不考虑惯性和阻尼的影响,如结

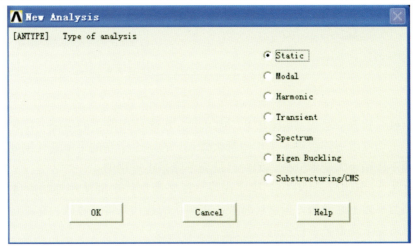

图 3-19 定义分析类型

构受随时间变化荷载的情况。可是，静力分析可以计算那些固定不变的惯性荷载对结构的影响（如重力和离心力），以及那些可以近似为等价静力作用的随时间变化荷载（如通常在许多建筑规范中所定义的等价静力风载和地震荷载）。

静力分析所施加的荷载包括：

①外部施加的作用力和压力；

②稳态的惯性力（如重力和离心力）；

③位移荷载；

④温度荷载。

ANSYS 提供了如下静态分析选项：

①选项：新的分析（ANTYPE）。

一般情况下会使用 New Analysis（新的分析）。

②选项：分析类型——静态（ANTYPE）。

选择 Static（静态）。

③选项：大变形或大应变选项（GEOM）。

并不是所有的非线性分析都将产生大变形。对于均质土坡稳定性分析，推荐关闭大变形选项。

④选项：牛顿—拉普森选项（NROPT）。

在求解非线性有限元方程组的过程中，ANSYS 程序提供了多种迭代求解方法，比如全牛顿—拉普森迭代方法、修正的牛顿—拉普森迭代方法等。

全牛顿—拉普森迭代（NROPT，FULL）：如图 3-20 所示，程序使用完全的牛顿—拉普森处理方法。在这种处理方法中，每进行一次平衡迭代修改刚度矩阵一次。如果自适应下降是关闭的，则程序每一次平衡迭代都使用正切刚度矩阵（一般不建议关闭自适应下降，但是或许这样做可能更有效。）如果自适应下降是打开的（缺省），只要迭代保持稳定（也就是，只要残余项减小，且没有负主对角线出现）程序将仅使用正切刚度阵。如果在一次迭代中探测到发散倾向，程序抛弃发散的迭代且重新开始求解，应用正切和正割刚度矩阵的加权组合。当迭代回到收敛模式时，程序将重新开始使用正切刚度矩阵。对复杂的非线性问题，自适应下降通常将提高程序获得收敛的能力。

图 3-20　牛顿—拉普森选项设置

修正的牛顿—拉普森迭代（NROPT，MODI）：程序使用修正的牛顿—拉普森方法。在这种方法中，正切刚度矩阵在每一子步中都被修正。在一个子步的平衡迭代期间矩阵不被改变。这个选项不适用于大变形分析，此时自适应下降是不可用的。

初始刚度法（NROPT，INIT）：程序在每一次平衡迭代中都使用初始刚度矩阵这一选项比完全选项似乎较不易发散，但它经常要求更多次的迭代来得到收敛。它不适用于大变形分析，此时自适应下降也是不可用的。

程序选择（NROPT，AUTO）：程序基于模型中存在的非线性种类选择用这些选项中的一个。在需要时,牛顿—拉普森方法将自动激活自适应下降。

3) 在模型上加载

在大变形分析中,惯性力和点荷载将保持恒定的方向,但表面力将"跟随"结构而变化。

4) 指定荷载步选项

这些选项可以在任何荷载步中改变。ANSYS 还提供了如下普通选项:

(1) Time(TIME)。ANSYS 程序借助在每一个载荷步末端给定的 TIME 参数识别出载荷步和子步。使用 TIME 命令来定义受某些实际物理量(如先后时间、所施加的压力等等)限制的 TIME 值。程序通过这个选项来指定载荷步的末端时间。

注意:在没有指定 TIME 值时,程序将依据缺省自动地对每一个载荷步按 1.0 增加 TIME(在第一个载荷步的末端以 TIME=1.0 开始)。

(2) 时间步的数目(NSUBST)。

(3) 时间步长(DELTIM)。非线性分析要求在每一个载荷步(或时间步;这两个术语是等效的)内有多个子步,从而 ANSYS 可以逐渐施加所给定的载荷,得到精确的解。NSUBST 和 DELTIM 命令都获得同样的效果(给定载荷步的起始、最小及最大步长)。NSNBST 定义在一个载荷步内将被使用的子步的数目,而 DELTIM 明确地定义时间步长。如果自动时间步长是关闭的,那么起始子步长用于整个载荷步。缺省时是每个载荷步有一个子步。

(4) 渐进式或阶跃式的加载。在与应变率无关的材料行为的非线性静态分析中通常不需要指定这个选项,因为依据缺省,载荷将为渐进式的阶跃式的载荷,除了在率—相关材料行为情况下(蠕变或黏塑性),在静态分析中通常没有意义。

(5) 自动时间分步(AUTOTS)。在 ANSYS 程序中,既可以将边坡重力荷载分为若干小步逐渐施加,也可以一次性施加。这个设置由 Main Menu→Preprocessor→Loads→Load Step Opts→Time/Frequenc→Time-Time Step 完成。在每一个荷载增量步中荷载增量越小,每一子步的迭代次数越多,计算越精确,但是计算时间会越长。相反如果应力路径相关问题在一个给定的子步内不能快速收敛,那么解可能偏离理论荷载响应路径太多,这个问题在施加荷载增量太大时容易出现。为解决这个问题,ANSYS 程序采用了一种非常重要的"二分法自动荷载步长技术"(Automatic time stepping)来实现逐步加载,这是一项非常重要的技术。无论何时只要平衡迭代收敛失败,二分法就把荷载步长分成两半,然后从最后收敛的子步自动重启动;如果已二分的荷载步长再次收敛失败,二分法将再次分割荷载步长然后重新启动,持续这一过程直到获得收敛或达到最小时间步长。二分法提供了一种很好的对收敛失败自动矫正的方法。这样就可以在一个荷载增量子步中以较小的迭代次数达到计算收敛。

大量算例表明,对于均质土坡稳定性分析,一次施加全部荷载和分步逐渐施加荷载得到的稳定安全系数基本一致,因此,建议计算时将自动二分法选项关闭。有关设置如图 3-21 所示。

5) 平衡迭代的最大次数(NEQIT)选项

使用这个选项来对在每一个子步中进行的最大平衡迭代次数进行限制(缺省=25)。如果在这个平衡迭代次数之内不能满足收敛准则,且自动步长是打开的(AUTOTS),分析将尝试使用二分法。如果二分法是不可能的,那么,依据用户在 NCNV 命令中发出的指示,分析将终止,或者进行下一个载荷步,如图 3-22 所示。

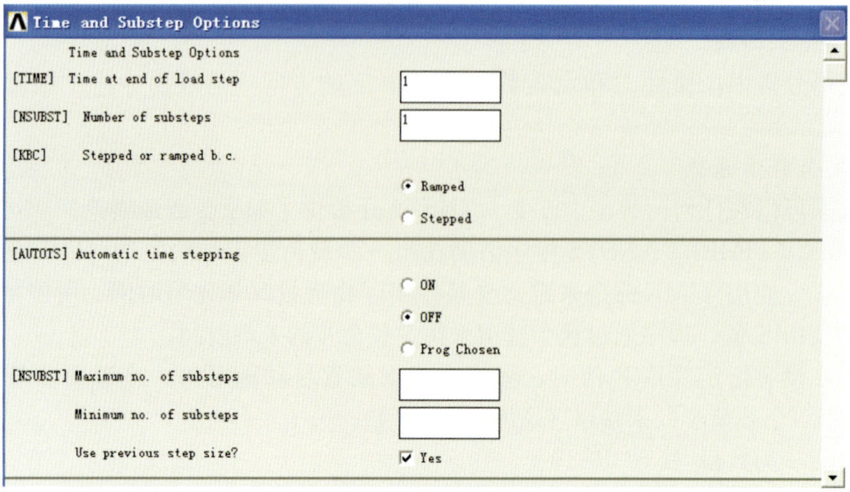

图 3-21　荷载步设置

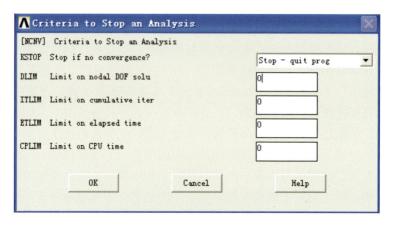

图 3-22　平衡迭代次数设置

6) 求解终止选项（NCNV）

程序提供了 5 种不同的终止准则，如图 3-23 所示。

图 3-23　求解终止选项设置

(1) 如果平衡迭代不收敛，控制程序是否终止执行。
(2) 如果位移"太大"，它建立一个用于终止分析和程序执行的准则。
(3) 它对累积迭代次数设置限制。
(4) 它对整个时间设置限制。
(5) 它对整个 CPU 时间设置限制。

7) 线性搜索选项（LNSRCH）

线性搜索选项是对自适应下降的替代，如图 3-24 所示。当该选项被激活时，无论何时发现硬化响应，这个收敛提高工具都会用程序计算出的比例因子（具有 0~1 之间的值）乘以计算出的位移增量。因为线性搜索算法是用来对自适应下降选项（NROPT）的替代，所以，如果线性搜索选项是打开的，自适应下降则不被自动激活。不建议用户同时激活线性搜索和自适应下降。

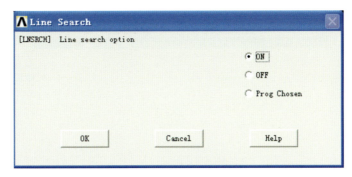

图 3-24 线性搜索选项设置

3.1.5 收敛准则设置

有限元计算的迭代过程就是寻找一个外力和内力达到平衡状态的过程，整个迭代过程直到一个合适的收敛标准得到满足才停止，用来终止平衡迭代的合理收敛标准是有效的增量求解策略中的一个基本部分。每次迭代结束，得到的解必须对照一个设定的允许值进行检查，看是否已经收敛。ANSYS 程序提供了多种可供选择的收敛标准，本例中建议同时采用力的收敛标准和位移的收敛标准。

1) 力的收敛标准

ANSYS 中力的收敛标准定义为：

$$\|\{\psi\}\|_2 \leqslant \varepsilon_R R_{ref} \tag{3-1}$$

2) 位移的收敛标准

同样，在有限元位移分析中，计算位移必须接近真实值。我们可以采用当前第 i 次和第 $i-1$ 次迭代之间的位移改变值小于事先设定的一个很小的允许值，作为位移的收敛标准。在 ANSYS 中，位移的收敛标准定义为：

$$\|\{\Delta u_i\}\|_2 \leqslant \varepsilon_u u_{ref} \tag{3-2}$$

以上两式中：$\{\psi\}$——不平衡力或内力和外力的残差矢量；

$\| \|_2$——矢量的欧几里得范数，$\|\{\psi\}\|_2 = (\sum \psi_i^2)^{0.5}$；

ε_R, ε_u——事先给定的一个很小的系数，该系数越小，计算精度越高，但是迭代次数越多，计算时间越长；计算经验表明，取 0.001~0.00001 能够满足安全系数计算的精度要求；

R_{ref}, u_{ref}——参考值，在 ANSYS 程序中可以指定一个数值，也可以采用系统的缺省值，系统的缺省值是所加荷载和所加位移值；

$\{\Delta u_i\}$——位移增量，即第 i 次和第 $i-1$ 次迭代之间的位移改变。

计算迭代过程中，程序使用系统不平衡力的平方和的平方根进行收敛检查；对于位移，程序将收敛检查建立在当前第 i 次和第 $i-1$ 次迭代之间的位移改变上。如果不平衡力小于或等于力的收敛值（VALUE·TOLER），且位移的改变（以平方和的平方根检查）小于或等于位移收敛值，则认为计算是收敛的。

本次 ANSYS 求解中，力和位移的收敛标准系数均设置为 0.005，如图 3-25 所示。

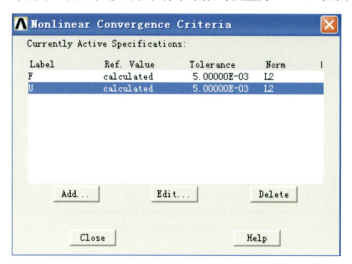

图 3-25　收敛标准设置

ANSYS 计算非线性时会绘出收敛图，如图 3-26 所示。该图是对计算收敛过程的一个记录。其中横坐标是 cumulative iteration number，纵坐标是 absolute convergence norm。它们分别是累计迭代次数和绝对收敛范数，用来判断非线性分析是否收敛。

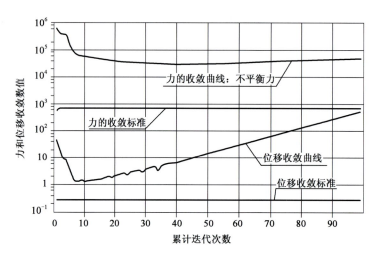

图 3-26　计算迭代收敛图

ANSYS 在每一载荷步的迭代中计算非线性的收敛判别准则和计算残差。其中计算残差是所有单元内力的范数，只有当残差小于准则时，非线性迭代才算收敛。以力为基础的收敛提供了收敛量的绝对值，而以位移为基础的收敛仅提供表现收敛的相对量度。一般不单独使用位移收敛准则，否则会产生一定偏差，有些情况会造成假收敛。因此 ANSYS 官方建议用户尽量以力（或力矩）为基础进行收敛检查，如果需要也可以增加以位移为基础的收敛检查。ANSYS 缺省是用 L2 范数控制收敛。其他还有 L1 范数和 L0 范数，可用 CNVTOL 命令设置。在计算中 L2 值不断变化，若 L2＜crit 的时候判断为收敛了，即不平衡力的 L2 范数小于设置的 criterion 时判断为收敛。

由于 ANSYS 缺省的 criteria 计算是全部变量的平方和开平方（SRSS）＊value（用户设置的值），所以 crition 也有小小变化，如图 3-27 所示。如有需要，也可自己指定 criteria 为某一常数。CNVTOL，F，10 000，0.000 1，0，就指定力的收敛控制值为 10 000×0.000 1＝1。

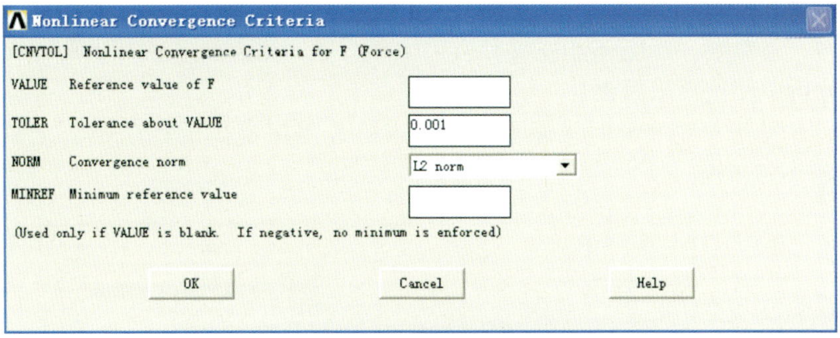

图 3-27 收敛准则参数设置

另外，非线性计算中用到的一个开关是 SOLCONTROL。如关闭 SOLCONTROL 选项，那么软件默认收敛准则：力或弯矩的收敛容差是 0.001，而不考虑位移的收敛容差；如果打开 SOLCONTROL 选项，软件同样默认收敛准则：力或弯矩的收敛容差是 0.005，而位移收敛容差是 0.05。

使用严格的收敛准则将提高计算精度，但以更多次的平衡迭代为代价。如果想使用更加严格（加放松）的准则，用户应当改变 TOLER 两个数量级。一般地，用户应当继续使用 VALUE 的缺省值，也就是，通过调整 TOLER，而不是 VALUE 改变收敛准则。用户应当确保 MINREF＝1.0 的缺省值在分析范围内有意义。

3.1.6 求解器设置

ANSYS 程序提供的求解器主要有：

1) 稀疏矩阵求解器（Sparse Solver）

稀疏求解法是使用消元为基础的直接求解法。稀疏矩阵求解器在 ANSYS10.0 中为默认求解器，可以支持实矩阵和复矩阵、对称与非对称矩阵，支持各类分析，病态矩阵也不会造成求解的困难。在常遇到的正定矩阵的非线性计算中，应优先推荐 SPARSE 求解器。

2) 波前求解器（Frontal Solver）

程序通过三角化消去所有可以由其他自由度表达的自由度，直到最终形成三角矩阵。求解器在三角化过程中保留的节点自由度数目称为波前，在所有自由度被处理后波前为 0，整个过程中波前的最大值称为最大波前，最大波前越大所需内存越大。整个过程中波前的均方值称为 RMS 波前，RMS 波前越大，求解时间越长。

3) PCG 预条件迭代求解器

PCG 迭代求解法属于间接迭代法，收敛精度主要依赖于收敛准则，适用于静态、稳态、瞬态和子空间特征值分析，特别适合于结构分析，对于一些非线性分析也有较好的结果，在接触分析中当使用罚函数法及增强的拉格朗日法时也能使用。该法优点是不需要矩阵分析，所需的内存比稀疏矩阵法少。对于中等或大尺寸模型，只要迭代合理，PCG 比稀疏矩阵求解器快。对于板壳、3D 模型、较大 2D 模型，PCG 求解方法分析十分有效。对于其他问题，如带有对称矩阵、稀疏矩阵、正定、不定的非线性求解中，PCG 求解方法也是十分值得推荐的。

4）JCG 雅克比共和梯度矩阵迭代计算求解器（简称 JCG 迭代求解器）

JCG 迭代求解器仅适用于静力分析、完全法谐响应分析、完全法瞬态分析，可应用到结构分析和多物理场分析中，可用于求解对称、非对称矩阵、复杂矩阵、正定矩阵、不定矩阵，在热传递、电磁学、压电体和声场分析中十分有效。推荐在结构和多物理场的环境中的三维谐响应分析中使用该求解器。

本例中，有限元方程求解时求解器选用 ANSYS 程序提供的稀疏矩阵求解器（Sparse Solver），如图 3-28 所示。

图 3-28　求解器设置

3.1.7　边坡强度折减安全系数求解

关于边坡稳定安全系数定义形式，本书第 2 章中已经介绍。目前主要采取的是强度储备安全系数。若土坡某一滑裂面上抗剪强度指标按同一比例降低为 c/F_{s1} 和 $\tan\varphi/F_{s1}$，则土体将沿着滑裂面处处达到极限平衡状态，此时的强度折减系数即为强度储备安全系数。此安全系数定义形式是在莫尔—库仑屈服准则下定义的。但 ANSYS 程序提供的屈服准则是莫尔—库仑外角外接圆 DP1 准则，其表达式如下：

$$\alpha_1 I_1 + \sqrt{J_2} = k_1 \tag{3-3}$$

$$\alpha_1 = \frac{2\sin\varphi}{\sqrt{3}(3-\sin\varphi)}, \quad k_1 = \frac{6c\cos\varphi}{\sqrt{3}(3-\sin\varphi)}$$

研究表明，对于 DP1 准则，也可采用 c/ω、$\tan\varphi/\omega$ 的安全系数定义形式。但不同的 D-P 准则会得到不同的稳定安全系数，采用外角外接圆 DP1 准则与传统莫尔—库仑屈服准则的计算结果有较大出入，不管是评价边坡稳定性，还是计算地基极限承载力等，在实际工程中采用该准则算出的安全系数都偏大，所以是偏于不安全的，因此对屈服准则进行转换是必要的。转换的方法有两种：一是安全系数公式转换；二是计算前对输入的抗剪强度参数（黏聚力和内摩擦角）进行转换。第 2 章介绍了不同屈服准则之间强度折减安全系数的换转关系。下面介绍一种通用方法，该方法不但同样可以计算强度储备安全系数，还适合于其他安全系数定义，因而可用于地下洞室稳定性、土压力、地基承载力、支挡结构与岩土体的相互作用等问题。下面介绍具体操作步骤。

c_1、φ_1 为已知的初始黏聚力和内摩擦角，c_2、φ_2 为采用平面应变莫尔—库仑匹配 D-P 屈服准则时在 ANSYS 程序中输入的黏聚力和内摩擦角。对于关联流动法则下平面应变莫尔—库仑匹配 DP4 屈服准则，其 α、k 表示为：

$$\alpha_1 = \frac{\sin\varphi_1}{\sqrt{3(3+\sin^2\varphi_1)}}, \quad k_1 = \frac{3c_1\cos\varphi_1}{\sqrt{3(3+\sin^2\varphi_1)}}$$

对于 ANSYS 程序采用的外接圆 DP1 屈服准则，α、k 表示为：

$$\alpha_2 = \frac{2\sin\varphi_2}{\sqrt{3}(3-\sin\varphi_2)}, \quad k_2 = \frac{6c_2\cos\varphi_2}{\sqrt{3}(3-\sin\varphi_2)}$$

令 $\alpha_1=\alpha_2$，$k_1=k_2$，有：

$$\alpha_1 = \frac{\sin\varphi_1}{\sqrt{3(3+\sin^2\varphi_1)}} = \frac{2\sin\varphi_2}{\sqrt{3}(3-\sin\varphi_2)} = \alpha_2$$

$$k_1 = \frac{3c_1\cos\varphi_1}{\sqrt{3(3+\sin^2\varphi_1)}} = \frac{6c_2\cos\varphi_2}{\sqrt{3}(3-\sin\varphi_2)} = k_2$$

通过联立上述两个等式，即可求解得到：

$$\varphi_2 = \arcsin\frac{3\sin\varphi_1}{\sin\varphi_1 + 2\sqrt{(3+\sin^2\varphi_1)}}$$

$$c_2 = c_1 \times \frac{\tan\varphi_2}{\tan\varphi_1}$$

此时的 c_2、φ_2 即为采用平面应变莫尔—库仑匹配 DP4 屈服准则时在 ANSYS 程序中输入的黏聚力和内摩擦角。以上过程可以通过在 Microsoft Excel 中编制一段程序来轻松实现，见表 3-2。表中 ω_c 为对 c、$\tan\varphi$ 的折减系数。当强度折减系数取 1.56 时，在 ANSYS 中黏聚力输入 21 822Pa，内摩擦角输入 9.03°。这样采用的准则就是平面应变莫尔—库仑匹配 DP4 屈服准则，计算得到的安全系数不需要再转换。采用此法计算得到的安全系数与第 2 章介绍的安全系数转换方法求得的安全系数结果是一样的，不过此方法更具通用性。

在 ANSYS 中采用平面应变莫尔—库仑匹配 DP4 准则的计算数据转换　　　表 3-2

初始黏聚力 c_1（Pa）	初始内摩擦角 φ_1（°）	强度折减系数 ω_c	在 ANSYS 中输入的黏聚力 c_2（Pa）	在 ANSYS 中输入的内摩擦角 φ_2（°）
42 000	17	1.0	32 540	13.326
42 000	17	1.56	21 822	9.026
42 000	17	1.57	21 694	8.974

本例安全系数计算时，极限破坏状态标准以计算是否收敛作为判据。当强度折减系数取 1.56 时，有限元计算收敛；当折减系数取 1.57 时，有限元计算不收敛。由此说明强度储备安全系数在 1.56~1.57 之间，确定边坡的稳定安全系数为 1.56。

对于本例，采用加拿大边坡稳定分析软件 GEO-SLOPE 建模进行稳定分析得到的稳定安全系数为 1.55（Spencer 法）。可见，有限元强度折减法得到的稳定安全系数和传统极限平衡法得到的稳定安全系数非常接近。表 3-3 为各屈服准则采用非关联流动法则时的安全系数，表 3-4 为各屈服准则采用关联流动法则时的安全系数。平面应变莫尔—库仑匹配 D-P 准则在关联和非关联流动法则条件下分别采用不同的表达式 DP4 与 DP5，而对于莫尔—库仑等面积圆 DP3 准则和外角外接圆 DP1 准则均采用同一种表达形式，只是使用关联与非关联法则时，两者采用的剪胀角不同。传统极限平衡条分法计算采用加拿大的边坡稳定分析软件 SLOPE/W。

采用非关联法则时不同准则条件下的安全系数 表 3-3

坡角（°）	30	35	40	45	50
DP1	1.91	1.74	1.62	1.50	1.41
DP3	1.64	1.49	1.38	1.27	1.19
DP5（非关联流动法则）	1.56	1.42	1.31	1.21	1.12
极限平衡 Spencer 法（S）	1.55	1.41	1.30	1.20	1.12
(DP1-S)/S	0.23	0.23	0.25	0.25	0.26
(DP3-S)/S	0.05	0.06	0.06	0.06	0.06
(DP5-S)/S	0.01	0.01	0.01	0.01	0.00

采用关联流动法则时不同准则条件下的安全系数 表 3-4

坡角（°）	30	35	40	45	50
DP1	1.93	1.77	1.65	1.54	1.44
DP2	1.66	1.51	1.40	1.30	1.21
DP4（关联流动法则）	1.56	1.42	1.32	1.22	1.13
极限平衡 Spencer 法（S）	1.55	1.41	1.30	1.20	1.12
(DP1-S)/S	0.25	0.26	0.27	0.28	0.29
(DP3-S)/S	0.07	0.07	0.08	0.08	0.08
(DP4-S)/S	0.01	0.01	0.01	0.02	0.01

从计算结果可以看出，在平面应变条件下不管是采用非关联的莫尔—库仑匹配 DP5 准则还是采用关联的莫尔—库仑匹配 DP4 准则，求得的安全系数与传统极限平衡条分法中的 Spencer 法的计算结果都十分接近，误差在 2%以内。这是因为平面应变莫尔—库仑匹配 D-P 准则实际上就是在平面应变条件下的莫尔—库仑准则。

对于平面应变问题，莫尔—库仑等面积圆 DP3 屈服准则，当使用非关联流动法则时，计算结果与传统极限平衡方法中的 Spencer 法的计算结果的误差在 6%左右；当使用关联流动法则时，误差在 7%左右。而外角外接圆 DP1 准则条件下的安全系数比传统的极限平衡条分法中的 Spencer 法大 25%以上。

3.1.8 塑性区和等效塑性应变分布的绘制

塑性区是指节点应力满足屈服条件的区域，该区域有塑性应变产生。绘制塑性区范围，可在 ANSYS 程序后处理中通过绘制节点试算应力与屈服面应力之比 SRAT（Ratio of Trial Stress to Stress on Yield Surface）大于 1.0 的区域得到。试算应力不是真正的应力，对于理想弹塑性节点，塑性区真正应力是不会超过屈服应力的，应力点不会落在屈服面以外。SRAT 大于或等于 1.0 的区域即为塑性区，SRAT 小于 1.0 的区域为弹性区。

执行如下命令：PLNSOL，NL，SRAT，0，1.0，或点击菜单命令，如图 3-29 所示。

图 3-30 中彩色部分均为塑性区。另外，也可以通过绘制塑性应变分布来表示，但是要合理给定每种颜色表示的量值，否则塑性应变较小的区域和没有塑性应变的区域（即弹性区域）不易区分，如图 3-31、图 3-32 所示。可见，虽然该边坡绝大部分单元进入了塑性状态，但是滑动面以外区域单元的塑性应变量值都很小，在 0.000 01～0.008 之间，而滑面上单元节点塑性应变值相对较大，在 0.008～0.078 之间。图 3-32 为采用等色云图表示的等效塑性应变分布，从 0～0.000 264 这个区间采用了一种颜色表示，很容易被误认为这部分就是弹

性区，而其他颜色较明显的部分被误认为就是塑性区范围，其实上这部分只是塑性应变发展相对较充分的区域。

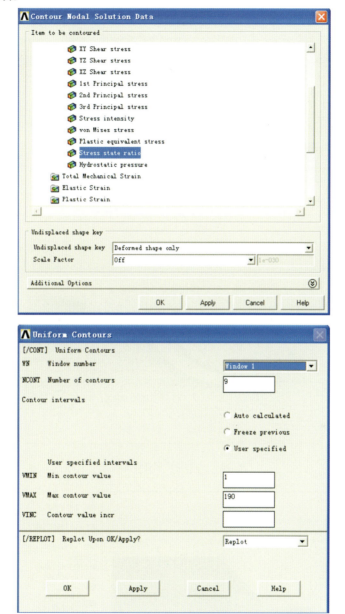

图 3-29 塑性区显示范围设置

3.1.9 边坡破坏过程中滑面上节点的应力—应变曲线绘制

一点的应力和应变是一个张量，为了便于应用，把加载条件与单轴材料试验联系起来，由此定义了等效应力（Equivalent Stress）和等效应变（Equivalent Strain），使得等效应力和等效应变关系在单轴材料试验中正好退化为单轴应力—应变关系，即它们是分别折算为单轴应力试验中的应力和应变。

利用 ANSYS 程序中的 POST26 后处理功能，可得到边坡加载过程中各点的应力—应变曲线。这里的应力采用 Mises 等效应力 σ_e，应变是由塑性应变和弹性应变累加得到的总等效应变 ε_e。

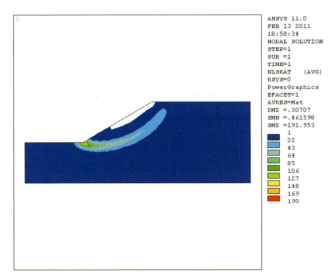

图 3-30　塑性区分布范围显示

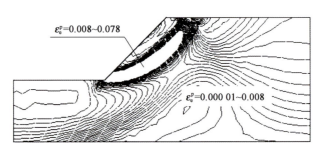

图 3-31　等效塑性应变等值线图

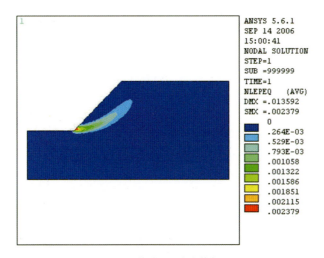

图 3-32　等效塑性应变等色云图

$$\sigma_e = \sqrt{3J_2} = \sqrt{\frac{1}{2}\left[(\sigma_1-\sigma_2)^2+(\sigma_1-\sigma_3)^2+(\sigma_2-\sigma_3)^2\right]} \qquad (3\text{-}4)$$

$$\varepsilon_e = \sqrt{\frac{1}{2}[(\varepsilon_1 - \varepsilon_2)^2 + (\varepsilon_1 - \varepsilon_3)^2 + (\varepsilon_2 - \varepsilon_3)^2]} \tag{3-5}$$

图 3-33 为坡顶滑面上一节点的等效应力—总等效应变曲线，图 3-34 为坡脚滑面上一节点的等效应力—总等效应变曲线。由此可见边坡达到破坏状态时，应变突然增大，产生了突变。图 3-34 中的曲线在突变之前呈抛物线。这是因为破坏先从坡脚开始，坡脚单元首先进入塑性，产生了塑性应变，但是由于周围的单元还处于弹性状态，限制了该塑性应变的发展，应力向周围单元转移，塑性区逐渐向上发展并贯通，坡脚节点的塑性应变也随之逐渐增大，当滑面上部节点的应变发生突变时，滑面上的所有节点位移同时发生突变，滑面土体无限"流动"，边坡整体失稳。

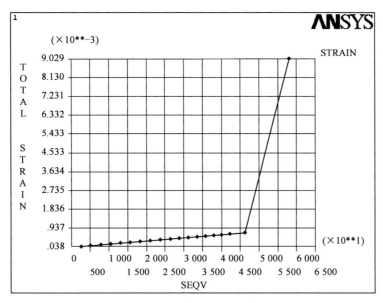

图 3-33 滑面顶部节点等效应力—总等效应变曲线

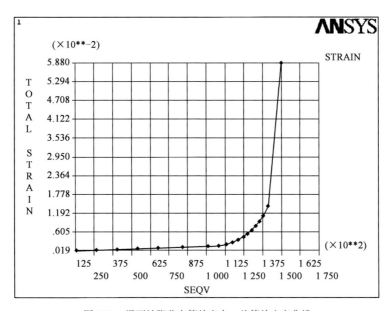

图 3-34 滑面坡脚节点等效应力—总等效应变曲线

图 3-35 为滑面上节点的等效塑性应变与荷载增量步的关系曲线。图中 NLEPEQ1 为坡脚处节点的等效塑性应变，NLEPEQ2 为滑面中部节点的等效塑性应变，NLEPEQ3 为滑面顶部节点的等效塑性应变。可见边坡破坏时，滑面上的所有节点的塑性应变同时产生突变，而不是在局部节点上产生突变。

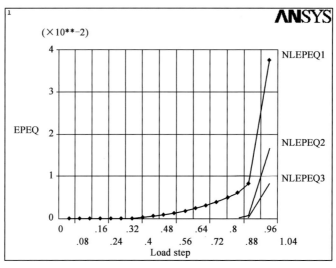

图 3-35 滑面上节点等效塑性应变与荷载增量步关系曲线

综上所述，均质土坡的破坏过程是一个塑性应变从坡脚开始，然后逐渐向上发展并贯通至坡顶最后产生突变的渐进破坏过程，破坏滑动面为一局部塑性应变剪切带，在水平位移和塑性应变突变的地方，符合现代土力学的渐进破坏理论。

3.1.10 边坡临界滑动面的确定

根据边坡破坏的特征，边坡破坏时滑面上节点位移和塑性应变将产生突变，滑动面在水平位移和塑性应变突变的地方，因此可在 ANSYS 程序的后处理中通过绘制边坡水平位移或者等效塑性应变等值云图来确定滑动面。下面给出一个算例，除用上述两种方法确定滑动面外，还与传统确定滑面的方法进行比较。算例表明，上述 3 种方法确定的滑面是一致的。坡角 $\beta=30°$ 时的滑动面形状和位置如图 3-36～图 3-38 所示。其中边坡变形显示比例设为 0。

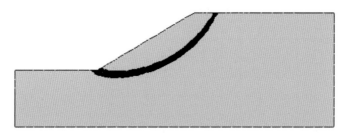

图 3-36 用等效塑性应变等值云图表示的滑动面位置和形状

由图 3-36～图 3-38 可见，3 种方法得到的滑动面位置和形状十分接近，表明有限元强度折减法在寻求潜在滑面位置方面的优越性和可行性。利用 ANSYS 程序后处理中的路径分析功能，在坡中设置路径（剖面）A-B，将节点等效塑性应变映射到路径上得到 A-B 剖面上的等效塑性应变分布，如图 3-39 所示。由图可见 A-B 剖面上存在一个塑性应变最大的点，该点就是临界滑面与 AB 的交点。

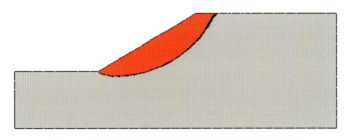

图 3-37　用水平位移等值云图表示的滑动面位置和形状

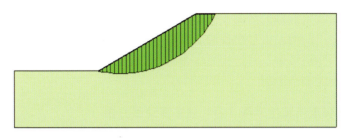

图 3-38　用加拿大边坡稳定分析软件 SLOPE/W 得到的滑动面位置和形状

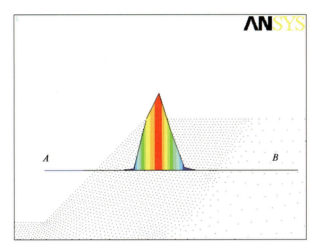

图 3-39　坡中 A-B 剖面上的等效塑性应变分布

3.2　多剪出口型复杂土质滑坡稳定性分析

目前确定滑坡滑动面位置和形状的传统方法主要是在现场勘探的基础上，通过技术人员的分析判断提出滑带位置。这种判断方法存在如下问题：一是当只有少量钻孔发现滑带特征时，依据少量滑带位置来判定整个滑带有时可能出现差错；二是当滑坡体处于蠕变阶段时，滑面尚未形成，更无法通过勘察找出滑面；三是即使查明了滑带和剪出口，还可能存在次级滑面和潜在剪出口，有时还不止一个，容易造成遗漏滑面。尤其是对于第三个问题，人们已经有了多次的教训，因为次生滑面的遗漏常常导致工程失败。为此，一些有经验的工程师常常会依据他们的经验在一些可能产生次生滑面的地方布置一些人为滑面，通过稳定分析来判断它们是否是次生滑面；或者采用商业程序，在一些可能滑动的范围内布点，通过搜索判定是否有次生滑面。这些方法不仅烦琐，而且还要求工程人员有足够的工程经验。

为了使滑坡工程的治理达到安全、经济的目的，弄清滑动面的位置和形状至为重要，特别是对于可能存在多个潜在剪出口和滑动面的复杂滑坡（图3-40）。为了准确设置支挡结构，我们必须弄清图中有几条次生滑面，它们潜在剪出口的位置究竟在什么地方，以及各条滑面发生滑动的次序。我们不仅要找出最先滑动的滑面，还必须找出安全系数小于设定稳定安全系数的所有滑面。因为对最先滑动的滑面进行支护后，后滑的次生滑面仍然可能滑动，只有当所有滑面都进行支挡后，才能确保滑坡稳定。

对于找出滑坡的所有滑面及各条滑面的滑动次序，有限元强度折减系数法是一个极佳手段，因为它可以自动找出准确的滑面及滑面的稳定安全系数，由此也可知各条滑面的滑动次序。稳定安全系数最小的滑面最早出现滑动。应当指出，采用有限元强度折减法要求对滑坡有详细勘察资料，即知道坡体及其结构面（含滑面）的位置、形状与强度值。只有在这种情况下，才能获得准确的多个滑面。

3.2.1 有限元强度折减搜索滑（边）坡多滑动面方法

滑坡滑面的搜索方法，即是在弹塑性有限元静力计算中，通过不断降低坡体和滑动面的强度（黏聚力 c 和内摩擦角 φ），使系统达到不稳定状态，即有限元静力计算不收敛。此时的强度折减系数就是滑坡稳定安全系数，此时的极限状态破坏面即为滑坡滑动面。

滑坡治理的过程实际上是滑动面变化与稳定安全系数提高的动态过程，是剪出口直接或间接受到约束的过程。对于复杂滑坡，必须考虑多个次生滑动面的出现，只有所有潜在次生滑动面的稳定安全系数都达到规范规定等级的稳定安全系数，该滑坡从工程意义上来说才是安全的。图3-40所示为一个复杂滑坡计算模型，通过依次约束已知滑面剪出口的方式，搜索出低于设定稳定安全系数的所有滑动面。由此可全面、准确地确定出复杂滑坡潜在滑动面，为滑坡治理方案的确定提供科学依据。

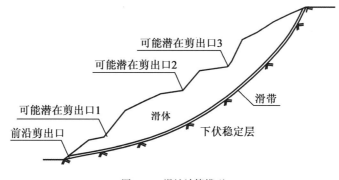

图3-40 滑坡计算模型

屈服准则采用的是平面应变条件下莫尔—库仑准则精确相匹配的DP4准则。该准则计算滑坡稳定安全系数有非常高的精度，其在 π 平面上表现为圆，它是莫尔—库仑准则在平面应变下的特殊形式。

弹塑性有限元分析中采用6结点二次三角形平面单元，搜索滑（边）坡多滑面和计算滑（边）坡稳定安全系数的具体过程如下：

（1）首先进行系统建模、加载。

（2）滑体、滑带及下伏稳定岩层的初始强度参数选用土体本身的黏聚力和内摩擦角，进行弹塑性有限元求解，直至收敛。

(3) 对 DP1 屈服准则中的 c、φ 值进行折减，折减系数 ω_1 采用二分法进行折减。

(4) 经计算若收敛，则继续折减，进行计算；如果不收敛，则在所取最后两个折减系数间继续折减，以求得满足精度要求的折减系数。直至最后有限元计算不收敛，则取此前的折减系数值为 DP1 屈服准则下达到滑（边）坡破坏的折减系数值 ω_1；同时滑（边）坡中自动出现最先滑动的一条滑面。它既可能是勘察出来的滑面，也可能是一条次生滑面。

(5) 将 DP1 屈服准则下的折减系数 ω_1 换算为 ω_2，即可得到平面应变条件下 DP4 的关联流动准则的折减系数，即为滑（边）坡的稳定安全系数值。

(6) 如果滑坡的稳定安全系数大于规范规定稳定安全系数，则说明滑（边）坡稳定，不需进行治理；否则说明滑（边）坡不稳定，同时还需要考察是否存在多滑面的情况。为此可以约束最先滑出的剪出口，重新进行有限元强度折减运算，再搜索出一条新的滑面，得出相应的稳定安全系数；如果稳定安全系数仍然小于规范规定稳定安全系数，则搜索出的滑面，也是需要进行治理的。重复上述约束剪出口—搜索滑面过程，直到搜索出所有低于规范规定稳定安全系数的滑面。

3.2.2 算例

算例 3-1：模型滑坡断面如图 3-41 所示，滑坡材料的物理力学参数见表 3-5。

材料物理力学参数　　表 3-5

材料名称	重度（kN/m³）	弹性模量（MPa）	泊松比	黏聚力（kPa）	内摩擦角（°）
滑体	20.5	30	0.3	30	24.0
滑带	20.0	30	0.3	26.5	19.9
滑体下伏稳定岩层	23.7	1.6×10^3	0.2	200	32.0

1) 计算模型

滑体、滑带和下伏稳定岩层均采用 6 结点二次三角形平面单元模拟。

用有限元强度折减法计算在自重作用下滑坡的稳定安全系数为 1.00，而用极限平衡法（Spencer）算得的滑坡稳定安全系数为 1.002，两者的误差低于 0.5%，这说明用平面应变条件下 DP4 的关联流动准则分析滑坡的稳定性有较高精度。有限元强度折减法自动搜索出滑坡最先滑动的滑动面的位置为沿滑带与稳定层相接触处，如图 3-42 所示。

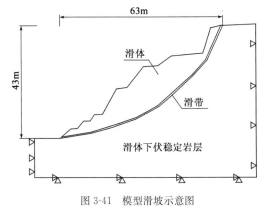

图 3-41　模型滑坡示意图　　　　　图 3-42　滑坡极限状态的滑动面（$F=1.00$）

2) 约束剪出口与潜在次生滑动面变化的关系

算例滑坡确定的稳定安全系数为 1.20。为了寻求可能出现的多个次级滑动面的位置及滑动次序，有限元计算中采用约束滑坡上某一段（剪出口附近）的水平位移来表达对该部分的治理。依次对未达到设定稳定安全系数的所有剪出口进行约束和稳定安全系数的提高过程见表 3-6。

支挡约束部位与滑坡稳定安全系数间的关系　　　　表 3-6

序 号	约束部位	滑面产生次序	剪出口位置	稳定安全系数	备 注
1	天然滑坡	1	A 以上	1.000	滑坡设定稳定安全系数为 1.20
2	ABC	2	C 以上	1.032	
3	+CDE	3	E 以上	1.104	
4	+EFG	4	M 以上	1.145	
5	+MN	5	G 以上	1.163	
6	+GH	6	H 以上	1.202	

根据滑坡前沿剪出口的位置，首先约束 ABC 段水平位移，如图 3-43 所示。经有限元强度折减法自动搜索出滑坡滑动面的位置如图 3-44 所示。由图 3-44 可见，因 ABC 段获得治理，滑动面发生变化，滑坡从 C 点以上剪出，此时滑坡的稳定安全系数提高到 1.032，但稳定安全系数未达到设定的稳定安全系数 1.20 的标准，还需进行治理。这说明次级滑动面的出现，是造成滑坡治理不彻底的重要原因。

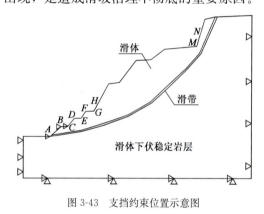

图 3-43　支挡约束位置示意图

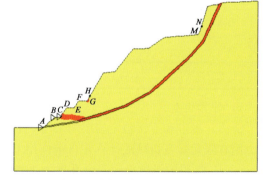

图 3-44　支挡约束 AB 段后的滑动面

如在约束 ABC 段水平位移的基础上，继续约束 CDE 段水平位移，由图 3-45 可知，滑动面继续上移，剪出口发生在 E 点以上，滑坡的稳定安全系数提高到 1.104，小于 1.20，还需进行治理。这表明次级滑动面出现的位置是随着滑坡治理选取的位置不断变化的，而有限元强度折减法能较好地反映这种变化。

在固定 ABC 段与 CDE 段水平位移的基础上，继续约束 EFG 段水平位移，滑坡滑动面的位置变化如图 3-46 所示。从其贯通情况可见，滑坡的失稳是发生在上部的 MN 段，从 M 点上部滑出。滑坡的稳定安全系数提高到 1.145，小于 1.20，还需进行治理。这表明次级滑动面出现的位置是随着滑坡形状不断变化的，而有限元强度折减法能准确地搜索出滑动面出现的位置。

在约束 ABC、CDE、EFG 段水平位移的基础上，继续约束 MN 段水平位移，滑坡滑动面的位置变化如图 3-47 所示。从滑动面的贯通情况可见，滑动面全部在滑体内贯通，滑坡

从 G 点以上滑出。此时滑坡的稳定安全系数提高到 1.163，小于 1.20，还需进行治理。这表明滑动面的贯通不一定都要通过滑带。

继续约束 GH 段（H 点在 G 点以上 1.0m 处）水平位移，滑动面的贯通情况如图 3-48 所示。滑动面全部在滑体内贯通，滑坡从 H 点以上段滑出。此时滑坡的稳定安全系数提高到 1.202，已超过设定的稳定安全系数 1.20，满足工程要求，不再增加治理范围。

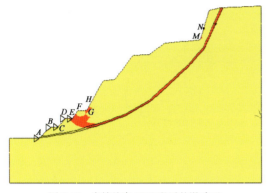

图 3-45　支挡约束 CDE 段后的滑动面

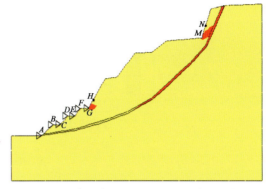

图 3-46　增加约束 EFG 段滑坡极限状态的滑动面
（$F=1.145$）

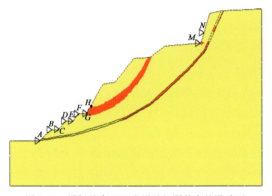

图 3-47　增加约束 MN 段滑坡极限状态的滑动面
（$F=1.163$）

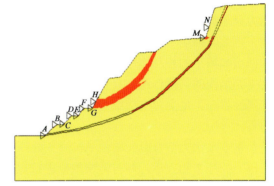

图 3-48　增加约束 GH 段滑坡极限状态的滑动面
（$F=1.202$）

以上算例表明，复杂滑（边）坡可能存在多个潜在的剪出口和滑动面，而这些滑动面大都未达到设定稳定安全系数，如果仅仅对前沿剪出口或第一剪出口进行支护，无论采用何种支护方法，总有潜在次级滑动面产生，工程治理无法达到设定的稳定安全系数。滑（边）坡支护方案只有寻找出所有小于设定稳定安全系数的滑动面或剪出口，抑制滑动面的贯通和剪出口的剪出，才能达到提高稳定安全系数、彻底治理滑坡的目标，确保滑坡加固措施安全、可靠、经济。

3.3　挡土墙土压力数值模拟

3.3.1　概述

挡土墙土压力分布和大小是土力学中的一个重要课题。目前国内外土压力计算仍采用古典的土压力理论，大致分为两类：一是朗金土压力理论；二是库仑土压力理论。对于土压力分布，有的认为呈三角形分布，如图 3-49a）所示；有的认为呈抛物线分布，如图 3-49b）所示，土压力的最大值出现在下半部，并在接近墙踵处趋于零。有些工程的实测土压力比库仑土压力大，甚至接近于静止土压力；有些工程的实测土压力与库仑土压力很接近。

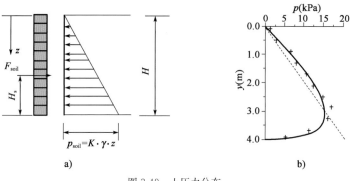

图 3-49 土压力分布

土压力是土体作用在挡土结构上的水平压力，是土与挡土结构之间相互作用的结果。土压力的分布和大小与支护结构的刚度、土体的变形等有关。实践表明，土压力是随着墙身位移的变化而变化的。如果挡墙没有足够的位移，墙后土体不能达到极限破坏状态，此时的土压力介于静止土压力和主动土压力之间；只有当墙体有足够位移时，墙后土体才能达到极限状态，此时挡墙承担主动土压力。传统极限平衡理论无法考虑变形对土压力的影响，无法考虑挡墙和填土的相互作用，基于极限分析算出的推力是主动土压力；而有限单元法基于土体与支挡结构的共同作用，只要土体有变形就会对支挡结构形成压力，即使土体是稳定的，处于弹性状态，也会对支挡结构造成压力，这种压力是弹性形变压力，而按传统方法计算压力为零。

本节采用大型有限元软件 ANSYS 设计了 3 种不同条件下的数值模拟方案来分析挡土墙土压力的分布和大小，并与传统理论进行比较分析。模型一为静止土压力的模拟，模型二为土体有一定侧向变形时的土压力模拟，模型三为土体有足够变形时的主动土压力模拟。

3.3.2 模型一：墙体不动时的静止土压力模拟

按照土力学的概念，静止土压力是指墙体不产生水平位移时，墙体受到的水平土压力。下面设计一个挡墙不动时的模型，用有限元法获得其水平土压力分布。

如图 3-50 所示，某挡土墙墙背垂直光滑，墙后填土面水平。挡土墙用毛石混凝土砌筑，砌体重度 $\gamma=22\mathrm{kN/m^3}$，墙顶宽 0.7m，底宽 2.5m，基底逆坡 0.2∶1，墙趾和墙踵在地面以下 0.5m 和 1.0m。填土高度 $H=6\mathrm{m}$，重度 $\gamma=20\mathrm{kN/m^3}$。挡墙基底摩擦系数 0.4。

计算按照平面应变问题建立模型，挡墙和墙后填土均采用 6 节点三角形平面单元（PLANE2）模拟，挡墙和填土之间以及挡墙和基础之间的接触关系采用 ANSYS 程序提供的接触单元（CONTA172 和 TARGE169）来模拟，有限单元网格划分如图 3-50 所示。

任何接触问题都要求输入接触面的接触刚度，ANSYS 程序根据接触单元下面覆盖的单元的材料属性自动计算接触刚度，但是要求输入法向接触刚度系数 FKN 和切向接触刚度系数 FKT。确定一个合适的接触刚度系数需要一定的经验，也可以通过反复试算来确定。本次计算将法向接触刚度系数 FKN 设置为 1000，切向接触刚度系数 FKT 设置为 1.0。

通常把墙体静止不动时，作用在挡土墙上的土压力称为静止土压力。因此模型一边界条件设定为：挡土墙和地基固定不动，土体右边界竖向约束，施加重力荷载。

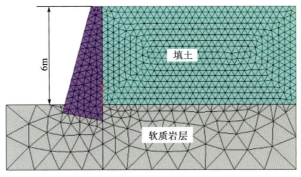

图 3-50　有限元模型一

墙后填土材料本构模型采用理想弹塑性模型，屈服准则采用外角外接圆 DP1 准则。挡土墙墙体设置为线弹性材料，计算采用的物理力学参数见表 3-7。

计算采用的物理力学参数　　　　表 3-7

材料名称	重度（kN/m³）	弹性模量（MPa）	泊松比	黏聚力（kPa）	内摩擦角（°）
填土	20	30	0	变化	变化
软质岩层	22	10³	0	200	30
挡土墙	22	4×10³	0	按线弹性材料处理	

1）不考虑泊松比时的静止土压力

计算时将泊松比设置为 0，这样计算结果中将不包含由泊松比引起的侧向弹性变形力。进行有限元建模计算后，在后处理中利用 ANSYS 软件提供的路径分析功能（Path Operation），沿墙底到墙顶设置路径（Path），将水平应力映射到路径上，就可以得到从墙底到墙顶的水平应力分布（图 3-51），然后沿路径对水平应力积分，就可以得到总的水平土压力：

$$E_a = \int_0^s \sigma_x \mathrm{d}s \tag{3-6}$$

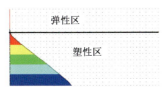 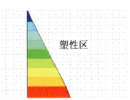

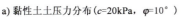

a) 黏性土土压力分布（c=20kPa，φ=10°）　　　b) 砂性土土压力分布（c=0，φ=30°）

图 3-51　塑性条件下的静止土压力分布

不同参数条件下采用不同方法计算得到的土压力见表 3-8。

不同参数条件下采用不同方法计算得到的土压力　　　　表 3-8

黏聚力（kPa）	内摩擦角（°）	有限元模型一（kN）	朗金公式（kN）	库仑公式（kN）
20	10	92	92	52
30	10	41	41	0
20	0	160	160	120
30	0	90	90	0
0	20	177	177	177

从表 3-8 可以看出，当墙体不动，土体没有侧向变形且泊松比为 0 时，用有限元模型一计算得到的静止土压力与朗金公式土压力完全一样，而且此时计算得到的土压力呈三角形分布。在没有侧向变形的条件下，对于砂性土（$c=0$），整个土体处于塑性极限平衡状态；对于黏性土，上部土体处于弹性状态，下部土体处于塑性极限平衡状态，此土压力比库仑主动土压力大 $2c^2/\gamma$，当黏聚力 $c=0$ 时，此静止土压力大小与主动土压力相等。

为什么有限元模型一在采用外角外接圆 DP1 准则时计算得到的土压力与朗金公式的计算结果完全一致呢？下面来推导其关系式。

在平面应变条件下，有 $\varepsilon_z=\varepsilon_{xz}=\varepsilon_{yz}=0$。本例中水平方向自由度被约束，且泊松比 $\nu=0$，故有：$\varepsilon_x=\varepsilon_{xz}=\varepsilon_{xy}=0$。假设此时的 σ_x、σ_y、σ_z 为主应力，那么有 $\sigma_x=\sigma_z$，则有：

$$I_1 = \sigma_x + \sigma_y + \sigma_z = 2\sigma_x + \sigma_y$$

$$J_2 = \frac{1}{6}\left[(\sigma_1-\sigma_2)^2 + (\sigma_1-\sigma_3)^2 + (\sigma_2-\sigma_3)^2\right] = \frac{1}{3}(\sigma_x-\sigma_y)^2$$

$$\alpha = \frac{2\sin\varphi}{\sqrt{3}(3-\sin\varphi)}, \quad k = \frac{6c\cos\varphi}{\sqrt{3}(3-\sin\varphi)}$$

将 I_1、J_2、α、k 的表达式代入 $\alpha I_1+\sqrt{J_2}=k$，通过变换可以得到如下关系式：

$$\sigma_x = \sigma_y \tan^2\left(45°-\frac{\varphi}{2}\right) - 2c\tan\left(45°-\frac{\varphi}{2}\right)$$

此公式也可写成：

$$\sigma_x = \sigma_y \frac{1-\sin\varphi}{1+\sin\varphi} - \frac{2c\cos\varphi}{1+\sin\varphi}$$

对于非黏性土 $c=0$，有：

$$\sigma_x = \sigma_y \frac{1-\sin\varphi}{1+\sin\varphi}$$

如果再作简化可写成：$\sigma_x=\sigma_y(1-\sin\varphi)$，这就是许多教科书中推荐的静止土压力经验公式。

对于没有达到屈服条件的弹性区，$\sigma_x=0$，沿着墙身进行积分可得到水平土压力的表达式：

$$E_a = \int_0^s \sigma_x \mathrm{d}s = \frac{1}{2}\gamma h^2 \tan^2\left(45°-\frac{\varphi}{2}\right) - 2ch\tan\left(45°-\frac{\varphi}{2}\right) + \frac{2c^2}{\gamma} \quad (3-7)$$

此公式就是黏性土的朗金土压力公式，也就是图 3-51 中彩色部分的面积。

各屈服准则在 π 平面上的屈服曲线（图 2-6）直观地显示出了两种屈服准则的关系，即当 σ_y 为大主应力，σ_x、σ_z 为小主应力，且有 $\sigma_x=\sigma_z$ 时，在 π 平面上，应力点刚好落在大主应力的轴线上。从图 2-6 可以看出，应力满足外接圆屈服准则时，也正好满足莫尔—库仑屈服准则，也就是说此时的应力点刚好落在两种屈服曲线的交点上，所以此时的外接圆屈服准则刚好和莫尔—库仑准则一致。这只是一种特殊情况，如果模型的边界条件变化了，这个关系式就不成立了。

2）考虑泊松比时的静止土压力

前面的计算都是假定泊松比 $\nu=0$，考虑泊松比 $\nu=0.3$ 时的静止土压力计算结果会是什么样的呢？当土体没有侧向变形时，此时的静止土压力有两种来源：一是弹性条件下产生的静止土压力；二是塑性极限平衡条件下产生的静止土压力。

弹性条件下的水平应力按照下式计算：

$$\sigma_x = \sigma_y k_0, \quad \sigma_y = \gamma H$$

平面应变时：
$$k_0 = \frac{\nu}{1-\nu}$$

平面应力时：
$$k_0 = \nu$$

塑性极限平衡条件下的水平应力按照下式计算：
$$\sigma_x = \sigma_y \tan^2\left(45° - \frac{\varphi}{2}\right) - 2c\tan\left(45° - \frac{\varphi}{2}\right)$$

两种条件同时考虑时，通过有限元增量弹塑性迭代计算后得到的水平应力为上述两种公式计算结果的极大值，即：
$$\sigma_x = \max\left\{\sigma_y k_0, \sigma_y \tan^2\left(45° - \frac{\varphi}{2}\right) - 2c\tan\left(45° - \frac{\varphi}{2}\right)\right\}$$

土压力分布如图 3-52 所示。

算例 3-2： 当 $c=20\text{kPa}$，$\varphi=0$，泊松比 $\nu=0.3$ 时，有限元模型一采用外角外接圆 DP1 准则时计算得到的静止土压力为 190kN。其土压力分布如图 3-52 所示，图中弹性区和塑性区的分界线高度为 H_0。

则由 $\gamma H_0 \dfrac{\nu}{1-\nu} = \gamma H_0 \tan^2\left(45°-\dfrac{\varphi}{2}\right) - 2c\tan\left(45°-\dfrac{\varphi}{2}\right)$ 得：

$$H_0 = \frac{2c\tan\left(45° - \dfrac{\varphi}{2}\right)}{\gamma\left[\tan^2\left(45° - \dfrac{\varphi}{2}\right) - \dfrac{\nu}{1-\nu}\right]} = 3.5(\text{m})$$

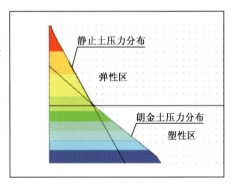

图 3-52 考虑泊松比 $\nu=0.3$ 时的土压力分布

土压力的大小等于图 3-52 中彩色图形的面积。

$$E_a = \frac{1}{2}\gamma H_0^2 \frac{\nu}{1-\nu} + \frac{H-H_0}{2}\times\left[\gamma H_0 \frac{\nu}{1-\nu} + \gamma H \tan^2\left(45°-\frac{\varphi}{2}\right) - 2c\tan\left(45°-\frac{\varphi}{2}\right)\right]$$

$$= \frac{1}{2}\times 20 \times 3.5^2 \times \frac{0.3}{0.7} + \frac{2.5}{2}\times\left[20\times 3.5\times\frac{0.3}{0.7} + 20\times 6\tan^2(45°) - 2\times 20\tan(45°)\right]$$

$$= 190(\text{kN})$$

不同参数条件下的土压力计算结果见表 3-9。

泊松比 $\nu=0.3$ 时不同参数条件下计算得到的土压力　　　　表 3-9

黏聚力（kPa）	内摩擦角（°）	有限元模型一（kN）	朗金公式（kN）	库仑公式（kN）
20	10	154	92	52
30	10	154	41	0
20	0	190	160	120
30	0	157	90	0
0	20	177	177	177

以上计算表明，在有限元模型中，挡土墙静止不动，土体没有侧向变形时，挡土墙受到的水平侧压力包括泊松比引起的水平侧压力和满足塑性屈服条件下的水平应力。不考虑泊松

比时的水平土压力就是朗金土压力。传统土压力理论都假定墙不动,土体总是处于弹性状态,土压力按泊松比进行计算。

3.3.3 模型二:土体有一定侧向变形时的土压力模拟

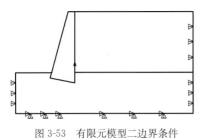

图 3-53 有限元模型二边界条件

模型二与模型一相同,只不过按照挡土墙现场实际情况确定边界条件,即底部固定,左右两侧水平约束,填土上部及挡土墙墙体为自由边界,如图 3-53 所示。计算时将泊松比设置为 0,其他参数及计算步骤同前,屈服准则分别采用外角外接圆 DP1 准则和莫尔—库仑等面积圆 DP3 准则两种方案。

不同参数条件下的土压力计算结果见表 3-10。

不同参数条件下计算得到的土压力　　　　表 3-10

黏聚力(kPa)	内摩擦角(°)	有限元模型二(kN)		朗金公式(kN)	库仑公式(kN)
		①	②		
20	10	112	88	92	52
30	10	65	39	41	0
20	0	162	147	160	120
30	0	100	89	90	0
0	20	183	177	177	177

注:表中①为采用莫尔—库仑等面积圆 DP3 准则的计算结果,②为采用外角外接圆 DP1 准则的计算结果。

从计算结果看出,当土体有一定侧向变形时,与没有变形时相比土压力有所减小。

图 3-54 为土体有一定侧向变形时有限元模型二得到的土压力分布。从图 3-54 可以看出,土压力总体呈抛物线分布,这主要是由于墙体在侧向土压力的作用下产生了绕地基转动。墙顶处的最大水平位移为 0.2mm,如图 3-55 所示。

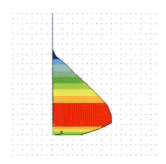
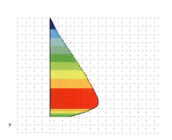

a) 黏性土土压力分布($c=20\text{kPa}, \varphi=10°$)　　b) 砂性土土压力分布($c=0, \varphi=30°$)

图 3-54 土体有一定侧向变形时的土压力分布

这说明挡土墙发生一定转动或者移动后,土压力不再呈三角形分布,最大土压力并没有出现在底部,而是出现在挡土墙的下半部位。这也与实际情况比较接近。

3.3.4 模型三:土体有足够侧向变形时的主动土压力模拟

在如图 3-56 所示的平面应变有限元模型中,将挡土墙去掉,在土体左侧布置一厚度为 1.2m 的弹性单元来阻止土体的滑动破坏。此单元的重度设置为 0,弹性模量 $E=10^5 \text{Pa}$,相当于弹簧的作用，目的是让土体有足够的侧向变形，测量土体滑动破坏时作用在实体"弹簧"单元上的水平土压力。边界条件：AB、ED 水平方向约束，CD 固定。土体材料采用莫尔—库仑等面积圆 DP3 准则。

左侧的实体单元弹性模量较小，允许土体有足够的变形而发生破坏。图 3-57 为有限元计算得到的直线滑动破坏形式。由图可见，土体呈直线滑动破坏，"滑块"滑出后直接作用在左侧实体"弹簧"单元上。沿路径 FG 对水平应力进行积分即可获得作用在该实体"弹簧"单元上的水平土压力，即主动土压力。不同参数条件下的土压力计算结果见表 3-11。

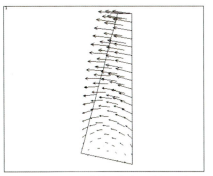

图 3-55 挡土墙单元节点运动矢量图

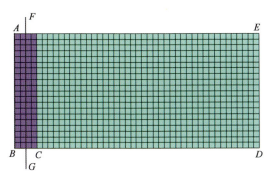

图 3-56 有限元模型三

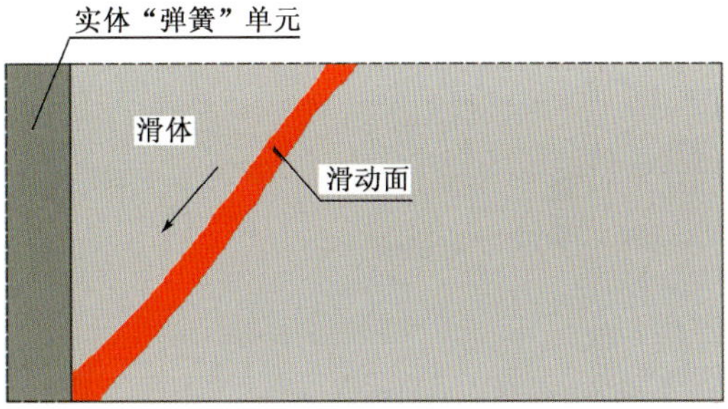

图 3-57 土体有足够变形时形成的直线滑动破坏

不同参数条件下计算得到的土压力　　　　表 3-11

黏聚力（kPa）	内摩擦角（°）	有限元模型三（kN）	库仑公式（kN）	边坡稳定分析条分法（kN）
20	10	51	52	53
30	10	3	0	0
20	0	120	120	120
30	0	8	0	0
10	20	93	92	92

计算表明，如果允许土体有足够的侧向变形时，土压力减小到最小值。当土体材料采用莫尔—库仑等面积圆 DP3 准则时，计算结果与库仑主动土压力公式计算结果很接近。

有限元模型三的力学关系如图 3-58 所示。令 $AC=L$，根据力的平衡关系可以得到如下等式：

$$cL + N\tan\varphi + E_a\cos\theta = G\sin\theta \qquad (3-8)$$

$$N = E_a\sin\theta + G\cos\theta$$

$$E_a = \frac{G\sin\theta - G\cos\theta\tan\varphi - cL}{\sin\theta\tan\varphi + \cos\theta}$$

$$G = \frac{1}{2}\gamma h^2 \cot\theta$$

可见 E_a 是 θ 的函数，令 $\dfrac{\partial F}{\partial \theta}=0$，可以得到 E_a 的极大值表达式：

$$E_a = \frac{1}{2}\gamma h^2 \tan^2\left(45°-\frac{\varphi}{2}\right) - 2ch\tan\left(45°-\frac{\varphi}{2}\right) \tag{3-9}$$

这就是库仑主动土压力公式，和朗金土压力公式相比，二者相差了 $\dfrac{2c^2}{\gamma}$。

朗金土压力理论认为由于土体黏聚力 c 引起负的侧压力 $\dfrac{2c^2}{\gamma}$，并认为土体和墙背之间不可能承受拉力，因此计算土压力时这部分略去不计，如图 3-59 所示。由此得到的土压力为：

$$E_a = \frac{1}{2}\gamma h^2 \tan^2\left(45°-\frac{\varphi}{2}\right) - 2ch\tan\left(45°-\frac{\varphi}{2}\right) + \frac{2c^2}{\gamma} \tag{3-10}$$

巧合的是有限元计算结果与此朗金土压力公式一致，因为在有限元模型中这部分所谓的拉应力区单元处于弹性状态，没有侧压力产生。

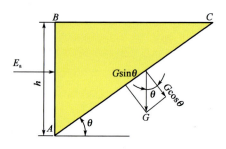

图 3-58　有限元模型三力学关系示意图

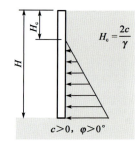

图 3-59　朗金主动土压力分布

注：K_a 为主动土压力系数。

对于有限元模型三，考虑泊松比 $\nu=0.3$ 时的计算结果与 $\nu=0$ 时的计算结果一样，表明在极限状态下泊松比对计算结果没有影响。

3.3.5　小结

（1）挡土墙土压力的分布和大小与支挡结构的刚度、土体的变形等有关。计算表明，土压力是随着墙身位移的变化而变化的。如果挡土墙没有足够的位移，墙后土体不能达到极限破坏状态，此时的土压力介于静止土压力和主动土压力之间。只有当墙体有足够位移时，墙后土体才能达到极限状态，此时挡土墙承受主动土压力。

（2）有限元数值模拟表明，挡土墙静止不动时土体既可能处于弹性状态，也可能处于塑性极限平衡状态，或者二者兼而有之。

（3）有限元模型中，不考虑泊松比且墙体不动时的土压力正好是朗金土压力，此土压力比库仑主动土压力大 $2c^2/\gamma$，呈三角形分布。

（4）当墙体有足够的位移时，挡土墙承受的土压力大小等于库仑主动土压力，此时土体强度得到充分发挥，土压力不再呈三角形分布，而是呈抛物线分布，最大土压力出现在挡土墙的下半部位。

参 考 文 献

[1] 郑颖人，赵尚毅，张鲁渝. 用有限元强度折减法进行边坡稳定分析[J]. 中国工程科学，

2002，10（4）：57-61.

[2] 赵尚毅，郑颖人，唐树名. 深挖路堑边坡施工顺序对边坡稳定性影响有限元数值模拟分析[J]. 地下空间，2003，23（4）：370-375.

[3] 赵尚毅，郑颖人，张玉芳. 有限元强度折减法中边坡失稳的判据探讨[J]. 岩土力学，2005，26（2）：332-336.

[4] 邓楚键，何国杰，郑颖人. 基于M-C准则的D-P系列准则在岩土工程中的应用研究[J]. 岩土工程学报，2006，（6）：735-739.

[5] 郑颖人，沈珠江，龚晓南. 岩土塑性力学原理[M]. 北京：中国建筑工业出版社，2002.

[6] 张鲁渝，时卫民，郑颖人. 平面应变条件下土坡稳定有限元分析[J]. 岩土工程学报，2002，24（4）：487-490.

[7] 赵尚毅，郑颖人. 基于Drucker-Prager准则的边坡安全系数转换[J]. 岩石力学与工程学报，2006，（增1）：270-273.

[8] 张鲁渝，郑颖人，赵尚毅. 有限元强度折减系数法计算土坡稳定安全系数的精度研究[J]. 水利学报，2003，（1）：21-27.

[9] 郑颖人，赵尚毅. 有限元强度折减法在土坡与岩坡中的应用[J]. 岩石力学与工程学报，2004，23（19）：3381-3388.

[10] 宋雅坤，郑颖人，赵尚毅. 有限元强度折减法在三维边坡中的应用与研究[J]. 地下空间与工程学报，2006（5）.

[11] Duncan J M. State of the Art：Limit Equilibrium and Finite Element Analysis of Slopes[J]. Journal of Geotechnical Engineering，1996，122（7）：577-596.

[12] 刘明维，郑颖人. 基于有限元强度折减法确定多滑面方法研究[J]. 岩石力学与工程学报，2006，25（8）：1544-1549.

[13] 郑颖人，张玉芳，赵尚毅，等. 有限元强度折减法在元磨高速公路高边坡中的应用[J]. 岩石力学与工程学报. 2005，24（21）：3812-3817.

[14] Zheng Yingren，Deng Chujian，Zhao Shangyi，et al. Development of Finite Element Limit Analysis Method and Its Applications in Geotechnical Engineering[J]. Engineering Sciences，2007，9（3）：10-36.

[15] 赵尚毅，郑颖人，王建华，等. 基于强度折减安全系数的边坡岩土侧压力计算方法探讨[J]. 岩石力学与工程学报. 2010，29（9）.

[16] 吴丽君. 有限元强度折减法有关问题研究及工程应用[D]. 中南大学硕士论文，2009.

[17] 赵尚毅. 有限元强度折减法及其在土坡与岩坡中的应用[D]. 后勤工程学院博士学位论文，2004.

[18] 董诚. 有限元强度折减法在基坑工程和浅埋隧道中的应用[D]. 后勤工程学院博士学位论文，2009.

第4章 有限元强度折减法在岩坡中的应用

岩坡的稳定性分析历来是至为关注的重大课题。由于实际岩体中含有大量不同构造、产状和特性的不连续结构面（如层面、节理、裂隙、软弱夹层、岩脉和断层破碎带等），这就给岩质边坡的稳定性分析带来了巨大的困难。岩质边坡的稳定性主要由岩体结构面控制，传统的用于土质边坡稳定性分析的滑动面搜索方法很难用于岩质边坡。

根据岩体中结构面的贯通情况，可以将其分为贯通性、非贯通性两种类型；根据结构面的强弱和充填情况，可以将其分为硬性结构面和软弱结构面。由于岩体结构的复杂性，要十分准确地反映岩体结构的特征十分困难。基于这种考虑，对于一个实际工程来说，往往根据现场地质资料，以及结构面的长度、密度、贯通率、展布方向等，着重考虑2~3组对边坡稳定起主要控制作用的节理组或其他结构面。

本章采用有限元强度折减法对由结构面（包括贯通和非贯通结构面）控制的岩质边坡的破坏机制进行数值模拟分析，采用低强度理想弹塑性夹层单元来模拟岩体软弱结构面，按照连续介质处理；用无厚度的接触单元模拟硬性结构面的不连续，建立岩质边坡非线性有限元模型，通过强度折减使边坡达到极限破坏状态，不但可找出具有贯通和非贯通结构面岩质边坡的破坏滑动面，还可得到相应的安全系数，为岩质边坡稳定性分析开辟了新的途径。

4.1 岩坡有限元模型的建立及其安全系数的求解

岩体是弱面体，起控制作用的往往是结构面强度。对于结构面的模拟，可采用如下两种方式：一是软弱夹层模拟；二是无厚度接触单元模拟。

1) 软弱夹层模拟

如图4-1a) 所示，软弱夹层和岩体均采用平面实体单元模拟，按照连续介质处理，只是结构面材料参数与岩体不同而已。岩体以及结构面材料本构关系采用理想弹塑性模型，强度折减过程与均质土坡相同，即通过对岩体以及结构面强度参数同时进行折减使边坡达到极限破坏状态，此时可得到边坡的强度储备安全系数。图4-1b) 所示为具有一条结构面的边坡通过强度折减达到极限状态时的直线滑动破坏形式。表 4-1 为图 4-1 所示模型的安全系数计算结果。结构面参数为 $c=10\text{kPa}$, $\varphi=30°$, 结构面倾角 30°, 滑体高 10m, 宽 17.32m。

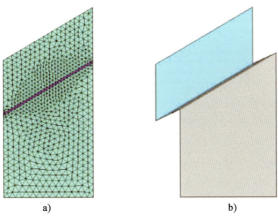

图 4-1 具有一条软弱结构面的有限元模型

不同屈服准则条件下的安全系数计算结果　　　　表 4-1

计 算 方 法	安 全 系 数	计 算 方 法	安 全 系 数
有限元强度折减法（DP1）	1.58	极限平衡方法（解析解）	1.12
有限元强度折减法（DP4）	1.10	极限平衡方法（Spencer 法）	1.12

2）无厚度接触单元模拟

图 4-2 采用无厚度接触单元来模拟结构面，程序通过覆盖在两个接触物体表面（AB、EF）的接触单元来定义接触关系。在两个接触的边界中，其中一个边界作为"目标面"，而把另外一个面作为"接触面"，两个面合起来叫做"接触对"。两个接触面之间不抗拉，可以脱离，可以滑动。两个接触面的接触摩擦行为服从库仑定律：

$$\tau = c + \sigma\tan\varphi \tag{4-1}$$

$$\sigma \geqslant 0 \quad (\text{规定压为正})$$

式中：c——接触面之间的黏聚力；

$\tan\varphi$——接触面之间的摩擦系数。

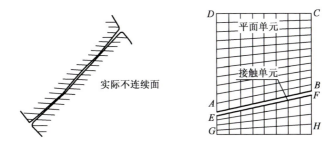

图 4-2 无充填的硬性结构面及其接触单元模型

在两个接触面开始互相滑动之前，在其接触面上会产生小于其抗剪强度的剪应力，这种状态叫做稳定黏合状态；一旦剪切应力超过滑面上的抗剪强度，两个面之间将产生滑动，边坡失稳。采用接触单元模拟的岩质边坡沿结构面破坏的强度折减安全系数定义为：

$$F_s = \frac{c}{c'} = \frac{\tan\varphi}{\tan\varphi'} \tag{4-2}$$

表 4-2 为采用无厚度的接触单元来模拟硬性结构面的力学行为时的安全系数计算结果。计算参数为 $c=0$，$\varphi=15°$，结构面倾角 $15°$。

安全系数计算结果　　　　　　　　　　　　　　　表 4-2

计 算 方 法	安 全 系 数	计 算 方 法	安 全 系 数
有限元强度折减法	1.001	极限平衡方法（Spencer）	1.0
极限平衡方法（解析解）	1.0		

通过计算对比发现，对于直线形滑动面，采用接触单元时用有限元强度折减法得到的计算结果与理论解析解十分接近，误差仅为 0.1%，说明采用接触单元来模拟岩体材料的不连续性是可行的。计算还表明，采用软弱夹层模拟和无厚度的接触单元模拟结构面得到的稳定安全系数，两者计算结果非常接近。因此，无论对于硬性结构面还是软弱结构面，都可以采用上述两种方式来模拟，但结构面参数必须准确。

4.2 用无厚度接触单元分析折线形滑动面岩坡稳定性

如图 4-3 所示，两个直线形滑动面组成折线形滑体 ABMCD。这种折线形滑动破坏是一种常见的滑坡类型。岩体重度 $\gamma=20\text{kN/m}^3$，弹性模量 $E=10^9\text{Pa}$。滑块 ABCD 面积 433m^2，滑面 $AB=20$m，倾角 $\psi_1=15°$，$AD=25$m，$DC=19.32$m，$BC=19.82$m；滑块 BCM 面积 196.5m^2，滑面 $BM=28.03$m，倾角 $\psi_2=45°$，$CM=19.82$m，CM 面上施加有线性变化的面荷载，$P_M=400\text{kPa}$，$P_C=0$。

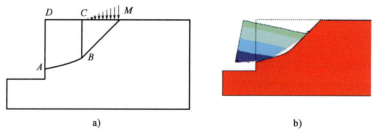

图 4-3　折线形平面滑动岩质边坡及其接触单元有限元模型

计算方法同上，在硬性滑动面 AB、BM 上布置接触单元。岩体采用 6 节点三角形平面应变单元 PLANE2 模拟，接触单元采用 TARGE169 和 CONTA172 单元。图 4-3b）所示为坡体达到极限状态后的破坏滑动图。不同参数条件下的安全系数计算结果对比见表 4-3。

不同方法求得的安全系数　　　　　　　　　　　　表 4-3

参　　数	有限元强度折减法	Spencer 法
$c=160\text{kPa}$，$\varphi=0°$	1.00	0.96
$c=160\text{kPa}$，$\varphi=30°$	2.11	2.07
$c=320\text{kPa}$，$\varphi=10°$	2.33	2.28
$c=0\text{kPa}$，$\varphi=15°$	2.09	1.94
$c=160\text{kPa}$，$\varphi=45°$	3.08	2.90

4.3 具有两组贯通结构面的岩坡算例

如图 4-4 所示，两组方向不同的外倾结构面，贯通率 100%。第一组软弱结构面倾角 30°，平均间距 10m；第二组软弱结构面倾角 75°，平均间距 10m。岩体以及结构面物理力学参数见表 4-4，采用软弱夹层方法模拟。

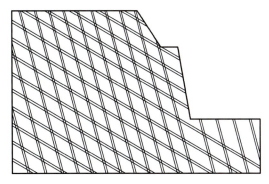

图 4-4 由有两组贯通的平行结构面控制的岩质边坡几何模型

物理力学参数计算取值 表 4-4

材 料 名 称	重度 (kN/m³)	弹性模量 (Pa)	泊松比	黏聚力 (MPa)	内摩擦角 (°)
岩体	25	10^{10}	0.2	1.0	38
第一组结构面	17	10^7	0.3	0.12	24
第二组结构面	17	10^7	0.3	0.12	24

岩体以及结构面均采用平面应变单元模拟，只是物理力学参数不同，计算步骤同上。通过有限元强度折减得到的破坏过程如图 4-5 所示。图 4-5a) 是最先产生的破坏形式，接着出现第二、三条次生滑动面 [图 4-5b]。求得的安全系数见表 4-5，其中极限平衡方法计算结果是根据最先贯通的那一条滑动面求得的。

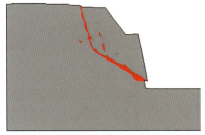
a) 最先贯通的滑动面

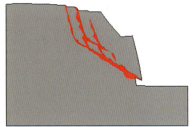
b) 滑动面继续发展

图 4-5 极限状态后产生的破坏形式

计 算 结 果 表 4-5

计算方法	安全系数	计算方法	安全系数
有限元法（外角外接圆 DP1 准则）	1.49	极限平衡方法（Spencer）	1.17
有限元法（莫尔—库仑等面积圆 DP3 准则）	1.21		

4.4　具有非贯通结构面的岩坡稳定性分析

前面采用有限元强度折减法研究了具有两组贯通结构面岩质边坡的稳定性，对于具有非贯通结构面岩质边坡的破坏机制目前尚无研究。本节采用弹塑性有限元强度折减法来对具有非贯通结构面控制的岩质边坡破坏机制进行数值模拟分析。

1) 具有一条非贯通结构面的岩质边坡

图 4-6 为一垂直岩质边坡，坡高 40m，在距离坡脚 5m 高处有一外倾软弱结构面，结构面倾角为 45°。岩体及结构面均采用平面应变实体单元 PLANE2 模拟，按照连续介质建立模型。边界条件为：左右两侧边界水平约束，底部固定，上部边界为自由边界。岩体以及结构面材料本构模型均采用理想弹塑性模型，屈服准则采用莫尔—库仑等面积圆 DP3 准则，只是岩土材料的参数不同。

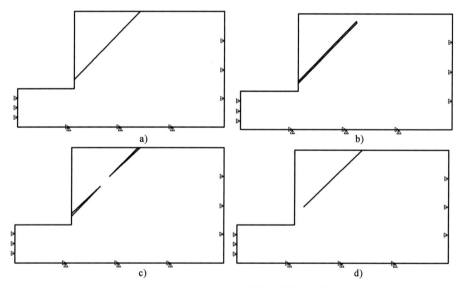

图 4-6　具有一条非贯通结构面的岩质边坡

图 4-6a) 贯通率 100%；图 4-6b)、c)、d) 为结构面不同位置示意图，贯通率按 86% 和 70% 两种情况分别计算，结构面宽度均为 0.3m。本次分析对结构面强度参数分别按 3 种不同取值进行计算，岩体以及结构面参数见表 4-6。安全系数的计算与均质土坡相同，即通过对岩体以及结构面强度参数同步折减，使边坡达到极限破坏状态，此时可得到边坡的破坏滑动面以及相应的安全系数。采用不同方法的计算结果见表 4-7～表 4-9。

计算采用的物理力学参数　　　　表 4-6

材料 名 称		重度（kN/m³）	弹性模量（Pa）	泊松比	黏聚力（MPa）	内摩擦角（°）
岩体		25	10^{10}	0.2	1.2	30
结构面	①	17	10^7	0.3	0.04	16
	②	17	10^7	0.3	0.06	18
	③	17	10^7	0.3	0.10	20

注：①、②、③为结构面强度参数的 3 种不同取值。

对于这种具有非贯通结构面的岩质边坡，目前的极限平衡条分法尚不能对其进行稳定性分析。为了与传统极限平衡方法对比，在有限元应力计算结果的基础上，通过沿着滑动面设置路径 PATH，将节点应力映射到路径上，然后分段沿着滑动面对下滑力和抗滑力进行积分，安全系数 ω 为总的抗滑力除以总的下滑力。

贯通率 70% 时的安全系数 表 4-7

计算参数	编 号	结构面位置	安全系数计算结果		
			有限元强度折减法	极限平衡法	相 对 误 差
①	1	b)	1.98	2.07	−0.042
	2	c)	2.22	2.15	0.034
	3	d)	2.29	2.20	0.042
②	4	b)	2.09	2.18	−0.039
	5	c)	2.32	2.24	0.035
	6	d)	2.35	2.28	0.031
③	7	b)	2.25	2.34	−0.039
	8	c)	2.45	2.40	0.019
	9	d)	2.51	2.43	0.035

注：①、②、③为结构面强度参数的 3 种不同取值。b)、c)、d) 为图 4-6 中结构面的 3 种分布情形。

贯通率 86% 时的安全系数 表 4-8

计算参数	编 号	结构面位置	安全系数计算结果		
			有限元强度折减法	极限平衡法	相 对 误 差
①	1	b)	1.18	1.23	−0.037
	2	c)	1.30	1.27	0.020
	3	d)	1.35	1.32	0.023
②	4	b)	1.30	1.35	−0.040
	5	c)	1.42	1.38	0.032
	6	d)	1.47	1.42	0.034
③	7	b)	1.47	1.54	−0.039
	8	c)	1.57	1.57	0.000
	9	d)	1.65	1.60	0.030

注：①、②、③为结构面强度参数的 3 种不同取值。b)、c)、d) 为图 4-6 中结构面的 3 种分布情形。

贯通率 100% 时的安全系数 表 4-9

结构面计算参数	安全系数计算结果		
	有限元强度折减法	极限平衡法	相 对 误 差
①	0.45	0.46	−0.03
②	0.58	0.60	−0.03
③	0.80	0.81	−0.01

注：①、②、③为结构面强度参数的 3 种不同取值。

计算结果表明，贯通率 86% 的安全系数与贯通率 100% 的安全系数相比，增大 1.8~2.8 倍；贯通率 70% 的安全系数与贯通率 100% 的安全系数相比，增大 3.0~4.7 倍。另外，即使结构面贯通率相同，但是结构面位置不同，求得的安全系数也不同。非贯通区位于坡脚处安全系数最大，位于坡中次之，位于坡顶安全系数最小。这是因为坡脚处受到的静水压力最大。采用有限元强度折减法（莫尔—库仑等面积圆 DP3 准则）求得的安全系数与基于有限元应力计算结果的极限平衡方法求得的安全系数误差范围在 0~5%。通过强度折减有限元计算，结构面最后均贯通形成直线滑动破坏形式，如图 4-7 所示。

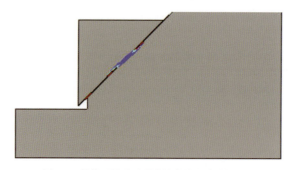

图 4-7　结构面贯通后形成的直线滑动破坏形式

2) 具有两条非贯通结构面的岩质边坡

如图 4-8a) 所示，结构面 AB 和 CD 的倾角均为 45°，AB=21.21m，CD=14.14m，CE=35m，AD=10m，∠BAD=135°，计算采用的参数见表 4-10。通过有限元强度折减得到的破坏形式如图 4-8b) 所示，此时的强度折减系数为 2.7。

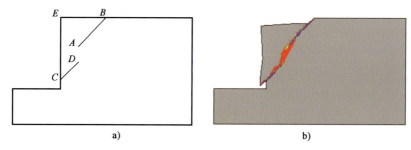

图 4-8　具有两条非贯通结构面的岩质边坡破坏情况

物理力学参数计算取值　　　　　　　　　　　　　　　　表 4-10

材　料　名　称	重度（kN/m³）	弹性模量（Pa）	泊松比	黏聚力（MPa）	内摩擦角（°）
岩体	25	10^{10}	0.2	1.0	30
结构面	18	10^{7}	0.3	0.06	18

3) 具有三条非贯通结构面的岩质边坡

如图 4-9a) 所示，在图 4-8a) 的基础上增加与 AB 平行的结构面 FG，FG 与 CD 共线，FG=AB=21.21m，DF=14.14m，AF=AD=10m，∠DAF=90°，计算采用的参数同表 4-10。通过有限元强度折减得到边坡的稳定安全系数为 2.3。破坏滑动面从 D-F 之间贯通，如图 4-9b) 所示，而不是从 A-D 之间贯通，这是因为从 D-F 贯通后形成了直线滑动面。

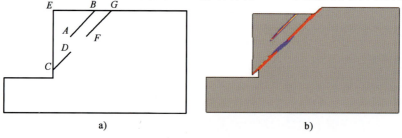

图 4-9　具有 3 条非贯通结构面的岩质边坡破坏形式（一）

将 FG 向右移动 5m，使 $AF=15$m，$DF=18.03$m，$AD=10$m，如图 4-10a) 所示。通过有限元强度折减发现 FG 与 CD 最先贯通，如图 4-10b) 所示，此时的强度折减系数为 2.6。

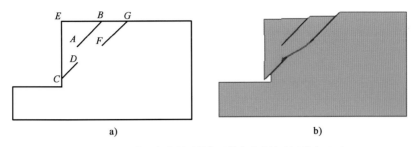

图 4-10 具有 3 条非贯通结构面的岩质边坡破坏形式（二）

若将 FG 再向右移动 5m，使 $AF=20$m，此时 $AD=10$m，$FD=22.36$m，如图 4-11a) 所示。此时结构面的贯通情况如图 4-11b) 所示，对应的强度折减系数为 2.7，与图 4-8 的破坏形式相同。

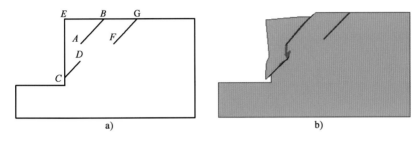

图 4-11 具有 3 条非贯通结构面的岩质边坡破坏形式（三）

研究表明，在岩体及结构面参数相同的情况下，结构面之间的贯通破坏机制受结构面几何位置、倾角、结构面之间岩桥的倾角、岩桥长度等因素的影响。在其他因素相同的情况下，岩桥倾角与两端结构面倾角越接近时，岩桥越容易贯通形成滑动面，直线滑动面最容易贯通滑动。图 4-12a) 中，结构面 1 到 3 的距离最近，$AD=21.21$m，$FD=15.81$m，但是滑动面却没有从 D-F 之间贯通，而是 D 和 A 之间贯通，如图 4-12b) 所示。这是因为从 DA 贯通后形成的是直线滑动面。

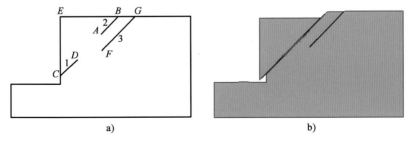

图 4-12 具有 3 条非贯通结构面的岩质边坡破坏形式（四）

在其他因素相同的情况下，岩桥长度越短，岩桥就越容易贯通形成滑动面。图 4-13a) 中，结构面 AB 倾角 71.6°，AD 与 CE 平行，虽然结构面 1 和结构面 3 之间的岩桥倾角与结构面相同，但是结构面 1 和 2 之间的岩桥距离（$AD=10$m）比 1 和 3 的距离（$FD=21.21$m）小，滑动面从结构面 1 和 2 之间贯通，如图 4-13b) 所示。

图 4-14 的计算表明,滑动面并没有从岩桥之间贯通,而是从坡脚开始,在岩体中出现一个局部的圆弧滑动面并与结构面 3 贯通。虽然结构面 1 和 3 之间的岩桥长度最小,$FD=10m$,但是其方向水平,与外倾结构面 1、3 的夹角较大,形成的是折线滑动面。结构面 1 和 2 的滑动方向一致,且二者之间的距离($AD=21.21m$)虽然小于结构面 3 到坡脚的距离($FH=25m$),但是,由于边坡坡脚处的剪应力最大,滑动面没有从 AD 通过,而是从坡脚处贯通破坏。

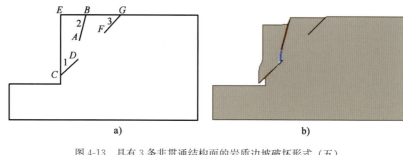

图 4-13 具有 3 条非贯通结构面的岩质边坡破坏形式(五)

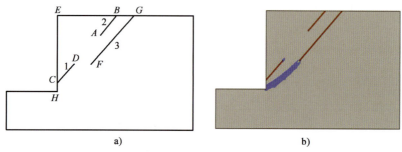

图 4-14 具有 3 条非贯通结构面的岩质边坡破坏形式(六)

4.5 岩土质二元边坡稳定性分析

如图 4-15 所示,当岩坡上存在上覆土层时,此时坡体的稳定性不仅受岩体中结构面强度参数的影响,同时也受上覆土层强度参数的影响,采用传统极限平衡法很难对此类坡体的稳定性及其滑面位置作出准确评价,而采用有限元强度折减法则能很好地解决这一问题。

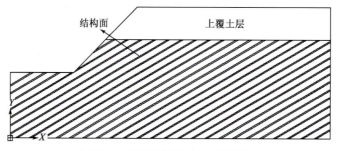

图 4-15 岩坡上存在上覆土层的情况

图 4-15 所示边坡,坡高 20m,坡角 $\beta=45°$,软弱结构面倾角 30°,平均间距 3m,贯通率 100%。岩体重度 $\gamma=27kN/m^3$,黏聚力 $c=100kPa$,内摩擦角 $\varphi=39°$;土体重度 $\gamma=$

$18kN/m^3$,黏聚力 $c=18kPa$,内摩擦角 $\varphi=20°$;采用平面实体单元模拟软弱结构面,结构面重度 $\gamma=27kN/m^3$,强度参数分别取 $c=10kPa$、$\varphi=20°$ 和 $c=30kPa$、$\varphi=29°$ 两种情况。

(1)当结构面强度参数取 $c=10kPa$、$\varphi=20°$ 时,此时土体的强度参数相对较高,坡体的稳定性主要受结构面强度参数的影响。采用有限元强度折减法分析得到安全系数等于0.807,对应的滑面位置如图4-16所示。从图中所示滑面位置可以看出,由于结构面强度参数相对较低,因此滑面从结构面进入土体形成连续滑面。

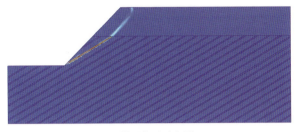

图4-16 滑面位置示意图(一)

(2)当结构面强度参数取 $c=30kPa$、$\varphi=29°$ 时,此时土体的强度参数相对较低,坡体的稳定性则主要受土体强度参数的影响。采用有限元强度折减法分析得到安全系数等于1.255,对应的滑面位置如图4-17所示。从图中所示滑面位置可以看出,由于土体强度参数相对较低,因此只在土体中形成了连续滑面。由此可以看出,采用有限元强度折减法能较好地进行此类边坡的稳定性分析。

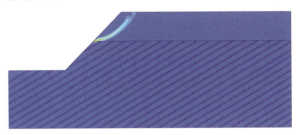

图4-17 滑面位置示意图(二)

4.6 岩质边坡倾倒稳定性分析

岩质边坡的倾倒问题从20世纪70年代以来逐渐为土木工程界所关注。在倾倒破坏中,岩块不仅有平动位移,还有角位移和角加速度,这与边坡的剪切滑动破坏在边界条件、变形特征和力学机制上有着很大的差别。因此对倾倒边坡的稳定性分析和评价也不同于常规的分析方法。考虑到离散元法允许块体之间发生转动和平动,甚至脱离母体,可以解决非连续介质的大变形问题,因此相对其他数值计算方法具有明显的优势。下面将通过算例,运用离散元软件(UDEC),通过强度折减进行边坡倾倒失稳的稳定性分析。

离散单元法是Cundall于1971年提出来的一种显示求解的数值方法。其基本原理是假定岩体由刚性块体组合而成,以单个块体的运动方程为基础,块体之间边界的相互作用可以体现其不连续性和节理的特性,容许各个块体之间平移、转动,建立描述整体运动状态的联合方程，求解后便可以得到块体的运动参量。UDEC 是美国 Itasca 公司基于离散单元法理论开发的一款计算分析程序。

算例 4-1： 一岩质边坡，如图 4-18 所示，结构面贯通率 100%，水平间距 3m，竖向间距 2m，岩土重度 $\gamma = 20\text{kN/m}^3$，弹性模量 $E = 1 \times 10^6 \text{kPa}$，泊松比 $\nu = 0.25$，黏聚力 $c = 1000\text{kPa}$，内摩擦角 $\varphi = 50°$，抗拉强度等于 100kPa；结构面重度 $\gamma = 20\text{kN/m}^3$，弹性模量 $E = 1 \times 10^6 \text{kPa}$，泊松比 $\nu = 0.25$，黏聚力 $c = 50\text{kPa}$，内摩擦角 $\varphi = 30°$，抗拉强度等于 0。分析当结构面倾角分别等于 20°、30°时，该岩质边坡的稳定性。其中，节理法向刚度 k_n 和切向刚度 k_s 按下述方法取值：

$$k_n \geqslant k_s = 10\max\left[\frac{K + \frac{4}{3}G}{\Delta Z_{\min}}\right] \quad (4-3)$$

式中：K——体积模量；
　　　G——剪切模量；
　　　$Z_{\min}$——最小单元长度。

1) 结构面倾角等于 20°

当强度折减系数等于 2.0 时，计算不收敛，变形后的网格如图 4-19 所示。

图 4-18　岩质边坡示意图

当强度折减系数等于 1.90 时，计算收敛。由此可以判断，当结构面倾角等于 20°时，坡体的安全系数在 1.90~2.0 之间。此时结构面的受力状态如图 4-20 所示，其中黄色表示拉破坏，粉色表示剪破坏。从图中结构面的受力状态可以看出，竖直方向的结构面主要发生拉破坏，倾斜方向的结构面主要发生剪破坏。这说明坡体的破坏模式是竖直方向结构面切割形成的块体相互之间拉开，然后沿倾斜方向结构面发生滑移和转动，由于块体之间的相互作用，坡体前部的块体发生了倾倒。

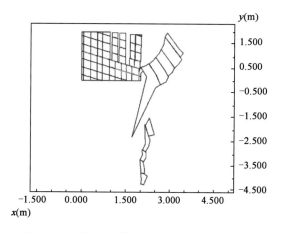

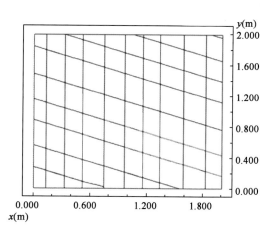

图 4-19　变形后的网格示意图（折减系数等于 2.0）　　图 4-20　结构面受力状态示意图

当强度折减系数等于 1.96 时，再增大折减系数，计算将不收敛，因此可以判断该坡体的安全系数等于 1.96。计算得到变形后的网格如图 4-21 所示。从图中可以看出，其破坏模式是坡体前部的块体发生了倾倒失稳。

2) 结构面倾角等于30°

采用同样的分析方法，当结构面倾角等于30°时，坡体安全系数等于1.30，计算得到变形后的网格如图4-22所示。从图中可以看出，虽然其破坏形式还是坡体前部的块体发生了倾倒失稳，但是随着结构面倾角的增大，倾倒的范围发生了变化，主要是上部的块体发生倾倒。

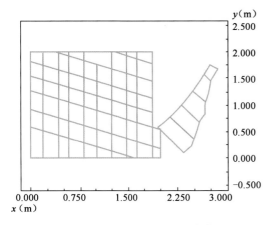
图4-21 变形后的网格示意图（折减系数等于1.96）

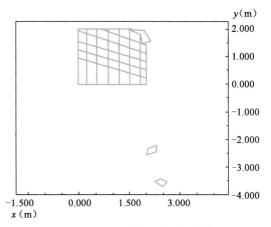
图4-22 变形后的网格示意图（折减系数等于1.30）

4.7 有限元强度折减法在三维边坡稳定性分析中的应用

在边坡稳定性分析领域，二维方法是常用的手段。但在岩土工程中很多边坡问题都属于三维边坡问题，有关边坡稳定三维极限平衡方法，已有众多文献介绍其研究成果。Duncan曾列表总结了20篇文献资料，列举了这些方法的特点和局限性。为了使问题变得静定可解，各种三维极限平衡方法均引入了大量的假定，如对滑裂面的形状假定为左右对称、对数螺旋面等。这样，就进一步削弱了三维分析的理论基础和应用范围，使三维边坡稳定性分析方法始终未能获得广泛的实际应用。而有限元强度折减法克服了极限平衡法的不足，在分析边坡稳定性时不仅满足力的平衡条件，而且还考虑了土体应力—应变关系、岩土和支挡结构的共同作用，同时可以自动搜索滑动面。在二维情况下，有限元强度折减法已经获得到了较好的研究成果，并成功地应用于工程实践；但在三维分析领域尚未得到很好的应用，原因在于其可靠性、安全系数的计算精度还没有得到充分的验证。本节采用有限元强度折减法对三维均质土坡进行了分析，并通过三个算例证实了其应用于三维边坡稳定性分析的可行性。

算例4-2：建立一个可以简化为平面应变问题的空间模型，计算模型如图4-23所示。坡高20m，坡角45°，坡角到左端边界的距离为坡高的1.5倍，坡顶到右端边界的距离为坡高的2.5倍，且总高为2倍坡高，在Z方向取30m。计算采用ANSYS程序，有限元模型的边界条件为：底面固定约束，坡体侧面约束相应的水平位移。土体单元采用SOLID45号实体单元。计算采用莫尔—库仑等面积圆DP3准则，流动法则采用关联流动法则。计算参数为：$c=42$kPa，$\gamma=25$kN/m³，φ为变量。

计算结果见表4-11和图4-24。计算结果表明，在三维边坡计算中采用莫尔—库仑等面积圆 DP3 准则是可行的，它所得到的计算结果与二维情况下得到的结果基本一致。表 4-11 中，DP1 为外角外接圆准则，DP2 为内角外接圆准则，DP3 为莫尔—库仑等面积圆准则。

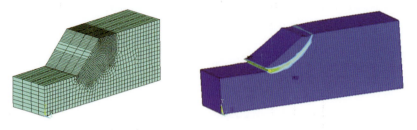

图 4-23　均质土坡计算模型

不同屈服准则得到的安全系数　　　　　　　　　　　　表 4-11

φ (°)	0.1	10	25	35	45
\multicolumn{6}{c}{$H=20\text{m}$, $\beta=45°$, $c=42\text{kPa}$}
DP1	0.523	1.072	1.696	2.105	2.497
DP2	0.522	0.938	1.303	1.473	1.494
DP3（三维）	0.475	0.920	1.390	1.680	1.925
DP3（平面）	0.455	0.915	1.388	1.665	1.914

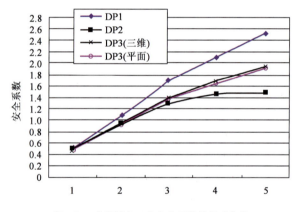

图 4-24　内摩擦角 φ 和安全系数的关系曲线

算例 4-3：通过典型算例对比三维极限平衡法与有限元强度折减法的计算结果，验证有限元强度折减法应用于空间问题的可行性。

图 4-25 为 Zhang Xing 发表的文章所提供的椭球滑面算例，国内外很多学者都选择本例题来检验各自的三维极限平衡法程序的合理性。椭球的长宽比为 1∶3。按原例要求，在对称轴平面用一圆弧模拟滑裂面，在 z 方向，则以椭球圆面形成滑面。即滑面是给定的，在滑面四周约束土体的位移。对此算例采用不同的屈服准则计算，计算结果见表 4-12。

Zhang Xing 算例不同屈服准则得到的安全系数　　　　　　表 4-12

屈服准则	DP1	DP2	DP3	Zhang Xing
安全系数	2.489	2.217	2.150	2.122
误差	17%	5%	1%	

可见，采用 DP3 准则计算所得的安全系数与 Zhang Xing 的极限平衡计算结果非常接近，因此在分析三维边坡时采用莫尔—库仑等面积圆 DP3 准则更符合实际情况。图 4-26 为其计算不收敛时的 x 方向的位移云图。

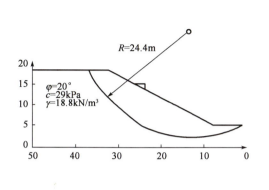

图 4-25　椭球体滑面算例

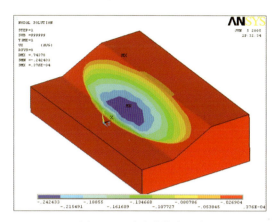

图 4-26　x 方向的位移云图

为分析滑体宽度 w 与长度 l 之比对边坡稳定性的影响，分别取不同的 w/l 值进行稳定性验算。计算结果见表 4-13，并将上述结果绘制成曲线，如图 4-27 所示。

滑体不同宽长比情况下的安全系数　　　　表 4-13

w/l	DP1	DP2	DP3	DP4
1	2.654	2.384	2.300	2.175
2	2.604	2.334	2.255	2.131
3	2.489	2.217	2.150	2.030
4	2.478	2.206	2.140	2.020

从图 4-27 可以看出，无论采用哪种屈服准则，当滑体的宽度与长度之比增大时，稳定系数都逐渐变小；并且在 $w/l>2$ 时，安全系数的变化逐渐变缓；滑坡体具有明显的三维效应，平面应变 DP4 准则计算结果偏小，可见在三维边坡稳定性分析中，采用莫尔—库仑等面积圆 DP3 准则能较准确地模拟边坡的实际情况。

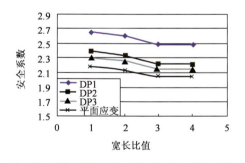

图 4-27　滑体不同宽长比情况下的安全系数计算结果

在 Zhang Xing 原例中约束了滑面周围土体的位移，这种假定是不符合实际情况的，因而也对未作约束情况进行了计算。$w/l=1$ 椭球滑面计算所得安全系数为 2.33，与给定滑面情况下的安全系数 2.3 十分接近；$w/l=3$ 椭球滑面计算所得安全系数为 2.165，也与给定滑面情况下的安全系数 2.15 十分接近。图 4-28、图 4-29 分别是 $w/l=1$ 椭球滑面施加约束和放松约束两种情况的等效塑性应变等值面图，可以看出两者计算所得的滑面非常相近。图 4-30、图 4-31 分别是施加约束和放松约束两种情况的 x 方向位移云图。从图中可以看出，在放松约束情况下，滑体周边的土体也有一定的位移，这在一定程度上约束了土体的下滑，使得安全系数也有所增加。计算所得的安全系数也正说明了这一点。

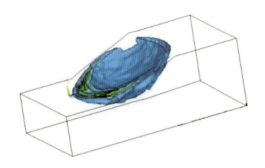
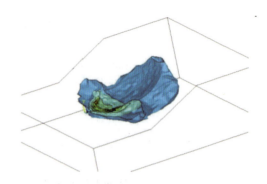

图 4-28　施加约束的等效塑性应变等值面图　　　　图 4-29　放松约束的等效塑性应变等值面图

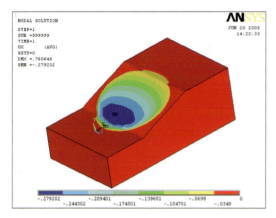
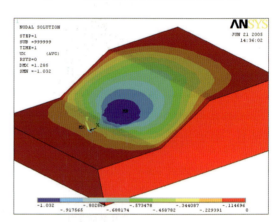

图 4-30　施加约束的 x 方向位移云图　　　　　　图 4-31　放松约束的 x 方向位移云图

算例 4-4：高边坡多为岩质边坡，岩体的失稳与破坏主要受岩体内软弱结构面的控制，它们相互之间的空间分布位置、组合关系（包括自然边坡或边坡开挖面的产状）和结构面的物理力学性质等对边坡的稳定都起着至关重要的作用。

岩石力学中的楔形体稳定是一个典型的三维极限平衡分析问题，其破坏楔体是由两组或多组不同产状的结构面与临空面组合而成。一些学者在开发三维边坡稳定分析程序时，都将此作为考察对象。对于一个简单的块体，其求解方法在教科书中已有详细介绍。本例分别考察几何形状为对称楔形体和非对称楔形体两种情况，其几何参数和物理参数见表 4-14，材料参数见表 4-15。在进行有限元模拟时，结构面看做软弱结构面，因此结构面和岩体均采用实体单元模拟。岩体以及结构面材料本构关系采用理想弹塑性模型，屈服准则采用莫尔—库仑等面积圆 DP3 准则，安全系数的计算与均质土坡相同，即通过对岩体及结构面强度参数同时进行折减边坡达到极限破坏状态，此时可得到边坡的强度储备安全系数。

楔形体算例几何、物理参数表　　　　　表 4-14

部位	对称楔形体		非对称楔形体	
	倾向（°）	倾角（°）	倾向（°）	倾角（°）
左结构面	115	45	120	40
右结构面	245	45	240	60
顶面	180	10	180	0
坡面	180	60	180	60

楔形体算例材料参数　　　　　　　　　表 4-15

项　目	天然密度 (kg/m³)	抗剪强度		弹性模量 (MPa)	泊松比
		c (kPa)	φ (°)		
对称楔形体结构面	2 000	20	20	50	0.3
非对称楔形体结构面	2 000	50	30	50	0.3
岩体	2 600	1×10^3	45	1×10^3	0.15

（1）对称楔形体

图 4-32、图 4-33 为对称楔形体算例的计算模型和计算图。

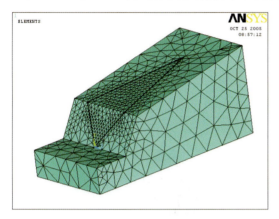

图 4-32　对称楔形体算例模型

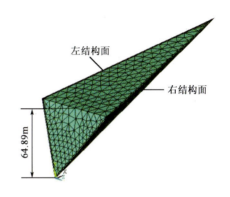

图 4-33　对称楔形体算例计算图

计算中逐步对岩土体的抗剪强度参数进行折减，直至计算不收敛，此时有限元强度折减法得到的安全系数为 1.283。图 4-34、图 4-35 为有限元强度折减法计算得到的 x 方向的位移云图和等效塑性应变图，可看出滑面就在结构面上。同时为了验证其计算的正确性，还对此算例采用理正岩土系列软件进行了验算，其屈服准则采用莫尔—库仑准则，计算所得的安全系数为 1.293。两者相差约为 1%。

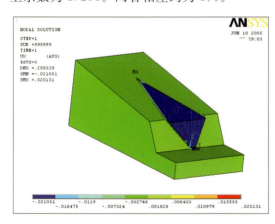

图 4-34　x 方向位移云图

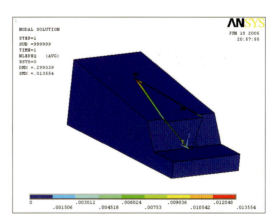

图 4-35　等效塑性应变图

（2）非对称楔形体

图 4-36、图 4-37 为非对称楔形体的计算模型和计算图。

此算例用有限元强度折减法得到的安全系数为 1.60。图 4-38、图 4-39 为有限元强度折

减法计算得到的 x 方向的位移云图和等效塑性应变图。用理正岩土系列软件计算所得的安全系数为 1.636。两者相差约为 2.2%。

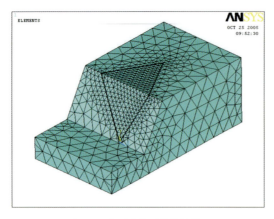

图 4-36　非对称楔形体算例模型

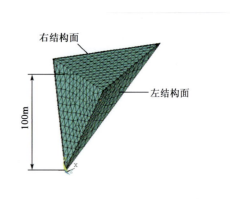

图 4-37　非对称楔形体算例计算图

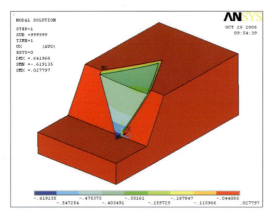

图 4-38　x 方向位移云图

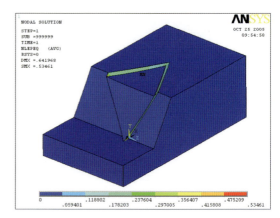

图 4-39　等效塑性应变图

目前，虽然有很多三维极限平衡法的分析程序，但三维极限平衡法与二维相比作出了更多的假定，而且需要给定滑面，影响了其应用。而有限元强度折减法不需要作任何假定，计算模型不仅满足力的平衡方程，而且满足土体的应力—应变关系，计算结果更可靠。它为三维边坡稳定性分析开辟了新的途径。算例结果表明，莫尔—库仑等面积圆 DP3 准则更适用于三维边坡稳定性分析，计算精度高，证实了三维有限元强度折减法应用于三维边坡工程中的可行性。大型水电站岩质高边坡大都属于三维边坡，目前有些设计部门正在将有限元强度折减法用于这些三维边坡的稳定性分析。

4.8　有限元强度折减法在岩质基坑边坡中的应用

本节结合实际工程，采用 PLAXIS 有限元软件，分别应用有限元强度折减法和有限元法对具有相邻建筑物条件下岩质基坑的变形和稳定性、岩石侧压力、基坑开挖对相邻建筑物的影响等方面进行分析，并对不同岩质基坑支护方案进行了对比；结合《高层建筑混凝土结构技术规程》、《建筑地基基础设计规范》（GB 50007）和地方基坑支护技术规程，根据岩质基坑的变形限值计算岩石侧压力并进行岩质基坑支护设计。

应当说明，采用理想弹塑性模型计算位移会有一定误差，但如果模型参数选择合理，作为工程应用，其计算结果仍有一定参考意义。

4.8.1 相邻既有建筑物的基础变形标准

基坑工程对环境的影响表现为：挖土卸载和地下水位降低造成周围地基土体的变形。基坑周围地基土体的变形可能对周围的市政道路、地下管线或建（构）筑物产生不良作用，严重的则会影响其正常使用。由于紧邻市政道路、管线、周围建（构）筑物，而不允许基坑周围地基土体产生较大的变形，基坑工程设计时除按稳定控制设计外，还应按变形控制设计。目前，许多地方基坑支护技术规程均对基坑变形和相邻既有建筑物基础变形提出了控制标准。表4-16是某城市基坑支护技术规程中的基坑预警变形值和允许值，表4-17是基坑周边环境监控报警值和允许值，表4-18是各类建筑的基础倾斜允许值。表中的"H"为建筑物地面以上高度；"倾斜"是基础倾斜方向两端点的沉降差与其距离的比值；预（报）警值是施工监测时需要控制的基坑水平位移值，而允许值是基坑设计时需要控制的基坑水平位移值，预（报）警值是允许值的0.8倍。

基坑支护体系预警值和允许值（mm） 表4-16

安全等级	一级		二级		三级	
	预警值	允许值	预警值	允许值	预警值	允许值
围护墙顶变形	25～30	31～37.5	30～50	37.5～62.5	50～80	62.5～100
围护墙侧向最大位移	40～50	50～62.5	40～60	50～75	60～80	75～100

基坑周边环境监控报警值和允许值（mm） 表4-17

监测对象	报警值	允许值
煤气、供水管位移	10～30	12.5～37.5
电缆、通信管线位移	10～40	12.5～50
邻近建（构）筑物位移	20～60	25～75

各类建筑物的基础倾斜允许值 表4-18

建筑类别		允许倾斜
多层和高层建筑基础	$H \leqslant 24m$	0.004
	$24m < H \leqslant 60m$	0.003
	$60m < H \leqslant 100m$	0.002
	$H > 100m$	0.0015

表4-19是另一城市基坑支护技术规程中的支护结构顶部最大水平位移允许值。表中"h"为基坑深度。

基坑旁边存在既有建筑时，基坑的安全等级通常为一级。由表4-16可知，地下连续墙的墙顶位移控制在30～37.5mm之间；而对于相邻建筑基础的水平位移控制，表4-17中虽然提出了水平位移允许值25～75mm，但范围过大，不利于设计人员根据工程情况进行选取。

支护结构顶部最大水平位移允许值 (mm) 表 4-19

安全等级	排桩、地下连续墙加内支撑支护	排桩、地下连续墙加锚杆支护、双排桩、复合土钉墙	坡率法、土钉墙或复合土钉墙、水泥土挡墙、悬臂式排桩、钢板桩等
一级	0.002h 与 30mm 的较小值	0.003h 与 40mm 的较小值	—
二级	0.004h 与 50mm 的较小值	0.006h 与 60mm 的较小值	0.01h 与 80mm 的较小值
三级	—	0.01h 与 80mm 的较小值	0.02h 与 100mm 的较小值

4.8.2 无结构面的岩质基坑边坡计算

1) 工程概况

某轨道交通工程基坑拟采用明挖法施工。路段沿线周边建筑密集、情况复杂且有数栋离设计开挖线较近的高层建筑。该路段基坑开挖边坡工程安全等级为一级。基坑长 1 453m,宽 40m,深 30m,其中上部 6m 范围为素填土和强风化砂质泥岩,以下 24m 范围为较完整的微风化砂质泥岩。本次计算对象基坑断面不存在外倾顺层结构面,故在有限元计算时不考虑结构面影响。相邻既有建筑为 15 层框架结构,采用桩基础,桩长为 15m,相邻桩间距为 5.65m,桩距基坑开挖面最小距离为 6m。

由地勘报告提供的岩土参数:黏聚力 $c=556$kPa,内摩擦角 $\varphi=31.6°$,岩体的弹性模量为 1 403MPa。岩体的泊松比根据工程经验和《工程岩体分级标准》(GB 50218) 中的相关规定确定,通常在 0.35~0.4 之间。为了对比泊松比对岩石侧压力的影响,分别取泊松比为 0.35 和 0.4。岩体的重度为 25.9kN/m³。为了研究弹性模量与基坑和相邻建筑物基础位移的关系,根据工程经验对岩体弹性模量乘以 0.65 的折减系数,并比较了两种弹性模量计算得到的基坑和相邻建筑物基础的位移。下面选择 3 种支护方案进行比较。

(1) 方案一:原设计方案采用桩锚支护体系,抗滑桩宽 1 000mm,高 1 000mm,桩长为 33m,嵌入段长 2m,桩间距为 4m,锚索每隔 3m 设置一道,共设置 7 道锚索,每道锚索施加的预应力为 2 624kN (图 4-40)。有限元模型示意图如图 4-41 所示。

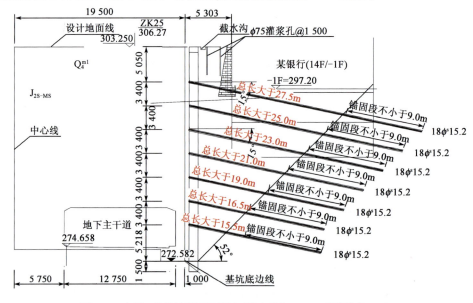

图 4-40 方案一的设计剖面示意图 (尺寸单位:mm;高程单位:m)

(2) 第二种支护方案如图 4-42 所示,即在方案一的基础上取消最下面两道锚索,其他条件均与方案一相同。

(3) 方案三主要是分析岩质基坑无支护时的变形和稳定性,故数值模拟时考虑将基坑与既有建筑物之间 6m 厚的土层替换为岩石来解决这部分土体的稳定性,如图 4-43 所示。

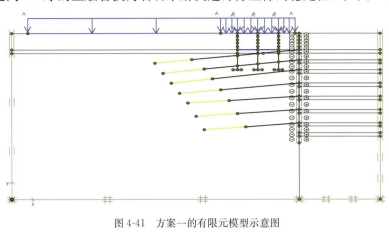

图 4-41　方案一的有限元模型示意图

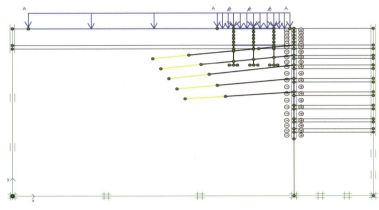

图 4-42　方案二的有限元模型示意图

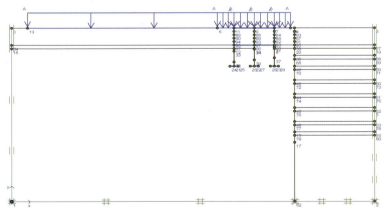

图 4-43　方案三的有限元模型示意图

2) 有限元模型的建立

根据地勘报告,该段基坑岩体无外倾结构面,因此有限元分析时将边坡岩体等效为均质体。

在 PLAXIS 模型中，有限元模型采用 15 节点单元的平面应变模型，岩土采用莫尔—库仑弹塑性本构模型，桩采用板单元模拟，预应力锚索的锚固段采用隔栅模拟，非锚固段采用点对点锚杆模拟。由于不考虑地下水的影响，地下水水位定义在模型底部。在有限元模型中通过调整支护结构的刚度来达到控制基坑变形的目的。

为了与规范方法比较，PLAXIS 程序中均按照两种方式设置地面荷载。荷载方式一：地面荷载分为 3 段考虑（距基坑 6m 范围内，考虑消防车荷载 $20kN/m^2$；距基坑 6~17m 范围内，在模型中真实地模拟建筑物的桩基础，将建筑物二层以上的荷载作为集中力作用在桩上，将一层的地面荷载 $15kN/m^2$ 均布在基坑边坡顶部；距基坑 17m 以外，只考虑 $10kN/m^2$ 的地面荷载，如图 4-44 所示）；荷载方式二：同传统设计方法，在坡顶均布建筑物荷载 $225kN/m^2$，显然这是偏于保守的荷载工况。

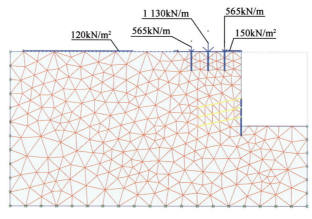

图 4-44　荷载方式一示意图

3）计算参数

为了更加真实地模拟基坑受力和变形情况，基坑和相邻既有建筑物基础的变形计算均采用荷载方式一，泊松比选用 0.35。

为了对比不同荷载方式对岩石侧压力的影响，计算岩石侧压力时分别选用了两种荷载方式。

为了比较土体的弹性模量对基坑和相邻建筑物基础位移的影响，计算时采用两种弹性模量：地勘提供的弹性模量 1 403MPa，以及折减后的弹性模量 912MPa。

4）施工过程的模拟

为了更好地模拟基坑施工过程，以方案一为例，有限元分析时将基坑开挖过程分为 15 步。具体步骤如下：

第一步：基坑开挖至 6m，并设置抗滑桩；

第二步：设置第一道锚索，并施加预应力 656kN/m；

第三步：基坑开挖至 9.4m；

第四步：设置第二道锚索，并施加预应力 656kN/m；

第五步：基坑开挖至 12.8m；

第六步：设置第三道锚索，并施加预应力 656kN/m；

第七步：基坑开挖至 16.2m；

第八步：设置第四道锚索，并施加预应力 656kN/m；
第九步：基坑开挖至 19.6m；
第十步：设置第五道锚索，并施加预应力 656kN/m；
第十一步：基坑开挖至 23m；
第十二步：设置第六道锚索，并施加预应力 656kN/m；
第十三步：基坑开挖至 26.4m；
第十四步：设置第七道锚索，并施加预应力 656kN/m；
第十五步：基坑开挖至 31m。

方案二取消了设置第六道和第七道锚索的步骤，其他与方案一相同。

方案三则取消了所有设置锚索的步骤，其他与方案一相同。

5）不同荷载方式和支护方案的基坑稳定性分析

为了便于对比，不同荷载方式的稳定性分析均按照无支护条件考虑。计算表明，荷载方式对安全系数影响较大，不同的荷载方式得到的安全系数最大差值在 15% 左右。总的来看，考虑桩基础的荷载方式一计算得到的安全系数最小，表明桩基作用下基坑稳定性最差，因而应按真实情况设置荷载。从图 4-45～图 4-47 可以看出，方案一的安全系数为 4.523，方案二的安全系数为 4.081，均满足规范要求。因此，对于无支护条件，基坑的整体稳定安全系数为 1.937 已满足要求。如不考虑基坑和相邻建筑物基础变形控制的问题，则该边坡可以不进行支护。

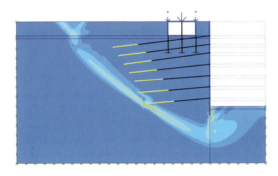 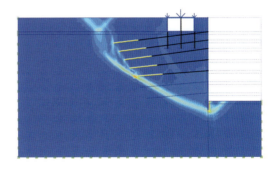

图 4-45　方案一的滑动面示意图（安全系数 4.523）　　图 4-46　方案二的滑动面示意图（安全系数 4.081）

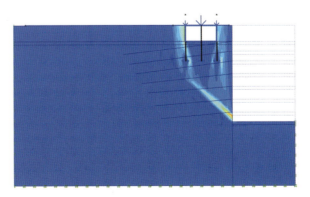

图 4-47　方案三的滑动面示意图（安全系数 1.937）

6）弹性模量对基坑和相邻建筑物基础变形的影响

相邻建筑物的基础位移控制一直是基坑支护设计的难点。当前，建筑物基础变形的限值标准主要是控制建筑物基础的沉降差,即控制不均匀沉降的程度。表 4-20～表 4-22 分别列出了不同方案的基坑和相邻既有建筑基础的最大水平位移和竖向沉降以及相邻桩基础的最大位移差。

方案一的位移计算结果(弹性模量为 1 403MPa)   表 4-20

施工步骤	方 案 一							
	最大水平位移(mm)				最大沉降(mm)			
	1	2	3	4	1	2	3	4
一	7.14	0	0	0.29	5.43	0	0	0.02
二	3.73	0	0	−0.50	4.99	0	0	0.04
三	3.64	0	0	−0.40	4.97	0	0	0.03
四	3.64	0.26	0.15	−0.80	5.01	0.23	0.10	0.10
五	3.77	0.26	0.26	−0.70	5.03	0.23	0.10	0.12
六	3.78	0.40	0.28	−0.80	5.09	0.23	0.17	0.20
七	3.86	0.43	0.43	−0.40	5.35	0.38	0.31	0.50
八	4.17	0.78	0.39	−0.40	5.43	0.56	0.12	0.60
九	4.27	0.80	0.53	0.24	6.00	0.78	0.69	1.19
十	4.92	1.34	0.42	0.27	6.19	0.78	0.74	1.30
十一	5.67	2.04	0.31	1.03	6.96	1.52	1.30	2.21
十二	5.73	2.04	0.30	1.07	6.97	1.48	1.98	2.22
十三	6.69	2.89	0.23	2.00	8.84	3.10	2.10	3.96
十四	6.73	2.89	0.21	2.03	8.83	3.07	2.05	4.28
十五	7.29	3.19	0.17	2.56	9.03	3.21	2.61	4.32

方案二的位移计算结果(弹性模量为 1 403MPa)   表 4-21

施工步骤	方 案 二							
	最大水平位移(mm)				最大沉降(mm)			
	1	2	3	4	1	2	3	4
一	7.14	0	0	0.29	5.43	0	0	0.02
二	3.73	0	0	−0.50	4.99	0	0	0.04
三	3.64	0	0	−0.40	4.97	0	0	0.03
四	3.64	0.26	0.15	−0.80	5.01	0.23	0.10	0.10
五	3.77	0.26	0.26	−0.70	5.03	0.23	0.10	0.12
六	3.78	0.40	0.28	−0.80	5.09	0.23	0.17	0.20
七	3.86	0.43	0.43	−0.40	5.35	0.38	0.31	0.50
八	4.17	0.78	0.39	−0.40	5.43	0.56	0.12	0.60
九	4.27	0.80	0.53	0.24	6.00	0.78	0.69	1.19
十	4.92	1.34	0.42	0.27	6.19	0.78	0.74	1.30
十一	5.67	2.04	0.31	1.03	6.96	1.52	1.30	2.21
十二	6.70	2.96	0.21	2.05	8.81	3.19	1.98	4.10
十三	7.35	3.50	0.24	2.66	9.09	3.43	2.10	4.40

方案三的位移计算结果（弹性模量为 1 403MPa） 表 4-22

施工步骤	方案 三							
	最大水平位移（mm）				最大沉降（mm）			
	1	2	3	4	1	2	3	4
一	—	0	0	0	—	0	0	0
二	—	0	0	0	—	0	0	0
三	1.80	0	0	1.00	1.10	0.18	0.14	1.00
四	3.98	0.58	0.18	3.00	2.44	0.88	0.84	2.00
五	6.69	1.78	0.52	5.00	4.25	2.23	1.80	3.00
六	9.38	3.45	2.35	7.00	6.22	3.94	1.61	4.00
七	12.30	5.53	3.43	10.00	8.35	5.86	2.05	5.00
八	13.70	6.57	3.95	12.00	9.50	6.82	3.15	6.00

表 4-20～表 4-22 中，"1"表示基坑坡顶的最大水平位移和最大沉降，"2"表示既有建筑物（某银行）基础的最大水平位移和最大沉降，"3"表示既有建筑物（某银行）基础的最大水平位移差和最大沉降差，"4"表示岩石与填土接触面的最大水平位移和最大沉降。表中的水平位移均以向基坑方向位移为正，以向基坑外位移为负；竖向沉降均为向下的。从表中可以看出：

（1）在开挖初期阶段，设置预应力锚索能够使岩体产生向基坑外的变形。因此，对比表 4-20、表 4-21、表 4-22，设置预应力锚索能够有效地控制基坑和相邻既有建筑物基础的变形。

（2）在取消了最下面两道锚索后，既有建筑物基础水平位移和竖向沉降变化较小，基坑的水平位移和竖向沉降变化也不大。

（3）方案三（无支护时）的基坑和相邻既有建筑物基础的位移都最大，其中相邻基础的最大水平位移差为 3.95mm，相邻基础的最大沉降位移差为 3.15mm。

为了研究不同弹性模量对基坑和相邻建筑基础变形的影响，还计算了弹性模量为 912MPa 时的基坑和相邻建筑物基础变形，计算结果见表 4-23～表 4-25。不同弹性模量的位移对比见表 4-26。

方案一的位移计算结果（弹性模量为 912MPa） 表 4-23

施工步骤	方 案 一					
	最大水平位移（mm）			最大沉降（mm）		
	1	2	3	1	2	3
一	7.26	0	0	5.74	0	0
二	2.94	0	0	5.19	0	0
三	2.84	0	0	5.15	0	0
四	3.02	0.39	0.31	5.20	0.34	0.14
五	2.98	0.60	0.42	5.21	0.33	0.13
六	3.11	0.65	0.45	5.28	0.32	0.25
七	3.51	1.17	0.53	5.56	0.48	0.38
八	3.66	1.20	0.82	5.68	0.43	0.33

续上表

施工步骤	方案 一					
	最大水平位移（mm）			最大沉降（mm）		
	1	2	3	1	2	3
九	4.42	2.00	0.57	6.31	0.93	0.86
十	4.57	2.01	0.64	6.42	0.91	0.80
十一	5.61	1.88	0.47	7.42	1.78	1.45
十二	5.72	3.04	0.47	7.46	1.75	1.51
十三	7.09	4.29	0.34	10.50	4.38	2.86
十四	7.16	4.30	0.33	10.50	4.35	2.88
十五	8.00	5.01	0.24	10.60	4.38	2.90

方案二的位移计算结果（弹性模量为 912MPa）　　　表 4-24

施工步骤	方案 二					
	最大水平位移（mm）			最大沉降（mm）		
	1	2	3	1	2	3
一	7.26	0	0	5.74	0	0
二	2.94	0	0	5.19	0	0
三	2.84	0	0	5.15	0	0
四	3.02	0.39	0.31	5.20	0.34	0.14
五	2.98	0.60	0.42	5.21	0.33	0.13
六	3.11	0.65	0.45	5.28	0.32	0.25
七	3.51	1.17	0.53	5.56	0.48	0.38
八	3.66	1.20	0.82	5.68	0.43	0.33
九	4.42	2.00	0.57	6.31	0.93	0.86
十	4.57	2.01	0.64	6.42	0.91	0.80
十一	5.61	1.88	0.47	7.42	1.78	1.45
十二	7.12	4.09	0.03	10.50	4.47	2.74
十三	8.09	5.21	0.17	12.60	6.39	3.62

方案三的位移计算结果（弹性模量为 912MPa）　　　表 4-25

施工步骤	方案 三					
	最大水平位移（mm）			最大沉降（mm）		
	1	2	3	1	2	3
一	—	0	0	—	0	0
二	—	0	0	—	0	0
三	2.54	0	0	1.70	0.30	0.17
四	3.62	0.87	0.80	5.45	1.38	0.78
五	9.18	2.70	1.00	6.40	3.46	2.80
六	13.10	5.23	1.70	9.37	6.08	4.30
七	17.40	8.39	1.50	12.60	9.10	6.70
八	19.40	10.00	3.90	15.00	10.50	6.30

不同弹性模量的位移对比（mm）　　　　　表 4-26

点　号	位　移	方　案　一		方　案　二		方　案　三	
		1 403MPa	912MPa	1 403MPa	912MPa	1 403MPa	912MPa
1	水平	7.29	8.00	7.35	8.09	13.70	19.40
	竖向	9.03	10.60	9.09	12.60	9.50	15.00
2	水平	3.19	5.01	3.50	5.21	6.57	10.00
	竖向	3.21	4.38	3.43	6.39	6.82	10.50
3	水平	0.17	0.24	0.24	0.17	3.95	3.90
	竖向	2.61	2.90	2.10	3.62	3.15	6.30

从表 4-26 可以看出，土体弹性模量折减后基坑和建筑物基础的变形均增大了。由于方案一和方案二设置了锚索支护，限制了基坑和建筑物基础水平变形，因此，弹性模量折减对建筑物基础的竖向位移影响较大。而在方案三中，弹性模量折减对水平位移和竖向位移的影响比较接近。

4.8.3　有限元位移计算结果与位移监测数据的对比

1）监测项目的主要内容

基坑支护前及施工过程中的监测项目：既有建筑物的现状（主要裂缝情况）调查及施工期间巡查观察；基坑支护沿线主要建筑物的监测；逆作法施工的基坑支护结构段监测。监测时间：基坑支护施工期及竣工后半年。

2）监测测点布置原则

观测点类型和数量的确定结合工程性质、地质条件、设计要求、施工特点等因素综合考虑，并能全面反映被监测对象的工作状态。为验证设计数据而设的测点布置在设计中最不利位置和断面上，为结合施工而设计的测点布置在相同工况下的最先施工部位，其目的是及时反馈信息、指导施工。施工监控量测仪器及测点布置位置见表 4-27。

施工监控量测表　　　　　表 4-27

序号	监测项目	监测仪器	测点布置位置
1	裂缝观察（地表、建筑物、结构）	以观测为主，必要时用裂缝仪	现场踏勘标示
2	建筑物沉降	Dili12 全自动电子水准仪、条码尺	坡顶建筑物基础、墙面
3	建筑物倾斜（水平位移）	Leica1800 全站仪、反射片	
4	围护桩顶水平位移	Leica1800 全站仪、反射片	

表面变形测点的位置既要考虑反映监测对象的变形特征，又要便于应用仪器进行观测，还要有利于测点的保护。埋测点不能影响和妨碍结构的正常受力，不能削弱结构的刚度和强度。在实施多项内容测试时，各类测点的布置在时间和空间上应有机结合，力求使一个监测部位能同时反映不同的物理变化量，找出内在的联系和变化规律。根据监测方案预先布置好各监测点，以便监测工作开始时，监测元件进入稳定的工作状态。如果测点在施工过程中遭到破坏，应尽快在原来位置或尽量靠近原来位置补设测点，保证该测点观测数据的连续性。

3) 监测方法和监测频率

(1) 建筑物沉降观测：

①基点埋设：基点应埋设在沉降影响范围以外的稳定区域，并且应埋设在视野开阔、通视条件较好的地方；基点数量根据需要确定；基点要牢固可靠。

②沉降测点埋设：用冲击钻在建筑物的基础或墙上钻孔，然后放入水平段长200～300mm、弯曲段长20～30mm的半圆头弯曲钢筋，四周用水泥砂浆或结构胶填实。测点的埋设高度应方便观测，对测点应采取保护措施，避免在施工过程中受到破坏。每幢建筑物上一般布置4个测点，特别重要的建筑物布置6个测点。

③测量方法：观测方法采用二级变形观测中要求的精密水准测量方法。基点和附近水准点联测取得初始高程。观测时各项限差宜严格控制，每测点读数高差不宜超过0.3mm，对不在水准路线上的观测点，一个测站不宜超过3个，超过时应重读后视点读数，以作核对。首次观测应对测点连续进行两次观测，两次高程之差应小于1.0mm，取平均值作为初始值。

④沉降值计算：在条件许可的情况下，尽可能布设水准网，以便进行平差处理，提高观测精度，然后按照测站进行平差，求得各点高程。施工前，由基点通过水准测量测出沉降观测点的初始高程 H_0，在施工过程中测出的高程为 H_n。则高差 $\Delta H = H_n - H_0$ 即为沉降值。

(2) 建筑物裂缝观测：建筑物的沉降和倾斜必然导致结构构件的应力调整而产生裂缝，裂缝开展状况的监测通常作为施工影响程度的重要依据之一。通常采用直接观测的方法，将裂缝进行编号并画出测读位置，观测裂缝的发生发展过程。必要时通过裂缝观测仪进行裂缝宽度测读。监测数量和位置根据现场情况确定。

(3) 围护桩顶水平位移监测：在基准点上设站，采用 Leica1800 型（$1mm + 2 \times 10^{-6}D$，$1''$）自动全站仪用极坐标法、前方交会法或小脚法，按二级位移观测要求测定监测点的坐标值，根据两次观测坐标差值即可计算出监测点的水平位移变化量。其观测频率同建筑物倾斜观测。

(4) 监测频率：主体工程完工前的全程监测，每周1次；切坡施工初期（在支护完成之前）3～5d一次，且根据施工监测需要，及时加大监测频率，确保安全；主体工程竣工后，监测期为2年，第一年每月1次，第二年每半年1次。

4) 监测控制标准

(1) 建筑物沉降控制标准：控制标准按《建筑地基基础设计规范》（GB 50007—2002）来执行，对于重要建（构）筑物或当建（构）筑物本身设计有缺陷、存在既有变形以及结构本身的附加应力等时，应重点观测并提高控制标准。

(2) 支护桩顶沉降、水平位移控制标准：根据设计要求确定。

5) 监测结果与有限元分析结果的比较

为了观察相邻建筑物和基坑的变形情况，在建筑物内设置了两个水平位移和沉降观测点，在基坑边设置了6个水平位移和沉降观测点，具体位置如图4-48所示。监测数据见表4-28。表中沉降位移负号表示下沉，水平位移负号表示向基坑方向变形。

从监测数据可知，在施工完成后，基坑最大水平位移为7mm，与方案一有限元分析得到的最大水平位移7.29mm较为接近。现场监测得到的基坑最大沉降为0.03mm，该数据虽然与计算结果10.1mm差别较大，这是由于这一模型没有考虑基坑回弹对沉降量的影响，故有限元分析得到的基坑沉降值比实际的基坑沉降监测数据大。从实际现场观测情况来看，基坑和相邻建筑物的沉降变形均较小。

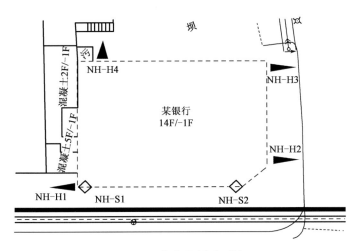

图 4-48 变形观测点布置图

监 测 数 据 表　　　　　　　　　表 4-28

时　间	基坑水平位移 （mm）	基坑沉降位移 （mm）	建筑物顶部水平位移 （mm）	建筑物顶部竖向沉降 （mm）
2008.9	−0.33	0.325	3.30	0.16
2008.10	−2.60	0.49	5.30	0.10
2008.11	−5.50	−0.13	3.33	0.01
2008.12	−12.00	0.30	2.97	−1.30
2009.1	−11.10	0.235	5.3	−0.30
2009.2	−7.00	−0.03	4.15	−0.43

通过与监测位移数据对比（表 4-29）可知，有限元分析得到的位移是较为合理和准确的。因此，有限元分析得到的位移计算结果可以作为判断基坑和相邻既有建筑物基础位移是否超过变形允许值的依据。

有限元与监测位移数据比较表（mm）　　　　　　　　　表 4-29

项　目	方案一	方案二	方案三	监测结果
基坑水平位移（mm）	−7.29	−7.35	−13.70	−7.00
基坑沉降位移（mm）	−9.03	−9.09	−9.50	−0.03
建筑物基础水平位移（mm）	−3.19	−3.50	−6.57	—
建筑物基础沉降位移（mm）	−3.21	−3.43	−6.82	—
建筑物基础水平位移差（mm）	−0.17	−0.24	3.95	—
建筑物基础沉降位移差（mm）	−2.61	−2.10	3.15	—

综上所述，在方案三中，相邻建筑物基础的位移和位移差均在允许值范围内，而且基坑整体稳定安全系数也满足规范要求。因此，即使在无支护条件下进行基坑开挖，仍可保证相邻既有建筑物的安全。但为了确保相邻既有建筑物的安全，提高相邻既有建筑物的安全度，基坑仍应进行支护。

4.8.4 不同水平位移时边坡岩石侧压力计算

岩质基坑的岩石侧压力与岩质基坑的水平位移有很大的关系，因此，为了研究基坑水平位移对岩石侧压力的影响，采用有限元方法，通过调整桩的刚度来控制基坑水平位移，计算了位移为0mm、1.5mm、3mm三种条件下的岩石侧压力（表4-30），计算时采用弹性模量为1 403MPa。计算结果表明：

（1）当位移增大时，岩石侧压力迅速减小。当水平位移为3mm时，荷载方式一的岩石侧压力减小至约1 000kN，仅有位移为零时的1/3，而荷载方式二的岩石侧压力也减少了一半左右。对于具有相邻建筑物的岩质基坑支护设计，规范规定采用静止岩石压力来计算作用在支护结构上的岩石侧压力，目的是不允许岩质边坡有侧向位移，以减小基坑开挖对相邻建筑物的影响，确保邻近建筑物的安全。这一想法没有必要，也做不到。实际上，只要对边坡位移进行适当地限制就可以了。根据基坑水平位移预警值判断，本例基坑水平位移应控制在3mm以内。

（2）从表4-30看出，泊松比对岩石侧压力有一些影响，当泊松比增大时，岩石侧压力随之增大。因此，在计算岩石侧压力时应充分考虑基坑变形和泊松比的影响。

不同位移条件时的岩石侧压力（弹性模量为1 403MPa）　　　　表4-30

坡顶水平位移（mm）	荷载方式	泊 松 比	岩石侧压力（kN）	安 全 系 数
0	一	0.35	2 876	1.937
		0.40	3 046	2.020
	二	0.35	2 484	2.162
		0.40	2 969	2.159
1.5	一	0.35	1 407	1.937
		0.40	1 518	2.020
	二	0.35	1 957	2.162
		0.40	2 054	2.159
3	一	0.35	850	1.937
		0.40	941	2.020
	二	0.35	1 179	2.162
		0.40	1 591	2.159

4.9 有限元强度折减法在岩质边坡锚杆拉力计算中的应用

本节通过一岩石锚杆挡墙工程实例，采用有限元强度折减法计算岩石边坡锚杆拉力，同时与《建筑边坡工程技术规范》（GB 50330—2002）计算方法进行比较。

4.9.1 工程概况

某岩质边坡将由建筑场地开挖形成，边坡高25m，直立切坡，边坡重要性等级定为二级。岩体由侏罗系沙溪庙（J_2S）中等风化砂泥岩组成，边坡的稳定性由外倾软弱裂隙控制，裂隙倾角60°，裂隙结合程度差，边坡不稳定，拟采用板肋式锚杆挡墙支挡。边坡设计采用的岩土物理力学性质及结构参数见表4-31。

岩土物理力学性质及结构参数一览表 表4-31

材　料	重度（kN/m³）	弹性模量（MPa）	泊　松　比	黏聚力 c（kPa）	内摩擦角（°）
岩体	25.5	3 000	0.25	1 000	40
外倾裂隙	20.0	20	0.35	80	25
锚杆	78.5	2.0×10^5	0.20		
肋	26.0	2.8×10^4	0.20	按线弹性材料处理	
面板	26.0	2.8×10^4	0.20		

4.9.2 锚杆拉力计算

1) 侧向岩石压力法

按《建筑边坡工程技术规范》（GB 50330—2002），对沿外倾结构面滑动的边坡，其主动岩石压力标准值按下式计算：

$$E_{ak} = \frac{1}{2}\gamma H^2 K_a \tag{4-4}$$

该式根据潜在破坏楔形体受力平衡导出。计算得出 $E_{ak}=666.37$ kN/m。

因采取逆作法施工顺序，挡墙侧压力按三角形（<0.2H范围）+矩形[（0.25~1）H范围]分布，拟定竖肋横向间距取2m，锚杆竖向间距取2.5m，需设10排锚杆，分项系数取1.35。按连续梁计算的锚杆水平分力及轴力设计值见表4-32。

锚杆水平分力及轴力设计值一览表 表4-32

锚杆排数	锚杆水平分力（kN）	锚杆轴向拉力（kN）	锚杆排数	锚杆水平分力（kN）	锚杆轴向拉力（kN）
第一排	55.06	57.00	第七排	200.37	207.44
第二排	163.47	169.27	第八排	198.35	205.35
第三排	202.56	209.71	第九排	205.85	213.11
第四排	199.21	206.24	第十排	171.51	177.56
第五排	200.16	207.22			
第六排	199.77	206.82	合计	1 796.31	1 859.72

2) 有限元强度折减法

采用逆作法开挖施作锚杆、肋柱、面板结构与岩体相互耦合，共同作用，同时边坡的应力应变状况与一坡到底的刚体极限平衡法不同，锚杆对边坡变形产生约束作用，锚杆轴力与边坡变形程度、边坡开挖应力释放过程密切相关。因此采用模拟现场实际开挖过程，逆作法施作支挡结构的弹塑性有限元仿真分析，更接近于实际情况。数值分析分别采用平面应变和三维空间模型，软弱夹层按实体单元模拟。对于二维问题，本构关系分别采用非关联平面应变莫尔—库仑匹配DP5准则和莫尔—库仑准则；对于三维问题采用莫尔—库伦等面积圆DP3准则和莫尔—库仑准则。

为了考虑边坡安全系数，对输入的岩土体 c、$\tan\varphi$ 除以 $F_s=1.3$ 的折减系数。每次开挖高度取5m，分5次开挖，每次施作2排锚杆及相应的肋柱、面板，考虑了边坡开挖应力释放过程。锚杆轴力计算结果见表 4-33。

二维、三维有限元计算得到的锚杆轴力一览表   表 4-33

锚 杆 排 数	二维计算 锚杆轴力（kN）		三维计算 锚杆轴力（kN）	
本构关系	DP5	莫尔—库仑	DP3	莫尔—库仑
第一排	227.48	226.00	155.51	155.51
第二排	216.51	215.18	150.68	150.68
第三排	194.68	193.16	144.54	144.54
第四排	192.53	190.22	145.55	145.55
第五排	209.09	204.15	156.21	156.21
第六排	207.39	198.19	153.12	153.12
第七排	258.58	246.38	205.14	205.14
第八排	210.53	197.90	182.67	182.67
第九排	300.47	292.22	334.53	334.53
第十排	386.13	382.35	246.68	246.68
合计	2 403.39	2 345.75	1 874.63	1 874.63

图 4-49 为锚杆轴力分布云图。由图可见，锚杆最大轴力分布在潜在滑动面即外倾裂隙上，与实际情况吻合；同时，三维分析计算结果小于二维，说明三维模型考虑了岩体空间约束效应，与实际相吻合。并且可以看到下部锚杆轴力较上部大，这是因为开挖上部时外倾裂隙未临空，随着开挖进程，外倾裂隙逐渐接近直至临空，边坡变形加大，且底部剪应力集中，变形大于上部，从而引起下部锚杆轴力增大。

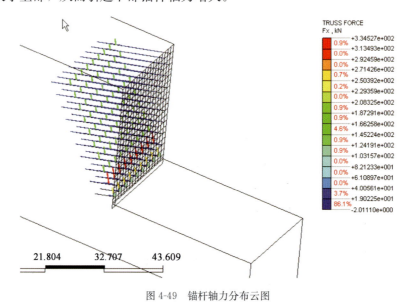

图 4-49　锚杆轴力分布云图

4.9.3　计算结果比较

表 4-34 列出了各种计算方法得出的锚杆轴向拉力设计值计算结果。其中，二维数值计

算结果最大，三维数值计算结果与规范方法计算结果相当。从图 4-50 分析知，三维数值仿真分析计算顶部第一排锚杆与后两排锚杆轴力相对较大，中部相对较小，因此应对坡顶、坡底锚杆予以加强，正所谓强顶固脚。

各计算方法所得锚杆轴力一览表　　　　　　　　　　　　表 4-34

设计计算方法	锚杆轴力（kN）	设计计算方法	锚杆轴力（kN）
侧向岩石压力法	1 860	三维数值法（DP3）	1 874
二维数值法（DP5）	2 403	三维数值法（莫尔—库仑）	1 874
二维数值法（莫尔—库仑）	2 345		

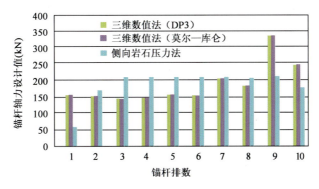

图 4-50　侧向岩石压力法、数值计算法各排锚杆轴力设计值对比

4.10　有限元法在格构锚索中的应用

4.10.1　工程概况

云南省元磨高速公路 K301+320～K301+900 试验段岩质高边坡（图 4-51）位于云南省墨江县城南西方向，阿墨江中下游老苍坡 6 号隧道出口至阿墨江特大桥之间。路段处于构造剥蚀中山地段。当地自然斜坡走向 NW 向，由东向南倾斜，自然边坡坡度 25°～42°。元磨高速公路以 NW10°方向穿出老苍坡 6 号隧道，在路面高程 860.0～832.3m 间横切自然斜坡通过，到阿墨江大桥折向 NE10°，路线高出河床 120m 左右。

自然边坡坡脚下沿阿墨江分布有北西向断层，场地内有两条北东向小断层。受此断裂带的影响，地层褶皱强烈，节理裂隙发育，岩体破碎。

组成试验段边坡（K301+461.5～K301+470.5）的岩土体为：上部为 1～3m 厚的坡残积土（Q^{el+dl}）系褐红色、褐色碎石土，稍密～中密，碎石含量 30%～40%，呈次棱角状，粒径大多为 5～7cm，成分较复杂，主要为泥岩和粉砂岩，呈硬塑～可塑。下部基岩为不同风化程度的褐红色泥岩夹灰褐色粉砂岩。全风化泥岩呈土状，稍湿；强风化泥岩呈碎块状，局部岩芯呈短柱状；中风化砂岩和泥岩呈块石状，岩芯呈短柱状。根据钻孔揭露资料，在试验段边坡体内存在一基本由强风化和全风化软岩组成的构造核。构造核的上、下及山侧被相对较坚硬中风化岩层所包裹，系相对较完整的硬壳。构造核内的岩层呈碎石土和角砾土状，稍湿~可塑。计算采用的典型断面如图 4-52 所示。

图 4-51 元磨高速公路 K301+320~K301+900 试验段岩质高边坡

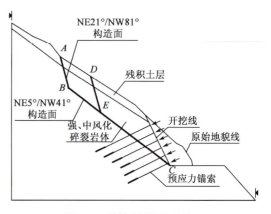

图 4-52 计算采用的典型断面

根据地质力学构造裂面的调查和分析结果，如图 4-53 所示，结合沿构造面强度指标的取值大小的可能性，边坡变形破坏的模式有以下两种情况：①沿 NE5°/W41°的 III 期松压结构面产生滑动，其破坏面后缘可依附于 II 期产生的 NE21°/NW81°（76°）的构造面，根据边坡体的岩性组成，滑动破坏面在以上提及的构造软核中，最危险的底界为沿通过边坡脚的该组构造面，破坏的范围据经验为开挖高度的 1.5~2.5 倍，因边坡尚未发生边坡病害，可取最小值，即推测边坡变形破坏的最远点距边坡开挖坡脚的水平距离为 31.8m。②施工松动范围的边坡表层可产生掉块、落石及沿构造面的楔形破坏等小型坡面病害。

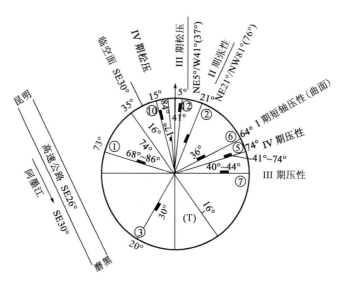

图 4-53 边坡地质裂面构造图

在自然条件下，原自然边坡的坡度与 NE5°/W41°（37°）的构造面基本一致，可判断原自然斜坡为沿 NE5°/W41°（37°）的构造面剥蚀而成，边坡在各种外营力的长期作用下，经过无数次变形破坏，达到目前的稳定平衡状态。边坡开挖后，岩体松弛，裂面张开，地表水易于下渗软化构造核，当沿通过构造核中某一组 NE5°/W41°的构造面的强度小于应力时，就发生沿其的边坡滑动。

该边坡原设计采用刷缓边坡的方案，边坡刷方按1：1的坡率，每10m高留2.0m宽分级平台，边坡体基本稳定，但要大面积开挖边坡，刷方坡顶距坡脚的水平距离超过100m。此方案不但开挖量大，而且大面积地表水的下渗作用是一个严重的问题，须采用有效的防护措施，防护工程量大，不适宜采用。边坡支护改为采用高陡度预应力锚索加固的设计方案。该方案的具体工程措施如下：

1）边坡刷方

自边坡坡脚按1：0.5坡向山侧刷方，刷到原自然边坡。

2）预应力锚索框架加固

刷方边坡采用6排压力型预应力锚索框架加固，锚索水平间距均为3.0m。每根锚索设计锚固力600kN。

3）坡面防护

框架内采用六棱砖覆土植草柔性防护措施。

4）地表排水

在坡脚设排水沟一道，坡面设截水天沟一道，设吊沟将地表水引入坡脚排水沟中。

4.10.2 有限元模型的建立

计算采用的软件为美国ANSYS公司的大型有限元软件ANSYS 5.61-University High Option版，按照平面应变问题建立模型，岩土材料用6节点三角形平面单元PLANE2模拟，硬性结构面采用接触单元来模拟。预应力锚索加固作用通过施加集中力的方法来模拟，即在有限元网格中距离等于锚索长度且方向与锚索方向一致的两个节点上施加一对相向的集中力（设计锚固力），然后通过强度折减来评价施加锚固力后边坡的稳定性。

由于锚索间距为3.0m，而本次平面应变计算纵向只有1m，在评价预应力锚索的加固效果时，将岩土体重力乘以3；同时为了确保原有稳定安全系数不发生变化，将岩土体以及结构面的黏聚力也乘以3，即保证γ/c不发生变化。

根据设计，锚索的设计锚固力为600kN，锚索倾角26°。在有限元模型中，在锚索的外锚头节点的水平方向施加$-600 \times \cos26° = -539.28$kN，在竖直方向施加$-600 \times \sin26° = -263.02$kN。

框架竖肋用BEAM3单元模拟。该单元可以输出轴力、弯矩、剪力等。有限元网格划分如图4-54所示。所有单元都需要事先划分好，模型的建立以及计算结果均采用国际标准单位。

边界条件：上部为自由边界，左右两侧水平约束，底部固定。

由于本次分析采用的是平面应变分析，对预应力锚索框架横梁的模拟比较困难。考虑到框架的力学作用主要是将锚索锚固力传递给岩土体，同时将边坡岩土体的侧向压力传递给锚索，由于横梁的作用增加了框架的刚度，因此本次分析时采用一个等效分析的办法，即将框架中竖肋的惯性矩乘以1.5，以此来考虑横梁的作用。竖肋宽×高=400mm×600mm。

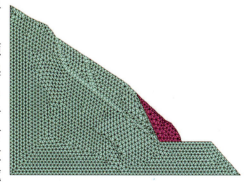

图4-54 有限元网格划分

岩土体材料本构模型采用理想弹塑性模型，屈服准则为平面应变莫尔—库仑匹配 DP4 准则，框架竖肋按线弹性材料处理。

4.10.3 计算采用的物理力学参数

根据提供的地质资料，计算参数取值见表 4-35。

计算采用的物理力学参数　　表 4-35

材料名称	重度（kN/m³）	弹性模量（MPa）	泊松比	黏聚力（kPa）	内摩擦角（°）
坡残积土	21	100	0.4	15	28
NE5°/W41°结构面	—	—	—	20	33
边坡后部陡裂面	—	—	—	60	35
强～中风化岩体	24	2 700	0.2	200	39
C25 混凝土（框架梁）	25	29×10³	0.2	按线弹性材料处理	

4.10.4 各工况条件的模拟

1）模拟未开挖前雨水的渗透作用

坡体表面的岩土（坡残积层）达到饱和状态，在未开挖前基岩中的结构面处于压密状态。降雨对边坡稳定性的影响十分复杂，本次计算采用一种简化方法，即静水压力和动水压力的模拟按在饱和重度的基础上加 2kN/m³ 的方式处理。

2）边坡开挖的模拟

采用 ANSYS 软件提供的载荷步功能以及单元的"死活"技术来模拟边坡的开挖施工过程。

3）模拟加固工程的作用

在加固后的模型中，对结构面以及岩体强度参数进行折减，直到极限状态，以此来计算加固后的安全系数。

4.10.5 数值模拟结果及分析

1）各工况条件下破坏形式及安全系数

由计算结果可知，边坡未开挖前的滑动面形状如图 4-55 所示，滑动破坏出现在表层残积土中。将要开挖部分单元"杀死"，然后通过对结构面以及岩体强度进行折减，直到极限状态，得到开挖后未支护情况下的滑动面。滑动面沿结构面通过坡脚，如图 4-56 所示。

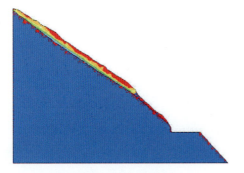

图 4-55　未开挖前的破坏形式

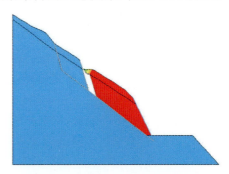

图 4-56　开挖后不支护时的破坏形式

采用预应力锚索框架加固后的破坏形式与图 4-56 相同，不过首先表现为锚索受到的轴向拉力超过其抗拉强度，锚索拉断，边坡跟着失稳。

有限元数值分析结果表明，采用预应力锚索框架的加固效果是明显的，不同工况下的安全系数见表 4-36。采用高陡度预应力锚索加固的设计方案，对边坡的开挖量小，边坡高度约 21.0m，水平宽度 10.5m，对原有的自然山坡的植被破坏少，工程造价相对较低，而且能通过绿化恢复坡面植被，美化了自然环境，使边坡的稳定问题（边坡的整体破坏以及局部松动破坏）得到很好解决。

各工况条件下的安全系数计算结果　　　　　　　　　　　　　表 4-36

开 挖 前	开挖未支护	预应力锚索加固后
1.28	1.03	1.26

2）预应力锚索框架内力计算结果

通过对结构面强度参数进行折减，得到框架竖肋的内力分布。图 4-57 所示为竖肋弯矩分布，图 4-58 所示为框架竖肋轴力分布，图 4-59 所示为竖肋土压力分布。

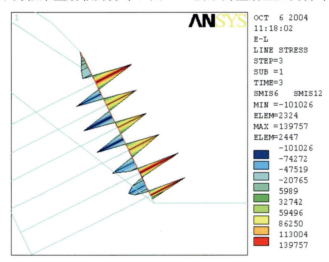

图 4-57　框架竖肋弯矩分布

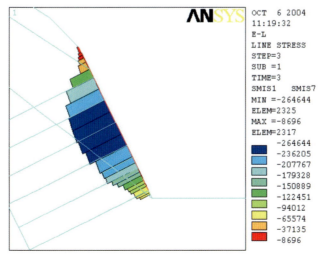

图 4-58　框架竖肋轴力分布

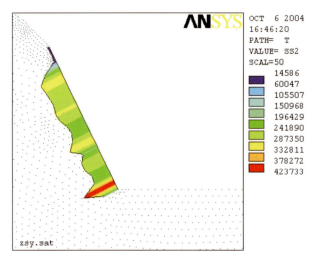

图 4-59 竖肋土压力分布

对于该试验段高边坡,课题组对框架在施加预应力以后的内力分配、地基对其反力的大小与分布等做了现场测试和监测。根据该试验工点的现场实测数据,该试验点锚索的平均实际锚固力为 480kN。本次数值计算增加一个实际工况下的内力计算,即在有限元中以现场实测的锚固力数据作为输入,得到了设计工况和实际工况下的框架内力计算结果,见表 4-37。

有限元计算结果与现场实测结果　　　　　　　　　表 4-37

项　目	锚索锚固力 (kN)	竖肋最大弯矩 (kN/m)	竖肋最大轴力 (kN)	竖肋最大土压力 (kPa)
有限元结果(设计工况)	600	140	265	424
有限元结果(实际工况)	480	112	216	348
现场实测	480	64	254	351

有限元数值模拟结果表明,影响框架竖肋弯矩的主要因素有锚索锚固力、框架下覆岩土体的弹性模量、竖肋的截面积等。锚固力越大,竖肋弯矩越大;框架下覆岩土体的弹性模量越小,竖肋弯矩越大;竖肋的截面积越大,刚度越大,竖肋弯矩越大。另外,通过对竖肋与岩体之间的土压力分布规律的分析可知,框架节点处的土压力较大,特别是边坡岩体弹性模量较大时更为突出。

通过有限元计算得到的竖肋弯矩比现场实测数据偏大,但总的来看,竖肋实测的弯矩与有限元计算的弯矩除了在数值大小上有差异外,在发展趋势上基本吻合,表明采用有限元法计算竖肋的内力是可行的,其结果对预应力锚索框架设计具有一定的参考意义。图 4-60 所示为现场 2 号竖肋理论弯矩和现场实测弯矩对比。图中的"理论弯矩"是按照弹性地基梁法,采用实测的锚索拉力计算得到的框架各截面的弯矩。

采用有限元强度折减法对云南省元磨高速公路 K301+320~K301+900 试验段岩质高边坡稳定性进行评价,通过有限元强度折减得到了不同工况下的破坏模式和安全系数,同时得到了框架竖肋的内力大小和分布,并与现场实测数据进行了对比,其结果对预应力锚索框架设计具有一定的参考意义。试验工点边坡的坡体中存在多组构造裂面,边坡是否破坏取决于这些构造裂面的空间组合,但无法确定究竟沿具体的哪一组滑动、沿哪几组面的空间组合发生滑动,滑动的范围是多大等,有限元强度折减法成功地解决了这些问题。

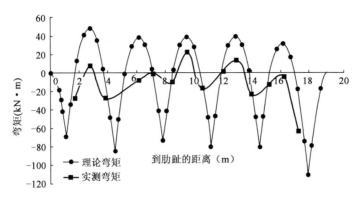

图 4-60 2 号竖肋理论弯矩和现场实测弯矩对比

参 考 文 献

[1] 郑颖人,赵尚毅. 有限元强度折减法在土坡与岩坡中的应用[J]. 岩石力学与工程学报,2004,23(19):3381-3388.

[2] 宋雅坤,郑颖人,赵尚毅. 有限元强度折减法在三维边坡中的应用与研究[J]. 地下空间与工程学报,2006(5).

[3] Zhang X. Three-dimensinoal Stability Analysis of Concave Slope in Plan View[J]. ASCE Journal of Geotechnique Engineering,1998,114:658-671.

[4] 赵尚毅,郑颖人,邓卫东. 用有限元强度折减法进行节理岩质边坡稳定性分析[J]. 岩石力学与工程学报,2003,22(2):254-260.

[5] 郑颖人,赵尚毅,邓卫东. 岩质边坡破坏机制有限元数值模拟分析[J]. 岩石力学与工程学报,2003,22(12):1943-1952.

[6] 郑颖人,张玉芳,赵尚毅,等. 有限元强度折减法在元磨高速公路高边坡中的应用[J]. 岩石力学与工程学报,2005,24(21):3812-3817.

[7] Zheng Yingren,Deng Chujian,Zhao Shangyi,et al. Development of Finite Element Limit Analysis Method and Its Applications in Geotechnical Engineering[J]. Engineering Sciences,2007,9(3):10-36.

[8] 唐秋元,赵尚毅,郑颖人,等. 岩质边坡锚杆设计计算方法分析[J]. 地下空间与工程学报,2010(6).

[9] 赵尚毅,郑颖人,王建华,等. 基于强度折减安全系数的边坡岩土侧压力计算方法探讨[J]. 岩石力学与工程学报,2010,29(9).

[10] 吴丽君. 有限元强度折减法有关问题研究及工程应用[D]. 中南大学硕士论文,2009.

[11] 赵尚毅. 有限元强度折减法及其在土坡与岩坡中的应用[D]. 后勤工程学院博士学位论文,2004.

[12] 董诚. 有限元强度折减法在基坑工程和浅埋隧道中的应用[D]. 后勤工程学院博士学位论文,2009.

第5章 库水作用下的边(滑)坡稳定性分析

库水作用下的边（滑）坡稳定性分析，无论是采用传统的极限平衡法，还是采用有限元强度折减法，都要首先知道坡体内地下水的浸润面位置，这样才能得到坡体内孔隙水压力的分布。条分法是将孔隙水压力赋予土条底部，而有限元法则是将孔隙水压力施加在节点上；传统极限平衡法采用条分法进行稳定性分析，而有限元法中则采用强度折减法进行稳定性分析。

国内对渗流作用下边（滑）坡稳定性分析的研究刚刚开始，一般主张采用国际通用软件，但是各种软件在分析方法以及后处理等方面各不相同，因此本章试图探索应用国际通用程序结合强度折减法分析渗流作用下边（滑）坡的稳定性。

PLAXIS 有限元程序的地下水渗流模块（PLAXFLOW 模块）能够模拟库水水位变化引起的非稳定渗流，且该模块还可以和 PLAXIS 有限元程序相结合，并采用有限元强度折减法进行稳定性的耦合分析。考虑到有限元强度折减法在岩土工程稳定性分析中的诸多优点，因此这里采用 PLAXIS 有限元程序进行库水作用下边（滑）坡的稳定性分析，并对浸润面位置经验概化法引起的误差进行研究。

5.1 PLAXIS 程序和 PLAXFLOW 模块简介

1） PLAXIS 程序简介

由荷兰 PLAXIS B. V. 公司开发的 PLAXIS 有限元程序采用有限元强度折减法进行稳定性分析，同时 PLAXIS 程序界面友好，建模简单，能够自动进行网格划分。程序用于分析岩土工程的本构模型有：线弹性、莫尔—库仑理想弹塑性、软（硬）化模型以及软土流变模型等。程序可以模拟多个施工步骤，后处理也比较简单实用。

PLAXIS 程序主要可以用于两类工程问题的计算：平面应变问题和轴对称问题。程序能够模拟土体、墙、板和梁结构，各种结构和土体的接触面，锚杆、土工织物、隧道以及桩等元素。程序能够实施的计算类型有：变形、固结、分级加载、稳定性分析、渗流计算，并且还能考虑低频动荷载的影响。在使用过程中可以发现，PLAXIS 程序功能比较强大，能够模拟较多的实际工程，同时用户界面友好，使用也比较方便。程序能够自动生成有限元网格，并通过重要部位网格的加密达到比较高的网格精度。在后处理方面，该程序能在计算过程中动态显示计算信息，十分有利于工程人员在分析过程对计算结果进行监控。

采用PLAXIS程序进行水库岸坡的稳定性分析，需要分别建立有限元模型和渗流计算模型。由于地下水渗流模块也是基于有限元原理编制的，因此两个模型有限元网格的划分可以是一样的。利用PLAXIS程序进行二维分析（平面应变或者轴对称情况），用户可以选择6节点或15节点三角形单元。本章中的算例均采用6节点三角形单元进行计算。PLAXIS程序在进行网格划分时，提供了自动划分的功能，并可以进行局部加密（可以在几何点附近加密，也可以在局部区域内进行类组加密）。在进行数值分析时，本章中的算例均采用理想弹塑性模型和莫尔—库仑屈服准则，需要输入的主要参数分别是：弹性模量 E、泊松比 ν、内摩擦角 φ、黏聚力 c，以及剪胀角 ψ。

在进行材料的定义时，PLAXIS程序可以模拟同一种材料在3种不同条件下的力学行为：排水条件下的力学行为、不排水条件下的力学行为，以及无孔隙条件下的力学行为。这些力学行为的适用条件分别是：

（1）排水条件下的力学行为。当选择材料的这种力学行为时，在计算过程中材料体内将不会产生超孔隙水压力。它适用于模拟完全干的土，或者是由于土体有较大的渗透系数能完全排水的土（如砂土），或者是外荷载很小的情况。当不需要考虑模型的不排水应力历史和固结过程时，它也适用于模拟土体的长期力学行为。

（2）不排水条件下的力学行为。当选择材料的这种力学行为时，在计算过程中材料体内的超孔隙水压力将得到充分发展和积累。

（3）无孔隙条件下的力学行为。当选择材料的这种力学行为时，在计算过程中材料体内既不会存在初始孔隙水压力，也不会产生超孔隙水压力。它适用于模拟混凝土或者岩石等材料的力学行为。

在渗流计算模型中需要输入的主要参数除了水的重度、土体水平和竖直方向的渗透系数外，还需定义水力边界条件（排水边界、不排水边界和固结边界等）。

要进行弹塑性数值计算，就必须考虑初始应力场的影响。初始应力场（由重力产生）表示的是非扰动土或岩体所处的平衡状态，PLAXIS程序中可以通过 K_0 加载法和重力加载法两种方法来实现初始应力场的施加。其中，K_0 加载法只适用于地表面水平，且所有土层和浸润面均与地表面平行的情况；其他情况则只能用重力加载法，如图5-1所示。

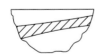
a）土层与地表面不平行

b）浸润面与地表面不平行

c）坡面与地表面不平行

图5-1 不适用 K_0 加载法的情况

（1）K_0 加载法。K_0 加载法是通过设定材料的侧向土压力系数 K_0 和参数 $\sum M_{weight}$ 实现的。如果设定了 $\sum M_{weight}=1.0$，那么就完全激活了重力；如果设定了 K_0，则可由初始的竖向正应力乘以 K_0 得到初始的水平向正应力。例如，对于正常固结土，地基中一点的初始竖向正应力 $\sigma_{y,0}=\gamma H$（H 为该点到地表面的竖直高度），则初始水平向正应力 $\sigma_{x,0}=K_0\sigma_{y,0}$。

（2）重力加载法。重力加载法通过设置一个计算工序，并在工序中施加土的自重，通过有限元弹塑性计算来实现初始应力场的施加。

2) PLAXFLOW 模块简介

PLAXFLOW 地下水渗流模块既可以进行地下水稳态流的稳态分析，也可以进行地下水非稳态流的瞬态分析。其中，稳态分析仅适用于与时间变量无关的情况；当水利边界条件随时间发生变化（例如库水水位升降），且需要对每一时刻坡体内的浸润面位置进行研究时，可以采用 PLAXFLOW 模块进行非稳态流的瞬态分析。PLAXFLOW 模块不但可以进行水位变化、降雨和抽水等工程条件下饱和土和非饱和土中地下水的渗流计算，还可以和 PLAXIS 程序联合使用进行流—固耦合计算。下面对 PLAXFLOW 模块的基本渗流理论作简单介绍。

地下水在多孔介质中的流动可以通过达西定律进行描述，在 $x\text{-}y$ 平面上可以写成：

$$q_x = -k_x \frac{\partial \phi}{\partial x}, \quad q_y = -k_y \frac{\partial \phi}{\partial y} \tag{5-1}$$

其中，总水头 ϕ 可以写成下式：

$$\phi = y - \frac{p}{\gamma_w} \tag{5-2}$$

式中：y——竖直高度；
p——孔隙水压力；
γ_w——水的重度。

除此之外，还定义了一个孔隙水压力水头 ϕ_p：

$$\phi_p = -\frac{p}{\gamma_w} \tag{5-3}$$

当进行瞬态分析时，其连续性方程为：

$$\frac{\partial}{\partial x}\left(k_x \frac{\partial \phi}{\partial x}\right) + \frac{\partial}{\partial y}\left(k_y \frac{\partial \phi}{\partial y}\right) + c \frac{\partial \phi}{\partial t} + Q = 0 \tag{5-4}$$

式中：ϕ——总水头值；
k_x——土体 x 方向的渗透系数；
k_y——土体 y 方向的渗透系数；
Q——边界流量；
t——时间参数。

式（5-4）左端第三项中把水头值的变化通过有效容量 c 和单元体内含水率的变化联系起来。和饱和土不同的是，非饱和土的有效容量 c 和非饱和土渗透系数的大小取决于土体中含水率和毛细力的大小。

有效容量 c 和渗透系数张量 K 的表达式如下：

$$c = c_{sat} + n \frac{dS(\phi_p)}{d\phi_p} \tag{5-5}$$

$$K = k_{rel}(S) \cdot K_{sat} \tag{5-6}$$

PLAXFLOW 模块采用非饱和土 Van Genuthcen 土—水特征模型模拟地下水在非饱和土中的渗流。

3) PLAXIS 程序中安全系数的求解方法

采用 PLAXIS 程序进行安全系数的求解，可以通过程序提供的强度折减计算功能实现。其方法是不断减小强度参数 $\tan\varphi$ 和 c，直到计算模型发生破坏。此时系数 $\sum M_{sf}$ 定义为强度折减系数，其表达式如下：

$$\sum M_{sf} = \frac{\tan\varphi_{input}}{\tan\varphi_{reduced}} = \frac{c_{input}}{c_{reduced}} \tag{5-7}$$

式中：φ_{input}，c_{input}——程序在定义材料属性时输入的强度参数值；

$\varphi_{reduced}$，$c_{reduced}$——在分析过程中用到的经过折减后的强度参数值。

程序在开始计算时默认$\sum M_{sf}=1.0$，然后$\sum M_{sf}$按设置的数值递增，直至计算模型发生破坏。此时，非线性有限元静力计算将不收敛，对应的强度折减系数$\sum M_{sf}$值即为安全系数值。

5.2 库水作用下坡体内浸润面位置的求解

实际工程中，库水作用下边（滑）坡的稳定性分析通常都是首先确定浸润面的位置，并据此计算坡体内孔隙水压力的分布，然后再进行稳定性分析。因此，浸润面位置的确定是库水作用下边（滑）坡稳定性分析的前提。

5.2.1 库水作用下坡体内浸润面位置的数值解

算例 5-1：如图 5-2 所示岸坡，坡角 45°，土体渗透系数 $k_x = k_y = 0.005 \text{m/d}$，库水水位以 3m/d 的速度从初始水位面匀速下降 15m，坡体后部为定水头边界，$h=15\text{m}$，分别采用 PLAXIS 程序地下水渗流模块（PLAXFLOW 模块）和 SEEP/W 程序进行坡体内浸润面位置的求解。

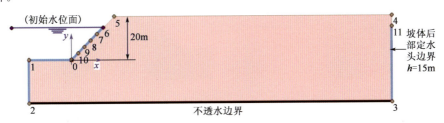

图 5-2 计算模型示意图

1) SEEP/W 程序的计算结果

采用 SEEP/W 程序分别进行稳态分析和瞬态分析，计算结果如图 5-3、图 5-4 所示。图 5-3 所示是水位下降过程中，通过稳态分析得到的浸润面的位置；图 5-4 所示是水位下降过程中，通过瞬态分析得到的浸润面的位置。

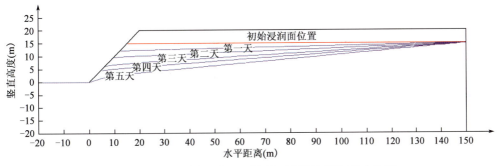

图 5-3 水位下降过程中浸润面位置示意图（稳态分析）

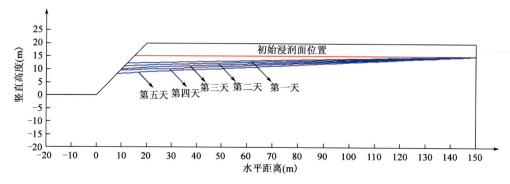

图 5-4　水位下降过程中浸润面位置示意图（瞬态分析）

2) PLAXFLOW 模块计算结果

PLAXFLOW 模块既可以进行稳态分析，也可以进行瞬态分析。图 5-5～图 5-9 所示分别是水位下降过程中，通过稳态分析得到的不同时刻坡体内浸润面的位置。图 5-10～图5-14 所示分别是水位下降过程中，通过瞬态分析得到的不同时刻坡体内浸润面的位置。

图 5-5　水位下降 1d 后浸润面位置示意图（稳态分析）

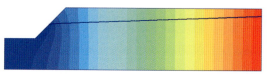

图 5-6　水位下降 2d 后浸润面位置示意图（稳态分析）

图 5-7　水位下降 3d 后浸润面位置示意图（稳态分析）

图 5-8　水位下降 4d 后浸润面位置示意图（稳态分析）

图 5-9　水位下降 5d 后浸润面位置示意图（稳态分析）

图 5-10　水位下降 1d 后浸润面位置示意图（瞬态分析）

图 5-11　水位下降 2d 后浸润面位置示意图（瞬态分析）

图 5-12　水位下降 3d 后浸润面位置示意图（瞬态分析）

图 5-13　水位下降 4d 后浸润面位置示意图（瞬态分析）

图 5-14　水位下降 5d 后浸润面位置示意图（瞬态分析）

3）对比分析

为了更直观地对比 SEEP/W 程序和 PLAXFLOW 模块的计算结果，这里分别读取了第一天、第三天和第五天时浸润面位置沿水平方向的竖直高度，见表 5-1。

浸润面位置数值解计算结果　　　　　　　　　　　　　　　　　　　表 5-1

a) 水位下降 1d 后浸润面位置的竖直高度

计算方法		水平距离（m）											备注
		0	10	20	30	40	50	60	70	90	110	130	150	溢出点坐标
SEEP/W 程序	稳态分析	0.0	10.0	12.4	12.6	12.8	13.0	13.2	13.4	13.8	14.4	14.6	15.0	(12.0, 12.0)
	瞬态分析	0.0	10.0	13.1	13.5	13.8	14.0	14.2	14.3	14.4	14.5	14.7	15.0	(12.1, 12.1)
PLAXFLOW 模块	稳态分析	0.0	10.0	12.3	12.6	12.8	13.0	13.2	13.4	13.8	14.4	14.6	15.0	(11.9, 11.9)
	瞬态分析	0.0	10.0	14.6	14.9	15.0	15.0	15.0	15.0	15.0	15.0	15.0	15.0	(12.1, 12.1)

b) 水位下降 3d 后浸润面位置的竖直高度

计算方法		水平距离（m）											备注
		0	10	20	30	40	50	60	70	90	110	130	150	溢出点坐标
SEEP/W 程序	稳态分析	0.0	6.8	7.6	8.2	8.8	9.3	9.9	10.4	11.6	12.7	13.8	15.0	(6.0, 6.0)
	瞬态分析	0.0	10.0	10.8	11.4	12.0	12.4	12.7	13.0	13.0	13.9	14.5	15.0	(10.2, 10.2)
PLAXFLOW 模块	稳态分析	0.0	6.9	7.7	8.3	8.8	9.3	9.9	10.4	11.5	12.7	13.8	15.0	(6.1, 6.1)
	瞬态分析	0.0	10.0	13.7	14.5	14.8	14.9	15.0	15.0	15.0	15.0	15.0	15.0	(10.5, 10.5)

c) 水位下降 5d 后浸润面位置的竖直高度

计算方法		水平距离（m）											备注
		0	10	20	30	40	50	60	70	90	110	130	150	溢出点坐标
SEEP/W 程序	稳态分析	0.0	2.5	3.6	4.5	5.5	6.3	7.1	8.0	9.6	11.7	13.2	15.0	(0.0, 0.0)
	瞬态分析	0.0	8.4	9.1	9.8	10.4	11.0	11.5	11.9	12.4	13.4	14.4	15.0	(8.1, 8.1)
PLAXFLOW 模块	稳态分析	0.0	2.8	3.9	4.8	5.6	6.5	7.3	8.1	9.8	11.8	13.3	15.0	(0.5, 0.5)
	瞬态分析	0.0	9.7	12.7	13.9	14.5	14.7	14.9	15.0	15.0	15.0	15.0	15.0	(8.9, 8.9)

从表 5-1 中各个时刻浸润面位置沿水平方向的竖直高度及溢出点的坐标可以看出，无论是采用 SEEP/W 程序，还是采用 PLAXFLOW 模块，各个时刻通过稳态分析得到的坡体内浸润面的位置基本上都是和库水水位同步下降的，而瞬态分析得到的结果则不同。采用瞬态分析得到的浸润面位置出现了不随库水水位同步下降的"滞后效应"，瞬态分析得到的浸润面位置明显高于同一时刻稳态分析得到的浸润面位置。例如，水位下降 3d 后，SEEP/W 程序和 PLAXFLOW 模块稳态分析得到的溢出点的竖直高度分别为 6.0m 和 6.1m，和此时坡体前部库水水位的高度 6.0m 基本一致。瞬态分析得到的溢出点的竖直高度则分别为 10.2m 和 10.5m，明显高于此时坡体前部库水水位的高度（6.0m），这正是库水水位变化过程中，岸坡坡体内浸润面位置变化"滞后效应"的具体体现。

5.2.2 库水作用下坡体内浸润面位置的经验概化解及其和数值解的对比分析

目前在水库岸坡稳定性分析的实际工程中，由于库水水位变化引起的地下水非稳定渗流的求解比较复杂，因此大都采用经验概化的方法确定浸润面位置。其中，有的是取下降前后水位的直线连线（假定的"缓变"状态）；有的是取滑体的下三分之一线；有的是取初始水位面（假定的"瞬变"状态）。不同的概化方法得到的浸润面位置也不同，导致不同单位做出的稳定性评价结果也大不相同，致使治理经费往往相差很大。这里采用图 5-2 所示的算例，通过经验概化解和数值解的对比分析，定量地说明经验概化法存在的误差。

经验概化解是以岸坡远处水位与库水变化到最后时的水位两者之间的直线连线作为浸润面位置，如图 5-15 所示。

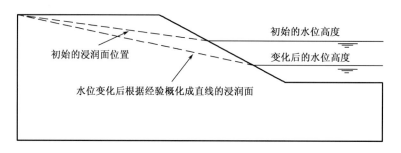

图 5-15 根据经验概化得到的坡体内浸润面位置示意图

图 5-2 所示算例，其数值解的计算结果见表 5-1。采用不同的计算方法得到的浸润面位置沿水平方向的竖直高度见表 5-2，表中的误差是相对于同一水平距离的数值解的计算结果（采用 PLAXFLOW 模块计算得到的）而言的。

从表 5-2 的数据可以看出，和数值解得到的计算结果相比，经验概化解得到的计算结果误差较大，且随着水位下降高度的增加，引起的误差也不断增大。其中，在坡体前部浸润面位置经验概化解引起的误差尤为明显，甚至达到 80% 以上。由于在库水水位变化的过程中，坡体内的地下水流是随时间和边界条件变化的瞬态流，因此瞬态分析得到的数值解的计算结果是比较准确的，能充分反映水位下降过程中岸坡坡体内浸润面位置下降的"滞后效应"。如果按经验概化解得到的浸润面位置进行稳定性分析，则必然会在水库岸坡的稳定性分析中产生误差，给人类的生命财产造成潜在的危害。

浸润面位置的计算结果 表 5-2

a) 水位下降 1d 后浸润面位置的竖直高度

计算方法	水平距离（m）												备注
	0	10	20	30	40	50	60	70	90	110	130	150	溢出点坐标
数值解	0.0	10.0	14.6	14.9	15.0	15.0	15.0	15.0	15.0	15.0	15.0	15.0	(12.1, 12.1)
经验概化解	0.0	10.0	12.2	12.4	12.6	12.8	13.0	13.3	13.7	14.1	14.6	15.0	(12.0, 12.0)
误差（%）	0.0	0.0	−16.4	−16.8	−16.0	−14.7	−13.3	−11.3	−8.7	−6.0	−2.7	0.0	(−0.8, −0.8)

b) 水位下降 3d 后浸润面位置的竖直高度

计算方法	水平距离（m）												备注
	0	10	20	30	40	50	60	70	90	110	130	150	溢出点坐标
数值解	0.0	10.0	13.7	14.5	14.8	14.9	15.0	15.0	15.0	15.0	15.0	15.0	(10.5, 10.5)
经验概化解	0.0	6.3	6.9	7.5	8.1	8.8	9.4	10.0	11.3	12.5	13.8	15.0	(6.0, 6.0)
误差（%）	0.0	−37.0	−49.6	−48.3	−45.3	−40.9	−37.3	−33.3	−24.7	−16.7	−8.0	0.0	(−42.9, −42.9)

c) 水位下降 5d 后浸润面位置的竖直高度

计算方法	水平距离（m）												备注
	0	10	20	30	40	50	60	70	90	110	130	150	溢出点坐标
数值解	0.0	9.7	12.7	13.9	14.5	14.7	14.9	15.0	15.0	15.0	15.0	15.0	(8.9, 8.9)
经验概化解	0.0	1.0	2.0	3.0	4.0	5.0	6.0	7.0	9.0	11.0	13.0	15.0	(0.0, 0.0)
误差（%）	0.0	−89.7	−84.3	−78.4	−72.4	−66.0	−59.7	−53.3	−40.0	−26.7	−13.3	0.0	(−100.0, −100.0)

5.3 库水作用下边（滑）坡的稳定性分析

5.3.1 渗流条件下边（滑）坡的稳定性分析

由于水库岸坡的稳定性受到水位波动引起的渗流作用的影响，因此水库岸坡稳定性分析的实质是渗流作用下边（滑）坡的稳定性分析。下面通过算例说明有限元强度折减法在渗流条件下边（滑）坡稳定性分析中的应用。

算例 5-2：均质土坡，坡高 10m，坡度比 1:2 (26.57°)，不排水条件，土体重度 $\gamma_{天然}$ = 20.0kN/m³，$\gamma_{饱和}$ = 22.0kN/m³，渗透系数 $k_x = k_y = 0.001$m/d，黏聚力 $c = 20.0$kPa，内摩擦角 $\varphi = 24°$。有限元计算模型如图 5-16 所示。水头荷载和通过渗流计算得到的浸润面位置如图 5-17 所示。

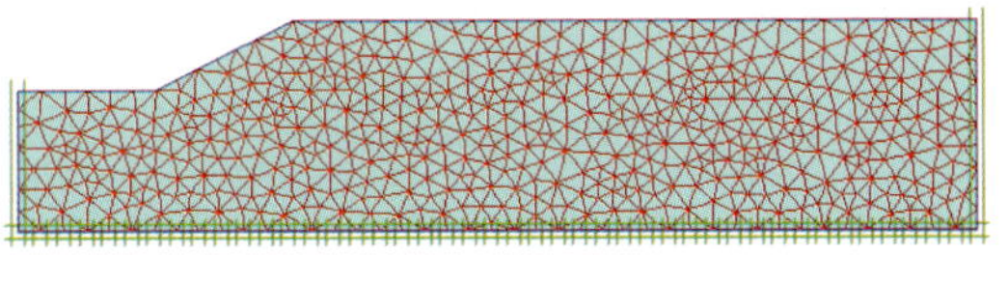

利用 PLAXIS 程序，结合有限元强度折减法进行稳定性分析。通过分析得到，在水头荷载一条件下，坡体的安全系数为 2.003；在水头荷载二条件下，坡体的安全系数为

图 5-16 有限元计算模型示意图

1.838。搜索得到的滑面位置如图 5-18 所示。

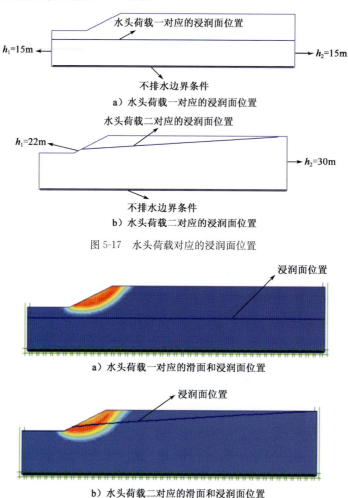

图 5-17 水头荷载对应的浸润面位置

图 5-18 滑面和浸润面位置示意图（有限元强度折减法）

为了验证采用有限元强度折减法进行渗流条件下边（滑）坡稳定性分析的正确性，这里通过 GEO-SLOPE 程序，采用传统极限平衡法对有限元强度折减法的分析结果进行了验证。在分析中为了考虑水头荷载二条件下作用在坡面上的水平向外水压力，采用了定义无应力材料的方法，如图 5-19b）所示。采用传统的极限平衡法进行分析可以得到，在水头荷载一条件下，坡体的安全系数为 1.963；在水头荷载二条件下，坡体的安全系数为 1.832。和前述采用有限元强度折减法分析所得的安全系数相比，其误差分别为 -1.99% 和 -0.33%。搜索得到的滑面位置如图 5-19 所示。从计算结果以及图 5-18、图 5-19 所示的滑面位置可以看出，有限元强度折减法的分析结果和极限平衡法的分析结果基本上是一致的。因此可以认为，采用 PLAXIS 程序结合有限元强度折减法进行渗流条件下边（滑）坡的稳定性分析是准确可行的。

5.3.2 库水水位变化过程中岸坡的稳定性分析

算例 5-3： 均质岸坡，不排水条件，土体重度 $\gamma_{\text{天然}}=17.5\text{kN/m}^3$，$\gamma_{\text{饱和}}=19.0\text{kN/m}^3$，黏聚力 $c=21\text{kPa}$，内摩擦角 $\varphi=28.0°$，坡体前部库水水位的初始高度为 40m，坡体后部为

定水头边界，$h=40m$，稳定性分析模型如图 5-20 所示。

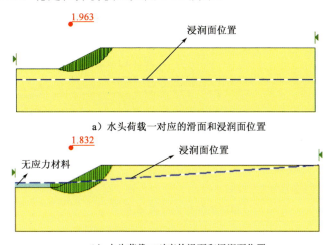

a）水头荷载一对应的滑面和浸润面位置

b）水头荷载二对应的滑面和浸润面位置

图 5-19　滑面和浸润面位置示意图（传统极限平衡法）

图 5-20　边坡模型

1）库水水位下降速率的影响

土体的渗透系数 $k_x=k_y=0.1m/d$，坡体前部库水水位分别以 1m/d、2m/d 和 3m/d 的速率从初始水位高度 40m 下降，水位降幅为 30m，其分析结果见表 5-3 和图 5-21。

稳定性分析的计算结果（一）　　　　　　　　表 5-3

水位高度（m）	水位下降速率		
	1m/d	2m/d	3m/d
	安全系数		
40	1.624	1.624	1.624
34	1.405	1.403	1.398
28	1.261	1.248	1.245
22	1.138	1.124	1.120
16	1.068	1.052	1.046
10	1.071	1.056	1.053

2）土体渗透系数的影响

坡体前部库水水位以 1m/d 的速率从初始水位高度 40m 下降，水位降幅为 30m，土体的渗透系数分别取 $k_x=k_y=0.1m/d$、0.05m/d、0.01m/d 和 0.005m/d，其分析结果见表 5-4 和图 5-22。

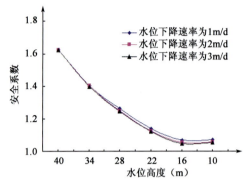
图 5-21 水位高度和安全系数的关系曲线（一）

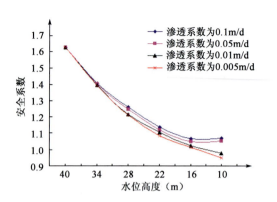
图 5-22 水位高度和安全系数的关系曲线（二）

稳定性分析的计算结果（二） 表 5-4

水位高度（m）	土体渗透系数			
	0.1m/d	0.05m/d	0.01m/d	0.005m/d
	安全系数			
40	1.624	1.624	1.624	1.624
34	1.405	1.402	1.396	1.392
28	1.261	1.247	1.216	1.213
22	1.138	1.120	1.107	1.084
16	1.068	1.049	1.024	1.012
10	1.071	1.052	0.979	0.950

从上述计算结果可以看出，库水水位下降速率越快、土体渗透系数越小，岸坡稳定性越差。反映在浸润面位置上，也同样是水位下降速率越快、土体渗透系数越小，坡体内浸润面的位置相对越高（超孔隙水压力越大），从而导致岸坡相应的稳定性也越差。如图 5-23 所示，

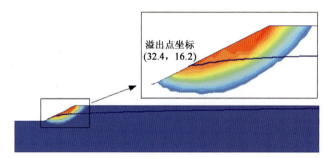

a）水位下降速率为1m/d，$k_x=k_y=0.1$m/d

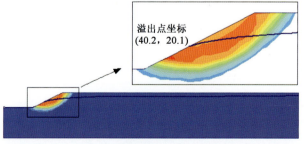

b）水位下降速率为1m/d，$k_x=k_y=0.05$m/d

图 5-23 浸润面和滑面位置示意图

b）中浸润面（渗透系数相对较小）在坡面溢出点 y 方向的坐标明显高于 a）中浸润面（渗透系数相对较大）在坡面溢出点 y 方向的坐标。

5.3.3 浸润面位置经验概化解引起的误差

考虑到目前实际工程中，设计人员大都采用经验概化的方法确定岸坡体内的浸润面位置，从而造成设计中存在主观性和定性成分比较高的问题。下面将通过一个水位下降条件下岸坡稳定性分析的算例，定量评价浸润面位置经验概化解造成的误差。

算例 5-4：均质岸坡，坡高 $H=15\mathrm{m}$，坡度比 1∶2（26.57°），土体重度 $\gamma_{天然}=17\mathrm{kN/m^3}$，$\gamma_{饱和}=18\mathrm{kN/m^3}$，黏聚力 $c=16.5\mathrm{kPa}$，内摩擦角 $\varphi=22.6°$，土体渗透系数分别取 $k_x=k_y=0.1\mathrm{m/d}$、$0.01\mathrm{m/d}$ 和 $0.001\mathrm{m/d}$。分析中，以岸坡远处水位与库水变化到最后时的水位两者之间的直线连线作为浸润面位置的经验概化解，如图 5-15 所示。

坡体后部边界设置为定水头边界，$h=35\mathrm{m}$；坡体前部库水水位以 $3\mathrm{m/d}$ 的速率匀速从初始水位高度 $35\mathrm{m}$ 下降 $5\mathrm{d}$，水位降幅 $15\mathrm{m}$，安全系数的计算结果见表 5-5。

安全系数的计算结果　　　　　　　　　　　表 5-5

渗透系数（m/d）		0.1	0.01	0.001	经验概化解
浸润面位置确定方法		PLAXFLOW 模块数值解			
水位高度（m）	35	2.119	2.119	2.119	2.119
	32	1.705	1.668	1.659	1.832
	29	1.424	1.348	1.327	1.622
	26	1.262	1.151	1.123	1.495
	23	1.197	1.051	1.015	1.441
	20	1.225	1.124	1.087	1.447

图 5-24 所示是当坡体前部库水水位下降至 $23\mathrm{m}$，渗透系数等于 $0.1\mathrm{m/d}$ 和 $0.001\mathrm{m/d}$ 时，根据浸润面位置数值解进行稳定性分析得到的滑面位置。图 5-25 所示是坡体前部库水水位下降至 $23\mathrm{m}$ 时，根据浸润面位置经验概化解进行稳定性分析得到的滑面位置。根据表 5-5 安全系数的计算结果绘制水位高度和安全系数的关系曲线，如图 5-26 所示。

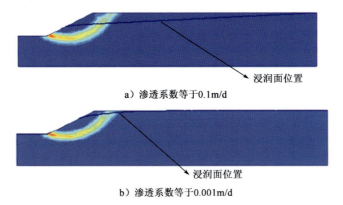

a）渗透系数等于 0.1m/d

b）渗透系数等于 0.001m/d

图 5-24　根据浸润面数值解分析得到的滑面位置

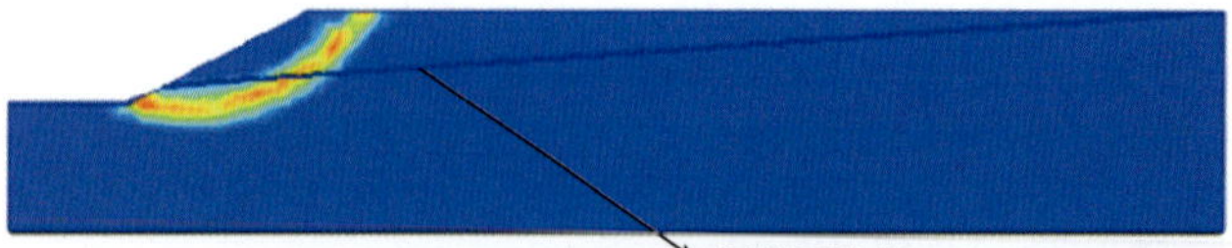

图 5-25 根据浸润面经验概化解分析得到的滑面位置

从上述内容可以看出,根据浸润面位置经验概化解进行稳定性分析得到的结果和根据浸润面位置数值解进行分析得到的结果相比,两者之间存在着一定的差异,见表 5-6。当库水水位下降到同一高度时,两者之间的差值随土体渗透系数的减小而增大;当土体渗透系数相同时,两者之间的差值随水位下降高度的增大而增大。

安全系数的计算结果比较　　　　　　　　　　　表 5-6

浸润面位置确定方法	渗透系数（m/d）	0.1	0.01	0.001	经验概化解
		PLAXFLOW 模块数值解			
水位高度（m）	35	0.00%	−0.00%	−0.00%	—
	32	−6.93%	−8.95%	−9.44%	—
	29	−12.21%	−16.89%	−18.19%	—
	26	−15.59%	−23.01%	−24.88%	—
	23	−16.93%	−27.06%	−29.56%	—
	20	−15.34%	−22.32%	−24.88%	—

注：表中数据根据 $\dfrac{\text{数值解}-\text{经验概化解}}{\text{经验概化解}}$ 求得。

如图 5-26 所示,无论是根据浸润面位置数值解,还是根据浸润面位置经验概化解进行稳定性分析,从水位变化过程中安全系数的变化曲线可以清楚地看出,当库水水位下降到一定高度（23m 左右）时,安全系数达到最低值,通常把这一水位称为"最不利水位"。因此,工程中应根据"最不利水位"对应的安全系数进行设计施工才是合理的。在本算例中当土体渗透系数等于 0.1m/d 时,在"最不利水位"根据浸润面位置经验概化解得到的安全系数等于 1.441,而根据浸润面位置数值解得到的安全系数等于 1.197,两者相差 −16.93%;当土体渗透系数等于 0.01m/d 时,差值增加到 −27.06%;当土体渗透系数等于 0.001m/d 时,差值继续增加到 −29.56%。从图 5-24 和图 5-25 所示的浸

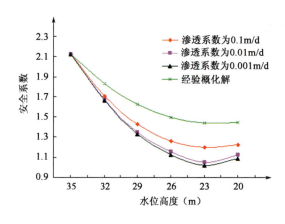

图 5-26 水位高度和安全系数的关系曲线

润面位置可以看出,造成稳定性分析差异的主要原因是浸润面位置上的差异。浸润面位置经验概化解由于没有考虑坡体内浸润面位置在库水水位下降过程中的"滞后效应",因此明显低于数值解得到的浸润面位置,且浸润面位置上的差异随渗透系数的减小不断增大,反映在稳定性分析的结果上,就是两者安全系数之间的差值随渗透系数的减小不断增大。由此可知,如果采用浸润面位置经验概化法将过高地估计岸坡的安全性,使工程设计偏于危险,造成潜在的危害。

5.4 有限元强度折减法在水平排水孔治理工程中的应用

5.4.1 水平排水孔法概述

实际工程中,对于坡体以外的地表水,以拦截旁引为原则;对于坡体以内的地表水,则以防渗、尽快汇集排走为原则。对于地下水的治理一般采取增设排水措施,以降低地下水位,消除或减轻水对坡体的静水压力、浮托力和动水压力,以及地下水对土体的物理化学破坏作用。水平排水孔这种排水措施具有施工简便、工期短、节约材料和劳动力,且不需要经常维护的特点,是一种比较经济有效的排水措施,因此水平排水孔法在水库滑坡的治理工程中得到了广泛应用和推广。

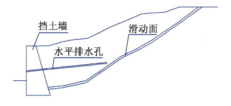

a) 水平排水孔降低坡体内地下水位

采用水平排水孔法降低地下水,水平排水孔设置的位置和数量应视地下水分布的情况和地质条件而定,如图 5-27a) 所示。为了保证地下水被顺利排出,钻孔一般上倾 10°～15°,所以水平排水孔亦称为倾斜排水孔。水平排水孔孔径的大小一般不受流量控制,主要取决于施工机具和孔壁加固材料,通常孔径由数十毫米至 100mm 以上。当排水孔孔径较小时,集水能力也相对较差,若不是汇集来自透水性很强的砾石层中的地下水,则排水效果不是很理想。因此,为了排出来自透水性弱的地层中的地下水,常常采用 100mm 左右的大孔径排水孔,但是由于土质关系(例如遇到砾石或夹巨砾的砂土),有时不能很好钻进,因此水平排水孔也可以与砂井、竖孔、竖向集水井等联合使用,以增强其排水性能,如图 5-27b)、c) 所示。

b) 水平排水孔与砂井联合使用排出地下水

c) 水平排水孔与集水井联合使用排出地下水

图 5-27 水平排水孔法降低地下水

水平排水孔的布置:在平面上,根据坡体内地下水位及地质条件的不同,水平排水孔可布置为平行排列或扇形放射状排列,如图 5-28 所示。水平排水孔的布置方向通常与坡体的滑动方向一致,以免因坡体滑动而破坏。在立面上,水平排水孔的布置依据地质纵断面确定,在汇水面积较大的滑面洼部、地下水集中分布处,钻孔一般穿过或深入滑床,并根据地下水层、滑动面的陡缓和要求疏干的范围,可以选择布置单层或多层水平排水孔,如图 5-29 所示。水平排水孔的位置必须埋于地下水位以下、隔水层顶板以上,并尽量扩大其渗水疏干面积。因此,设计时应该在充分研究地下水位及地质条件的前提下,先用钻孔或物探基本确定地下水的分布之后,再进行水平排水孔布设方案的设计,力求在实际工程中达到每孔出水的排水效果。

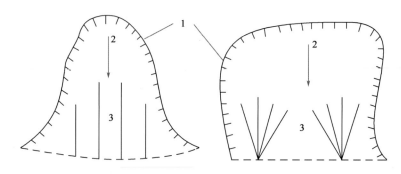

图 5-28 水平排水孔平面布置示意图
1-滑坡后缘；2-滑坡滑动方向；3-水平排水孔

水平排水孔布置的间距一般视坡体含水层土体的渗透系数和要求疏干的程度而定，一般采用 5~15m 为宜。水平排水孔布置的深度一般视含水层分布的位置和坡体的形态而定，为增加水平排水孔的排水效果，通常在施工工艺允许的条件下尽量加大其入水的深度。

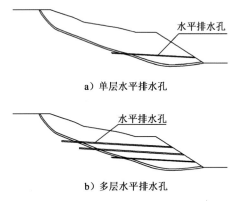

图 5-29 水平排水孔立面布置示意图

实际工程中，水平排水孔的布设方案一般是照搬规范，或者根据经验、井流计算公式进行简单的设计，因此有时造成水平排水孔布设位置不对、水平排水孔失效，不能发挥排水作用，或者排水孔幕排水效果不能满足要求，或者为保证排水效果而盲目加密、增多排水孔数量，造成不必要的工程浪费。目前对于水平排水孔布设模式的研究，大都是通过含水平排水孔的渗流场分析，进而寻求适用于特定工程的布设方式。坡体内含水平排水孔的渗流场分析是一个复杂的三维问题，其模型的建立十分困难。排水孔的孔径一般为数十毫米至 100mm 以上，孔距为 5~15m，长度为 20~30m，在一个治理工程中往往布置一层或多层，数目甚至到达数百条。由于水平排水孔的孔径与坡体尺寸相比较，相差甚大，比例达百倍，甚至千倍，因此在渗流场的有限元分析中，网格划分十分复杂，过多的网格单元及节点，将造成计算效率降低，计算时间过长，甚至出现计算机容量不够，无法求解的现象。因此这里把三维问题简化为二维问题进行分析，并就水平排水孔孔径以及孔长对其排水效果的影响展开研究。

5.4.2 含水平排水孔的渗流场的有限元分析及治理工程的稳定性分析

算例 5-5：取一水库滑坡工程的剖面，如图 5-30 所示。库区水位在 175~145m 之间波动，水位变幅达到 30m。设计以下几种计算工况：

（1）稳态条件下，工况 1：自重＋坡体前部静止水位 145m；工况 2：自重＋坡体前部静止水位 175m。

（2）非稳态条件下，工况 1：自重＋坡体前部水位从 145m 上升至 175m，水位以 2m/d 的速度匀速上升；工况 2：自重＋坡体前部水位从 175m 下降至 145m，水位以 2m/d 的速度匀速下降。

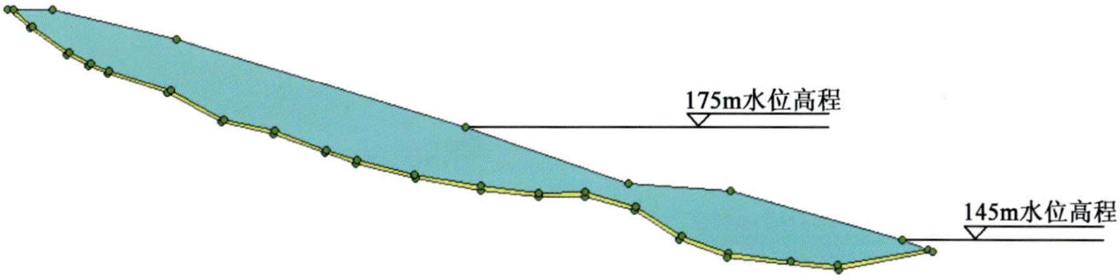

图 5-30 计算剖面示意图

计算参数的选取，滑床土：土体重度 $\gamma=25.0\text{kN/m}^3$，黏聚力 $c=270\text{kPa}$，内摩擦角 $\varphi=27.2°$，土体渗透系数 $k_x=k_y=1\times10^{-19}\text{m/d}$；滑体土：设置为不排水条件，$\gamma_{天然}=18.2\text{kN/m}^3$，$\gamma_{饱和}=18.6\text{kN/m}^3$，$c=22.2\text{kPa}$，$\varphi=15.1°$，$k_x=k_y=0.1\text{m/d}$；滑带土：也设置为不排水条件，$\gamma_{天然}=18.2\text{kN/m}^3$，$\gamma_{饱和}=18.6\text{kN/m}^3$，$c=19.8\text{kPa}$，$\varphi=11.6°$，$k_x=k_y=0.1\text{m/d}$。

通过分析得到，该滑坡在稳态条件下是稳定的，稳态条件下工况 1 和工况 2 对应的安全系数分别是 1.054 和 1.077，滑面位置如图 5-31 所示。

a）工况1　　　　　　　　　　　　　　b）工况2

图 5-31 稳态条件下滑面位置示意图

在非稳态条件下，坡体前部库水水位从 145m 上升至 175m，计算结果见表 5-7。图 5-32 所示是水位变化过程中坡体内的浸润面和滑面位置。

非稳态条件下工况 1 的分析结果　　　　　　　　表 5-7

计算天数 t（d）	0	1	2	3	4	5	6	7
水位高程 d（m）	145	147	149	151	153	155	157	159
安全系数	1.054	1.054	1.054	1.054	1.054	1.054	1.054	1.054
计算天数 t（d）	8	9	10	11	12	13	14	15
水位高程 d（m）	161	163	165	167	169	171	173	175
安全系数	1.054	1.055	1.061	1.074	1.090	1.114	1.139	1.168

从坡体前部库水水位上升情况下的分析结果可以看出，在 $t=0\sim9\text{d}$ 时段，由于坡体内的浸润面和坡面上的外水压力都未对滑面产生影响，因此在这一时段内，滑面位置［图 5-32a）、b）、c）］及其对应的安全系数的大小和 $t=0\text{d}$ 时刻稳态条件下（图 5-31）的计算结果是一致的；随着水位继续上升，浸润面进入滑面，同时外水压力的"侧限作用"也逐渐发挥，滑面的位置发生变化［图 5-32d）、e）］，安全系数随着水位的上升逐渐增大。总体上看，在水位从 145m 上升至 175m 的过程中（非稳态条件下，工况 1），该滑坡是稳定的。

由于坡体前部库水水位的波动，因此还需要分析该滑坡在水位从 175m 下降至 145m 条件下（非稳态条件下，工况 2）的稳定性，计算结果见表 5-8 和图 5-33。

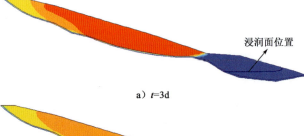

a) $t=3d$

b) $t=6d$

c) $t=9d$

d) $t=12d$

e) $t=15d$

图 5-32 浸润面和滑面位置示意图

非稳态条件下工况 2 的分析结果   表 5-8

计算天数 t（d）	0	1	2→15
水位高程 d（m）	175	173	171→145
安全系数	1.077	1.001	失稳破坏

图 5-33 $t=1d$ 时刻浸润面和滑面位置示意图

从分析的结果可以看出,该滑坡的稳定性随坡体前部库水水位的下降而降低。当水位下降1d后,若水位继续下降,则该滑坡将失稳破坏。因此,需要对该滑坡进行治理,使其在水位下降过程中(非稳态条件下,工况2)始终保持稳定。这里采用增设水平排水孔降低坡体内浸润面位置的治理方法。

正常作用下的水平排水孔实际上是一个水平的、充满空气的、中空的柱状体,因此可以把它看做是比一般渗流介质渗透性大得多的特殊介质。这样,就可以用一定的渗透系数来表征水平排水孔特殊的导水性能,并在模型中按照实体单元进行渗流计算。由于该方法是将水平排水孔中的空气看做是一种渗流介质,故此方法称为"空气单元法"。

"空气单元法"通过给水平排水孔单元赋予一定的渗透系数,并将其加入到整体模型的渗流计算中,从而使计算结果更接近于实际情况。但是什么样的渗透系数才能正确反映水平排水孔的导水能力却成为一个新的问题。由渗流理论可知,水流在通过渗透性突变的分界面时会发生水流折射现象。如图 5-34 所示,水流在通过介质 I 和介质 II 之间的分界面时发生了折射。

设介质 I 的渗透系数为 k_1,介质 II 的渗透系数为 k_2,界面上某一点附近的渗透速度在两介质中的值分别为 v_1 和 v_2,v_1、v_2 和分界面法向的夹角分别为 θ_1、θ_2。按界面上任一点都应满足水头相等和法向速度相等的原则,其渗流折射定律为:

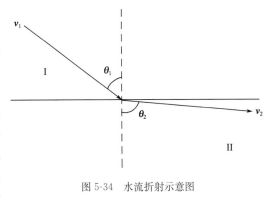

图 5-34 水流折射示意图

$$\frac{\tan\theta_1}{\tan\theta_2} = \frac{k_1}{k_2} \tag{5-8}$$

从式(5-8)可以明显看出,折射角 θ_2 随渗透系数 k_2 增大而增大。当 $k_2 \gg k_1$ 时,$\theta_2 \to 90°$。这表明强渗透性的介质可以改变水流的方向,从而达到导水作用。但是到底表征水平排水孔导水性能的渗透系数取多少呢?是否渗透系数取得越大越好呢?已有的研究成果表明,排水孔的导水性能不单取决于排水孔自身渗透系数的大小,而是由排水孔的渗透系数 $k_{排水孔}$ 与周边介质的渗透系数 $k_{周边介质}$ 的比值 R ($R = k_{排水孔}/k_{周边介质}$),即相对渗透系数的大小决定的。R 的取值并不是越大越好,只要 R 不小于一定数值,就足以表征排水孔的导水性能;同时,对于不同的工程和排水孔不同的排水方式,R 的取值各不相同。通常,对于孔口出流式排水孔,R 取 1 000 就可以模拟排水孔的作用;而对于孔壁逸出式排水孔,R 取 500 即可。因此,这里在模拟水平排水孔时,采用通过分析计算来确定排水孔渗透系数大小的方法,即在分析中以水平排水孔内某一节点处的流速作为控制条件,如果水平排水孔的渗透系数增大后,通过渗流计算得到的节点流速和渗透系数增大前通过渗流计算得到的节点流速相比,两者相差在 5% 以内,则说明增大前的排水孔渗透系数已足以表征水平排水孔的导水性能。由于工程中采用的水平排水孔一般只有上半段透水,下半段和端部均不透水,因此在建立水平排水孔模型时,需要在底部和端部分别设置不透水的界面,以保证水平排水孔的下半段和端部不透水。水平排水孔的单孔模型如图 5-35 所示。

从前面的分析可以看出,该滑坡在坡体前部库水水位从 175m 下降至 145m 的过程中,极易发生失稳破坏,因此采用增设水平排水孔的方法进行治理,希望通过工程治理使其在库水水位下降的过程中保持稳定。为了保证水平排水孔的正常工作及其长期有效性，这里还根据潜在滑面的位置在其剪出口处设置了挡墙，通过墙面把水平排水孔打入滑坡体内。由于挡墙不考虑其透水，因此设置为非孔隙材料。建立的有限元计算模型如图 5-36 所示，水平排水孔孔径为 100mm，孔长为 30m。

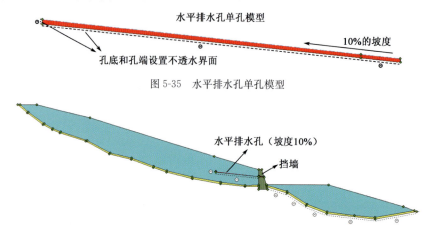

图 5-35　水平排水孔单孔模型

图 5-36　有限元计算模型示意图

要对增设水平排水孔后滑坡的稳定性进行分析，首先要确定合理的渗透系数表征水平排水孔的导水性能。取坡体前部库水水位为 175m 时的情况进行渗流分析。按前述的方法，以水平排水孔孔内某节点处的流速作为控制条件，计算结果见表 5-9，分别选取水平排水孔内的 4 个节点作为数据读取点（图 5-37）。图 5-37 所示是当水平排水孔渗透系数等于 500，即相对渗透系数等于 5 000 时，通过渗流计算得到的浸润面位置。

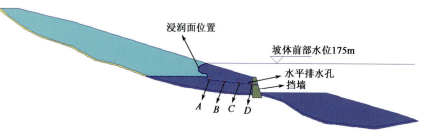

图 5-37　水平排水孔渗透系数取 500m/d，即相对渗透系数等于 5 000 时的浸润面位置

不同水平排水孔渗透系数的计算结果　　　　　　　　表 5-9

排水孔渗透系数（m/d）	10				20				100			
相对渗透系数 R	100				200				1 000			
数据点	A	B	C	D	A	B	C	D	A	B	C	D
节点流速（m/d）	9.74	9.74	9.78	9.81	17.70	17.96	18.51	19.65	83.66	85.34	89.57	97.41
排水孔渗透系数（m/d）	500				1 000							
相对渗透系数 R	5 000				10 000							
数据点	A	B	C	D	A	B	C	D				
节点流速（m/d）	257.43	263.36	281.80	310.13	258.69	264.92	284.48	313.55				

从表 5-9 中的计算结果可以看出，水平排水孔渗透系数取值的大小，即相对渗透系数的大小直接决定水平排水孔导水性能的强弱。当水平排水孔的渗透系数分别取 10m/d、20m/d

和100m/d时，通过渗流计算得到的节点流速与水平排水孔渗透系数取500m/d时对应的节点流速相比，其间存在着较大的差异；但当水平排水孔的渗透系数继续增大至1 000m/d时，其对应的节点流速和水平排水孔渗透系数取500m/d时对应的节点流速相比，在4个数据点分别相差0.49%、0.59%、0.95%和1.10%，均小于2%。这说明对于该算例而言，水平排水孔的渗透系数取500m/d，即相对渗透系数等于5 000，就能充分反映水平排水孔的导水性能，而较小的渗透系数（如10m/d、20m/d和100m/d）显然不足以表征水平排水孔的导水性能。同时表中的数据表明，水平排水孔内各个节点的流速并不是一个沿水平排水孔方向上的定值，其节点流速沿排水方向逐渐增大，并且越接近水平排水孔的出水口，节点流速越大。这说明越接近于水平排水孔的出水口，坡体内的地下水越易进入排水孔。

在确定了水平排水孔的渗透系数取500m/d后，就可以采用有限元强度折减法对治理后的滑坡在库水水位下降过程中的稳定性进行分析了。水位仍然是以2m/d的速度匀速下降，计算结果见表5-10。

治理后的滑坡在水位下降条件下稳定性分析的结果　　　　　表5-10

计算天数 t (d)	0	1	2	3	4	5	6	7
水位高程 d (m)	175	173	171	169	167	165	163	161
安全系数	1.211	1.197	1.192	1.191	1.190	1.188	1.186	1.185
计算天数 t (d)	8	9	10	11	12	13	14	15
水位高程 d (m)	159	157	155	153	151	149	147	145
安全系数	1.181	1.175	1.167	1.165	1.163	1.160	1.131	1.114

从表5-10中的计算结果可以看出，水位下降过程中各个时刻对应的安全系数均大于1.000。这说明经过治理后，该滑坡在坡体前部水位从175m下降至145m的过程中能够始终保持稳定。安全系数的变化随坡体前部库水水位的降低虽然没有什么明显的规律，但是总体上看安全系数随坡体前部水位的降低逐渐减小。图5-38～图5-42所示分别为$t=0$d、4d、8d、12d和15d时坡体内的浸润面和滑面位置。从图5-38～图5-42可以看出，该滑坡在水位下降过程中存在多个潜在滑面。由于水平排水孔的排水疏干作用，坡体内浸润面的位置明显下降。为了更清楚地说明水平排水孔的工作机制，表5-11列出了水位下降过程中不同时刻水平排水孔内4个数据点处的节点流速。

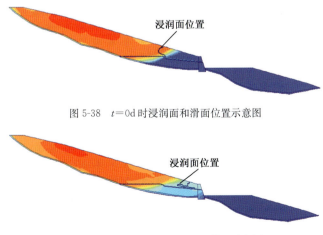

图5-38　$t=0$d时浸润面和滑面位置示意图

图5-39　$t=4$d时浸润面和滑面位置示意图

图 5-40　$t=8d$ 时浸润面和滑面位置示意图

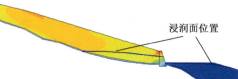

图 5-41　$t=12d$ 时浸润面和滑面位置示意图

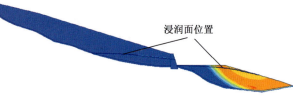

图 5-42　$t=15d$ 时浸润面和滑面位置示意图

水位下降过程中各个时刻水平排水孔内节点的流速　　　　表 5-11

	计算天数 t (d)	0	1	2	3	4	5	6	7
节点流速（m/d）	节点 A	257.43	222.84	149.34	79.40	49.94	23.03	5.11	0.93
	节点 B	263.36	228.50	155.55	86.49	51.63	23.23	5.26	0.94
	节点 C	281.80	229.48	158.18	103.17	53.16	24.64	5.61	0.97
	节点 D	310.13	263.29	175.69	105.06	55.42	25.39	6.05	1.01
	计算天数 t (d)	8	9	10	11	12	13	14	15
节点流速（m/d）	节点 A	0.24	0.03	<0.01	<0.01	<0.01	<0.01	<0.01	<0.01
	节点 B	0.25	0.03	<0.01	<0.01	<0.01	<0.01	<0.01	<0.01
	节点 C	0.25	0.03	<0.01	<0.01	<0.01	<0.01	<0.01	<0.01
	节点 D	0.26	0.03	<0.01	<0.01	<0.01	<0.01	<0.01	<0.01

前面在对该滑坡进行治理时，为了保证水平排水孔的正常工作及其长期有效性，增设了挡墙。为了进一步说明水平排水孔的导水疏干作用对该滑坡稳定性的提高，这里在计算中设置水平排水孔未工作，对该滑坡仅设置挡墙时的情况进行了稳定性分析，计算结果见表 5-12。从表中的数据可以看出，虽然设置挡墙后滑坡的稳定性略有提高，但是随着水位的下降还是会发生失稳破坏。因此，可以认为水平排水孔的导水疏干作用对该滑坡稳定性的提高起到了主导作用。

仅设置挡墙时稳定性分析的结果　　　　表 5-12

计算天数 t (d)	0	1	2	3→15
水位高程 d (m)	175	173	171	169→145
安全系数	1.116	1.038	0.997（<1）	失稳破坏

5.4.3 水平排水孔孔长、孔径对治理效果的影响分析

水平排水孔的排水疏干作用，有效地减少了滑坡体内地下水的含量，使浸润面的位置明显降低，从而使滑坡体的稳定性得到了提高。实际工程中，水平排水孔的导水性能受孔长以及孔径等因素的影响，而其排水作用是否有效和明显可以直观地通过水平排水孔内节点处的流速来衡量。这里将结合该算例就水平排水孔孔长（L）和孔径（d）对排水效果的影响展开研究。分析过程中仅使计算条件中的一个发生改变，而其余的计算条件均保持不变。由于孔长（L）以及孔径（d）的变化将使几何模型发生变化，因此很难就水平排水孔内同一节点在不同计算条件下对应的节点流速进行对比，所以这里以水平排水孔内节点的最大流速（v_{max}）来衡量水平排水孔的排水效果。

1) 水平排水孔孔长的影响

为了研究水平排水孔孔长对排水效果的影响，取排水孔孔径为100mm，排水孔的渗透系数为500m/d，并在分析过程保持不变。排水孔孔长分别取20m、30m（治理工程中采用孔长）和40m进行分析，计算结果见表5-13。

取不同水平排水孔孔长的计算结果　　　　表5-13

a) $L=20$m								
计算天数 t (d)	0	1	2	3	4	5	6	7
节点最大流速 v_{max} (m/d)	316.66	241.25	166.11	100.09	54.26	25.39	6.13	1.72
计算天数 t (d)	8	9	10	11	12	13	14	15
节点最大流速 v_{max} (m/d)	0.54	0.11	0.03	0.01	<0.01	<0.01	<0.01	<0.01
b) $L=30$m								
计算天数 t (d)	0	1	2	3	4	5	6	7
节点最大流速 v_{max} (m/d)	344.18	270.13	179.90	107.47	56.63	25.91	6.10	1.03
计算天数 t (d)	8	9	10	11	12	13	14	15
节点最大流速 v_{max} (m/d)	0.26	0.03	<0.01	<0.01	<0.01	<0.01	<0.01	<0.01
c) $L=40$m								
计算天数 t (d)	0	1	2	3	4	5	6	7
节点最大流速 v_{max} (m/d)	375.86	284.32	195.00	110.52	64.31	22.26	2.27	0.14
计算天数 t (d)	8	9	10	11	12	13	14	15
节点最大流速 v_{max} (m/d)	0.01	<0.01	<0.01	<0.01	<0.01	<0.01	<0.01	<0.01

从表5-13中的数据可以看出，水平排水孔的长短对其导水性能的强弱有比较明显的影响，相对于孔长 $L=30$m 的情况而言，$L=20$m 时孔内节点的最大流速在计算天数 $t=12$d 时才趋于零（<0.01），明显长于 $L=30$m 时孔内节点的最大流速趋于零（<0.01）的时间（计算天数 $t=10$d）。当水平排水孔孔长继续增长到 $L=40$m 时，这一时间也继续缩短至 $t=9$d。这说明对于 $L=20$m 的水平排水孔而言，需要11d的时间才能基本疏干滑坡体内的地下水。如果采用 $L=30$m 和 $L=40$m 的排水孔，则可以把基本疏干滑坡体内地下水的时间分别缩短为9d和8d。因此，在实际工程中为了提高水平排水孔的导水性能，可以适当地加长水平排水孔的长度。

2) 水平排水孔孔径的影响

分别取排水孔孔径 $d=50$mm、100mm 和 200mm 进行分析,排水孔孔长为 30m,排水孔的渗透系数为 500m/d,并在分析过程中保持不变,计算结果见表 5-14。排水孔孔径 $d=100$mm 的计算结果见表 5-13b)。

取不同水平排水孔孔径的计算结果　　　　　　　　　　表 5-14

a) $d=50$mm

计算天数 t (d)	0	1	2	3	4	5	6	7
节点最大流速 v_{max} (m/d)	342.11	268.50	178.82	106.82	56.29	26.02	6.13	1.04
计算天数 t (d)	8	9	10	11	12	13	14	15
节点最大流速 v_{max} (m/d)	0.26	0.03	<0.01	<0.01	<0.01	<0.01	<0.01	<0.01

b) $d=200$mm

计算天数 t (d)	0	1	2	3	4	5	6	7
节点最大流速 v_{max} (m/d)	353.70	271.48	180.01	108.03	56.81	25.94	6.02	1.03
计算天数 t (d)	8	9	10	11	12	13	14	15
节点最大流速 v_{max} (m/d)	0.25	0.02	<0.01	<0.01	<0.01	<0.01	<0.01	<0.01

从表 5-14 中的数据可以看出,相对于水平排水孔孔长对其导水性能的影响,水平排水孔孔径的影响要小得多,孔径 $d=50$mm、100mm 和 200mm 时所对应的孔内节点的最大流速基本没有什么变化。因此,如果想通过增大水平排水孔孔径的方法来增强其导水性能,不但达不到预期效果,反而会由于孔径的增大使施工的难度增大。

参 考 文 献

[1] 郑颖人,陈祖煜,王恭先,等. 边坡与滑坡工程治理 [M]. 北京:人民交通出版社,2010.

[2] 王恭先. 滑坡防治 [M]. 北京:中国铁道出版社,1977.

[3] 钟立勋. 意大利瓦依昂水库滑坡事件的启示 [J]. 中国地质灾害与防治学报,1994,5 (2):77-84.

[4] 殷跃平. 三峡库区重大地质灾害及防治研究进展 [J]. 岩土工程界,2004,8 (7):20-26.

[5] 王连新,马建宏,边智华,等. 水库滑坡与防治技术 [M]. 北京:长江出版社,2005.

[6] Spencer E. A Method of Analysis of the Stability of Embankments Assuming Parallel Inter Slice Forces [J]. Geotechnique,1967,17 (1),11-26.

[7] 毛昶熙,陈平,李祖贻,等. 渗流作用下的坝坡有限元分析稳定 [J]. 岩土工程学报,1982,4 (3):88-106.

[8] 毛昶熙,李吉庆,段祥宝. 渗流作用下土坡圆弧滑动有限元计算 [J]. 岩土工程学报,2001,23 (6):746-752.

[9] 陈愈炯,陈祖煜,许家海,等. 关于"渗流作用下的坝坡有限元分析稳定"一文讨论

[J]. 岩土工程学报, 1983, 5 (5): 135-141.

[10] 毛昶熙, 陈平, 李祖贻, 等. 关于"渗流作用下的坝坡有限元分析稳定"一文终结讨论 [J]. 岩土工程学报, 1984, 6 (5): 99-100.

[11] 郑颖人, 时卫民, 孔位学. 库水位下降时渗透力及地下水浸润线的计算 [J]. 岩石力学与工程学报, 2004, 23 (18): 3203-3210.

[12] 陈立宏, 李广信. 关于"渗流作用下土坡圆弧滑动有限元计算"的讨论之二 [J]. 岩土工程学报, 1984, 24 (3): 396-397.

[13] 吴梦喜, 王建峰, 苏爱军. 三峡库区寨坝变形体的渗流变形有限元耦合分析 [J]. 岩土工程学报, 2003, 25 (4): 445-448.

[14] 柴军瑞, 李守义. 三峡库区泄滩滑坡渗流场与应力场耦合分析 [J]. 岩石力学与工程学报, 2004, 23 (8): 1280-1284.

[15] Desai C S. Seepage Analysis of Earth Banks under Drawdown, Journal of the Soil Mechanics and Foundations Division [J]. ASCE, 1972, 98 (SM11): 1143-1162.

[16] Desai C S. Drawdown Analysis of Slopes by Numerical Method [J]. Journal of the Geotechnical Engineering, 1977, 103 (GT7): 667-676.

[17] Griffiths D V, Lane P A. Slope Stability Analysis by Finite Elements [J]. Geotechnique, 1999, 49 (3): 387-403.

[18] Griffiths D V, Lane P A. Assessment of Stability of Slope under Drawdown Conditions [J]. Journal of Geotechnical and Geoenvironmental Engineering, 2000, 126 (5): 443-450.

[19] 唐晓松, 郑颖人, 林成功. 水位下降过程中超孔隙水压力对边坡稳定性的影响 [J]. 水利水运学报, 2007, 111 (1): 1-6.

[20] 唐晓松, 郑颖人. 应用PLAXIS有限元程序进行渗流作用下的边坡稳定性分析 [J]. 长江科学院院报, 2006, 23 (4): 13-16.

[21] 郑颖人, 唐晓松. 库水作用下的边（滑）坡稳定性分析 [J]. 岩土工程学报, 2007, 27 (8): 1115-1121.

[22] 刘新喜. 库水位下降对滑坡稳定性的影响及工程应用研究 [D]. 武汉: 中国地质大学, 2003.

[23] 时卫民. 三峡库区滑坡与边坡稳定性实用分析方法研究 [D]. 重庆: 中国人民解放军后勤工程学院, 2004.

[24] 时卫民, 郑颖人. 库水位下降情况下滑坡的稳定性分析 [J]. 水利学报, 2004 (3): 76-80.

[25] 章普标, 唐晓武. 超长距离水平排水滤管在高速公路边坡滑坡处治中的应用 [J]. 公路, 2006 (1): 80-85.

[26] 朱岳明, 陈振雷. 改进排水子结构法求解地下厂房洞室群区的复杂渗流场 [J]. 水利学报, 1996 (9): 79-85.

[27] 朱岳明, 张燎军. 排水孔穿过自由面时渗流场的改进排水子结构法求解 [J]. 岩土工程学报, 1997 (2): 69-76.

[28] 詹美礼, 速宝玉, 刘俊勇. 渗流控制分析中密集排水孔模拟的新方法 [J]. 水力发电, 2000 (4): 23-25.

［29］王恩志，王洪涛，邓旭东．"以管代孔"——排水孔模拟方法探讨［J］．岩石力学与工程学报，2001，20（3）：346-349．

［30］王恩志，王洪涛，王彗明．"以缝代井列"——排水孔幕模拟方法探讨［J］．岩石力学与工程学报，2002，21（1）：98-101．

［31］胡静．空气单元法模拟渗流场分析中的排水孔［J］．水力发电，2005，31（12）：34-36．

［32］胡静，陈胜宏．渗流分析中排水孔模拟的空气单元法［J］．岩土力学，2003，4（2）：281-283．

［33］唐晓松，郑颖人，刘亮．水平排水孔在岸坡治理工程中的应用［J］．重庆大学学报，2010（4）：80-87．

第6章 有限元强度折减法在抗滑桩设计中的应用

6.1 概 述

抗滑桩由于具有抗滑能力强，施工安全简便，桩位灵活，工程量小，投资相对较少，适用范围广，不易恶化滑坡状态且能有效核实地质条件，并及时调整设计方案等优点，因此在滑坡治理工程中得到了广泛应用。从20世纪六七十年代开始，抗滑桩在我国最早应用于铁路滑坡的治理中。目前，抗滑桩已经被广泛地应用于各种滑坡灾害的治理工程中。

常用的抗滑桩的基本形式如图 6-1 所示。其中，a) 和 b) 是使用较多的全长式桩和悬臂桩；c) 为埋入式桩，即指桩顶在地面以下有一定埋深的抗滑桩，其截面形式和抗滑作用原理与普通抗滑桩并无不同，由于桩可以不做到地面，因此可大幅减少圬工量；d) 是承台式桩，为使两排桩协调受力和变形，在桩头用承台联结，这样可使桩间土体与桩共同受力；e)、f) 和 g) 实际上都是刚架桩，能有效地发挥两桩的共同作用，从而减少桩的埋深和圬工量，节省造价。刚架桩的施工稍为麻烦，尤其是排架桩中部横梁的施工十分不便，因此工程

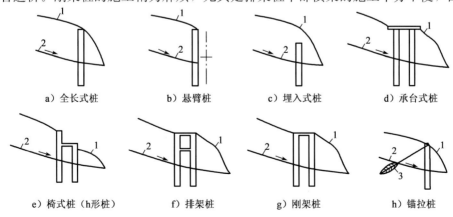

图 6-1 常用抗滑桩的基本形式
1-滑体；2-滑动面

应用不多；h) 为锚拉桩，即在桩头或桩的上部施加若干束锚索，并锚固于滑动面以下的稳定地层中，施加的锚索相当于在桩上增加了一个或多个横向支点和抗力，减小了桩的弯矩和剪力，从而减小桩身的截面和埋深。

采用传统极限平衡法进行抗滑桩的设计计算，只能计算得到桩上的最小推力，其他一些有用的设计参数都无法计算。如：

(1) 不能计算桩前抗力。要么设桩前抗力为零，使设计偏于保守；要么设桩前抗力为桩前剩余抗滑力，认为桩的刚度与土体一样，而使设计偏于不安全。

(2) 不能得到桩后推力与桩前抗力的分布规律，而要进行人为假设，如假设为梯形、矩形、三角形等。

(3) 不能进行合理桩长的设计。目前大都规定桩长需要通过滑面，并延伸到地面，现在人们认识到这并非必要，而且桩即使伸到地面，也有可能出现越顶现象，而失去安全。采用埋入式抗滑桩可大幅节省费用，而且保障安全。

(4) 只能计算全长式抗滑桩的推力，而不能计算埋入式抗滑桩的桩后推力与桩前抗力。

(5) 由于桩上的推力分布与抗力分布都是人为假设的，因而不能做到锚拉桩、斜撑桩等真正的优化。

(6) 无法对多排抗滑桩、桩间距进行合理的设计计算。

有限元法与有限元强度折减法由于能充分考虑桩—土之间的共同作用，因此不仅能妥善解决上述计算问题，还能直接算出桩的内力，是一种可靠、合理、方便的计算方法。该方法既能使设计安全、可靠，又能大幅度降低工程费用，还能合理解决多排抗滑桩与桩间距的设计与优化等问题。

6.2 边（滑）坡推力与桩前抗力的计算方法

6.2.1 传统计算方法

边（滑）坡推力的计算一般采用传统的极限平衡法，即条分法。目前，国内较多使用不平衡推力法（或称传递系数法）计算滑坡推力。这种方法在考虑桩前抗力时，只能求解两种极端情况下的桩前抗力：一种是把抗滑桩视为无限刚性，桩无变形，此时桩前抗力为零；另一种则认为抗滑桩的刚度与土体一样，可任意变形，此时抗力为桩前剩余抗滑力。上述两种情况显然都不符合实际，而有限元法能较好地解决这一问题。

采用不平衡推力法计算滑坡推力时，通常将滑坡范围内滑动方向和滑动速度大体一致的一部分滑体视为一个刚体计算单元，并在其中选择一个或几个顺滑坡主轴方向的地质纵断面为代表，再按滑动面坡度和地层性质的不同，把整个断面上的滑体适当地划分成若干竖直条块，由后向前依次计算各块界面上的剩余下滑力，即是该部位的滑坡推力。

滑坡推力与抗力的计算步骤：首先，根据试验和调查资料，拟定各条块滑动面的 c、φ 值，或整个滑面的综合 c、φ 值，按公式依次计算各块的剩余下滑力，并要求滑坡剪出口的剩余下滑力等于或趋近于 0；否则，调整 c、φ 值直至剪出口的剩余下滑力等于或趋近于 0，此时推力曲线如图 6-2 中的 a 曲线所示。其次，根据建筑物的重要等级取一个安全系数 K

值，将极限状态对应的 $\tan\varphi$、c 值分别除以 K，再按公式依次计算各块的剩余下滑力，此时推力曲线如图 6-2 中的 b 曲线所示。由图 6-2 就可以确定滑坡推力的大小。如果以设桩断面处的剩余下滑力，即曲线 b 中的剩余下滑力 E_4 作为设计推力，它就没有考虑桩前土体的抗力；如果取滑坡前缘剪出口处的剩余下滑力，即曲线 b 中的最终剩余下滑力 E_5 作为设计推力，它就考虑了桩前土体剩余下滑力引起的抗力，即桩前土体的抗力 $F_{抗}=E_4-E_5$。也就是说，抗滑桩上实际所受的推力，只是剪出口的剩余下滑力。显然，这里是假定桩可有任意大的变形，从而使桩前土体的剩余抗滑力完全发挥作用。而实际上，抗滑桩的变形取决于桩的刚度，刚度很大的抗滑桩其变形受到制约，所以真实的桩前抗力会小于上述计算方法得出的抗力，从而使计算结果偏于不安全。因此，上述方法也是一种不可靠的近似方法。

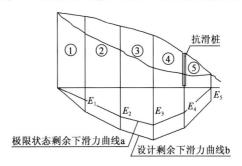

图 6-2 不平衡推力法计算简图

目前在传统的设计计算方法中，还有些设计部门与规范不考虑桩前抗力。当设桩位置远离剪出口时，这样会忽略桩前可观的抗力，而使设计过于保守；反之，有些部门与规范，按上述方法计算滑坡推力与桩前抗力，不考虑桩的实际变形对桩前抗力的影响，这样会导致设计不安全。

6.2.2 有限元法与有限元强度折减法

采用有限元法计算桩后推力与桩前抗力，能充分考虑桩—土之间的共同作用。其分析步骤通常是先采用有限元强度折减法对抗滑桩支挡后滑坡体的稳定性进行分析，确保支挡后滑坡体的稳定性达到设计安全系数的要求；然后，采用有限元法计算桩上的桩后推力与桩前抗力，并由此进行抗滑桩的截面尺寸等构造设计。

计算时岩土材料本构模型采用理想弹塑性模型，抗滑桩按照线弹性材料处理。抗滑桩可以分别采用实体单元与梁单元模拟。采用实体单元法可以直接计算得到桩后推力与桩前抗力，并且能够直观地反映抗滑桩截面尺寸的影响；采用梁单元法虽然无法直接计算得到桩后推力与桩前抗力，但是可以直接得到抗滑桩轴线上的设计推力（桩后推力与桩前抗力的差值）。

边界范围的大小对有限元法计算结果的影响较大。一般情况下，当坡顶到左端边界的距离为坡高的 2.5 倍，坡脚到右端边界的距离为坡高的 1.5 倍，且上下边界的距离不低于坡高的 2 倍时，计算精度较为理想。

屈服准则采用莫尔—库仑准则或 D-P 准则。由于商业软件 ANSYS 提供的适合岩土类材料的屈服准则为 DP1 准则，其计算结果偏大，因此对于平面应变条件下的强度问题，可采用平面应变相匹配的 DP4 或 DP5 屈服准则。不同准则之间相互转化和换算的方法详见第 2 章的相关内容。

滑坡推力具体计算方法：利用 ANSYS 软件提供的路径分析功能，当抗滑桩采用实体单元 PLANE2 模拟时，在桩后和桩前沿抗滑桩，从滑面和抗滑桩的交点到桩顶分别设置路径，并将水平应力映射到路径上；然后，沿路径对水平应力进行积分，就可以分别得到桩后推力与桩前抗力。当抗滑桩采用梁单元 BEAM3 模拟时，由于抗滑桩简化为一条直线，无法分别在桩后和桩前设置路径，因此需要按桩前无土和有土两种情况进行计算（详见本章算例）。

当桩前无土时，计算得到的力即为桩后推力；当桩前有土时，计算得到的力则是实际推力，即设计推力，其大小等于桩后推力和桩前抗力之差。

6.2.3　有限元法与传统极限分析法计算抗滑桩推力的区别

传统的滑坡推力计算方法（包括土力学中支挡结构侧向压力的计算方法），都是基于极限分析理论提出的，即认为土体处于极限状态，滑裂面上的抗滑力已充分发挥，这时作用在支挡结构上的推力最小，为主动土压力。通常设计中大都以主动土压力作为支挡结构上的设计荷载，但达到极限状态需要支挡结构有充分的位移，有些情况下支挡结构的位移受到限制，此时一般以静止土压力与主动土压力之间的某一压力作为设计荷载，这一压力大于主动土压力。由此可以看出，传统计算方法采用极限分析法，因此算出的支挡结构上的推力为主动土压力，且无法算出支挡结构位移受限时的推力，也不能算出作用在支挡结构上的抗力，更无法得出推力与抗力的分布规律，因此传统计算方法具有一定的局限性。随着有限元等数值方法的兴起，尤其是有限元强度折减法等新方法在边（滑）坡工程中的广泛应用，应用数值方法计算支挡结构上的滑坡推力引起人们的关注。这种现代算法究竟有何好处？与传统算法有何不同？这正是本节所要回答的问题。

传统计算方法与现代计算方法的不同，首先在于两者的计算理念不同，前者基于极限分析，算出的推力是主动土压力；而后者是基于土体与支挡结构的共同作用，只要土体有变形就会对支挡结构形成压力，即使土体是稳定的，处于弹性状态，也会对支挡结构造成压力，这种压力是弹性形变压力，而按传统方法计算此时的压力则为零。岩土体随着支挡结构的位移土压力逐渐变化，当支挡结构为刚性时，此时的压力即为静止土压力。随着支挡结构位移的增大，压力逐渐减小，直到位移达到某一数值，土体的抗滑力全部发挥，土体处于极限状态，这时的土压力转化为主动土压力。静止土压力最大，主动土压力最小。当支挡结构允许有足够位移时，与传统算法一样，有限元强度折减法算出的推力也是主动土压力；反之，算出的推力要大于主动土压力。此外，采用有限元强度折减法还能算出支挡结构上的抗力、推力及其各自的分布规律；同时，还能计算抗滑桩的合理桩长，以及有支护情况下边（滑）坡的安全系数等。不过，对于支挡结构的设计，通常希望滑坡推力越小越好，这就要求合理地设计抗滑桩，并选取符合实际的岩土体参数。依据以往的设计经验，只要参数和安全系数取值合理、计算正确，一般情况下采用有限元强度折减法算出的滑坡推力可与传统方法相当，因而在采用有限元法进行设计计算时可采用传统方法进行验证。

6.2.4　有限元强度折减法与传统方法计算滑坡推力的比较与分析

鉴于有限元强度折减法与传统方法这两种算法在计算滑坡推力时存在一定的差异，因此有必要研究两种算法在何种情况下算出的推力相同，又在什么情况下不同。推力计算结果的不同主要是由于支挡结构位移的不同引起的，而位移又与支挡结构的刚度（包括桩的厚度与弹性模量）、滑带的强度（它与采用的设计安全系数有关）以及滑体与滑带的弹性模量大小有关。下面将通过三个算例，说明这两种方法算出的推力在何种情况下相同，在何种情况下不同，并分析其原因。

1）滑带强度参数对两种推力计算方法的影响

算例6-1： 计算模型如图6-3所示。桩采用实体单元，桩与土体的接触采用共节点但材料性质不同的连续介质单元模型。这种模型可以较为真实地反映抗滑桩截面尺寸的影响。当按平面应变问题计算时,模型纵向的计算长度只有1m;也就是说,不论桩的截面宽度是多少,在程序计算时都是按1m计算的。这就改变了抗滑桩的惯性矩,也改变了抗滑桩的刚度,进而对抗滑桩的变形产生影响。因此在实际操作过程中,当桩的惯性矩I发生变化时,可以通过改变桩的弹性模量E,从而使抗滑桩的刚度EI保持不变,这样就能使桩的变形不受影响。本算例中,桩的宽度取1m,按照平面应变问题建立模型,抗滑桩截面尺寸为$3.6m \times 1m$,桩长38m,桩埋深13m,计算参数见表6-1。

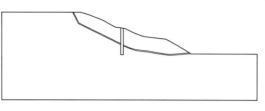

图6-3 算例6-1计算模型

计 算 参 数   表6-1

材料	重度（kN/m³）	弹性模量（MPa）	泊松比	黏聚力（kPa）	内摩擦角（°）
滑体	22	10	0.35	28	20
滑带	22	10	0.35	20	17
基岩	26.16	8.18×10^3	0.28	5 000	39
桩	25	3×10^4	0.2	按线弹性材料处理	

对滑带的强度参数按不同的折减系数（即设计要求的安全系数）进行折减,采用有限元强度折减法计算不同折减系数条件下的桩后推力,并用理正、Geo-slope软件程序按传统方法进行计算,不同方法算出的桩后推力及其比较见表6-2与表6-3。

不同方法计算得到的桩后推力（kN）   表6-2

折 减 系 数	1	1.05	1.1	1.15	1.2	1.25
有限元强度折减法	4 356	4 528	4 743	4 995	5 259	5 543
Spencer法	3 600	4 050	4 500	4 900	5 300	5 650
不平衡推力法（采用强度储备安全系数）	3 397	3 838	4 256	4 628	4 973	5 292

不同方法计算结果的比较   表6-3

折 减 系 数	1	1.05	1.1	1.15	1.2	1.25
不平衡推力法（采用强度储备安全系数）与有限元强度折减法	22%	15%	10%	7.3%	4.8%	4.5%
Spencer法与有限元强度折减法	17%	10.5%	5%	1.9%	1.3%	1.9%

注:本表数据由表6-2计算所得,如22%=(4 356-3 397)/4 356。

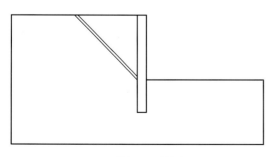

图6-4 算例6-2计算模型

算例6-2:计算模型如图6-4所示,计算参数见表6-4。抗滑桩截面尺寸为$3m \times 1m$,坡高20m,桩长30m,桩埋深10m。采用不同方法计算得到不同折减系数条件下的桩后推力,见表6-5与表6-6。

由表6-5和表6-6中的计算结果可以看出,当折减系数大于或等于1.15时,由于滑带的强度较低,土体达到了极限状态,所以有限元强度折减法和传统方法两种方法的计算结果基本一致；当折减系数小于 1.15 时，由于滑带的强度相对较高，再加上抗滑桩的限制，土体的变形较小，没有达到极限状态，因此抗滑力没有充分发挥，所以有限元强度折减法与传统方法两种方法的计算结果产生了一定的差异，且两种方法计算结果之间的误差随折减系数的减小逐渐增大。由此可以看出，当采用有限元法计算时，滑带的强度对推力的计算结果是有影响的。考虑到一般情况下抗滑桩的设计安全系数在 1.15~1.30 之间，因此大多数情况下抗滑桩可以达到或接近极限状态。

计 算 参 数　　　　　　　　　　　　　　　　　表 6-4

材料	重度（kN/m³）	弹性模量（MPa）	泊松比	黏聚力（kPa）	内摩擦角（°）
滑体	21	50	0.4	20	30
滑带	21	5	0.4	5	23
基岩	27	1×10³	0.2	1 800	37
桩	25	3×10⁴	0.2	按线弹性材料处理	

不同方法计算得到的桩后推力（kN）　　　　　　　　　表 6-5

折减系数	1	1.05	1.1	1.15	1.2	1.25
不平衡推力法（采用强度储备安全系数）	1 408	1 468	1 523	1 574	1 620	1 662
Spencer 法	1 410	1 490	1 570	1 630	1 700	1 760
有限元强度折减法	1 479	1 513	1 550	1 581	1 615	1 648

不同方法计算结果的比较　　　　　　　　　　　　　表 6-6

折减系数	1	1.05	1.1	1.15	1.2	1.25
不平衡推力法（采用强度储备安全系数）与有限元强度折减法	4.8%	3.0%	1.7%	0.4%	0.3%	1%
Spencer 法与有限元强度折减法	4.6%	1.5%	1.3%	3%	5%	6.4%

2）桩截面尺寸对推力计算结果的影响

对算例 6-1 的桩采用不同的截面高度分别按有限元强度折减法和传统方法进行计算，计算结果及其对比分析见表 6-7 与表 6-8。

不同截面高度情况下的桩后推力（kN）　　　　　　　表 6-7

折减系数		1	1.05	1.1	1.15	1.2
不同截面高度	3m	4 197	4 428	4 651	5 073	5 270
	3.6m	4 356	4 528	4 743	4 995	5 259
	5m	4 350	4 560	4 736	4 979	5 348
Spencer 法		3 600	4 050	4 500	4 900	5 300

不同桩截面高度情况下滑坡推力计算结果的比较　　　　表 6-8

折减系数	1	1.05	1.1	1.15	1.2
截面高度 3m 与 3.6m	3.6%	2.2%	1.9%	1.5%	0.2%
截面高度 3m 与 5m	3.5%	2.9%	1.8%	1.9%	1.5%
截面高度 3.6m 与 5m	0.1%	0.7%	0.1%	0.3%	1.7%

由表 6-7 和表 6-8 看出，桩截面高度的变化对滑坡推力的影响不大。当设计安全系数较大时，桩截面高度的变化对推力基本没影响；当设计安全系数较小时，桩截面高度的变化对推力的影响也不大。同时可以看出，当折减系数较小时，桩截面高度较小的抗滑桩其刚度相对较小，此时岩土体允许发生一定的变形，因此，桩截面高度较小的桩所承受的桩后推力小于桩截面高度较大的桩所承受的桩后推力；当折减系数增大到一定程度时，不同截面高度的抗滑桩所承受的桩后推力基本相等。

3）桩体弹性模量对两种推力计算方法的影响

对算例 6-1 的桩采用不同的弹性模量分别按有限元强度折减法和传统方法进行计算，计算结果及其对比分析见表 6-9 与表 6-10。

不同桩体弹性模量情况下的桩后推力（kN） 表 6-9

折减系数	1	1.05	1.1	1.15	1.2
桩体弹性模量 3×10^3 MPa	3 692	4 279	4 440	4 817	5 157
桩体弹性模量 3×10^4 MPa	4 356	4 528	4 743	4 995	5 259
桩体弹性模量 3×10^5 MPa	4 726	4 941	5 098	5 390	5 747
Spencer 法	3 600	4 050	4 500	4 900	5 300

不同桩体弹性模量情况下桩后推力计算结果的比较 表 6-10

折减系数	1	1.05	1.1	1.15	1.2
桩体弹性模量 3×10^3 MPa 与 3×10^4 MPa	15%	5%	6%	3%	2%
桩体弹性模量 3×10^3 MPa 与 3×10^5 MPa	22%	13%	13%	10%	10%
桩体弹性模量 3×10^4 MPa 与 3×10^5 MPa	8%	8%	7%	7%	8%

由表 6-9 和表 6-10 可以看出，在相同折减系数条件下，桩体弹性模量为 3×10^3 MPa 时，其计算得到的桩后推力小于采用真实弹性模量 3×10^4 MPa 计算得到的桩后推力。桩后推力随着桩体弹性模量的增大而增大。

4）滑体弹性模量对两种推力计算方法的影响

对算例 6-1 的滑体采用不同的弹性模量分别按有限元强度折减法和传统方法进行计算，计算结果及其对比分析见表 6-11 与表 6-12。

不同滑体弹性模量下的桩后推力（kN） 表 6-11

折减系数	1	1.05	1.1	1.15	1.2
滑体弹性模量 10MPa	4 356	4 528	4 743	4 995	5 259
滑体弹性模量 50MPa	5 100	5 267	5 519	5 723	5 970
滑体弹性模量 100MPa	5 443	5 656	5 827	6 031	6 225
Spencer 法	3 600	4 050	4 500	4 900	5 300

不同滑体弹性模量情况下桩后推力计算结果的比较 表 6-12

折减系数	1	1.05	1.1	1.15	1.2
滑体弹性模量 10MPa 与 50MPa	14.6%	14%	14%	12.7%	11.9%
滑体弹性模量 10MPa 与 100MPa	20%	20%	18.6%	17%	15.5%
滑体弹性模量 50MPa 与 100MPa	6.3%	6.9%	5.3%	5.1%	4.1%

由表 6-11 和表 6-12 可以看出，滑体弹性模量的取值对桩后推力的计算结果影响较大。相同折减系数下，桩后推力随着滑体弹性模量的增大而增大，这与传统方法的计算结果存在很大的差异。传统方法计算得到的桩后推力与滑体的弹性模量无关，因此滑体弹性模量的选用应尽量符合工程实际。

5）滑带弹性模量对两种推力计算方法的影响

通过算例 6-3 就滑带弹性模量对推力计算结果的影响进行分析。

算例 6-3：计算模型如图 6-5 所示，物理力学参数见表 6-13，计算结果见表 6-14。

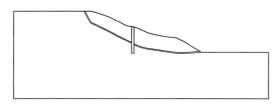

图 6-5　算例 6-3 计算模型

计 算 参 数　　　　　　　　　　　　表 6-13

材料	重度（kN/m³）	弹性模量（MPa）	泊松比	黏聚力（kPa）	内摩擦角（°）
滑体	22	10	0.35	28 000	20
滑带	22	变化量	0.35	10 000	10
基岩	26.16	8.18×10^3	0.28	5×10^6	39
桩	25	3×10^4	0.2	按线弹性材料处理	

不同滑带弹性模量情况下的桩后推力（kN）　　　　表 6-14

折减系数	1	1.05	1.1	1.15	1.2
滑带弹性模量 1MPa	8 355	8 651	8 883	9 091	9 388
滑带弹性模量 5MPa	7 875	8 085	8 290	8 350	8 854
滑带弹性模量 10MPa	6 652	7 176	7 577	8 288	8 586
Spencer 法	8 200	8 500	8 700	9 000	9 250

从算例 6-3 的计算结果可以看出，当滑带的弹性模量不同时，桩后推力的计算结果也不一样。同一折减系数条件下，有限元法计算得到的桩后推力随滑带弹性模量的增大逐渐减小，而传统计算方法则无法考虑滑带弹性模量对桩后推力的影响。

6.2.5　有限元法计算滑坡推力与抗力的工程实例

计算采用的模型为重庆市奉节县分界梁隧道出口处滑坡 I-I 断面，如图 6-6 所示。抗滑桩的截面尺寸为 2.4m×3.6m，计算参数见表 6-15。

计算抗滑桩上的桩后推力与桩前抗力时，分别采用实体单元和梁单元模拟抗滑桩。当采用实体单元模拟抗滑桩时，有限元模型如图 6-7 所示。桩与土体的接触采用共节点而材料性质不同的连续介质模型。这种模型可以较为真实地反映抗滑桩的截面尺寸的影响、桩的变形与桩前抗力的发挥。当采用梁单元模拟抗滑桩时，可先通过桩前有土的模

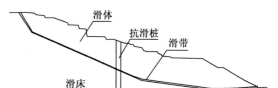

图 6-6　滑坡示意图

型（图 6-8）计算设计推力，再通过桩前无土的模型（图 6-9）计算桩后推力。由于桩后推力等于设计推力和桩前抗力之和，因此桩后推力与设计推力之差即为桩前抗力，计算结果见表 6-16。

计 算 参 数　　　　　　　　　　　　　表 6-15

材料名称	重度（kN/m³）	弹性模量（MPa）	泊松比	黏聚力（kPa）	内摩擦角（°）
滑体土	22	10	0.35	28	20
滑带土	22	10	0.35	20	17
滑床	26.16	8.18×10^3	0.28	1 250	39
抗滑桩	25	3×10^4	0.2	按线弹性材料处理	

不同方法计算得到的滑坡推力与桩前抗力　　　　　　　　　　　　　表 6-16

方　　法	桩后推力（kN）	桩前抗力（kN）	设计推力（kN）
有限元强度折减法（实体单元）	5 390	1 830	3 560
有限元强度折减法（梁单元）	5 350	1 700	3 650
不平衡推力法（隐式解）	5 420	2 580	2 840

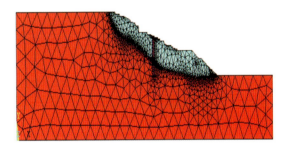

图 6-7　实体单元模拟抗滑桩的有限元模型

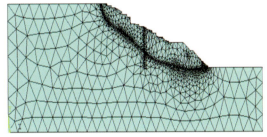

图 6-8　梁单元模拟桩的有限元模型（桩前有土）

由表 6-16 的计算结果可以看出，不论是采用实体单元，还是采用梁单元模拟抗滑桩，计算得到的桩后推力与传统的不平衡推力法算出的推力都很接近。

有限元法计算得到的桩前抗力则比不平衡推力法计算得到的桩前抗力小很多。其原因是桩前抗力的大小取决于抗滑桩的变形量，而不平衡推力法是采用桩前的剩余下滑力作为桩前抗力的，因此使桩前抗力的计算结果偏大。

根据有限元法的计算结果，通过有限元程序后处理的图形显示功能可得到滑面以上桩后推力与桩前抗力的分布形式，如图 6-10 和图 6-11 所示。

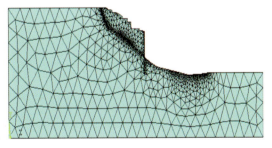

图 6-9　梁单元模拟桩的有限元模型（桩前无土）

从图 6-10 和图 6-11 可以看出，桩后推力的分布大致呈拱形分布，桩前抗力的分布大致呈三角形分布。由于采用有限元法可以得到桩后推力和桩前抗力的分布形式，因此在抗滑桩的设计中就不需要再对推力与抗力的分布形式进行假设了，从而减小了传统计算方法中由于假定推力分布形式所造成的计算误差。

图 6-10 桩后推力的分布

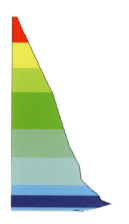

图 6-11 桩前抗力的分布

6.3 有限元强度折减法在埋入式抗滑桩设计计算中的应用

6.3.1 抗滑桩合理桩长的确定

抗滑桩的传统设计通常只注重内力的计算,没有桩长设计的规定,因此既不能保证桩不出现"越顶"破坏,也无法确定到底采用多长的桩才算合理,更无法确定可靠而又经济合理的桩长,这正是目前有关抗滑桩设计的规范中所欠缺的地方。桩长设计的原则是抗滑桩治理工程的稳定性满足工程要求,如果不满足,桩就可能出现"越顶"破坏,即桩虽未被拉断或剪断,但工程就已经失稳了。下面结合工程算例来说明如何进行合理桩长的设计。

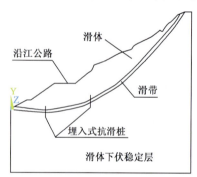

图 6-12 滑坡示意图

算例 6-4:滑坡体为重庆市长江三峡库区巫山新县城玉皇阁崩滑堆积体,其中的一个典型地质剖面如图 6-12 所示,计算参数见表 6-17。

计算参数　　　　　　表 6-17

材料名称	重度 (kN/m³)	弹性模量 (MPa)	泊松比	黏聚力 (kPa)	内摩擦角 (°)
滑体	21.4	30	0.3	34	24.5
滑带	20.9	30	0.3	24	18.1
滑体下伏稳定岩层	23.7	1.7×10^3	0.3	200	30
桩 (C25 混凝土)	24	29×10^3	0.2	按线弹性材料处理	

滑体、滑带和下伏稳定岩层采用实体单元模拟;埋入式抗滑桩采用梁单元进行模拟,其在有限元网格中表现为线单元。抗滑桩可分别设置在公路上方或公路下方,如图 6-12 所示。当桩埋设在公路上方时,抗滑桩的长度分别为 7m、9m、11m、13m、15m、17m、19m、21m、23m 和 25.54m(全长桩);当桩埋设在公路下方时,桩的长度分别为 7m、9m、11m、13m、15m、17m、19m 和 21.22m(全长桩)。采用有限元强度折减法,对不同桩长和桩位

条件下工程的稳定性进行分析。

图 6-13 和图 6-14 分别列出了当抗滑桩设置在公路上方或公路下方时，不同桩长对应的滑面位置。

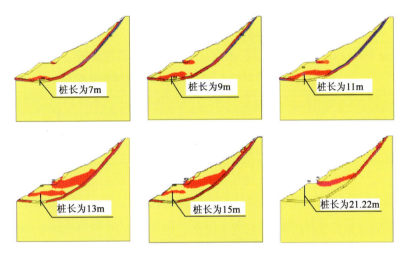

图 6-13　桩位于公路下方时桩长变化与滑动面的位置

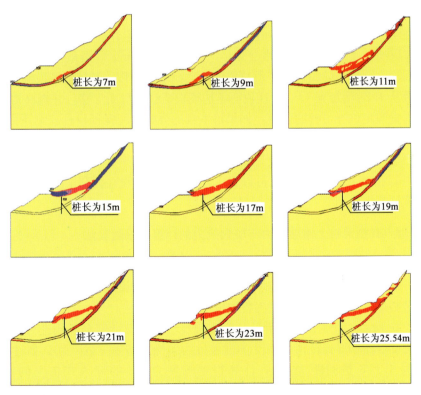

图 6-14　桩位于公路上方时桩长变化与滑动面的位置

由图 6-13 可以看出，当桩位于公路下方，桩的长度为 7～11m 时，滑面通过桩顶沿原剪出口滑出。当桩长为 13m 时，滑坡体出现两处滑动面：一处是沿桩顶滑出，同时形成新的剪出口；另一处是沿公路内侧塑性区贯通至主滑面的次生滑面。当桩长为 15m 时，只有上述次生滑面，且滑动面位置与桩长为 13m 时相同。当桩的长度继续增大直至坡面时，滑面的位置不发生明显变化，其位置与桩长为13m时滑面的位置大致相同。

由图6-14可以看出，当桩位于公路上方时，如果桩长为7m、9m，滑面通过桩顶并经原剪出口滑出；当桩长为11m时，形成次生滑动面。桩长增长为15m、17m时，次生滑面的位置相同，都是沿公路内侧坡脚处滑出；当桩长大于17m时，随着桩长的增大，滑面的位置逐渐上移，剪出口位置也不断上移，沿桩顶滑出。

表6-18和表6-19列出了不同桩位在不同桩长情况下的滑坡体的安全系数。

桩位于公路下方时桩长与边坡安全系数之间的关系　　　　表6-18

桩长（m）	0.00	7.00	9.00	11.00	13.00	15.00	21.22
安全系数	1.02	1.13	1.15	1.19	1.19	1.19	1.19

桩位于公路上方时桩长与边坡安全系数之间的关系　　　　表6-19

桩长（m）	0.00	7.00	9.00	11.00	13.00	15.00	17.00	19.00	21.00	23.00	25.54
安全系数	1.02	1.14	1.17	1.19	1.19	1.19	1.19	1.23	1.25	1.29	1.34

假设埋入式抗滑桩有足够的强度，那么滑坡体的稳定安全系数将随桩长的变化发生变化。当桩长变短时，相应的稳定安全系数减小。当桩位于公路下方（表6-18），桩的长度为7m、9m和11m时，滑坡体的安全系数从1.13增加到1.19，这说明增加桩长可以增加滑坡体的稳定安全系数；继续增加桩长（桩长为13m、15m和21.22m），滑坡体的稳定安全系数仍然保持在1.19，表明此时增加桩长对提高滑坡体的稳定性已没有明显作用了。同样从表6-19也可以看出，当桩埋设在公路上方时，桩长低于17m时，滑坡体的稳定安全系数随桩长的增加而增大；桩长继续加长，滑坡体的滑动面明显上移，滑体沿桩顶滑出，此时滑坡体的安全系数从1.23增加到1.34，这说明增加桩长能够使滑面上移，并提高滑坡体的稳定性，但其前提是假定桩有足够的强度，如果桩本身的强度只能保证设计安全系数达到1.15，那么超过这一安全系数的桩长都是没有意义的。可见，采用合理桩长设计抗滑桩才是最经济合理的。按照这一原则，可以根据设计要求的安全系数来确定合理桩长。如本工程中设计安全系数为1.15，由表6-18和表6-19可以看出，无论桩是埋设在公路下方，还是埋设在公路上方，其合理桩长均为9m。

6.3.2 埋入式抗滑桩上滑坡推力与桩前抗力的计算与模型验证

合理桩长确定以后，对于抗滑桩桩顶高程低于滑坡体表面一定深度的桩，通常称之为埋入式抗滑桩。目前设计时常人为假定埋入式抗滑桩承担和全长式抗滑桩一样的桩后推力与桩前抗力，这显然是保守的做法，会对工程造成浪费。

对于图6-12所示工程实例，将滑坡体岩土强度参数按设计安全系数进行折减，用有限元强度折减法可以计算得到抗滑桩所受的滑坡推力，计算结果见表6-20。如计算规定设计的安全系数为1.15，桩间距为4m，计算得到长度为9m的埋入式桩上的滑坡推力为11 405kN，并非对应的全长式抗滑桩上的滑坡推力，只为全长式抗滑桩上滑坡推力的70.9%。这说明桩顶以上的土体可以承担一部分的滑坡推力。当桩长为15m时，埋入式抗滑桩上的滑坡推力接近于全长桩上的滑坡推力；当桩长为19m时，埋入式抗滑桩上的滑坡推力与全长桩上的滑坡推力相等。这说明在同一安全系数条件下，桩长变短，桩身抗滑段所受的滑坡推力比全长桩上的滑坡推力小，这也证明了当前一些计算方法中假定埋入式抗滑桩承担和全长式抗滑桩一样的滑坡推力是错误的。

安全系数为 1.15 时滑坡推力的计算结果（kN）　　　　　表 6-20

项　　目	全长桩	9m 桩	15m 桩	19m 桩
抗滑段滑坡推力	16 085	11 405	15 237	16 167
滑坡推力比例	—	70.9%	83.4%	100.5%

为了进一步验证有限元强度折减法计算滑坡推力的准确性，采用埋入式抗滑桩大型物理模型试验进行了验证。图 6-15 为物理模型试验的模型和边界条件的约束情况。试验主要监测和分析了滑体坡面的位移、埋入式抗滑桩的桩顶位移以及桩身与滑体中不同位置的土压力情况，并可据此得到桩顶土体所受的压力、桩后的推力以及桩前的抗力。分别按桩身长度为 1.2m、1.5m、1.8m 与 2.2m（全长桩）进行试验。试验结果表明：

（1）抗滑桩的桩后推力随桩长的增加而增大，桩顶土的推力随桩长的缩短而增大，桩顶土的推力与滑坡推力之比也随桩长缩短而增大。由此可见，埋入式抗滑桩所承受的推力应该小于全长桩所承受的推力，因为它将一部分推力转嫁到了桩顶的滑体土上。

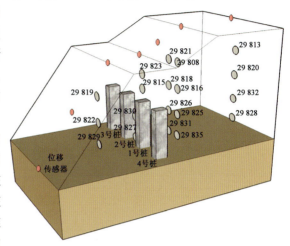

图 6-15　试验模型示意图

（2）埋入式抗滑桩长度短，桩后推力沿桩的高度方向分布比较均匀。当桩长为 2.2m、1.8m 时，桩后推力呈梯形分布，桩顶土承担的滑坡推力较小；当桩长为 1.5m、1.2m 时，桩后推力近似为矩形分布，桩顶土承担的滑坡推力增大。

对上述埋入式抗滑桩的模型试验进行二维与三维的有限元数值分析，模型如图 6-16 和图 6-17 所示。模型试验与数值分析都采用了逐级加载的方式。图 6-18 和图 6-19 分别为数值分析得到的全长桩和 1.2m 桩长的埋入式抗滑桩上桩后推力的分布。表 6-21 列出了桩长为 1.5m 时三维数值分析的结果与对应的试验结果。从表中数据的对比可以看出，当加载完成后，计算得到的桩后推力和桩顶滑体土承担的滑坡推力与模型试验得到的结果比较相近，从而证明了采用有限元法计算作用在埋入式抗滑桩上的桩后推力与桩前抗力是准确可行的。

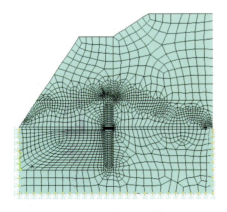

图 6-16　二维有限元模型

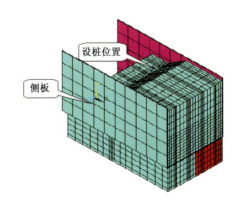

图 6-17　三维有限元模型

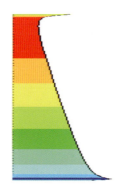

图 6-18 全长桩上桩后推力的分布

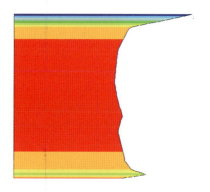

图 6-19 1.2m 埋入式抗滑桩上桩后推力的分布

1.5m 埋入式抗滑桩计算结果和试验结果的对比分析（三维模拟）　　表 6-21

计算加载 (N)	试验加载 (N)	数值计算桩后推力 (N)	试验桩后推力 (N)	数值计算桩顶土推力 (N)	试验桩顶土推力 (N)	计算桩顶土推力比例 (%)	试验桩顶土推力比值 (%)
26 000	31 595	10 650	5 755	5 234	8 185	32.90	58.70
52 000	51 903	23 103	15 390	10 197	10 161	30.60	39.80
78 000	76 364	40 582	29 754	14 335	11 163	26.10	27.30
104 000	105 366	59 021	61 344	17 491	12 677	22.80	17.10
130 000	131 310	83 470	87 376	19 914	14 501	19.30	14.20

6.3.3 抗滑桩桩身内力的计算

有限元法计算抗滑桩的桩身内力时，先按设计安全系数要求将岩土体的强度参数进行折减，然后计算得到抗滑桩的桩身内力（包括剪力、弯矩）。对于图 6-12 所示的工程实例，当埋入式抗滑桩位于公路下方时，其桩身内力与全长桩桩身内力的计算结果见表 6-22。计算结果表明，埋入式桩的桩身内力比全长桩的桩身内力更为合理；埋入式桩锚固段的最大剪力明显比全长桩锚固段的最大剪力低，其抗滑段的最大剪力也稍低于全长桩抗滑段的最大剪力；埋入式桩的桩身弯矩比全长桩的桩身弯矩降低很多。当桩长为 9m 时，滑坡安全系数已经达到 1.15，满足稳定性的要求，此时埋入式桩抗滑段的最大剪力为全长桩抗滑段最大剪力的 92.7%，其锚固段的最大剪力为全长桩锚固段最大剪力的 51.9%，其最大弯矩也只有全长桩最大弯矩的 48.8%；当桩长为 11m 时，埋入式抗滑段的最大剪力稍高于全长桩抗滑段的最大剪力，其锚固段的最大剪力是全长桩锚固段最大剪力的 74.2%，其最大弯矩是全长桩最大弯矩的 71.8%。由此可以看出，埋入式桩的桩身内力比全长桩的桩身内力小很多，其稳定性却可以满足工程要求，足见埋入式桩的优越性十分明显。

桩身内力沿桩长的变化情况如图 6-20 和图 6-21 所示。其中，图 6-20 所示为抗滑桩位于公路下方时桩身的剪力、弯矩；图 6-21 所示为抗滑桩位于公路上方时桩身的剪力、弯矩。

由此可以看出，采用有限元强度折减法能较好地进行埋入式抗滑桩的设计计算；同时，采用梁单元法还可以直接计算得到桩身的内力（弯矩和剪力）。

桩身内力的计算结果　　表 6-22

桩长 (m)	抗滑段最大剪力 (N)	锚固段最大剪力 (N)	弯矩 (N·m)	S_{oi} (%)	S_{pi} (%)	M_i (%)
9.00	1.95×10^6	4.92×10^6	1.09×10^7	92.7	51.9	48.8
11.00	2.39×10^6	7.03×10^6	1.61×10^7	105.4	74.2	71.8
13.00	2.36×10^6	8.28×10^6	1.92×10^7	104.3	87.3	86.0
15.00	2.33×10^6	9.04×10^6	2.12×10^7	103.4	95.4	94.7
21.22	2.22×10^6	9.48×10^6	2.24×10^7	100.0	100.0	100.0

注：21.2m桩是全长桩；S_{oi}（%）为埋入式桩与全长桩抗滑段最大剪力的百分比比值；S_{pi}（%）为埋入式桩与全长桩锚固段最大剪力的百分比比值；M_i（%）为埋入式桩与全长桩最大弯矩的百分比比值。

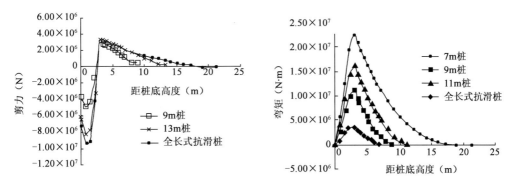

图 6-20　桩身内力（位于公路下方）

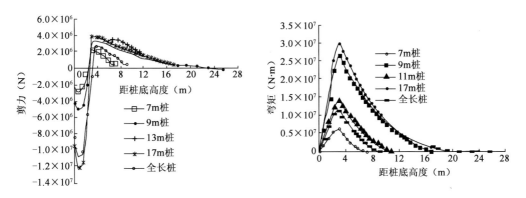

图 6-21　桩身内力（位于公路上方）

6.3.4　埋入式抗滑桩治理工程实例

下面通过一个工程实例说明有限元强度折减法在埋入式抗滑桩确定合理桩长、计算桩后推力和桩前抗力中的应用。计算以重庆市奉节县分界梁隧道出口处滑坡 III-III 断面为例，如图 6-22 所示。计算参数见表 6-23。

首先确定抗滑桩的合理桩长，计算结果见表 6-24。从表中的数据可以看出，当采用 29m 长的埋入式抗滑桩加固后，滑坡体的稳定安全系数达到 1.27，满足设计安全系数 1.25 的要求。因此，确定抗滑桩的合理桩长为 29m，其中滑面以上 16m，以下 13m。与全长式抗滑桩相比，埋入式抗滑桩的桩长缩短了 37%。

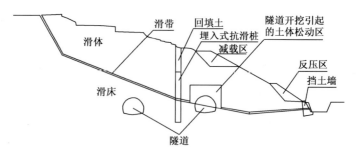

图 6-22 滑坡断面示意图

计 算 参 数　　　　　　　　　　　　　　　　　表 6-23

材料名称	重度（kN/m³）	弹性模量（MPa）	泊松比	黏聚力（kPa）	内摩擦角（°）
基岩	26.16	8.18×10^3	0.28	1 250	39.1
滑体土	22	10	0.35	28	20
滑带土	22	10	0.35	20	17
桩	25	3×10^4	0.2	按线弹性材料处理	
挡墙	22	4×10^3	0.15		
隧道衬砌	25	3×10^4	0.2		

有限元强度折减法计算不同桩长条件下的稳定安全系数　　　表 6-24

桩　型	稳定安全系数
全长桩 46m（滑面以上 28m，以下 18m）	1.35
桩长 38m（滑面以上 22m，以下 16m）	1.30
桩长 29m（滑面以上 16m，以下 13m）	1.27
桩长 24m（滑面以上 12m，以下 12m）	1.24
桩长 16m（滑面以上 7m，以下 9m）	1.18

抗滑桩的合理桩长确定后，就可以采用有限元强度折减法直接计算得到作用在埋入式抗滑桩上的桩后推力、桩前抗力和设计推力，计算结果见表 6-25。

桩后推力、桩前抗力和设计推力的计算结果　　　　　　　　表 6-25

桩　　型	计算结果（kN）
桩后推力（46m 全长式抗滑桩）	7 880
桩前抗力（46m 全长式抗滑桩）	3 480
设计推力（46m 全长式抗滑桩）	4 400
桩后推力（29m 埋入式抗滑桩）	5 410
桩前抗力（29m 埋入式抗滑桩）	2 860
设计推力（29m 埋入式抗滑桩）	2 550
埋入式抗滑桩设计推力与全长式桩设计推力的比值	58%

从表 6-25 可以看出，作用在埋入式抗滑桩上的桩后推力与桩前抗力都小于作用在全长式抗滑桩上的桩后推力与桩前抗力，并且埋入式抗滑桩最终的设计推力只有全长式抗滑桩设计推力的 58%。

6.4 双排全长式抗滑桩的推力、抗力与桩距影响

当滑坡治理工程的距离太长，或者滑坡推力太大，仅采用一排抗滑桩无法满足工程要求时，常采用双排桩或多排桩。双排桩与多排桩排距的确定、各桩所承受的推力计算，一直是设计的难题，目前主要是依靠人为主观地确定，因此往往与实际有出入。本节针对三种典型的滑坡，即折线型、顺层直线型、多剪出口型滑坡，均采用双排全长式抗滑桩进行治理，采用有限元强度折减法计算各桩所承受的桩后推力和桩前抗力，并研究其各自的分布规律。

6.4.1 三种典型滑坡双排全长式抗滑桩的推力与抗力

1) 折线型

该类滑坡的主滑段为折线型，前缘抗滑段较长，阻滑特征比较明显，如图 6-23 所示。抗滑桩和岩土体的计算参数见表 6-26。

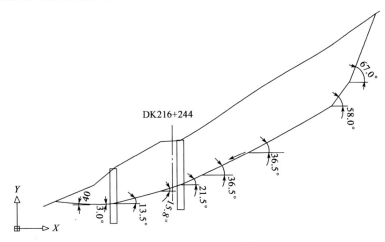

图 6-23 折线型滑坡计算模型

抗滑桩和岩土体的计算参数　　　　表 6-26

材料	重度（kN/m³）	弹性模量（MPa）	泊松比	黏聚力（kPa）	内摩擦角（°）
基岩	27	1.0×10^3	0.20	1.8×10^3	37
滑带	20	50	0.40	5	23.4
滑体	20	500	0.40	20	30
桩	25	3.45×10^4	0.20	按线弹性材料处理	

2) 顺层直线型

该类滑坡主要沿层面或结构面滑动，主滑段为直线型，前缘抗滑段较短，阻滑特征不明显，如图 6-24 所示。抗滑桩和岩土体的计算参数见表 6-27。

3) 多剪出口型（八渡型）

该类滑坡是根据中国南昆铁路八渡车站一个分级滑动的巨型深、切层古滑坡命名的，故又称为八渡型滑坡。此类滑坡的特点是后部比较平缓，前部较陡，可能有两个或两个以上剪出口，属多级滑坡，如图 6-25 所示。抗滑桩和岩土体的计算参数见表 6-28。

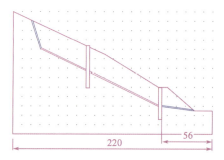 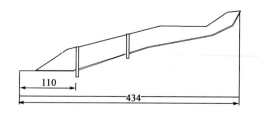

图 6-24　顺层直线型滑坡计算模型（尺寸单位：m）　　　图 6-25　八渡型滑坡计算模型（尺寸单位：m）

抗滑桩和岩土体的计算参数　　　　　　　　　　　　　　　　表 6-27

材料	重度（kN/m³）	弹性模量（MPa）	泊松比	黏聚力（kPa）	内摩擦角（°）
基岩	27	1.0×10³	0.20	1.8×10³	37
滑带	20	50	0.40	5	23.4
滑体	20	500	0.40	20	30
桩	25	3.45×10⁴	0.20	按线弹性材料处理	

抗滑桩和岩土体的计算参数　　　　　　　　　　　　　　　　表 6-28

材料	重度（kN/m³）	弹性模量（MPa）	泊松比	黏聚力（kPa）	内摩擦角（°）
基岩	27	1.0×10³	0.20	1.8×10³	37
滑带	19	50	0.40	10	13.1
滑体	19	500	0.40	20	30
桩	25	3.45×10⁴	0.20	按线弹性材料处理	

针对上述三种类型的滑坡均采用双排全长式抗滑桩进行支挡，通过有限元强度折减法对不同排距下各桩的桩后推力与桩前抗力进行计算，计算结果见表 6-29～表 6-34。抗滑桩采用实体单元进行模拟。在桩后推力和桩前抗力的计算中，对于折线型滑坡折减系数取 1.2 和 1.27，对于顺层直线型滑坡折减系数取 1.2 和 1.25，而对于八渡型滑坡折减系数则取 1.2 和 1.23。

折线型滑坡两排桩的推力分担表（折减系数取 1.2）　　　　　　表 6-29

排距（m）	前排桩桩后推力（kN）	前排桩桩前抗力（kN）	前排桩承担推力（kN）	后排桩桩后推力（kN）	后排桩桩前抗力（kN）	后排桩承担推力（kN）	前排桩分担比例	后排桩分担比例	两排桩桩总后推力（kN）	增大比例	两排桩总承担推力（kN）	增大比例	安全系数
0	7 829	232	7 597										1.27
10	3 082	309	2 773	8 843	2 613	6 230	0.31	0.69	11 925	1.52	9 003	1.15	1.30
20	3 359	266	3 093	9 072	2 256	6 816	0.31	0.69	12 431	1.59	9 909	1.27	1.30
30	3 566	244	3 322	9 618	2 250	7 368	0.31	0.69	13 184	1.68	10 690	1.37	1.30
40	3 919	240	3 679	9 899	2 157	7 742	0.32	0.68	13 818	1.76	11 421	1.46	1.30
50	4 044	229	3 815	9 650	2 129	7 521	0.34	0.66	13 694	1.75	11 336	1.45	1.33
60	4 200	228	3 972	8 894	1 260	7 634	0.34	0.66	13 094	1.67	11 606	1.48	1.37
70	4 493	227	4 266	8 392	1 102	7 290	0.37	0.63	12 885	1.65	11 556	1.48	1.41

续上表

排距 (m)	前排桩桩后推力 (kN)	前排桩桩前抗力 (kN)	前排桩承担推力 (kN)	后排桩桩后推力 (kN)	后排桩桩前抗力 (kN)	后排桩承担推力 (kN)	前排桩分担比例	后排桩分担比例	两排桩桩后总推力 (kN)	增大比例	两排桩总承担推力 (kN)	增大比例	安全系数
80	4 902	226	4 676	8 037	1 362	6 675	0.41	0.59	12 939	1.65	11 351	1.45	1.49
90	5 265	226	5 039	7 262	1 458	5 804	0.46	0.54	12 527	1.60	10 843	1.38	1.54
100	6 264	229	6 035	5 682	1 706	3 976	0.60	0.40	11 946	1.53	10 011	1.28	1.48

折线型滑坡两排桩的推力分担表（折减系数取 1.27） 表 6-30

排距 (m)	前排桩桩后推力 (kN)	前排桩桩前抗力 (kN)	前排桩承担推力 (kN)	后排桩桩后推力 (kN)	后排桩桩前抗力 (kN)	后排桩承担推力 (kN)	前排桩分担比例	后排桩分担比例	两排桩桩后总推力 (kN)	增大比例	两排桩总承担推力 (kN)	增大比例	安全系数
0	8 557	204	8 353										1.27
10	3 379	303	3 076	9 506	2 851	6 655	0.32	0.68	12 885	1.51	9 731	1.14	1.30
20	3 523	259	3 264	9 662	2 358	7 304	0.31	0.69	13 185	1.54	10 568	1.24	1.30
30	3 672	238	3 434	10 231	2 330	7 901	0.30	0.70	13 903	1.62	11 335	1.32	1.30
40	3 972	234	3 738	10 482	2 200	8 282	0.31	0.69	14 454	1.69	12 020	1.40	1.30
50	4 116	222	3 894	10 149	2 166	7 983	0.33	0.67	14 265	1.67	11 877	1.39	1.33
60	4 271	221	4 050	9 304	1 261	8 043	0.33	0.67	13 575	1.59	12 093	1.41	1.37
70	4 590	219	4 371	8 723	1 123	7 600	0.37	0.63	13 313	1.56	11 971	1.40	1.41
80	5 053	215	4 838	8 290	1 413	6 877	0.41	0.59	13 343	1.56	11 715	1.37	1.49
90	5 472	215	5 257	7 458	1 528	5 930	0.47	0.53	12 930	1.51	11 187	1.31	1.54
100	5 984	215	5 769	6 450	1 801	4 649	0.55	0.45	12 434	1.45	10 418	1.22	1.48

由表 6-29 和表 6-30 可以看出，对于折线型滑坡设置双排全长式抗滑桩，当两排桩的排距在 10~60m 范围时，前排桩承担滑坡推力的 30%~34%，后排桩承担了滑坡推力的 66%~70%；当两排桩的排距拉大到 70~100m 时，前排桩承担的推力则逐渐增大，最后各自分担约 50%。

顺层直线型滑坡两排桩的推力分担表（折减系数取 1.2） 表 6-31

排距 (m)	前排桩桩后推力 (kN)	前排桩桩前抗力 (kN)	前排桩承担推力 (kN)	后排桩桩后推力 (kN)	后排桩桩前抗力 (kN)	后排桩承担推力 (kN)	前排桩分担比例	后排桩分担比例	两排桩桩后总推力 (kN)	增大比例	两排桩总承担推力 (kN)	增大比例	安全系数
0	8 304	434	7 870										1.25
10	3 054	493	2 561	8 521	2 614	5 907	0.30	0.70	11 575	1.39	8 468	1.02	1.32
20	3 480	453	3 027	8 290	1 997	6 293	0.32	0.68	11 770	1.42	9 320	1.12	1.41
30	3 868	443	3 425	7 684	1 243	6 441	0.35	0.65	11 552	1.39	9 866	1.19	1.52
40	4 215	441	3 774	7 850	1 212	6 638	0.36	0.64	12 065	1.45	10 412	1.25	1.65
50	4 724	438	4 286	7 258	833	6 425	0.40	0.60	11 982	1.44	10 711	1.29	1.71
60	5 214	432	4 782	7 342	1 074	6 268	0.43	0.57	12 556	1.51	11 050	1.33	1.60

续上表

排距(m)	前排桩桩后推力(kN)	前排桩桩前抗力(kN)	前排桩承担推力(kN)	后排桩桩后推力(kN)	后排桩桩前抗力(kN)	后排桩承担推力(kN)	前排桩分担比例	后排桩分担比例	两排桩桩后总推力(kN)	增大比例	两排桩总承担推力(kN)	增大比例	安全系数
75	5 896	424	5 472	6 351	1 012	5 339	0.51	0.49	12 247	1.47	10 811	1.30	1.50
80	6 094	421	5 673	6 191	995	5 196	0.52	0.48	12 285	1.48	10 869	1.31	1.48
85	6 282	429	5 853	5 969	986	4 983	0.54	0.46	12 251	1.48	10 836	1.30	1.48
100	6 767	422	6 345	5 433	1 083	4 350	0.59	0.41	12 200	1.47	10 695	1.29	1.43
120	7 358	425	6 933	3 578	975	2 603	0.73	0.27	10 936	1.32	9 536	1.15	1.33

顺层直线型滑坡两排桩的推力分担表（折减系数取1.25） 表6-32

排距(m)	前排桩桩后推力(kN)	前排桩桩前抗力(kN)	前排桩承担推力(kN)	后排桩桩后推力(kN)	后排桩桩前抗力(kN)	后排桩承担推力(kN)	前排桩分担比例	后排桩分担比例	两排桩桩后总推力(kN)	增大比例	两排桩总承担推力(kN)	增大比例	安全系数
0	8 834	393	8 441										1.25
10	3 267	471	2 796	9 043	2 783	6 260	0.31	0.69	12 310	1.39	9 056	1.03	1.32
20	3 610	430	3 180	8 745	2 066	6 679	0.32	0.68	12 355	1.40	9 859	1.12	1.41
30	3 940	421	3 519	8 063	1 259	6 804	0.34	0.66	12 003	1.36	10 323	1.17	1.52
40	4 263	417	3 846	8 254	1 199	7 055	0.35	0.65	12 517	1.42	10 901	1.23	1.65
50	4 820	414	4 406	7 517	840	6 677	0.40	0.60	12 337	1.40	11 083	1.25	1.71
60	5 347	407	4 940	7 568	1 102	6 466	0.43	0.57	12 915	1.46	11 406	1.29	1.60
75	6 090	398	5 692	6 507	1 056	5 451	0.51	0.49	12 597	1.43	11 143	1.26	1.50
80	6 307	393	5 914	6 331	1 038	5 293	0.53	0.47	12 638	1.43	11 207	1.27	1.48
85	6 523	401	6 122	6 092	1 035	5 057	0.55	0.45	12 615	1.43	11 179	1.27	1.48
100	7 080	391	6 689	5 520	1 140	4 380	0.60	0.40	12 600	1.43	11 069	1.25	1.43
120	7 799	375	7 424	3 648	1 004	2 644	0.74	0.26	11 447	1.30	10 068	1.14	1.33

由表6-31和表6-32可以看出，对于顺层型滑坡设置双排全长式抗滑桩，当两排桩的排距在10～40m范围时，前排桩承担滑坡推力的30％～36％，后排桩承担了滑坡推力的64％～70％；当两排桩的排距拉大到50～120m时，前排桩承担的推力逐渐增大，后排承担的推力则逐渐减小。

八渡型滑坡两排桩的推力分担表（折减系数取1.2） 表6-33

排距(m)	前排桩桩后推力(kN)	前排桩桩前抗力(kN)	前排桩承担推力(kN)	后排桩桩后推力(kN)	后排桩桩前抗力(kN)	后排桩承担推力(kN)	前排桩分担比例	后排桩分担比例	两排桩桩后总推力(kN)	增大比例	两排桩总承担推力(kN)	增大比例	安全系数
0	16 872	3 929	12 943										1.23
20	8 003	3 782	4 221	16 055	7 098	8 957	0.32	0.68	24 058	1.43	13 178	1.02	1.24
30	9 489	3 752	5 737	15 159	7 277	7 882	0.42	0.58	24 648	1.46	13 619	1.05	1.24
35	10 168	3 733	6 435	14 872	7 194	7 678	0.46	0.54	25 040	1.48	14 113	1.09	1.24

续上表

排距 (m)	前排桩桩后推力 (kN)	前排桩桩前抗力 (kN)	前排桩承担推力 (kN)	后排桩桩后推力 (kN)	后排桩桩前抗力 (kN)	后排桩承担推力 (kN)	前排桩分担比例	后排桩分担比例	两排桩桩后总推力 (kN)	增大比例	两排桩总承担推力 (kN)	增大比例	安全系数
40	10 692	3 740	6 952	14 550	6 922	7 628	0.48	0.52	25 242	1.50	14 580	1.13	1.24
50	11 378	3 684	7 694	13 807	6 278	7 529	0.51	0.49	25 185	1.49	15 223	1.18	1.24
60	12 066	3 703	8 363	13 216	5 559	7 657	0.52	0.48	25 282	1.50	16 020	1.24	1.24
80	12 696	3 785	8 911	11 942	4 356	7 586	0.54	0.46	24 638	1.46	16 497	1.27	1.23
90	13 264	3 723	9 541	11 330	3 920	7 410	0.56	0.44	24 594	1.46	16 951	1.31	1.24
100	13 479	3 721	9 758	10 841	3 459	7 382	0.57	0.43	24 320	1.44	17 140	1.32	1.31
105	13 748	3 753	9 995	10 548	3 190	7 358	0.58	0.42	24 296	1.44	17 353	1.34	1.29
110	13 945	3 759	10 186	10 271	3 044	7 227	0.59	0.41	24 216	1.44	17 413	1.35	1.27
120	14 217	3 771	10 446	9 619	2 789	6 830	0.60	0.40	23 836	1.41	17 276	1.33	1.25

八渡型滑坡两排桩的推力分担表（折减系数取 1.23） 表 6-34

排距 (m)	前排桩桩后推力 (kN)	前排桩桩前抗力 (kN)	前排桩承担推力 (kN)	后排桩桩后推力 (kN)	后排桩桩前抗力 (kN)	后排桩承担推力 (kN)	前排桩分担比例	后排桩分担比例	两排桩桩后总推力 (kN)	增大比例	两排桩总承担推力 (kN)	增大比例	安全系数
0	17 458	3 887	13 571										1.23
20	8 220	3 738	4 482	16 523	7 296	9 227	0.33	0.67	24 743	1.42	13 709	1.01	1.24
30	9 663	3 702	5 961	15 587	7 403	8 184	0.42	0.58	25 250	1.45	14 145	1.04	1.24
35	10 320	3 680	6 640	15 281	7 290	7 991	0.45	0.55	25 601	1.47	14 631	1.08	1.24
40	10 829	3 686	7 143	14 835	6 997	7 838	0.48	0.52	25 664	1.47	14 981	1.10	1.24
50	11 496	3 626	7 870	14 153	6 327	7 826	0.50	0.50	25 649	1.47	15 696	1.16	1.24
60	12 173	3 644	8 529	13 532	5 586	7 946	0.52	0.48	25 705	1.47	16 475	1.21	1.24
80	12 813	3 730	9 083	12 205	4 380	7 825	0.54	0.46	25 018	1.43	16 908	1.25	1.23
90	13 394	3 662	9 732	11 566	3 951	7 615	0.56	0.44	24 960	1.43	17 347	1.28	1.24
100	13 623	3 664	9 959	11 052	3 495	7 557	0.57	0.43	24 675	1.41	17 516	1.29	1.31
105	13 903	3 692	10 211	10 797	3 226	7 571	0.57	0.43	24 700	1.41	17 782	1.31	1.29
110	14 113	3 699	10 414	10 470	3 085	7 385	0.59	0.41	24 583	1.41	17 799	1.31	1.27
120	14 401	3 710	10 691	9 796	2 826	6 970	0.61	0.39	24 197	1.39	17 661	1.30	1.25

由表6-33和表6-34可以看出，对于八渡型滑坡设置双排全长式抗滑桩，当两排桩的排距在20m时，前排桩承担滑坡推力的32%～33%，后排桩承担了滑坡推力的67%～68%；当两排桩的排距拉大到30～120m时，前排桩承担的推力逐渐增大，后排承担的推力则逐渐减小。

6.4.2 三种典型滑坡双排抗滑桩排距影响的共同特点

分析表6-29～表6-34的数据，对于三种典型滑坡当采用双排全长式抗滑桩进行支挡时，各桩所受的桩后推力和桩前抗力随排距的变化有如下几点共同的规律：

(1) 当折减系数较小时，计算出来的推力小，反之推力大；当折减系数较大时，土体达到极限状态，此时有限元强度折减法计算出的桩后推力与传统方法计算出来的桩后推力是一致的，见表 6-35。同时，在极限状态下桩前的抗力也得到了充分发挥，因此两种方法计算得到的桩前抗力的大小也一致。

不同计算方法得到的极限状态下前排桩的设计推力（kN）　　表 6-35

滑坡类型	折线型	顺层直线型	八渡型
Spencer 法	8 347	8 450	13 576
有限元强度折减法	8 353	8 441	13 571

(2) 推力和抗力与排距的关系。

①当前排桩位置固定，后排桩与前排桩的排距逐渐增大时，前排桩的桩前抗力基本不变，而前排桩的桩后推力则逐渐增大，因此前排桩分担的推力也逐渐增大。这主要是因为当排距增大时，前排桩后支挡的滑体增加，后排桩的遮蔽作用迅速减少，导致前排桩桩后推力增大，如图 6-26~图 6-28 所示。

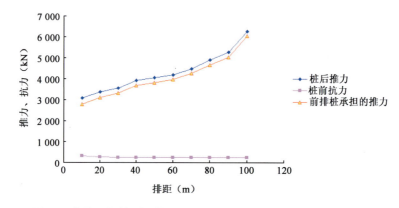

图 6-26　折线型滑坡折减系数 1.2 时前排桩的推力、抗力随排距的变化曲线

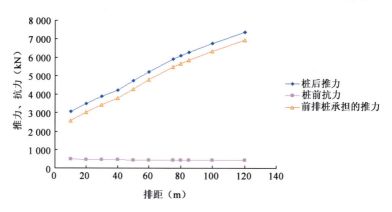

图 6-27　顺层直线型滑坡折减系数 1.2 时前排桩的推力、抗力随排距的变化曲线

②当前排桩位置固定，后排桩与前排桩的排距逐渐增大时，双排抗滑桩的桩后推力总和与只设置前排抗滑桩时的桩后推力之比随着排距的增大先增大后减小，双排抗滑桩实际承担的设计推力总和与只设置单排抗滑桩时的设计推力之比随着排距的增大也先增大后减小，如图 6-29~图 6-31 所示。

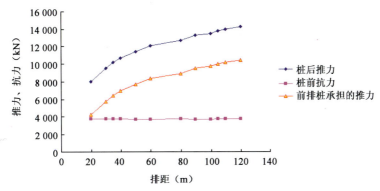

图 6-28　八渡型滑坡折减系数 1.2 时前排桩的推力、抗力随排距的变化曲线

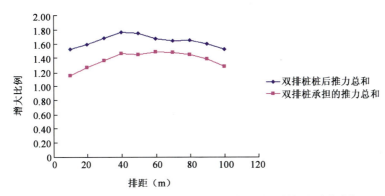

图 6-29　折线型滑坡折减系数 1.2 时双排桩推力总和随排距的变化曲线

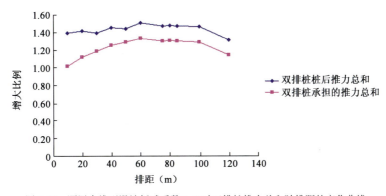

图 6-30　顺层直线型滑坡折减系数 1.2 时双排桩推力总和随排距的变化曲线

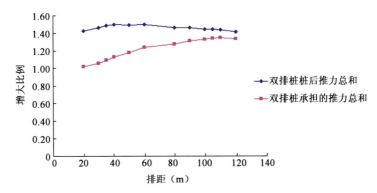

图 6-31　八渡型滑坡折减系数 1.2 时双排桩推力总和随排距的变化曲线

③当前排桩位置固定，后排桩与前排桩的排距逐渐增大时，前排桩分担的推力比例逐渐增大，后排桩分担的推力比例逐渐减小，如图6-32～图6-34所示。

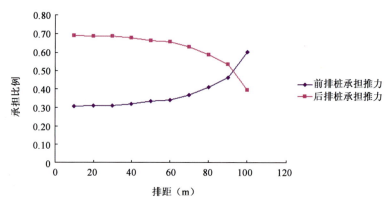

图6-32　折线型滑坡折减系数1.2时推力分担比随排距的变化曲线

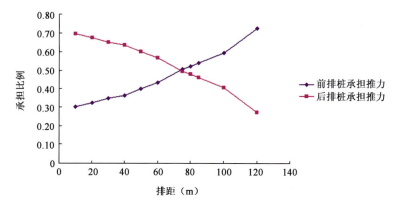

图6-33　顺层直线型滑坡折减系数1.2时推力分担比随排距的变化曲线

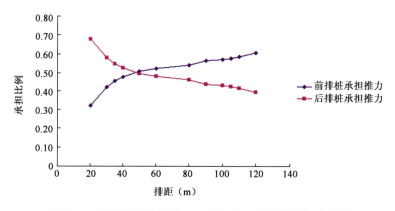

图6-34　八渡型滑坡折减系数1.2时推力分担比随排距的变化曲线

（3）折减系数与推力的关系。

①分析表6-29～表6-34的数据可以看出，对于同一类型的滑坡，前排桩的桩前抗力和后排桩的桩前抗力对于不同的折减系数变化不大，如图6-35～图6-37所示。

②对于同一类型的滑坡，前排桩的桩后推力和后排桩的桩后推力都随折减系数的增大而增大，如图6-38～图6-40所示。

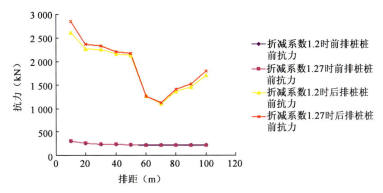

图 6-35　折线型滑坡折减系数不同时桩前抗力随排距的变化曲线

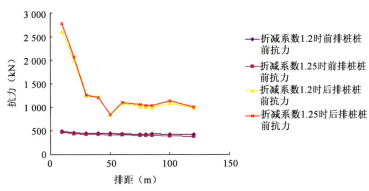

图 6-36　顺层直线型滑坡折减系数不同时桩前抗力随排距的变化曲线

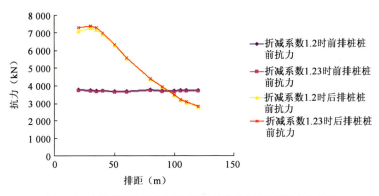

图 6-37　八渡型滑坡折减系数不同时桩前抗力随排距的变化曲线

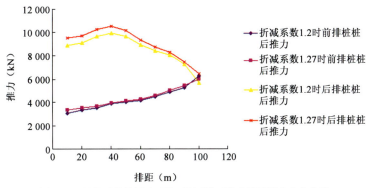

图 6-38　折线型滑坡折减系数不同时桩后推力随排距的变化曲线

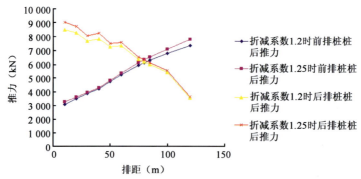

图 6-39　顺层直线型滑坡折减系数不同时桩后推力随排距的变化曲线

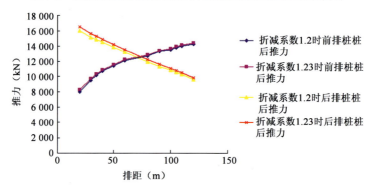

图 6-40　八渡型滑坡折减系数不同时桩后推力随排距的变化曲线

③对于同一类型的滑坡，前排桩推力分担比例随折减系数的变化基本保持不变，如图 6-41～图 6-43 所示。

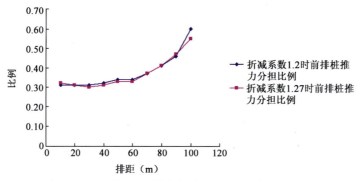

图 6-41　折线型滑坡折减系数不同时前排桩推力分担比例随排距的变化曲线

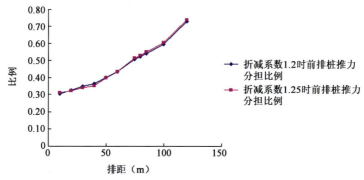

图 6-42　顺层直线型滑坡折减系数不同时前排桩推力分担比例随排距的变化曲线

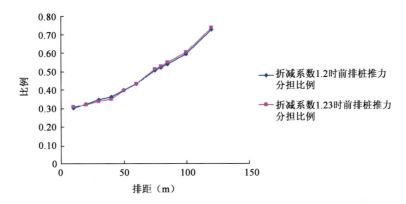

图 6-43　八渡型滑坡折减系数不同时前排桩推力分担比例随排距的变化曲线

④对于同一类型的滑坡，双排抗滑桩的桩后推力总和与只设置前排抗滑桩时的桩后推力之比随折减系数的增大而减小，双排抗滑桩的设计推力总和与只设置单排抗滑桩时的设计推力之比也随折减系数的增大而减小，如图 6-44～图 6-46 所示。

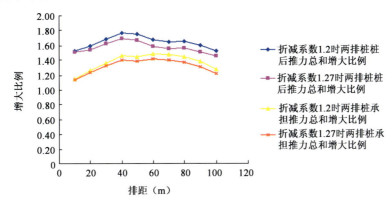

图 6-44　折线型滑坡折减系数不同时双排桩推力总和增大比例随排距的变化曲线

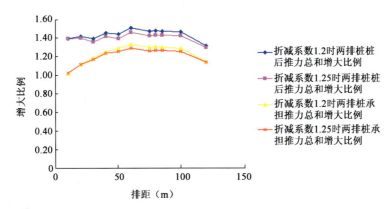

图 6-45　顺层直线型滑坡折减系数不同时双排桩推力总和增大比例随排距的变化曲线

6.4.3　三种典型滑坡双排抗滑桩排距影响的不同点

分析表 6-29～表 6-34 的数据，对于三种典型滑坡均采用双排全长式抗滑桩进行支挡时，各桩所受的桩后推力和桩前抗力随排距的变化有如下几点不同的规律：

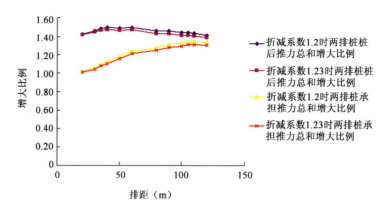

图 6-46　八渡型滑坡折减系数不同时双排桩推力总和增大比例随排距的变化曲线

（1）前排桩位置固定，后排桩与前排桩的间距逐渐增大，当排距增大到一定距离时，后排桩的桩前抗力出现了减小的现象。分析造成这一现象的原因，主要是当排距较小时，前排桩对后排桩起到了一定的辅助支挡作用，排距越小支挡作用越明显，但当排距增大到一定距离后，前排桩的支挡作用消失，导致后排桩的桩前抗力急剧减小。三种类型的滑坡相互之间的区别在于，对于折线型滑坡前排桩对后排桩的支挡作用在排距为 50～60m 之间陡然减弱，对于顺层直线型滑坡前排桩的支挡作用在排距为 20～30m 之间陡然减弱，对于八渡型滑坡前排桩的支挡作用则是在排距增大到 40m 以后开始逐渐减弱，如图 6-47 所示。

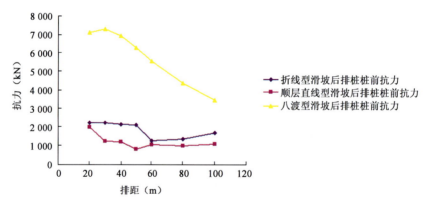

图 6-47　三种类型滑坡折减系数 1.2 时后排桩推前抗力随排距的变化曲线

（2）前排桩位置固定，后排桩与前排桩的间距逐渐增大，顺层直线型滑坡和折线型滑坡后排桩承担的设计推力先增大后减小，而八渡型滑坡后排桩承担的设计推力则一直逐渐减小，如图 6-48 所示。

（3）当折减系数相同时，如果前排桩位置固定，后排桩与前排桩的间距逐渐增大，对于双排抗滑桩的桩后推力总和与只设置前排抗滑桩时的桩后推力之比增大的幅度，折线型滑坡最大，八渡型滑坡与顺层直线型滑坡基本接近，比折线型滑坡对应的增大幅度小 10% 左右，如图 6-49 所示；对于双排抗滑桩承担的推力总和与只设置前排抗滑桩时桩承担的推力之比增大的幅度，折线型滑坡增大的幅度最明显，顺层直线型滑坡增大的幅度次之，八渡型滑坡增大的幅度最小，如图 6-50 所示。

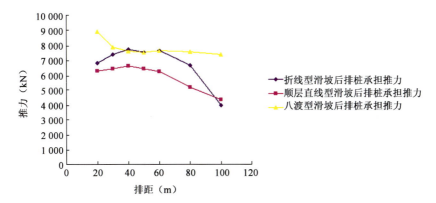

图 6-48　三种类型滑坡折减系数 1.2 时后排桩承担的设计推力随排距的变化曲线

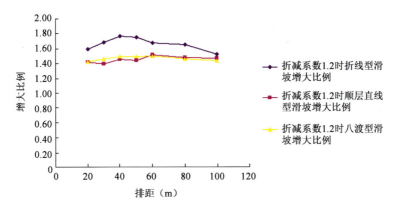

图 6-49　三种类型滑坡折减系数 1.2 时两排桩桩后推力总和增大比例随排距的变化曲线

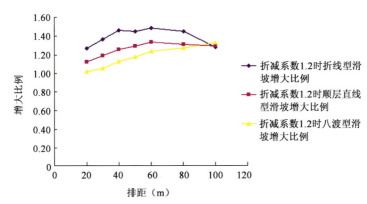

图 6-50　三种类型滑坡折减系数 1.2 时两排桩承担推力总和增大比例随排距的变化曲线

6.5　双排埋入式抗滑桩的推力与抗力

6.5.1　折线型滑坡

折线型滑坡的典型剖面，滑坡长 170m，滑坡高 105m，前排全长式抗滑桩的桩长 25m，宽 4m。对后排桩在不同桩顶埋深条件下各桩所承受的推力与抗力进行计算，模型如图 6-51

所示，计算参数见表 6-36。

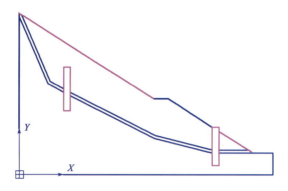

图 6-51 折线型滑坡计算模型

桩和岩土体的物理力学参数 表 6-36

材料	重度（kN/m³）	弹性模量（MPa）	泊松比	黏聚力（kPa）	内摩擦角（°）
基岩	27	1.0×10^3	0.20	1.8×10^3	37
滑带	20	50	0.40	5	23.4
滑体	20	500	0.40	20	30
桩	25	3.45×10^4	0.20	按线弹性材料处理	

为了分析各桩的推力分担比例随桩顶埋深的变化规律，固定前排桩的桩顶埋深，不断调整后排桩的桩顶埋深。计算时滑带土和滑体土强度的折减系数均取 1.0，后排桩不同桩顶埋深条件下两排桩承担的推力见表 6-37。

不同桩顶埋深条件下两排桩承担推力的计算结果 表 6-37

埋深 (m)	前 排 桩				后 排 桩				稳定安全系数
	桩后推力 (kN)	桩前抗力 (kN)	承担推力 (kN)	分担比例	桩后推力 (kN)	桩前抗力 (kN)	承担推力 (kN)	分担比例	
0	5 020	253	4 767	0.53	5 689	1 433	4 256	0.47	1.54
2.5	5 009	253	4 756	0.54	5 246	1 134	4 112	0.46	1.54
5	5 024	253	4 771	0.56	5 099	1 274	3 825	0.44	1.49
7.5	5 013	253	4 760	0.54	5 257	1 258	3 999	0.46	1.45
10	5 008	253	4 755	0.56	4 708	1 020	3 688	0.44	1.41
12.5	5 031	254	4 777	0.57	4 430	777	3 653	0.43	1.35
15	5 073	255	4 818	0.58	4 196	673	3 523	0.42	1.33
17.5	5 130	256	4 874	0.60	3 885	609	3 276	0.40	1.31

从表 6-37 中的数据可以看出，随着后排桩桩顶埋深的增大，前排桩的桩前抗力基本不变，这主要是因为前排桩的位置和桩顶埋深均不变。随着后排桩桩顶埋深的增大，前排桩的桩后推力缓慢地增加，这主要是因为随着后排桩桩顶埋深的增加，后排桩的遮蔽作用逐渐减弱，导致前排桩支挡的土体相应增加。前排桩上的桩后推力、桩前抗力及其承担的推力随后排桩桩顶埋深的变化曲线如图 6-52 所示。

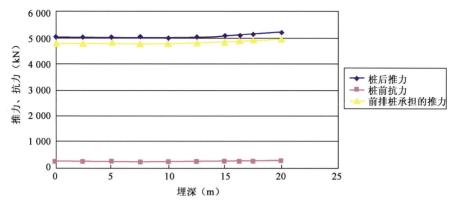

图 6-52　前排桩上的桩后推力、桩前抗力及其承担的推力随后排桩桩顶埋深的变化曲线

后排桩的桩后推力随其桩顶埋深的增大逐渐减小，这是因为后排桩支挡的土体逐渐减少，导致其承受的桩后推力逐渐减小。同时，随着后排桩桩顶埋深的增大，后排桩长度的减小，其桩前的抗力迅速降低，这说明了桩的受力大小与桩体的长度成正比。后排桩上的桩后推力、桩前抗力及其承担的推力随后排桩桩顶埋深的变化曲线如图 6-53 所示。

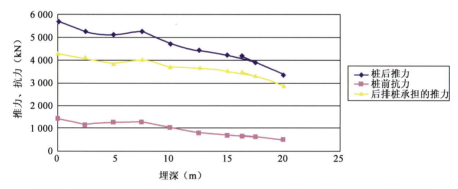

图 6-53　后排桩上的桩后推力、桩前抗力及其承担的推力随后排桩桩顶埋深的变化曲线

当后排桩的桩顶埋深为 0m 时（全长式抗滑桩），滑动面的位置在前排桩的后部，如图 6-54 所示。随着后排桩桩顶埋深的增大，后排桩对土体的遮蔽作用逐渐减弱，前排桩承担的推力逐渐增大，后排桩承担的推力逐渐减小，滑动面的位置逐渐向后移动。当后排桩的桩顶埋深为 20m 时，滑动面的位置出现在后排桩的顶部，如图 6-55 所示。后排桩不同桩顶埋深条件下，两排桩所受推力的分担情况如图 6-56 所示。

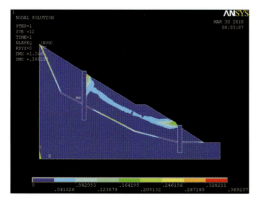

图 6-54　后排桩桩顶埋深为 0m 时的塑性应变云图

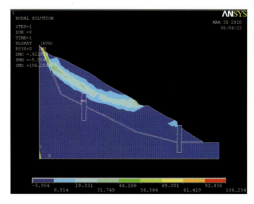

图 6-55　后排桩桩顶埋深为 20m 时的塑性应变云图

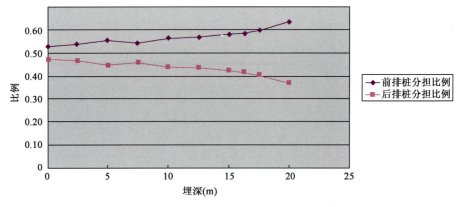

图 6-56 两排桩的推力分担随后排桩桩顶埋深的变化曲线

6.5.2 顺层直线型滑坡

顺层直线型滑坡的典型剖面，滑坡长 220m，滑坡高 130m，前排全长式抗滑桩的桩长 34.6m，宽 4m。对后排桩在不同桩顶埋深条件下各桩所承受的推力与抗力进行计算，模型如图 6-57 所示，计算参数见表 6-38。

按 6.5.1 所述方法，滑带土和滑体土强度的折减系数均取 1.0，计算得到后排桩不同桩顶埋深条件下两排桩承担的推力，见表 6-39。

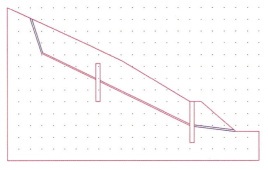

图 6-57 顺层直线型滑坡计算模型

桩和岩土体的物理力学参数　　　　表 6-38

材料	重度（kN/m³）	弹性模量（MPa）	泊松比	黏聚力（kPa）	内摩擦角（°）
基岩	27	1.0×10^3	0.20	1.8×10^3	37
滑带	20	50	0.40	5	23.4
滑体	20	500	0.40	20	30
桩	25	3.45×10^4	0.20	按线弹性材料处理	

不同桩顶埋深条件下两排桩承担推力的计算结果　　　　表 6-39

埋深 (m)	前排桩				后排桩				稳定安全系数
	桩后推力 (kN)	桩前抗力 (kN)	承担推力 (kN)	分担比例	桩后推力 (kN)	桩前抗力 (kN)	承担推力 (kN)	分担比例	
0	5 388	490	4 898	0.51	5 544	783	4 761	0.49	1.71
2.5	5 413	501	4 912	0.51	5 502	808	4 694	0.49	1.7
5	5 403	501	4 902	0.52	5 343	759	4 584	0.48	1.69
7.5	5 396	502	4 894	0.52	5 451	845	4 606	0.48	1.65
10	5 459	505	4 954	0.55	4 695	588	4 107	0.45	1.58
12.5	5 470	502	4 968	0.56	4 414	536	3 878	0.44	1.52
15	5 514	502	5 012	0.59	4 043	524	3 519	0.41	1.48
17.5	5 573	503	5 070	0.62	3 341	285	3 056	0.38	1.41
20	5 643	504	5 139	0.69	2 613	320	2 293	0.31	1.39

从表 6-39 中的数据可以看出，随着后排桩桩顶埋深的增大，前排桩的桩前抗力基本不变，前排桩的桩后推力缓慢增加，前排桩上的桩后推力、桩前抗力及其承担的推力随后排桩桩顶埋深的变化曲线如图 6-58 所示；后排桩的桩前抗力迅速降低，其桩后推力逐渐减小，后排桩上的桩后推力、桩前抗力及其承担的推力随后排桩桩顶埋深的变化曲线如图 6-59 所示。

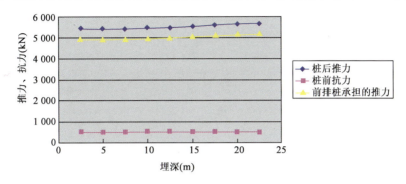

图 6-58　前排桩上的桩后推力、桩前抗力及其承担的推力随后排桩桩顶埋深的变化曲线

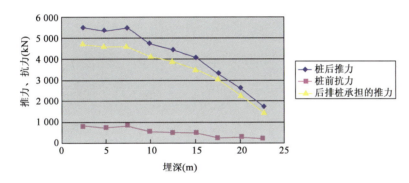

图 6-59　后排桩上的桩后推力、桩前抗力及其承担的推力随后排桩桩顶埋深的变化曲线

同时，随后排桩桩顶埋深的增大，由于后排桩遮蔽作用的减弱，前排桩承担的推力逐渐增大，后排桩承担的推力逐渐减小，滑动面的位置也逐渐向后移动。当后排桩的桩顶埋深为 0m（全长式抗滑桩）时，滑动面的位置在两排桩的中间，土体从前排桩的顶部越顶而出，如图 6-60 所示；当后排桩的桩顶埋深为 20m 时，滑动面的位置越过后排桩的桩顶，从前排桩的顶部越顶而出，如图 6-61 所示。后排桩不同桩顶埋深条件下，两排桩的推力分担情况如图 6-62 所示。

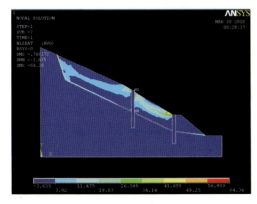

图 6-60　后排桩桩顶埋深等于 0m 时的塑性应变云图

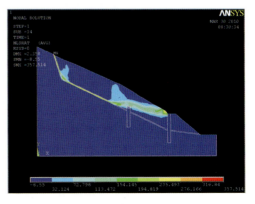

图 6-61　后排桩桩顶埋深等于 20m 时的塑性应变云图

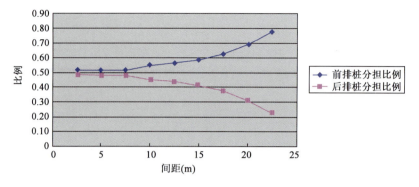

图 6-62　两排桩的推力分担比例随后排桩桩顶埋深的变化曲线

6.6　多排埋入式抗滑桩在滑坡治理工程中的应用实例

6.6.1　工程概况

武隆县政府滑坡位于重庆市武隆县乌江北岸新县城巷口镇。该滑坡所处地貌属中低山侵蚀地貌区，处于乌江右侧岸坡、南溪沟西侧的谷坡之上，坡体整体向乌江及南溪沟倾斜，地面坡度 12°～17°，局部为 5°～10°。滑坡后缘为陡坡地形，坡度为 30°～90°。县政府、国土局、移民局、县建委行政办公大楼、实验小学、中国人民银行、中国建设银行、新时代广场等政治、经济和商业中心均处于该滑坡的滑体上，如图 6-63 和图 6-64 所示。

图 6-63　武隆县政府滑坡 1 区、4 区地形全貌

为了充分体现有限元强度折减法在实际工程中的适用性和优越性，这里根据滑坡初步设计报告所提供的 13 个剖面，选择了其中最为复杂的 2-2′剖面进行研究。2-2′剖面不仅处于滑坡区的涉水区域，还包含有次级滑带的复杂地形，如图 6-65 所示。由于武隆县政府滑坡安全等级为一级，因此拟通过抗滑桩治理，使其安全系数在不考虑库水水位影响或仅考虑静止水位时不小于 1.25；当考虑库水水位下降时，其安全系数不小于 1.20。

首先结合有限元强度折减法对计算剖面进行稳定性分析，然后进行抗滑桩治理的初步设计，最后通过桩长和设桩位置的调整对初步设计进行优化。优化的目的是在确保达到设计要求的前提下，使各桩上所承受的推力分布均匀，并使各桩上所承受的推力之和最小。

图 6-64　武隆县政府滑坡 2 区、3 区、5 区地形全貌

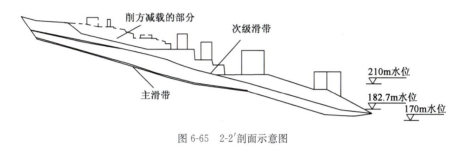

图 6-65　2-2′剖面示意图

6.6.2　稳定性分析

根据滑坡的形成机制分析，武隆县政府滑坡形成的主要原因是地表水下渗致使滑带土饱水后，其强度降低，滑坡稳定性下降；同时，乌江水位涨落产生的超孔隙水压力也导致滑坡稳定性降低，引起滑坡失稳。

按《三峡库区三期地质灾害防治工程地质勘察技术要求》附录七"三峡库区长江干流各断面土地征用线和分期移民迁建线水位表"中的数据，三峡水库蓄水后武隆县城的汛后天然水位线应按 80%、20%、5% 的洪水频率考虑，其高度分别为 169.0m、176.6m、182.7m。

根据长江水利委员会水文局水文水资源研究所于 1999 年 3 月为渝怀铁路建设编制的《乌江龚滩至涪陵河段水文分析报告》，三峡水库建库回水后，武隆县所处位置 50 年一遇洪水位为 210m。考虑到该水位属峰值水位，持续时间较短，且武隆县境内乌江常年低水位为 170m，因此计算时乌江水位降落工况中的低水位采用 170m。

根据《三峡库区三期地质灾害防治工程设计技术要求》，选取以下几种工况进行稳定性分析：

工况 1：自重＋地表荷载＋50 年一遇暴雨（不考虑库水水位的影响）；

工况 2：自重＋地表荷载＋50 年一遇暴雨＋坡体前部库水静止水位 182.7m；

工况 3：自重＋地表荷载＋50 年一遇暴雨＋坡体前部库水水位从 210m 降至 170m 常年低水位（假定库水水位以 2m/d 的速度匀速下降）。

根据上述的计算工况，选择计算参数，见表 6-40。

在工况 1 条件下，采用有限元强度折减法分析得到滑坡的安全系数等于 1.068，处于极限破坏状态，搜索得到的滑面位置如图 6-66 所示；在工况 2 条件下，由于坡体前部库水水位只有 182.7m，库水并未对搜索得到的滑面产生影响，因此工况 2 条件下安全系数的大小以及滑面的位置和工况 1 条件下的计算结果是一致的，如图 6-66 所示。

计 算 参 数　　　　　　　　　　　　　　　　　　表 6-40

岩组	土体天然（饱和）重度（kN/m³）	弹性模量（MPa）	泊松比	黏聚力（kPa）	内摩擦角（°）
滑体土	21.4（21.9）	800	0.33	28.85	20.56
主滑带土	18.0（18.5）	500	0.35	12.64	13.93
次级滑带土	18.0（18.5）	500	0.35	14.08	16.9
滑床土	26.8（27.3）	1 500	0.21	1 800	37.0

注：建筑荷载按每层楼 8.0kPa 处理。

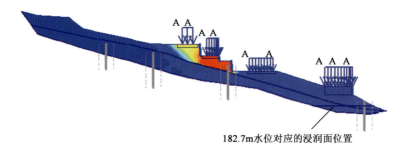

图 6-66　滑坡治理前，工况 1 条件下的浸润面和滑面位置示意图

由于库水水位下降过程中，坡体内浸润面位置变化的"滞后效应"将产生较大的超孔隙水压力，致使滑坡稳定性降低，因此工况 3 条件下，该滑坡极易发生失稳破坏，必须对其采取治理措施。该工程采用抗滑桩进行治理，以提高滑坡的稳定性。

6.6.3　抗滑桩治理方案

1）初步设计

（1）稳定性分析

在滑体中后部设置 2 排抗滑桩（1 号桩、2 号桩）加固，尺寸 2.5m×4m×28m，桩间距 6m，埋入抗滑桩顶面分别设置在主滑带以上 12m、16m 处，抗滑桩桩顶以上至地面部分采用空桩开挖，抗滑桩施工完成后，对空桩部分进行回填夯实；滑体中部采用 1 排抗滑桩（3 号桩）加固，尺寸 2.5m×4m×34m，桩间距 6m，埋入抗滑桩顶面设置在主滑带以上 20m 处，用于加固主滑面的同时，兼顾潜在次级滑面加固；滑体前缘采用 1 排抗滑桩（4 号桩），尺寸 2.5m×4m×26m，桩间距 6m，埋入抗滑桩顶面设置在主滑带以上 14m 处。

在采用抗滑桩治理后，2-2′剖面在工况 1 条件下对应的安全系数为 1.368，浸润面和滑面位置如图 6-67a）所示；工况 2 条件下对应的安全系数为 1.365，浸润面和滑面位置如图 6-67b）所示。在工况 3 条件下，稳定性分析的结果见表 6-41。从表中的数据可以看出，安全系数的大小并不是随着水位的降低一直降低，安全系数的最小值出现在库水水位从 194m 下降至 186m 这一阶段。通过细化该阶段，分析得到当库水水位从 210m 下降至 190m 时，安全系数达到最小值 1.343。此时滑坡体的稳定性最差，对应的浸润面和滑面位置如图 6-68 所示。

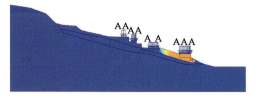

a) 工况1条件下对应的滑面位置　　　　　　b) 工况2条件下对应的浸润面和滑面位置

图 6-67　浸润面位置和滑面位置示意图

库水水位变化过程中安全系数的计算结果　　　　表 6-41

库水水位（m）	210	202	194	186	178	170
安全系数	1.409	1.376	1.359	1.368	1.371	1.374

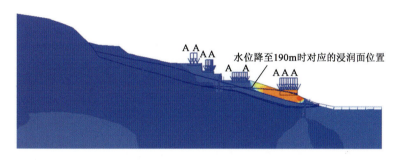

图 6-68　库水水位降至 190m 时对应的浸润面和滑面位置示意图

（2）抗滑桩上的推力计算

经与设计单位协商，有限元计算过程中推力计算时的强度折减系数在工况 1 和工况 2 条件下均取 1.40，在工况 3 条件下则取 1.32。推力的计算结果见表 6-42。

抗滑桩上推力的计算结果（kN）　　　　表 6-42

a) 工况 1 条件下推力的计算结果			
桩　号	桩后推力	桩前抗力	桩身推力
1	3 088	1 303	1 785
2	3 029	1 473	1 556
3	3 736	1 566	2 170
4	2 811	920	1 891
b) 工况 2 条件下推力的计算结果			
桩　号	桩后推力	桩前抗力	桩身推力
1	3 086	1 298	1 788
2	3 053	1 482	1 571
3	3 689	1 593	2 096
4	2 966	1 056	1 910

从表 6-42 中的数据可以看出，设置于滑体中部的 3 号桩所承受的推力明显高于其他桩所承受的推力。因此，为了使各桩桩身所承受的推力分布均匀，需要对初步设计进行优化。

2）优化设计

（1）桩长优化

从表 6-42 中的数据可以看出，2 号桩所承受的推力明显偏小，因此可以通过调整 2 号桩的桩长使其分担部分传递至 3 号桩的下滑力，从而减少 3 号桩上所承受的推力。

经与设计单位协商，桩长的调整方案为：1 号、4 号桩桩长不变；2 号桩的桩顶面调整至主滑带以上 18m 处，比初步设计方案提高 2m；3 号桩的桩顶面调整至主滑带以上 16m 处，比设计方案降低 4m。

桩长调整后，2-2′剖面在工况 1 条件下对应的安全系数为 1.320，浸润面和滑面位置如图 6-69 所示。由于工况 2 和工况 3 条件下的库水水位对图 6-69 所示的滑面位置没有影响，因此桩长调整后 2-2′剖面在工况 2 和工况 3 条件下对应的安全系数不会小于 1.320，满足设计要求。

图 6-69　工况 1 条件下对应的滑面位置

此时，各桩上所承受的推力见表 6-43。

抗滑桩上推力的计算结果（kN）　　　　　　　　　　　表 6-43

桩　号	桩后推力	桩前抗力	桩身推力
a) 工况 1 条件下推力的计算结果			
1	3 200	1 350	1 850
2	3 327	1 566	1 761
3	3 139	1 327	1 812
4	2 938	951	1 987
b) 工况 2 条件下推力的计算结果			
1	3 160	1 346	1 814
2	3 301	1 566	1 735
3	3 185	1 331	1 854
4	2 993	1 002	1 991

从表 6-43 中的数据可以看出，各桩上所承受推力的大小分布基本均匀，其推力之合分别为 7 410kN（工况 1）和 7 394kN（工况 2），与表 6-42 中各桩所承受的推力之合 7 402kN（工况 1）和 7 365kN（工况 2）相比并没有减少，因此需要作进一步优化。

（2）桩位优化

根据滑面出现的先后次序确定设桩的位置，首先根据图 6-66 所示的滑面位置，并考虑到对次级滑带的加固，可以首先确定初步设计中 3 号桩的设置，桩的尺寸和初步设计相同。设置 3 号抗滑桩后，2-2′剖面在工况 1 条件下对应的安全系数为 1.162。新产生的滑面位置如图 6-70 所示。

根据图 6-70 所示的滑面位置，综合考虑滑坡下部是设桩比较合适的区域以及坡面建筑荷载的影响，可以确定初步设计中 4 号桩的设置，桩的尺寸也和初步设计相同。新产生的滑面位置如图 6-71 所示。此时对应的安全系数为 1.351（工况 1 条件下），达到了设计要求。

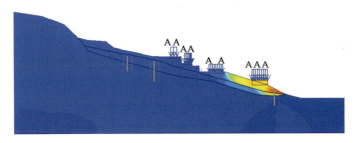

图 6-70　设置 3 号桩后新产生的滑面位置示意图

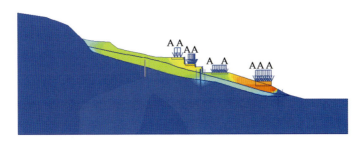

图 6-71　3 号、4 号桩设置完后新产生的滑面位置示意图

此时，各桩上所承受的推力见表 6-44。

工况 1 条件下桩上所承受的推力计算结果（kN）　　　表 6-44

桩　号	桩后推力	桩前抗力	桩身推力
1	—	—	—
2	—	—	—
3	5 604	1 749	3 855
4	3 349	1 001	2 348

从表 6-44 中的数据可以看出，3 号桩承受的推力偏大，因此拟通过在 3 号桩桩后增加抗滑桩以承担 3 号桩所承受的部分推力。从表 6-42 中的数据可以看出，在初步设计中 1 号、2 号桩所承受的推力不是很大，基本在 1 500kN 左右，因此仅考虑在 3 号桩桩后增加一排抗滑桩，设置于初步设计中的 1 号、2 号桩之间，尺寸 2.5m×4m×30m，桩间距 6m，桩顶面设置在主滑带以上 14m。新产生的滑面位置如图 6-72 所示。此时对应的安全系数为 1.364，各桩上所承受的推力见表 6-45。

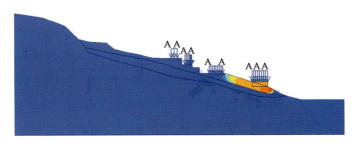

图 6-72　滑面位置示意图

工况 1 条件下桩上推力的计算结果（kN） 表 6-45

桩　号	桩后推力	桩前抗力	桩身推力
1 2 （减少为 1 排桩）	3 965	1 670	2 295
3	3 759	1 448	2 311
4	2 978	960	2 018

从上面的分析可以看出，无论是采用桩位优化，还是采用桩长优化，均能达到设计要求。但桩位调整后工况 1 条件下各桩所承受的推力之合降为 6 624kN，与表 6-42 中工况 1 条件下各桩所承受的推力之合 7 402kN 相比，下降了 10.51%，因此更为合理。

3）优化后的设计方案

从上面的分析可以看出，对于该滑坡剖面而言，无论是采用桩位优化，还是采用桩长优化，均能达到设计要求，且优化后的方案均比初步设计更经济合理。其中，以桩位优化的方案最为经济合理。因此，2-2′剖面抗滑桩治理工程的初步设计可以调整为：初步设计中的 1 号、2 号两排桩减为 1 排桩，设置于初步设计的两排桩之间，尺寸 2.5m×4m×30m，桩间距 6m，埋入抗滑桩顶面设置在主滑带以上 14m；3 号、4 号桩的位置和尺寸保持不变。

优化后的设计方案，在工况 1 条件下的安全系数为 1.364，各桩上所承受的推力见表 6-45；在工况 2 条件下的安全系数为 1.361，各桩上所承受的推力见表 6-46。

工况 2 条件下桩上推力的计算结果（kN） 表 6-46

桩　号	桩后推力	桩前抗力	桩身推力
1 2 （减少为 1 排桩）	3 960	1 671	2 289
3	3 794	1 450	2 344
4	3 002	981	2 021

从表 6-46 中的数据可以看出，工况 2 条件下各桩所承受的推力之和降为 6 654kN，与表 6-42 中工况 2 条件下各桩所承受的推力之和 7 365kN 相比，下降了 9.65%，有效地减小了各桩所承受的推力之和。

对于优化后的设计方案在工况 3 条件下的稳定性，采用有限元强度折减法可以分析得到，当库水水位从 210m 下降至 190m 时，安全系数达到最小值 1.340，表明此时滑坡体的稳定性最差，对应的浸润面和滑面位置和图 6-68 所示的滑面位置基本一致。各桩上所承受的推力（库水水位降至 190m）见表 6-47。

工况 3 条件下桩上推力的计算结果（库水水位降至 190m，kN） 表 6-47

桩　号	桩后推力	桩前抗力	桩身推力
1 2 （减少为 1 排桩）	3 964	1 672	2 292
3	3 794	1 450	2 344
4	3 434	1 253	2 181

6.7 有限元强度折减法在锚拉抗滑桩设计计算中的应用

抗滑桩通常是悬臂式的,因此桩身承受的弯矩很大。为了降低弯矩,节省材料,近年来广泛采用锚拉抗滑桩的支挡方式,即在悬臂抗滑桩上部施加预应力锚索,也称为锚拉桩。锚拉抗滑桩也可采用传统方法进行设计,但精度相对较低,尤其是无法得知桩上推力与抗力的分布形式,更无法进行锚拉抗滑桩的优化,而采用有限元强度折减法则能较好地解决上述问题。

用有限元强度折减法进行锚拉抗滑桩的设计计算,一般包括如下五个步骤:一是要对抗滑桩上的推力进行计算;二是计算抗滑桩上推力与抗力的分布形式;三是计算抗滑桩的内力;四是进行锚拉抗滑桩的结构优化设计;五是验算锚拉抗滑桩是否会出现越顶,即要求设置锚拉抗滑桩后工程的稳定性满足工程要求。

下面通过一个工程算例说明有限元强度折减法在锚拉抗滑桩设计计算中的应用。

6.7.1 工程概况

国道主干线重庆至湛江公路(贵州境)崇溪河至遵义高速公路高工天滑坡位于第五合同段 K26+150~K26+260 段,计算采用的典型断面如图 6-73 所示。当进行高速公路的路基开挖时,下切滑体才 5~6m,即引起滑坡的复活,而且还在不断发展,滑面发育在土层和强风化带内。根据设计,该滑坡治理工程采用抗滑桩加预应力锚索的支挡方案,如图 6-73 所示。

6.7.2 锚拉抗滑桩的分析计算

1) 有限元模型的建立

按照平面应变问题处理,岩土材料用 8 节点四边形平面单元 PLANE183 模拟,抗滑桩用梁单元 BEAM3 单元模拟,网格的划分如图 6-74 所示。

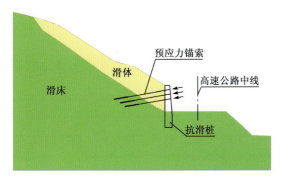
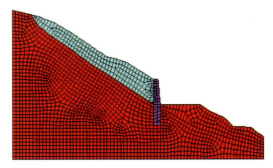

图 6-73 典型断面(K26+230 断面)示意图　　图 6-74 有限元网格划分示意图

预应力锚索的加固作用通过施加集中力的方法来模拟,即在有限元网格中两个距离等于锚索长度且方向与锚索方向一致的节点上施加一对相向的集中力(设计锚固力)。

由于抗滑桩的纵向间距为 4.0m,按平面应变计算纵向长度只有 1m,也就是说每根桩要承担 4m 厚的滑体的剩余下滑力,因此计算时可将土体重力乘以 4(将输入的岩土材料的密度乘以4)，同时为了稳定性的分析结果不发生变化，将岩土体的黏聚力也乘以4，即保证γ/c不发生变化。

根据施工设计，每根锚索设计锚固力800kN，每根桩上纵向布置两排锚索，而平面应变有限元模型中在纵向只布置一排锚索，所以将锚索预应力乘以2，即节点处施加的集中力等于1 600kN。由于锚索的倾角等于10°，因此在节点的水平方向施加一1 600×cos10°kN 的集中力，在竖直方向施加一1 600×sin10°kN 的集中力。

抗滑桩截面尺寸：3m×4m；桩单元的惯性矩：$I=\dfrac{bh^3}{12}=\dfrac{3\times 4^3}{12}=16\mathrm{m}^4$；桩单元的截面积：$A=12\mathrm{m}^2$。

2) 计算采用的物理力学参数

根据勘察报告，计算参数见表6-48。

计算参数　　　　　　　　　　　　　　　　　表6-48

材料名称	饱和重度(kN/m³)	弹性模量(MPa)	泊松比	黏聚力(kPa)	内摩擦角(°)
块石堆积层	21	23	0.3	25.5	24.5
强风化泥岩	21	100	0.3	25.5	24.5
中风化砂岩	25	2.7×10³	0.2	200	35
桩（C25混凝土）	24	2.9×10⁴	0.2	按线弹性材料处理	

抗滑桩按照线弹性材料处理，岩土材料本构模型采用理想弹塑性模型，屈服准则为平面应变莫尔—库仑匹配DP4准则，采用关联流动法则。

推力计算时的安全系数取1.2，即将岩土体强度参数按安全系数1.2折减后进行计算，折减后的参数见表6-49。

考虑安全系数1.2后的计算参数　　　　　　　　表6-49

材料名称	天然重度(kN/m³)	弹性模量(MPa)	泊松比	黏聚力(kPa)	内摩擦角(°)
块石堆积物	21	23	0.3	21.25	20.8
强风化泥岩	21	100	0.3	21.25	20.8
中风化砂岩	26.9	2.7×10³	0.2	167	30
桩（C25混凝土）	24	2.9×10⁴	0.2	按线弹性材料处理	

3) 开挖和支护过程的模拟

边坡的开挖采用单元"杀死"(E-KILL)的方法来模拟，桩的施作采用"激活"(E-ALIVE)单元方法来模拟。所谓单元"杀死"，就是将单元刚度矩阵乘以一个很小的因子（比如1×10^{-6}），那么"死单元"的荷载将为0，从而不对荷载向量生效；同时，"死单元"的质量和应变也设置为0。与上面的过程相似，单元的"出生"，并不是将其加到模型中，而是重新激活它们，其刚度、质量、单元荷载等将恢复其原始的数值。

ANSYS软件提供的载荷步功能可以很好地模拟边坡的开挖施工过程。本次计算按照以下施工步骤进行计算：

(1) 计算边坡未开挖时的初始应力；

(2) 施工抗滑桩，"激活"桩单元；
(3) 进行开挖，即"杀死"要开挖的单元，然后施加锚索预应力；
(4) 将滑体强度参数按安全系数1.2进行折减，然后计算桩的内力。

4）抗滑桩上推力的计算与验算

为了和传统极限平衡法比较，此次计算同时采用了上海同济大学软圣科技发展有限公司开发的"抗滑桩辅助设计系统"（不平衡推力法）来计算桩上的推力，如图6-75所示。由于该软件是通过不平衡推力法计算滑坡推力的，因此采用的是增大下滑力超载安全系数，即将滑体的下滑力乘以安全系数。为了方便比较，这里采用了一种变通的方法，即采用"抗滑桩辅助设计系统"计算滑坡推力时将安全系数设置为1.0，但是将滑面的强度参数按安全系数1.2进行折减作为输入值，即：$c' = \dfrac{c}{\omega} = \dfrac{25.5}{1.2} = 21.25 \text{kPa}$，$\varphi' = \arctan \dfrac{\tan\varphi}{\omega} = \arctan \dfrac{\tan 24.5°}{1.2} = 20.8°$，这样就和强度储备安全系数的定义统一了。

计算结果见表6-50。从表中计算结果可以看出，采用有限元强度折减法求得的滑坡推力（按前述沿路径积分的办法计算）与采用传统极限平衡条分法Spencer法的计算结果比较接近，说明采用有限元法算出的滑坡推力是合理的，并可据此根据结构与岩土体的共同作用来计算桩的内力。

不同方法计算得到的滑坡推力（kN） 表6-50

有 限 元 法	极限平衡法	
	不平衡推力法	Spencer法
6 440	6 944	6 400

5）抗滑桩上推力的分布和内力计算

对于本算例，采用有限元强度折减法可以直接计算出桩上推力的分布形式，如图6-76所示。由图6-76可以看出，推力的分布接近于弓形分布，或者叫做抛物线分布，与许多现场测试结果基本一致。

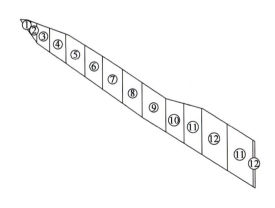

图6-75 采用不平衡推力法计算滑坡推力时的条块划分

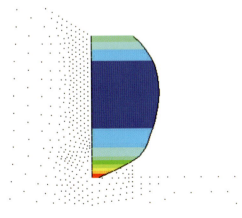

图6-76 有限元法得到的推力分布

在ANSYS程序后处理中，通过在Element Table中定义梁单元（Beam3）的弯矩（SMIS6、SMIS12）、剪力（SMIS2、SMIS8）、轴力（SMIS1、SMIS7）后，即可得到桩内力的大小和分布（通过Plot-Line Element Results得到）。

(1) 开挖后只有抗滑桩时的计算结果

不施加锚固力，只有抗滑桩时，桩承受的最大弯矩为 48 100kN·m（图 6-77），最大剪力为 6 560kN（图 6-78）。

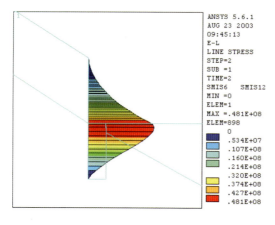

图 6-77　只设置抗滑桩时桩上的弯矩分布　　　　图 6-78　只设置抗滑桩时桩上的剪力分布

(2) 设置预应力锚索后的计算结果

设置预应力锚索后桩上的最大弯矩为 11 900kN·m（图 6-79），最大剪力为 2 650kN（图 6-80）。

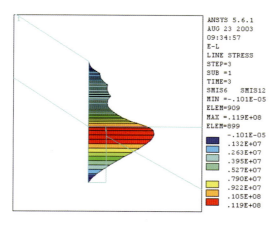 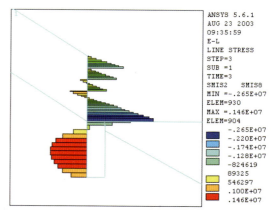

图 6-79　施加预应力锚索后桩上的弯矩分布　　　　图 6-80　施加预应力锚索后桩上的剪力分布

采用不同方法得到的计算结果见表 6-51。从表中的数据可以看出，传统方法采用了不同的滑坡推力分布形式，从而导致计算结果有很大的差别。有限元强度折减法的计算结果与传统方法中假定滑坡推力分布为矩形时的计算结果比较接近，如采用三角形分布的假定则计算结果偏于危险。另外通过锚索施加锚固力后，桩上的弯矩和剪力都大幅减小，可见锚索和抗滑桩联合使用显著地改变了桩的悬臂受力状态，使桩从被动受力状态变为主动加固，可以使桩的截面积与桩在滑动面以下的埋置深度显著减小，大幅节约工程材料，降低工程造价。

6）锚固力优化

锚固力的大小对抗滑桩内力的计算结果有较大影响，施加不同锚固力时桩上弯矩的计算结果见表 6-52。

不同方法得到的桩内力计算结果对比　　　　表 6-51

内　力		传　统　方　法		有限元强度折减法
		受荷段荷载分布类型假定为三角形分布	受荷段荷载分布类型假定为矩形分布	
无预应力锚索	剪力（kN）	6 276	8 323	6 560
	弯矩（kN·m）	42 062	58 082	48 100
有预应力锚索	剪力（kN）	875	2 573	2 650
	弯矩（kN·m）	5 346	11 320	11 900

采用不同锚固力时桩上弯矩　　　　表 6-52

编号	每孔锚索锚固力（kN）	桩上弯矩（kN·m）		
		有 限 元 法	传 统 方 法	
			①	②
1	600	19 700	7 853	22 683
2	800	11 900	5 346	11 310
3	900	4 550	14 516	5 583
4	950	2 650	17 249	2 967
5	1 000	3 410	19 982	4 532
6	1 100	7 300	25 447	8 110
7	1 200	11 700	30 913	13 575

注：表中①表示传统抗滑桩计算中假定滑坡推力分布为三角形，②表示矩形。

图 6-81 为不同锚固力时桩上弯矩的变化曲线。从计算结果可以看出，锚固力并不是越大越好，存在一个极值。从桩上弯矩变化曲线的走势变化可以看出，当锚固力变化时，有限元强度折减法的计算结果与传统方法中假定滑坡推力分布为矩形时计算得到变化趋势比较接近，而三角形分布得到的变化趋势则明显不同。当每根锚索的锚固力为 900kN 和 950kN 时，有限元强度折减法的计算结果为 4 550kN·m 和 2 650kN·m，与传统方法的计算结果 5 583kN·m 和 2 967kN·m 比较接近，而且内力相对较小，因此经过比较分析认为每孔锚固力宜采用 900kN 和 950kN。

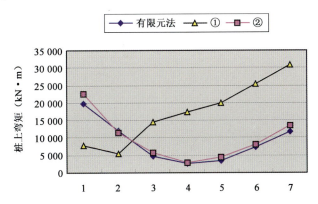

图 6-81　不同锚固力时桩上弯矩变化曲线

由图 6-81 可见，锚索锚固力的大小对桩的内力有较大影响，设计中可以通过不同方案的对比进行优化设计，使结构更趋经济安全。但应当注意，实际工程中锚固力会随时间而松弛，不易控制，而且锚固点的位置在施工中也不能做到绝对准确，因而优化后算得的内力应酌情增大。

7) 不同工况下的临界滑动面及安全系数

（1）开挖前，通过强度折减得到的滑动面如图 6-82 所示，安全系数为 1.05。

（2）开挖后未支挡时的滑动面如图 6-83 所示，安全系数为 0.64。

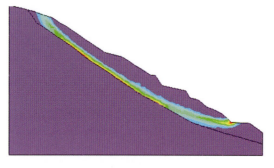

图 6-82　开挖前通过强度折减得到的滑动面　　　　图 6-83　开挖后未支挡时的滑动面

（3）支挡后的破坏滑动面如图 6-84 所示。此时的安全系数已经提高为 1.39，大于设计安全系数。也就是说，当强度参数按安全系数 1.39 进行折减时才会出现滑体越过桩顶滑出的现象。因此该工程在设计要求的范围内，不会出现通常所说的滑体"越顶"现象。

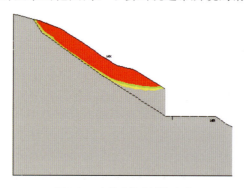

图 6-84　支挡后的破坏滑动面

参 考 文 献

[1] 吴恒立. 计算推力桩的综合刚度原理和双参数法 [M]. 北京：人民交通出版社，1990.

[2] 刘金砺. 桩基础设计与计算 [M]. 北京：中国建筑工业出版社，1990.

[3] 卢世深，林亚超. 桩基础的计算和分析 [M]. 北京：人民交通出版社，1987.

[4] 铁道部第二勘测设计院. 抗滑桩设计与计算 [M]. 北京：中国铁道出版社，1983.

[5] 赵明阶. 边坡工程处治技术 [M]. 北京：人民交通出版社，2003.

[6] 戴自航. 抗滑桩滑坡推力和桩前滑体抗力分布规律的研究 [J]. 岩石力学与工程学报，2002，21 (4)：517-521.

[7] 雷用.滑坡治理中抗滑短桩受力特性研究[D].重庆：后勤工程学院，2007.

[8] 赵尚毅，郑颖人.用有限元强度折减法求滑（边）坡支挡结构的内力[J].岩石力学与工程学报，2004，23（20）：3552-3558.

[9] 郑颖人，赵尚毅.岩土工程极限分析有限元法及其应用[J].土木工程学报，2005，38（1）：91-99.

[10] 郑颖人，赵尚毅，孔位学.岩土工程极限分析有限元法[J].岩土力学，2005，26（1）：163-168.

[11] 郑颖人，赵尚毅.滑（边）坡支挡结构设计中的一些问题[A].第八次全国岩石力学与工程学术会议论文[C].北京：科学出版社，2004.

[12] 郑颖人，雷文杰，赵尚毅.抗滑桩设计中的两个问题[J].公路交通科技，2005，22（6）：45-51.

[13] 雷文杰，郑颖人，冯夏庭.滑坡治理中抗滑桩桩位分析[J].岩土力学，2006（6）.

[14] 雷文杰，郑颖人，冯夏庭.沉埋桩的有限元设计方法探讨[J].岩石力学与工程学报，2006，25（9）.

[15] 雷用，郑颖人.土质滑坡中抗滑桩水平位移ANSYS分析[J].地下空间与工程学报，2006（10）.

[16] 雷用，刘国政，郑颖人.抗滑短桩与桩周土共同作用的探讨[J].后勤工程学院学报，2006，22（4）.

[17] 陈卫兵，郑颖人，雷文杰.沉埋桩加固滑坡体模型试验的三维有限元模拟[J].岩土力学，2007，28（增刊）.

[18] 宋雅坤，郑颖人，雷文杰.沉埋式抗滑桩机制模型试验数值分析研究[J].岩土力学，2007，28（增刊）.

[19] 雷文杰，郑颖人，冯夏庭.滑坡加固系统中沉埋桩的有限元极限分析研究[J].岩石力学与工程学报，2006（1）.

[20] 雷文杰，郑颖人，王恭先，等.沉埋桩加固滑坡体模型试验的机制分析[J].岩石力学与工程学报，2007（7）：1347-1355.

[21] 梁斌，郑颖人，宋雅坤.不同计算方法计算滑坡推力与桩前抗力的比较与分析[J].中国人民解放军后勤工程学院学报，2008（2）：14-17.

[22] 赵尚毅，郑颖人，李安洪.多排埋入式抗滑桩在武隆县政府滑坡中的应用[J].岩土力学，2009（增刊）：160-164.

[23] 郑颖人，赵尚毅，雷文杰，等.基于有限元强度折减法的抗滑桩设计新方法[J].《岩土工程学报》创刊30周年纪念文集.南京：河海大学出版社，2009.

[24] 许江波，郑颖人，赵尚毅，等.有限元与极限分析法计算桩后推力的分析与比较[J].岩土工程学报，2010，32（9）：1380-1385.

[25] 杨波，郑颖人，赵尚毅，等.双排抗滑桩在三种典型滑坡的计算与受力规律分析[J].岩土力学，2010，31（8）：237-244.

[26] 杨波，郑颖人，唐晓松，等.人工智能在双排全长式抗滑桩设计中的应用[J].地下空间与工程学报，2010，6（2）：358-363.

[27] 唐晓松,郑颖人,段永胜.人工智能在埋入式抗滑桩设计中的应用[J].地下空间与工程学报,2010,6(2):375-381.

[28] Zheng Yingren, Zhao Shangyi, Lei Wenjie. New Method of Designing Anti-slide Piles—the Strength Reduction FEM [J]. Engineering Sciences,2010,8(3).

[29] 唐芬,郑颖人,杨波.双排抗滑桩的推力分担及优化设计[J].岩石力学与工程学报,2010,29(5):3162-3168.

第7章 有限元极限分析法在加筋土挡墙中的应用

7.1 加筋土挡墙设计方法概述

加筋土是指在土中加入拉筋（或称筋带），从而提高土体的强度，增强土体的稳定性，减少变形。现代加筋土理论是由法国工程师 Henri Vidal 于 20 世纪 60 年代初提出的，并于 1963 年首先公布了其研究成果。1965 年，法国在比利牛斯山的普拉聂尔斯修建了世界上第一座加筋土挡墙。我国于 1979 年在云南建成了加筋土挡墙的试验工程。从此，加筋土技术的研究和应用在我国得到了迅速发展，目前主要应用于公路、机场、铁路、矿区与城镇建设等。

土工格栅加筋土挡墙是在公路建设中应用比较广泛的一种土工加筋技术。土工格栅的主要特点是受力均匀、抗拉强度高、韧性好、重量轻、耐腐蚀、抗老化与抗震效果好、与土颗粒之间的相互作用强、能在较短时间内发挥加筋作用，从而增强土体的整体性能，并最大程度地减少变形。加筋土挡墙施工简便、造价低，尤其是可以做成较高或坡度较陡的填土边坡，从而减少占地面积，大幅节省费用。截至目前，国内外针对土工格栅的加筋机制与加筋效果进行了不少的现场试验与理论分析，但理论与试验研究仍落后于工程实践，难以满足工程设计的要求。

现行的加筋土设计方法主要是极限平衡法，它的优点是能给出安全系数的指标；设计时仅需考虑强度方面的参数，计算工作量较小；而且与素土边坡及挡墙的分析方法相近，易为工程界接受。但是由于极限平衡法需要对拉筋、土体、滑动面做出许多假定，因此其计算精度较差，无法保证加筋土挡墙内部的绝对稳定，因此只能将极限平衡法看做半经验半理论的方法。现行的加筋土挡墙设计方法有锚固楔体法、双楔体法、基于考虑水平的极限平衡理论设计方法等。

有限元法是当前计算土力学中普遍采用的手段，与传统极限平衡法相比，土工格栅加筋土结构有限元分析的优越性是将加筋土结构的变形协调和应力平衡结合在一起，克服了传统极限平衡法将两者完全分开的局限。该方法不仅能计算出土体中各点的位移、应力、应变，提供受荷后土体与拉筋的应力场和位移场，还能在计算中考虑土体的非均质和非线性。

有限元极限分析法是最近发展起来的一种新方法，尤其是其中的有限元强度折减法为土工格栅加筋土挡墙的设计提供了有效的方法。它可以较好地解决传统方法中存在的问题，如筋带的轴向拉伸刚度及筋带与土之间的相互作用等，并自动求出加筋土结构的破坏模式、破裂面位置和稳定安全系数，十分贴合工程实际。基于有限元强度折减法进行土工格栅加筋土挡墙的设计计算不需要做任何假定，除能妥善解决传统设计方法中存在的问题外，还可以自动判断加筋土挡墙的破坏模式，是一种可靠、合理、方便的计算方法。同时，采用有限元强度折减法还可以对筋带的间距和长度进行优化设计，大幅度降低工程造价。

7.2 传统加筋土挡墙设计方法

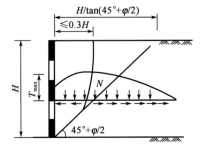

图 7-1 加筋土挡墙的内部破坏（$0.3H$ 简化破裂面及朗金理论破裂面）

7.2.1 传统加筋土挡墙破坏模式

传统加筋土挡墙破坏模式有两种：一种是加筋土内部的破坏，如图 7-1 所示，其破裂面一般假定为 $0.3H$ 破裂面；另一种是加筋土外部的破坏，如图 7-2 所示，具体分为滑移、倾覆、倾斜、整体滑动等形式。

7.2.2 传统加筋土挡墙的设计计算方法及其存在的问题

针对加筋土挡墙的内部与外部破坏模式，传统设计方法需分别进行内部稳定验算和外部稳定验算。

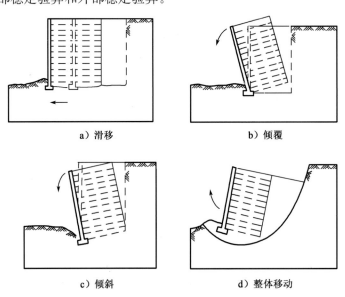

a) 滑移　　　　b) 倾覆

c) 倾斜　　　　d) 整体移动

图 7-2 加筋土挡墙的外部破坏

1) 内部稳定验算

(1) 根据筋带的垂直与水平间距、荷载情况，计算筋带所受拉力。

(2) 根据筋带的容许拉应力，验算筋带的抗拉强度。若不满足要求，则增加筋带数量，或改用较高强度的筋带，或改变筋带的布设，重新计算直至满足要求为止。

(3) 根据筋带的长度、宽度，验算筋带的抗拔稳定性。若不满足要求，则增加筋带长度，或增加筋带数量（只有当地形条件受限制时才用），或改用摩擦系数大的填料，重新计算直至满足要求为止。

(4) 必要时调整筋带的长度，以利于施工。

由此可见，内部稳定验算并没有求出加筋带内土体的稳定性，只是验算了加筋带的强度是否满足，以及依据筋带的抗拔稳定性来确定筋带的长度、宽度是否足够。现行方法中没有提出合理的内部稳定分析的力学方法，而且计算中假定的破裂面并不是真实的破裂面，因而传统方法的内部稳定验算不够科学合理。

2) 外部稳定验算

外部稳定验算包括加筋带的水平滑移、倾覆稳定性、地基承载力以及整体稳定性的验算。计算方法与重力式挡墙的抗倾覆稳定性、抗滑移稳定性等验算方法相类似。

由此可见，传统加筋土挡墙的设计方法只能满足单根筋带的设计参数，包括筋带强度、截面尺寸与长度，不但没有提供合理的内部稳定性的分析方法，也没有涉及筋带轴向拉伸刚度的选取，也不能反映筋带与土体之间的相互作用等各种影响因素对加筋土挡墙内部稳定与外部稳定的影响。

7.3 PLAXIS 程序中加筋土的有限元数值计算

7.3.1 土工格栅与土体之间相互作用的本构模型

1) 土工格栅筋材的本构模型

加筋土挡墙设计计算中，为了考虑筋带与土体之间的共同作用可采用有限元数值分析方法，并通过对加筋土挡墙进行强度折减，求出加筋土挡墙的稳定安全系数。

由荷兰 PLAXIS B.V. 公司开发的 PLAXIS 有限元程序具有自动进行有限元强度折减的功能，并提供了模拟土工格栅的本构模型。由于土工格栅筋材是一种只能受拉、不能受压、不具有抗弯刚度的柔性材料，因此土工格栅单元的本构关系可以简化为线弹性，即看成只能沿轴向变形的一维单元，如图 7-3 所示。

在只考虑水平位移的情况下，单元节点与节点的位移关系式为：

$$\{p\} = [k]^e \{u\} \tag{7-1}$$

式中：$\{p\}$ ——节点力，$\{p\} = \begin{Bmatrix} p_i \\ p_j \end{Bmatrix}$；

$\{u\}$ ——节点位移，$\{u\} = \begin{Bmatrix} u_i \\ u_j \end{Bmatrix}$；

$[k]^e$ ——单元刚度矩阵，$[k]^e = \dfrac{AE_A}{L}\begin{bmatrix} 1 & -1 \\ -1 & 1 \end{bmatrix}$；

A——横截面积；

L——单元长度；

E_A——轴向拉伸刚度。

2）接触单元的本构模型

为了模拟土工格栅与土之间在工程施工或运行过程中可能出现的相对滑动现象，必须在土工格栅与土之间设置接触单元，如图7-4所示。

图7-3 土工格栅筋材单元　　　　　图7-4 接触单元

PLAXIS程序是通过设置界面来考虑土与土工格栅之间的相互作用的，格栅与土体之间的应力传递取决于界面强度，而界面单元的强度等于周围土体的强度乘以系数R_{inter}。因此参数R_{inter}反映了两者相互作用的程度，具体关系如下：

$$\tan\varphi_{inter} = R_{inter}\tan\varphi_{soil} \tag{7-2}$$

$$c_{inter} = R_{inter} c_{soil} \tag{7-3}$$

当土与土工格栅的变形一致，即两者之间没有相对滑动时，$R_{inter}=1.0$；当两者之间有相对滑动时，界面单元的强度低于周围土体的强度，$R_{inter}<1$。在实际工程中，R_{inter}的大小可以通过土工格栅的似摩擦系数进行确定。似摩擦系数f由试验确定，即：

$$f = \tan\varphi_1 \tag{7-4}$$

式中：φ_1——土与筋带接触面之间的摩擦角，即为φ_{inter}。

由于式（7-3）缺乏充分的理论依据，填土c_{soil}不应大于10kPa。由式（7-2）和式（7-4）得到：

$$R_{inter} = \frac{\tan\varphi_{inter}}{\tan\varphi_{soil}} = \frac{f}{\tan\varphi_{soil}} \tag{7-5}$$

7.3.2 材料参数的选择及其影响

在PLAXIS程序中采用理想弹塑性模型进行加筋土挡墙的设计计算，需要输入如下计算参数：土体的重度γ、弹性模量E、泊松比ν、内摩擦角φ、黏聚力c以及剪胀角ψ，还有加筋土填土的内摩擦角φ_1、黏聚力c_1、反映格栅与土体之间相互作用的系数R_{inter}以及筋带的轴向拉伸刚度E_A。其中，剪胀角ψ对计算稍有些影响，当采用关联流动法则时，取$\psi=\varphi$；当采用非关联流动法则时，为了考虑一定的剪胀，取$\psi=\varphi/2$较为合适。

7.4　土工格栅加筋土挡墙稳定性影响因素敏感性分析

7.4.1　加筋土挡墙稳定性影响因素分析

以某高速公路土工格栅加筋土挡墙的实际工程作为算例，如图7-5所示。挡墙高9.6m，筋带长6.4m，垂直间距为0.4m，共铺设21层筋带。土体重度$\gamma=19.5$kN/m³，黏聚力$c=$

5kPa，内摩擦角 $\varphi=35°$，筋土界面似摩擦系数等于 0.44，筋带轴向拉伸刚度 $E_A=1\,000\text{kN/m}$。采用有限元强度折减法进行该挡墙的稳定性分析，得到安全系数等于 1.376，滑面位置如图 7-5b) 所示。分析筋土间似摩擦系数、内摩擦角、黏聚力、重度、筋带轴向拉伸刚度、筋带长度以及筋带间距对挡墙稳定性的影响。

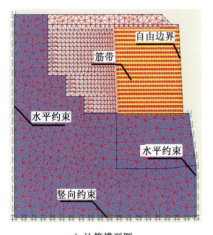
a) 计算模型图

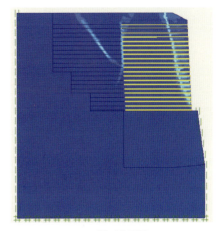
b) 滑面位置图

图 7-5 标准条件挡墙示意图

1) 筋土间似摩擦系数对稳定性的影响

在 PLAXIS 有限元计算软件中，参数 R_{inter} 与似摩擦系数相关，可由似摩擦系数求得。当似摩擦系数 $f=0.44$ 时，$R_{\text{inter}}=0.63$；当 $f=0.14$ 时，$R_{\text{inter}}=0.2$。下面通过变化参数 R_{inter} 来分析筋土间似摩擦系数对挡墙稳定性的影响。R_{inter} 分别取 0.2、0.3、0.4、0.5、0.58、0.63、0.8 和 1，计算结果见表 7-1 与图 7-6。从计算结果可以看出，安全系数随参数 R_{inter} 变大也逐渐增大。这是因为筋土间的摩擦是拉筋抗拉强度发挥的前提，也就是说在进行加筋土挡墙的设计时应选择能提供较高的似摩擦系数的筋材，从而保证筋土之间有足够的强度，加筋土挡墙具有较高的稳定性。

不同 R_{inter} 条件下安全系数的计算结果　　表 7-1

R_{inter}	0.2	0.3	0.4	0.5	0.58	0.63	0.8	1
F_s	0.88	1.036	1.162	1.263	1.335	1.376	1.480	1.552

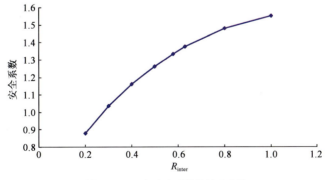

图 7-6 R_{inter} 与安全系数的关系曲线

图 7-7 和图 7-8 所示的破裂面位置都在加筋土体内部，同时似摩擦系数 f 或参数 R_{inter} 越大破裂面的位置越靠前，失稳的范围越小，对应的安全系数越高。

 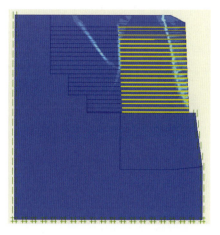

图 7-7　$R_{inter}=0.2$ 时的破裂面位置　　　　图 7-8　$R_{inter}=0.63$ 时的破裂面位置

2) 填土参数对稳定性的影响

填土是加筋土挡墙的主体材料，填土的强度参数将对挡墙的稳定性产生一定的影响。

(1) 黏聚力对稳定性的影响

由表 7-2 和图 7-9 可以看出，随着黏聚力的提高，安全系数逐渐增大。

不同黏聚力条件下安全系数的计算结果　　　　表 7-2

黏聚力（kPa）	3	5	7.5	10	12.5	15
安全系数	1.153	1.376	1.590	1.787	1.953	2.116

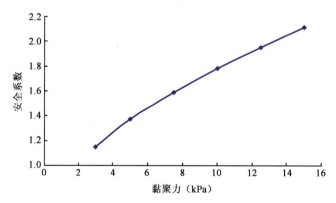

图 7-9　黏聚力与安全系数的关系曲线

(2) 内摩擦角对稳定性的影响

由表 7-3 和图 7-10 可以看出，同黏聚力对安全系数的影响一样，随着内摩擦角的逐步提高，安全系数也逐步增大。

不同内摩擦角条件下安全系数的计算结果　　　　表 7-3

内摩擦角（°）	23	25	27.5	30	32.5	35
安全系数	1.202	1.255	1.261	1.317	1.348	1.376

(3) 填土重度对稳定性的影响

由表 7-4 和图 7-11 可知，安全系数随填土重度的增大逐渐减小。

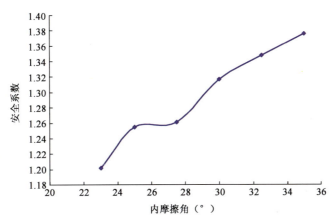

图 7-10 内摩擦角与安全系数的关系曲线

不同重度条件下安全系数的计算结果 表 7-4

重度（kN/m³）	17	18	19.5	21	22	23
安全系数	1.447	1.410	1.376	1.343	1.319	1.284

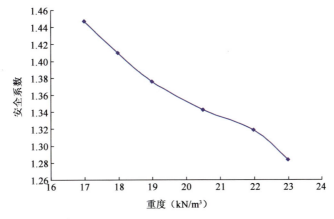

图 7-11 重度与安全系数的关系曲线

3) 筋带轴向拉伸刚度对稳定性的影响

土工格栅加筋土挡墙设计中选择合理的土工格栅至关重要，它直接影响到挡墙的稳定性和变形。在 PLAXIS 有限元计算软件中，土工格栅的材料性质主要与弹性拉伸轴向刚度 E_A 有关。表 7-5 中列出了轴向拉伸刚度与安全系数的关系。

不同轴向拉伸刚度条件下安全系数和筋带位移的计算结果 表 7-5

E_A（kN/m）	3×10^6	3×10^5	1×10^4	1×10^3	300	160	100	80
安全系数	1.381	1.380	1.379	1.376	1.246	1.188	1.133	1.067
顶层筋带的水平位移（cm）	3.51	3.53	4.78	7.3	18.8	19.6	20.4	33.6

从表中的计算结果可以看出，当 $E_A = 1\times10^3$ kN/m 时安全系数已经满足设计要求，再增大 E_A，安全系数并没有明显的增加，因而选用轴向拉伸刚度很高的土工格栅并无必要。反之，当 E_A 低于 1×10^3 kN/m 时，安全系数随轴向拉伸刚度的减小迅速降低，位移量也迅速增大，所以应该选择轴向拉伸刚度 E_A 满足要求的土工格栅。而现行的设计计算方法则无法考虑轴向拉伸刚度的影响。

从图 7-12、图 7-13 所示不同轴向拉伸刚度对应的破裂面位置可以看出，随着轴向拉伸刚度 E_A 的减小，破裂面的位置逐渐向挡墙内部移动，失稳区也随之扩大，安全系数逐渐降低，因此轴向拉伸刚度的大小与破裂面的位置和挡墙的稳定性都有关。当 $E_A = 1 \times 10^3 \text{kN/m}$ 时，加筋土挡墙的破坏是因为筋带的强度不足而发生的，此时计算得到的破裂面位置与最大拉力点连线的位置是一致的，并且在 $0.3H$ 破裂面以内；当 $E_A = 160 \text{kN/m}$ 时，加筋土挡墙的破坏则是由于筋带的轴向拉伸刚度过小，因此筋带的变形过大，丧失了对土体的有效约束，大部分加筋土体进入塑性，导致破裂面后移并进入未加筋的土体。

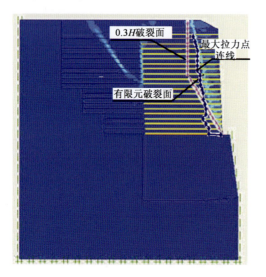

图 7-12　$E_A = 1 \times 10^3 \text{kN/m}$ 时得到的破裂面及最大拉力点连线

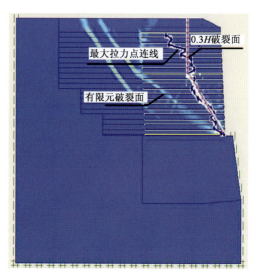

图 7-13　$E_A = 160 \text{kN/m}$ 时得到的破裂面及最大拉力点连线

4）筋带间距对稳定性的影响

从表 7-6、图 7-14～图 7-16 可以看出，采用有限元强度折减法进行加筋土挡墙的稳定性分析能反映不同筋带间距对破裂面位置和安全系数的影响。随着间距的增大，安全系数逐渐减小，破裂面的位置逐渐上移。但是设计时采用过小的筋带间距也没有必要，反而会造成工程浪费，延长施工时间，只要间距的大小能满足设计安全系数的要求就可以了。因此，通过分析不同筋带间距条件下挡墙的稳定性，可以确定筋带铺设的合理间距，而传统的设计方法显然无法做到这一点。

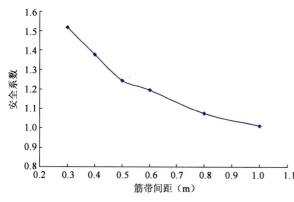

图 7-14　筋带间距与安全系数的关系

不同筋带间距条件下安全系数的计算结果　　表 7-6

筋带间距（m）	0.3	0.4	0.5	0.6	0.8	1
安全系数	1.519	1.376	1.244	1.196	1.074	1.009

图 7-15　筋带间距 0.4m 时的破裂面　　　　　图 7-16　筋带间距 0.8m 时的破裂面

5) 筋带长度对稳定性的影响

采用有限元强度折减法对不同筋带长度条件下挡墙的稳定性进行分析，计算结果见表 7-7 和图 7-17。由表 7-7 和图 7-17 可以看出，筋带长度的变化对挡墙的稳定性会产生一定的影响。当筋带长度从 7.4m 降低至 4.4m 时，安全系数降低不多，这说明过长的筋带反而会造成浪费；当筋带长度为 3.4m 时，在未加筋的土体内产生破裂面，如图 7-18c) 所示。此时发生的破坏是由于土体产生的水平推力克服了加筋体"基底"与地基土之间的摩擦力，发生了沿着底面滑动的外部失稳破坏，对应的安全系数也不能满足要求，因而是不可取的。由此可以看出，通过分析不同筋带长度条件下挡墙的稳定性可以确定筋带的合理长度。

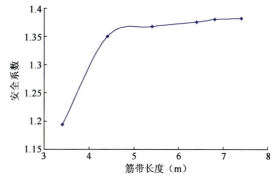

图 7-17　筋带长度与安全系数的关系

由图 7-18 所示不同筋带长度条件下破裂面的位置可以看出，当筋带足够长时，破裂面的位置在加筋土体的内部，此时安全系数相对较高；当筋带长度逐渐缩短时，破裂面的位置逐渐向内移并进入加筋的土体内，安全系数也随之降低。

不同筋带长度条件下安全系数的计算结果　　　　　表 7-7

筋带长度（m）	7.4	6.8	6.4	5.4	4.4	3.4
安全系数	1.382	1.381	1.376	1.368	1.35	1.194

通过上述的内容可以看出，基于有限元强度折减法进行加筋土挡墙稳定性影响因素的分析，可以克服传统方法的不足，较为全面地反映了土工格栅的加筋效果：

（1）通过分析筋土界面似摩擦系数对稳定性的影响可以看出，似摩擦系数越大安全系数也相对越大，证明了"摩擦加筋原理"的正确性。

（2）筋带轴向拉伸刚度的大小对挡墙的稳定性会产生一定的影响，实际工程中必须保证格栅具有一定的轴向拉伸刚度，才能满足工程稳定性和和位移控制的要求。

（3）通过分析不同筋带间距和筋带长度条件下挡墙的稳定性，在满足工程稳定性和位移控制要求的前提下，可以进行筋带间距和筋带长度的优化设计。传统的设计方法显然无法做到这一点。

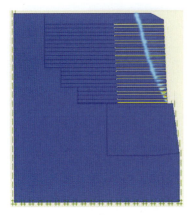
a）筋带长度为6.4m

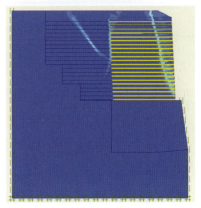
b）筋带长度为5.4m

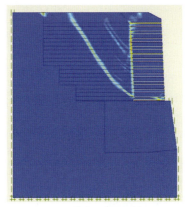
c）筋带长度为3.4m

图7-18 不同筋带长度时的破裂面位置

7.4.2 稳定性影响因素的敏感性分析

从上述的分析可以看出，土工格栅加筋土挡墙的稳定性受筋土间似摩擦系数、筋带长度、筋带间距、筋带轴向拉伸刚度以及土体强度等因素的影响，因此可以把评价土工格栅加筋土挡墙稳定性的安全系数看成是包含以上诸多影响因素的函数，即：

$$F_s = f(x_1, x_2, \cdots, x_n) \tag{7-6}$$

虽然上式只是一个数学模型，并没有明确的表达式，但是可以通过分析各个因素的变化对安全系数的影响，即通过敏感性分析，找出导致加筋土挡墙可能失稳的主导因素。常规的敏感性分析通常采用以下方法进行：首先要确定一个作为基准条件的加筋土挡墙，并通过稳定性分析得到安全系数；然后，改变基准条件下加筋土挡墙稳定性影响因素中的一个因素，并保持其他因素不变，计算出该因素取不同值时对应的安全系数；按上述的方法，轮流改变其他因素，计算出各个因素变化时对应的安全系数，从而得到安全系数随各个影响因素变化的关系曲线；最后，根据各影响因素敏感度的大小找出主导因素。敏感度一般是通过各因素的相对变化率与加筋土挡墙安全系数的相对变化率之间的比值进行计算，即第i个影响参数

的敏感度 S_i 可表示如下：

$$S_i = \left|\frac{\Delta K_i}{K_i}\right| / \left|\frac{\Delta X_i}{X_i}\right| \tag{7-7}$$

式中：$\left|\frac{\Delta X_i}{X_i}\right|$——影响因素 X_i 的相对变化率；

$\left|\frac{\Delta K_i}{K_i}\right|$——安全系数的相对变化率。

从上述内容可以看出，常规的敏感性分析能比较方便地确定影响加筋土挡墙稳定性的敏感因素，但是由于各个参数之间量纲的不一致，因此计算得到的敏感度往往不具备直接的可比性。除此之外，由于各参数值的数量级相差很大，因此相应的安全系数的变化幅度也相差较大，且安全系数与影响因素的关系并不都表现为线性关系，所以常规的敏感性分析具有一定的局限性。为了克服常规敏感性分析的局限性，这里采用灰关联分析法进行影响因素的敏感性分析。该方法能够克服常规敏感性分析方法的不足，是分析影响因素关联关系的一种系统分析方法。其目的是寻找影响目标对象的主要因素，从而掌握事物变化的主要特征。

1) 灰关联分析的基本原理和方法

灰关联分析是灰色系统理论的一个组成部分，它可以在有限数据资料的情况下，比较精确地找出各种变化因素（比较因素）与参考因素之间的关联性（以关联度表示），关联度越大，表明比较因素与参考因素的相关性越强。分析的具体步骤是：首先对各因素序列进行数据建立，使序列具备"可比性"、"可接近性"和"极性一致性"，得到灰关联因子空间，然后获取序列间的差异信息，由此建立差异信息空间，通过差异信息空间的建立和差异信息的比较测度（灰关联度）对灰关联度进行排序，最后得到因子间的序列关系。

(1) 确定比较数据矩阵与参考数据矩阵

以影响加筋土挡墙稳定性的各因素（黏聚力、筋土间摩擦系数、内摩擦角等）为比较列 X，$X = [X_1, X_2, \cdots, X_m]^T$，相应的加筋土挡墙的安全系数作为参考列 Y，$Y = [Y_1, Y_2, \cdots, Y_m]^T$，其中，列 X、Y 的每个因素都有若干个取值，即 $X_i = [x_i(1), x_i(2), \cdots, x_i(n)]$，$Y_i = [y_i(1), y_i(2), \cdots, y_i(n)]$，因此列 X、Y 可写成矩阵形式：

$$X = \begin{bmatrix} X_1 \\ X_2 \\ \vdots \\ X_m \end{bmatrix} = \begin{bmatrix} x_1(1) & x_1(2) & \cdots & x_1(n) \\ x_2(1) & x_2(2) & \cdots & x_2(n) \\ \vdots & \vdots & \vdots & \vdots \\ x_m(1) & x_m(2) & \cdots & x_m(n) \end{bmatrix}$$

$$Y = \begin{bmatrix} Y_1 \\ Y_2 \\ \vdots \\ Y_m \end{bmatrix} = \begin{bmatrix} y_1(1) & y_1(2) & \cdots & y_1(n) \\ y_2(1) & y_2(2) & \cdots & y_2(n) \\ \vdots & \vdots & \vdots & \vdots \\ y_m(1) & y_m(2) & \cdots & y_m(n) \end{bmatrix}$$

(2) 矩阵的无量纲化

由于上述各个影响因素的量纲不同，且数量级相差较大，不具备可比性，因此必须对 X_i 和 Y_i 进行数值处理。通常可采用初值化、均值化、区间相对值化和归一化等方法进行处理。若采用区间相对值化进行处理，则其计算方法如下：

$$X_i' = [x_i'(1), x_i'(2), \cdots, x_i'(n)] \tag{7-8}$$

其中：

$$x'_i(j) = \frac{x_i(j) - \min_j x_i(j)}{\max_j x_i(j) - \min_j x_i(j)} \tag{7-9}$$

同时，对参考列 Y_i 也需要进行区间相对值化处理。这样就完成了对原序列 X_i 和 Y_i 的无量纲处理。

(3) 确定矩阵的灰关联差异信息空间

差异信息的求取采用下式：

$$\Delta_{ij} = |x'_i(j) - y'_i(j)| \tag{7-10}$$

从而得到差异序列矩阵 Δ，在差异序列矩阵 Δ 中提取最大值与最小值：

$$\Delta_{\max} = \max(\Delta_{ij}) \tag{7-11}$$

$$\Delta_{\min} = \min(\Delta_{ij}) \tag{7-12}$$

(4) 求灰关联系数矩阵与灰关联度

灰关联分析实质上是点集拓补的整体比较与距离空间的两点比较两者之间的结合，它是有参考系的、有测度的整体比较。首先找出各比较点与参考点之间的距离，然后通过整体分析找出各因素之间的差异性和相关性，最后以关联系数表示比较因素与参考因素之间的相关性。

关联系数可由下式求出：

$$\gamma_{ij} = \frac{\Delta_{\min} + \xi\Delta_{\max}}{\Delta_{ij} + \xi\Delta_{\max}} \tag{7-13}$$

式中：ξ——分辨系数，其作用是提高关联系数之间差异的显著性，$\xi \in [0,1]$，一般情况下取 $\xi = 0.5$。

由于关联系数的个数比较多，信息比较分散，不便于比较，因此常通过计算平均值得到关联度，从而进行影响因素关联性的比较。关联度可通过下式求解：

$$A_i = \frac{1}{n}\sum_{j=1}^{n}\gamma_{ij} \tag{7-14}$$

关联度 A_i 为 $[0,1]$ 区间内的变化量。关联度的大小只是因子间相互作用的外在表现。灰关联分析中，序列处理方法的不同，相互之间的关联度也不同。关联度并不代表影响因素对安全系数贡献的大小，其关联度序列才能反映影响因素敏感性的实质。在关联度序列中影响因素的关联度相对越大，说明该影响因素对加筋土挡墙稳定性的影响越大，即其敏感性越大；反之，则越不敏感。

2) 加筋土挡墙影响参数的灰关联敏感性分析

根据上述的分析方法，选取各影响参数的变化值作为比较矩阵，相应条件下的安全系数作为参考矩阵。由于在分析筋土似摩擦系数对挡墙稳定性的影响时，考虑的是参数 R_{inter} 的变化，因此在进行无量纲处理后，取 R_{inter} 和筋土似摩擦系数得到的参考序列是一致的，所以这里取 R_{inter} 为参考序列。

$$X = \begin{bmatrix} X_1 \\ X_2 \\ \vdots \\ X_m \end{bmatrix} = \begin{bmatrix} 0.3 & 0.4 & 0.5 & 0.58 & 0.63 & 0.8 \\ 80 & 100 & 160 & 300 & 1\,000 & 10\,000 \\ 0.3 & 0.4 & 0.5 & 0.6 & 0.8 & 1 \\ 3.4 & 4.4 & 5.4 & 6.4 & 6.8 & 7.4 \\ 3 & 5 & 7.5 & 10 & 12.5 & 15 \\ 23 & 25 & 27.5 & 30 & 32.5 & 35 \\ 17 & 18 & 19.5 & 21 & 22 & 23 \end{bmatrix}$$

$$Y = \begin{bmatrix} Y_1 \\ Y_2 \\ \vdots \\ Y_m \end{bmatrix} = \begin{bmatrix} 1.036 & 1.162 & 1.263 & 1.335 & 1.376 & 1.480 \\ 1.076 & 1.133 & 1.188 & 1.246 & 1.376 & 1.379 \\ 1.519 & 1.376 & 1.244 & 1.196 & 1.074 & 1.009 \\ 1.194 & 1.35 & 1.368 & 1.376 & 1.381 & 1.383 \\ 1.153 & 1.376 & 1.590 & 1.787 & 1.953 & 2.116 \\ 1.202 & 1.255 & 1.261 & 1.315 & 1.348 & 1.376 \\ 1.477 & 1.410 & 1.376 & 1.343 & 1.319 & 1.284 \end{bmatrix}$$

通过矩阵的无量纲化得到：

$$X' = \begin{bmatrix} X'_1 \\ X'_2 \\ \vdots \\ X'_m \end{bmatrix} \begin{bmatrix} 0 & 0.2 & 0.4 & 0.56 & 0.66 & 1 \\ 0 & 0.002 & 0.008 & 0.022 & 0.092 & 1 \\ 0 & 0.143 & 0.286 & 0.428 & 0.714 & 1 \\ 0 & 0.25 & 0.5 & 0.75 & 0.85 & 1 \\ 0 & 0.167 & 0.375 & 0.583 & 0.792 & 1 \\ 0 & 0.167 & 0.375 & 0.583 & 0.792 & 1 \\ 0 & 0.167 & 0.417 & 0.667 & 0.833 & 1 \end{bmatrix}$$

$$Y' = \begin{bmatrix} Y'_1 \\ Y'_2 \\ \vdots \\ Y'_m \end{bmatrix} \begin{bmatrix} 0 & 0.284 & 0.511 & 0.673 & 0.766 & 1 \\ 0 & 0.188 & 0.370 & 0.561 & 0.990 & 1 \\ 1 & 0.720 & 0.461 & 0.367 & 0.127 & 0 \\ 0 & 0.825 & 0.921 & 0.923 & 0.989 & 1 \\ 0 & 0.232 & 0.454 & 0.658 & 0.831 & 1 \\ 0 & 0.305 & 0.339 & 0.649 & 0.839 & 1 \\ 1 & 0.773 & 0.564 & 0.564 & 0.215 & 1 \end{bmatrix}$$

从而得到差异矩阵：

$$\Delta = \begin{bmatrix} 0 & 0.084 & 0.111 & 0.113 & 0.106 & 0 \\ 0 & 0.186 & 0.362 & 0.539 & 0.897 & 0 \\ 1 & 0.577 & 0.175 & 0.062 & 0.587 & 1 \\ 0 & 0.575 & 0.421 & 0.213 & 0.139 & 0 \\ 0 & 0.065 & 0.079 & 0.658 & 0.039 & 0 \\ 0 & 0.138 & 0.036 & 0.066 & 0.047 & 0 \\ 1 & 0.606 & 0.148 & 0.305 & 0.619 & 1 \end{bmatrix}$$

其中：$\Delta_{\max} = \max(\Delta_{ij}) = 1$，$\Delta_{\min} = \min(\Delta_{ij}) = 0$。取分辨系数 $\xi = 0.5$，通过计算得到灰关联系数矩阵：

$$\gamma = \begin{bmatrix} 1 & 0.856 & 0.818 & 0.815 & 0.825 & 1 \\ 1 & 0.729 & 0.580 & 0.481 & 0.358 & 1 \\ 0.333 & 0.464 & 0.741 & 0.889 & 0.460 & 0.333 \\ 1 & 0.465 & 0.543 & 0.701 & 0.782 & 1 \\ 1 & 0.885 & 0.864 & 0.432 & 0.927 & 1 \\ 1 & 0.784 & 0.933 & 0.883 & 0.913 & 1 \\ 0.333 & 0.452 & 0.772 & 0.621 & 0.447 & 0.333 \end{bmatrix}$$

则关联度序列等于：

$$A = \begin{bmatrix} 0.885 & 0.691 & 0.537 & 0.749 & 0.851 & 0.919 & 0.493 \end{bmatrix}^T$$

从关联度序列可以看出，在影响加筋土挡墙稳定性的诸多因素中，填土强度参数内摩擦角的影响最大，其次分别是筋土似摩擦系数、填土的黏聚力、筋带长度、筋带轴向拉伸刚度和筋带间距这些因素的影响，而填土重度对其稳定性的影响则相对最小。实际工程中，由于受当地填料的限制，不易提高填土的内摩擦角和黏聚力，因此可以考虑选择与填土有较高似摩擦系数和轴向拉伸刚度相对较大的土工格栅，以保证加筋土挡墙的稳定性。

7.5 土工格栅加筋土挡墙破坏模式及有限元极限设计计算方法

7.5.1 加筋土挡墙破坏模式

基于上述土工格栅加筋土挡墙稳定性分析的结果可以发现，加筋土挡墙具有如下三种破坏模式：

（1）当筋带轴向拉伸刚度和长度足够时，挡墙失稳时破裂面前部的土体会发生松动坍塌。此时的破坏模式为加筋土挡墙的内部破坏，并且似摩擦系数 f 越大破裂面的位置越靠前，失稳范围越小，安全系数相对越高，如图7-19a）所示。

（2）在似摩擦系数和筋带的长度都满足要求的前提下，当筋带的轴向拉伸刚度减小到一定数值后，因为筋带的变形过大，对加筋部分的土体丧失了有效的约束，从而使大部分加筋土体进入塑性，导致破裂面的位置后移并进入未加筋的土体。此时的破坏模式为加筋土挡墙内部与外部的同时破坏，如图7-19b）所示。

（3）在似摩擦系数和筋带的轴向拉伸刚度都满足要求的前提下，当筋带的长度减小到一定数值后，在未加筋的土体内产生破裂面。此时发生的破坏是因为土体产生的水平推力克服了加筋体"基底"与地基土之间的摩擦力，发生了沿着底面滑动的外部失稳破坏，如图7-19c)所示。

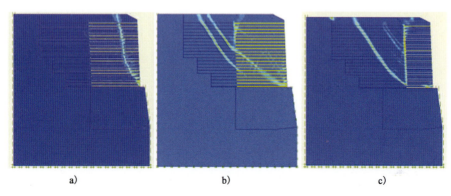

图7-19 土工格栅加筋土挡墙三种破坏模式

7.5.2 加筋土挡墙有限元极限设计计算方法

加筋土挡墙有限元极限设计计算方法主要包含三项内容：

（1）复核设计条件，主要是对加筋土挡墙地基的地质特征及力学参数、填料的物理力学性质、荷载的条件及设计安全系数等进行复核。

（2）验算加筋土挡墙的稳定性，确定筋带铺设的间距和长度，确保加筋土挡墙的稳定性达到设计要求。

（3）验算筋带拉力、基底压力与水平位移。

加筋土挡墙有限元极限设计流程，如图 7-20 所示。

采用有限元强度折减法进行加筋土挡墙的设计计算，其具体步骤为：

（1）利用有限元强度折减法进行挡墙的稳定性分析，计算得到破裂面的位置与稳定安全系数。

（2）如安全系数过大，则可适当减少筋带数量，即增大筋带的间距，使安全系数大于 1.3（设计安全系数）。

（3）计算筋带的长度，不断减小筋带的长度直到安全系数突然减小，再综合考虑安全度将此长度乘以 1.2~1.4 即可作为设计长度。安全度的大小究竟取多少为宜还有待进一步的研究。

（4）计算加筋带的最大拉力，其大小不能超过筋带的设计拉力。设计拉力可按下式确定，也可根据《土工合成材料应用技术规范》（GB 50290—98）中的公式确定。

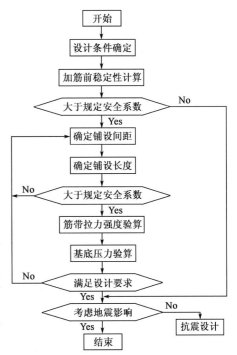

图 7-20 加筋土挡墙有限元极限设计流程图

$$T < T_D = \frac{T_M}{\gamma_f \gamma_{R2} \gamma_0} \tag{7-15}$$

式中：T——筋带的最大拉力；

T_D——筋带的设计拉力；

T_M——筋带的极限拉力；

γ_f——筋带材料抗拉性能的分项系数，通常取 1.25；

γ_{R2}——筋带材料抗拉计算的调节系数，通常取 1.8~2.5；

γ_0——结构重要性系数，通常取 1.0~1.1。

（5）验算筋带的轴向刚度是否合理，并验算加筋土挡墙的水平位移是否满足工程对变形控制的要求。

（6）验算加筋土挡墙的基底压力是否满足基底土承载力的要求。

7.5.3 加筋土挡墙有限元极限设计计算方法的工程应用

以图 7-5a) 所示工程为例，采用有限元强度折减法进行土工格栅加筋土挡墙的设计与优化。

1）加筋前挡墙的稳定性计算

如果不铺设土工格栅，直接进行填筑，那么填筑体的安全系数 $F_s = 0.42$，不能满足设计要求，因此需要在填筑体中铺设土工格栅提高挡墙的稳定性。

2）原设计方案破裂面与稳定安全系数的确定

经计算，原设计方案稳定安全系数为 1.376，其破裂面的位置如图 7-21 所示。

3）加筋土挡墙筋带间距的确定

采用有限元强度折减法对不同筋带间距条件下挡墙的稳定性进行分析，筋带的长度取

6.4m，在分析过程中保持不变，计算结果见表7-8。

从表7-8的计算结果可以看出，如果工程的安全系数要求达到1.3，那么筋带间距取0.4m和0.45m比较合理。因此确定这两种筋带间距，并在此基础上进行筋带长度的优化设计。

4）加筋土挡墙筋带长度的确定

根据上一步确定的两种筋带间距，进行不同筋带长度条件下挡墙的稳定性分析，计算结果见表7-9。

筋带间距与安全系数的关系　　　　　　　　　　　表7-8

筋带间距（m）	0.3	0.4	0.45	0.5	0.6	0.8	1
安全系数	1.519	1.376	1.331	1.244	1.196	1.074	1.009

筋带长度与安全系数的关系　　　　　　　　　　　表7-9

筋带间距（m）	0.4					
筋带长度（m）	7.4	6.4	5.4	4.4	4.0	3.4
安全系数	1.382	1.376	1.358	1.35	1.290	1.194
筋带间距（m）	0.45					
筋带长度（m）	6.4	5	4.5	4.2	4	
安全系数	1.331	1.320	1.310	1.286	1.283	

从表7-9中的计算结果可以看出，对于所采用的两种筋带间距，当筋带长度从7.4（6.4）m降低至4.4m左右时，安全系数降低的幅度都不是很大。这表明筋带的长度过长不但对挡墙稳定性的提高没有明显作用，反而会造成不必要的浪费。如筋带间距取0.4m，当筋带长度为4.0m时，继续减小筋带长度，安全系数突然降低，同时挡墙的破坏也由加筋土内部的破坏转变为外部的破坏，如图7-22所示。由此可以确定，4.0m是筋带的临界长度（筋带间距0.4m），将其乘以1.4（安全度，但其取值尚有待研究）即为筋带的设计长度。当筋带长度为5.6m（4.0m×1.4＝5.6m）时，工程的安全系数为1.364，满足设计安全系数的要求。图7-23为筋带长度为5.6m时对应的破裂面位置。

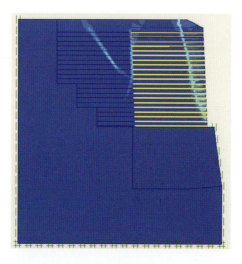 

图7-21　破裂面位置　　　　　　　图7-22　筋带间距0.4m筋带长度为4.0m时的破裂面

当筋带间距取 0.45m 时，从表 7-9 中的计算结果可以看出，筋带的临界长度变为 4.2m，同样考虑安全度将筋带的临界长度乘以 1.4 作为设计长度（4.2m×1.4＝5.88m），取 5.9m 作为筋带的设计长度。采用有限元强度折减法进行稳定性分析，此时工程的安全系数为 1.326，满足设计安全系数的要求。图 7-24 所示为其对应的破裂面位置。

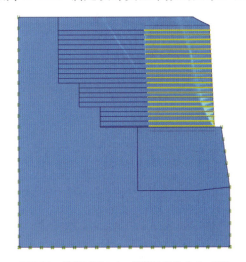
图 7-23　筋带间距 0.4m 筋带长度为 5.6m 时的破裂面位置

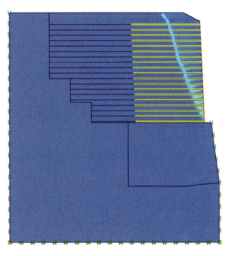
图 7-24　筋带间距 0.45m 筋带长度为 5.9m 时的破裂面位置

5）筋带拉力及挡墙水平位移验算

筋带的最大拉力是通过在 PLAXIS 程序后处理中查询每根筋带的拉力值得到的，同时也可以得到每根筋带最大拉力点的位置。

本工程采用筋带的极限拉力为 100kN/m，则设计拉力可按下式计算：

$$T_\mathrm{D} = \frac{T_\mathrm{M}}{\gamma_\mathrm{f} \gamma_\mathrm{R2} \gamma_0} = \frac{100}{1.25 \times 2.5 \times 1.1} = 29 \mathrm{kN/m}$$

通过分析得到，当筋带间距为 0.4m，筋带长度为 5.6m 时，筋带的最大拉力为 17.35kN/m，小于筋带的设计拉力 29kN/m，满足设计要求。

筋带间距为 0.4m，筋带长度为 5.6m 时，每根筋带最大拉力点的连线如图 7-25 所示，其位置和破裂面的位置十分接近。

当筋带间距为 0.45m，筋带长度为 5.9m 时，筋带的最大拉力为 19.9kN/m，也小于筋带的设计拉力 29kN/m，满足设计要求。图 7-26 所示为每根筋带最大拉力点的连线与相应的破裂面的位置。

图 7-27、图 7-28 所示分别为筋带间距为 0.4m、筋带长度为 5.6m 和筋带间距为 0.45m、筋带长度为 5.9m 时，加筋土挡墙水平位移的云图。从图中可以看出，最大的水平位移出现在挡墙最上部的临空面处，分别为 10cm 和 10.3cm，均满足工程对变形控制的要求。

6）两种设计方案与原设计方案的比较

从表 7-10 中不同设计方案的比较可以看出，在满足工程稳定性和其他设计要求的前提下，优化后的方案二同方案一、原设计方案相比，每米范围内筋带的总长度最小，因此方案二更为优化、经济。

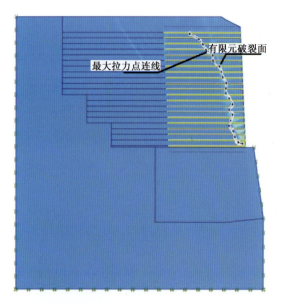

图 7-25　筋带间距为 0.4m 时的最大拉力点连线与破裂面　　图 7-26　筋带间距为 0.45m 时的最大拉力点连线与破裂面

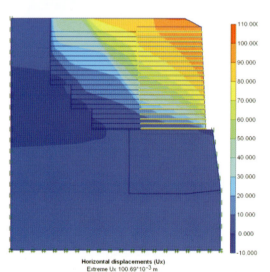 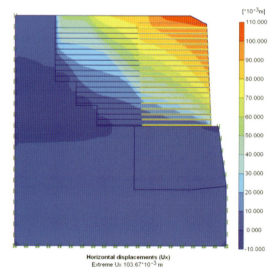

图 7-27　筋带间距为 0.4m 时的水平位移云图　　图 7-28　筋带间距为 0.45m 时的水平位移云图

不同设计方案比较　　　　　　　　　　　　　　　　表 7-10

方　案	安全系数	筋带间距（m）	筋带根数	筋带长度（m）	筋带总长（m）
原设计方案	1.376	0.4	21	6.4	134.4
优化方案一	1.364	0.4	21	5.6	117.6
优化方案二	1.326	0.45	19	5.9	112.1

通过上述的分析可以看出，采用有限元强度折减法进行加筋土挡墙的设计计算，能够很好地弥补传统设计方法的不足，确保工程的稳定性，增大设计的安全性与可靠性，降低工程费用。同时，该方法不仅可以自动判断加筋土挡墙的破坏模式，不需要按传统设计方法分别进行内部稳定性和外部稳定性的验算，还可以考虑筋带的轴向拉伸刚度对挡墙稳定性的影响，并可以对筋带的间距和长度进行优化设计。

7.5.4 高陡土工格栅加筋土挡墙的工程实例

高陡加筋土挡墙目前尚处于研究试用阶段。已有的高陡加筋土挡墙，从应用状况看，都还存在一些问题，如筋材强度不足、工艺不良、填土质量不佳等。高陡加筋土挡墙的设计施工必须满足筋材质量好、设计计算方法合理、采用无严重风化的粗粒土为填料、施工一定要达到规定的密实度，以及具有良好的防水和排水系统的要求。作为一个科研项目，本书作者承担了该工程稳定计算的任务。该工程的工期约为一年半，目前已完工半年，状态良好，但仍需 2~3 年的时间来检验。

1）有限元计算模型

高陡土工格栅加筋土挡墙的工程实例，如图 7-29 所示。按照平面应变问题建立有限元模型，加筋土挡墙最高处为 60m，分四级，各级倾角均为 70°，筋带的长度从下向上分别为 45m、37m、30m 和 25m，筋带垂直间距为 0.4m。有限元模型如图 7-30 所示。

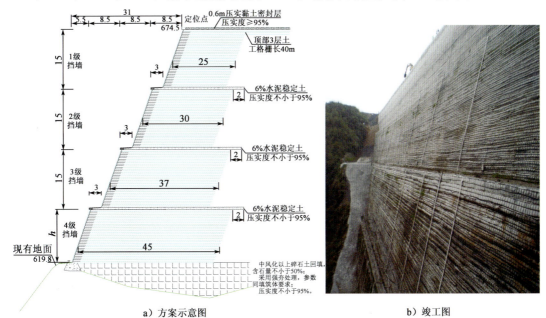

a）方案示意图　　b）竣工图

图 7-29　60m 高加筋土挡墙设计方案示意图与竣工图（尺寸单位：m）

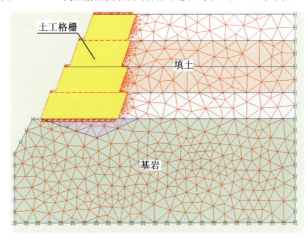

图 7-30　有限元计算模型

2) 岩土体物理力学参数的确定

岩土体物理力学参数的取值见表 7-11。

岩土体物理力学参数 表 7-11

材料名称	饱和重度 (kN/m³)	弹性模量 (MPa)	泊松比	黏聚力 (kPa)	内摩擦角 (°)
填土	19	40	0.3	10	30
地基土	20	80	0.3	28	23.8
基岩	23	1 600	0.12	1 000	33

考虑到在铺设土工格栅的过程中填土要经过分层碾压，因此其强度参数相对较高，结合本工程现场填料的工程性状，初步确定填土的强度参数为：$c=5\text{kPa}$、$\varphi=30°$。

计算中似摩擦系数取 0.40。由于填土的内摩擦角取 30°，因此可以确定参数 $R_{\text{inter}}=0.693$。

3) 筋带轴向拉伸刚度的确定

在 PLAXIS 程序中，筋带材料唯一的材料参数是轴向拉伸刚度 E_A，以 kN/m 为单位。图 7-31 所示为实际工程采用的 120 型土工格栅抗拉强度与应变关系曲线。

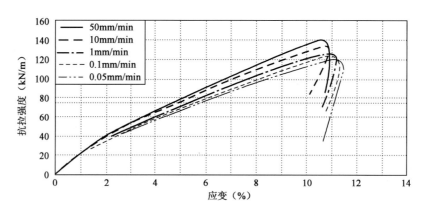

图 7-31　120 型土工格栅抗拉强度与应变关系曲线

实际工程中，土工格栅实测的应变值一般在 2%～3% 以内，这是其工作状态时的应变值。当采用有限元强度折减法进行稳定性分析时，土工格栅的轴向拉伸刚度则应按照其达到极限状态时的应变取值。从图 7-31 中可以看到，当土工格栅的应变达到 10% 时其强度也达到极限状态。因此，稳定性分析时采用的土工格栅轴向拉伸刚度，可以通过格栅应变为 10% 时筋材的抗拉强度值 F 计算得到，即 $E_A=F/10\%$ 确定。如土工格栅的极限拉力为 100kN，则轴向拉伸刚度为 1 000kN/m。本工程土工格栅的轴向拉伸刚度 E_A 取 2 000kN/m，即格栅的极限拉力为 200kN。

4) 加筋土挡墙的稳定性分析

根据加筋土挡墙的施工进度，共设置 4 个计算工况，分别是：

(1) 第一层加筋土挡墙施作后工程的稳定性分析，如图 7-32 所示。

(2) 第二层加筋土挡墙施作后工程的稳定性分析，如图 7-33 所示。

(3) 第三层加筋土挡墙施作后工程的稳定性分析，如图 7-34 所示。

(4) 第四层加筋土挡墙施作后工程的稳定性分析，如图 7-35 所示。

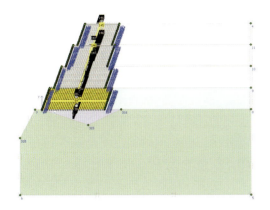

图 7-32　第一层加筋土挡墙施工工况

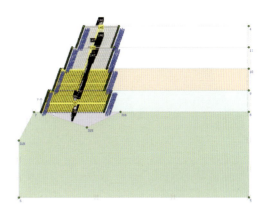

图 7-33　第二层加筋土挡墙施工工况

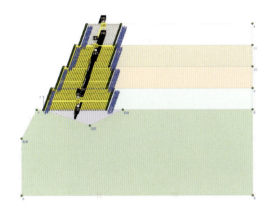

图 7-34　第三层加筋土挡墙施工工况

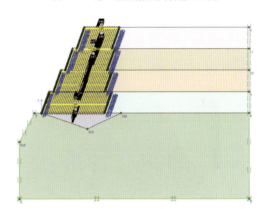

图 7-35　第四层加筋土挡墙施工工况

采用有限元强度折减法进行各个工况下工程的稳定性分析，分析结果如下：

（1）第一层加筋土挡墙施作后工程的稳定安全系数等于 1.745，对应的滑面位置如图 7-36 所示。从图中可以看到，此时的滑面位置出现在加筋体内。

（2）第二层加筋土挡墙施作后工程的稳定安全系数等于 1.578，对应的滑面位置如图 7-37 所示。

（3）第三层加筋土挡墙施作后工程的稳定安全系数等于 1.447，对应的滑面位置如图 7-38 所示。

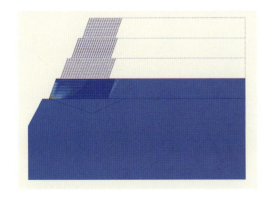

图 7-36　第一层加筋土挡墙施作后的滑面位置

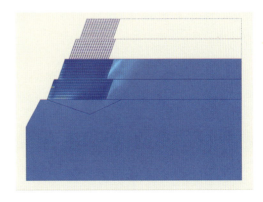

图 7-37　第二层加筋土挡墙施作后的滑面位置

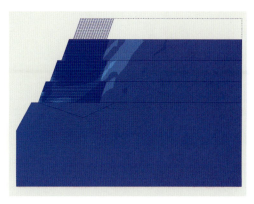

图 7-38　第三层加筋土挡墙施作后的滑面位置

(4) 第四层加筋土挡墙施作后坡体的稳定安全系数等于 1.397，对应的滑面位置如图 7-39 所示。从图中可以看到，整个加筋土挡墙施作完成后，滑面位置出现在加筋土挡墙的外部，并沿第一层加筋土挡墙的底部滑出。

从上述的计算结果可以看出，在加筋土挡墙施作期间各个工况对应的稳定安全系数均在 1.3 以上，因此筋带的长度与间距均能满足工程稳定性的要求；同时，第四层加筋土挡墙施作完成后工程的稳定安全系数为 1.397，相对偏于保守。考虑到全部采用极限拉力为 200kN 的土工格栅费用较高，且滑面位置主要是沿第一层加筋土挡墙的底部滑出，而上部第二层、第三层和第四层加筋土体的内部并未出现塑性破坏，因此这三层加筋土挡墙可以采用极限拉力较低的土工格栅，以降低工程费用。

a) 不显示土工格栅单元

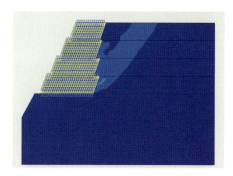

b) 显示土工格栅单元

图 7-39　第四层加筋土挡墙施作后的滑面位置

5) 筋带拉力分析及土工格栅型号的选取

整个加筋土挡墙施工完毕后，筋带的最大拉力为 92.54kN/m（位于第一层挡墙的底部），拉力分布如图 7-40 所示。

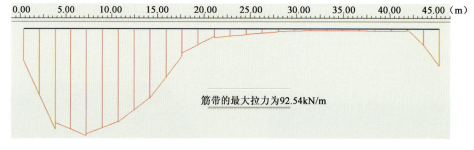

图 7-40　筋带拉力分布图

根据设计拉力的计算公式可以得到：

$$T_D = \frac{T_M}{\gamma_f \gamma_{R2} \gamma_0} = \frac{200}{1.25 \times 1.8 \times 1.0} = 88.9 \text{kN/m}$$

可以看出，筋带的最大拉力稍大于极限拉力为 200kN 的土工格栅所能提供的设计拉力，因此应采用极限拉力更高的土工格栅。但是考虑到筋带的最大拉力超出设计拉力不是很多，同时超出设计拉力的筋带均位于第一层挡墙的底部，且数量十分有限，因此采用极限拉力为 200kN 的格栅是可以满足工程要求的。根据每根筋带最大拉力的大小，可以选用极限拉力不同的格栅对设计方案进行优化，从而降低工程费用。优化后的设计方案为：从挡墙的底部起，在 1.6～10m 范围内，筋带的最大拉力值在 77～87.42kN/m 之间，选取极限拉力为 200kN 的格栅；在 10～25m 范围内，筋带的最大拉力值在 65～77kN/m 之间，选取极限拉力为 180kN 的格栅；在 25～30m 范围内，筋带的最大拉力值在 54～65kN/m 之间，选取极限拉力为 150kN 的格栅；在 30～45m 范围内，筋带的最大拉力值在 28～44kN/m 之间，选取极限拉力为 100kN 的格栅；在 45～60m 范围内，筋带的最大拉力值在 17.36kN/m 左右，选取极限拉力为 80kN 的格栅即可。

采用有限元强度折减法对优化后的设计方案进行稳定性分析，此时工程的稳定安全系数为 1.389，满足设计要求，滑面的位置和图 7-39 所示的滑面位置基本一致，沿第一层加筋土挡墙的底部滑出。

参 考 文 献

[1] 欧阳仲春. 现代土工加筋技术 [M]. 北京：人民交通出版社，1991.
[2] 杨果林. 现代加筋土技术应用与研究进展 [J]. 力学与实践，2002，24 (1)：9-17.
[3] 郑颖人，陈祖煜，王恭先，等. 边坡与滑坡工程治理 [M]. 北京：人民交通出版社，2007.
[4] 张圣城，张晓冰. 土工格栅的特性及其应用实例 [J]. 国外公路，1991，14 (1)：32-41.
[5] 朱诗鳌. 土工合成材料的应用 [M]. 北京：北京科学技术出版社，1994.
[6] Wilson-Fahmy R F，Koerner R M，Sansone L J. Experimental Behavior of Polymeric Geogrids in Pullout [J]. Journal of Geotechnical Engineering Division，ASCE，1994，12 (4)：661-677.
[7] 杨广庆. 土工格栅加筋土挡墙水平变形研究 [D]. 北京：北京交通大学，2005.
[8] 杨果林，肖宏彬. 现代加筋土挡土结构 [M]. 北京：煤炭工业出版社，2002.
[9] 刘华北. 土工格栅加筋挡土墙设计参数弹塑性有限元研究 [J]. 岩土工程学报，2004，26 (5)：668-673.
[10] 杨广庆，李广信，张保俭. 土工格栅界面摩擦特性实验研究 [J]. 岩土工程学报，2006，28 (8)：948-952.
[11] 朱湘，黄晓明. 有限元方法分析影响加筋路堤效果的几个因素 [J]. 土木工程学报，2002，35 (6)：85-92.
[12] 周志刚，郑健龙. 公路土工合成材料设计原理及工程应用 [M]. 北京：人民交通出版社，2001.
[13] 孙钧，迟景魁，曹正康. 新型土工材料与工程整治 [M]. 北京：中国建筑工业出版社，1998.
[14] 王正宏，包承纲. 土工合成材料应用技术知识 [M]. 北京：中国水利水电出版社，2008.

[15] Love J P, Burd H J. Analytical and Model Studies of Reinforcement of A Layer of Granular Till on A Soft Clay Subgrade [J]. Canadian Geotechnical Journal, 1987, 65 (7): 721-738.

[16] 介玉新, 李广信. 加筋土数值计算的等效附加应力法 [J]. 岩土工程学报, 1999, 21 (5): 614-616.

[17] 王钊, 王协群. 土工合成材料加筋地基设计中的几个问题 [J]. 岩土工程学报, 2000, 22 (4): 503-505.

[18] 李广信, 陈轮, 蔡飞. 加筋土应力变形的计算新途径 [J]. 岩土工程学报, 1994, 16 (3): 46-53.

[19] 杨广庆. 土工格栅加筋土结构理论及工程应用 [M]. 北京: 科学出版社, 2010.

[20] 季大, 杨庆, 栾貌田. 加筋均质边坡稳定性影响因素的敏感性研究 [J]. 岩土力学, 2004, 27 (7): 1089-1092.

[21] 宋雅坤, 郑颖人, 张玉芳. 加筋土挡墙有限元分析研究 [J]. 湖南大学学报（自然科学版）, 2008, 23 (11): 166-171.

[22] Song Yakun, Zheng Yingren, Tang Xiaosong. Study on the FEM Design of Reinforced Earth Retaining Wall with Geogrid [J]. Engineering Sciences, 2010, 8 (3): 71-80.

第8章 强度折减动力分析法在地震边坡工程中的应用

8.1 概 述

地震造成的滑坡是地震中主要的灾害现象,尤其是在山区,地震造成的滑坡数量大、范围广、危害大。汶川地震造成的滑坡达到1万多处。据统计,滑坡的经济损失占整个汶川地震损失的1/3左右,而且造成交通生命线中断,给救援工作带来了极大的不便。地震边坡稳定性分析是岩土工程界和地震工程界的重要课题之一。

目前,人们对地震作用下的边坡破坏机制仍不清楚,一般借用静力下的剪切破坏模式。因机制不清楚,据此得到的稳定性安全系数也不会很准确。目前,地震作用下边坡稳定性分析方法主要有拟静力法、Newmark分析法和动力有限元时程分析法等。这些方法均存在一定的不足,需要进一步研究,找到准确合理的稳定性评价方法;同时还需研究边坡动力稳定性评价标准,这样统一起来,建立一个地震边坡稳定性评价体系,为工程建设服务。目前,边坡抗震设计计算中,主要采用拟静力法。该方法是规范推荐的方法,简单且容易实现,但是受制于拟静力法本身的不足而不能准确地评价地震边坡的稳定性,所以拟静力方法只是粗约设计。目前的研究主要集中于边坡于地震作用下的动力响应方面,很少涉及支护结构的抗震设计。

本章针对以上问题,采用FLAC动力分析结合强度折减动力分析法,开展地震作用下边坡破坏机制、稳定性分析和支护结构抗震设计的研究,并采用振动台试验进行验证。

8.2 强度折减动力分析法简介

8.2.1 强度折减动力分析法原理

静力下的有限元强度折减法是将边坡体的抗剪强度指标 c 和 $\tan\varphi$ 分别折减 ω,减小为

c/ω 和 $\tan\varphi/\omega$，使边坡达到极限平衡状态，此时边坡的折减系数即为安全系数。目前该方法在静力条件下，已经非常成熟。

$$c' = \frac{c}{\omega}, \varphi' = \arctan\left(\frac{\tan\varphi}{\omega}\right) \tag{8-1}$$

在地震作用下，边坡坡面动力放大系数会随着边坡材料参数的降低而增大，因此，随着强度降低和动力放大系数增大边坡逐渐接近失稳破坏。汶川地震滑坡调研发现，地震作用下的边坡破坏形式大多为拉剪破坏，故在进行强度折减的时候增加抗拉强度的折减。

$$\sigma'_t = \frac{\sigma_t}{\omega} \tag{8-2}$$

本章采用以下方法进行地震作用下边坡的稳定性分析：先采用式（8-1）和式（8-2）降低边坡岩土体的强度参数进行静力分析；在此基础上，再施加地震荷载进行动力分析，逐渐降低边坡体的强度参数，直到边坡失稳破坏为止，将此时的折减系数定义为安全系数，以此作为边坡在地震作用下的稳定性评价指标。

8.2.2 边坡动力破坏条件探讨

采用强度折减法计算边坡的安全系数需要明确边坡发生破坏的条件。目前静力条件下边坡破坏的条件有三个：以塑性区或者等效塑性应变从坡脚到坡顶贯通作为边坡整体失稳的标志；以土体滑移面上应变和位移发生突变作为标志；以数值计算中静力平衡计算不收敛作为边坡整体失稳的标志。静力计算中，塑性区贯通是边坡破坏的必要条件，而不是充分条件。FLAC应用静力强度折减计算边坡的安全系数时采用计算不收敛作为边坡破坏的标志。

地震边坡动力稳定性分析时，原则上也可以从上述三方面的破坏条件判断边坡是否破坏：一是看破裂面（拉—剪破坏面）是否贯通；二是看潜在滑体位移是否突然增大，但考虑到边坡在地震作用下，荷载是随时间变化的，因而在地震期间，其位移也随时发生变化，所以与静力问题不同，单凭某一时刻位移发生突变不能判断边坡破坏，但是地震作用完毕之后的最终位移发生突变，仍然可以作为破坏的判据，也可以从折减系数与位移关系曲线的突变来判断是否破坏；三是看计算中力和位移是否收敛的判据，以位移或者速度发散作为动力边坡的破坏判据，由于动力问题的复杂性，计算中有时会出现边坡破坏而位移仍然收敛的情况，因而这一判据还需要进一步研究。所以动力问题必须同时采用上述三个条件，以判定边坡是否发生破坏。

8.2.3 强度折减动力分析法的优越性

强度折减动力分析法将有限元极限分析法引入边坡动力稳定性分析，具有数值方法与极限分析法两者的优点，是一种具有实用性和科学性的动力边坡稳定分析方法，具有良好的应用前景。其优越性体现在如下三个方面：

（1）是一个完全动力的方法，不需要按静力的方法搜索破裂面，动力荷载也不需要按照经验取值，直接采用实际的地震波，直接评价边坡地震动力稳定性，减少了人为的假定条件对安全系数的影响。

（2）能直接得到边坡地震作用下实际的拉—剪破裂面。

(3) 能够充分反映边坡岩土体在地震作用下的动力特性，能够考虑岩土体与支护结构的共同作用，发挥数值分析法的优点，获得地震作用下更合理的安全系数。

8.3 地震边坡破坏机制及其破裂面的分析

在边坡稳定性分析中，首先要知道边坡的破坏机制，弄清破裂面的性质和位置。在当前地震边坡动力稳定性分析中，一般仍然假定边坡是剪切破坏，通过极限平衡分析搜索得到边坡滑移面并求得安全系数，以此评价地震边坡的稳定性。然而汶川地震边坡破坏现象的调查发现，滑坡上部多数发生拉破坏，甚至有些岩土体被抛出。这给了我们很好的启示。为此，必须弄清地震边坡在动力作用下破裂面的性质与位置，在此基础上，才能更加准确地评价地震边坡的稳定性。本章利用强度折减动力分析法结合具有拉—剪切破坏分析功能的FLAC软件分别分析了具有风化层的岩质边坡和土质边坡在地震作用下的破坏机制，主要分析了不同时刻边坡拉破坏区和剪切破坏区的情况，探讨了地震边坡破坏机制、过程，明确了破裂面性质与位置，为地震边坡动力稳定性分析提供了更加可靠的基础。

8.3.1 岩质边坡动力破坏机制分析

1) 算例岩质边坡概况

坡面有风化层的岩质边坡，如图8-1所示。边坡高度30m，坡角45°，风化层高度20m，岩体物理力学参数见表8-1。输入的水平地震波为截取的一段20s的qiqi地震波，输入的水平向加速度曲线如图8-2所示，相应的水平加速度峰值为7.05m/s²。FLAC计算时岩体材料为弹塑性材料，采用莫尔—库仑屈服准则，边界条件采用自由场边界，阻尼采用局部阻尼，阻尼系数为0.15，先进行静力计算，后进行动力计算。计算边界大小至少满足静力条件下的计算精度，坡脚到左端边界的距离为坡高的1.5倍，坡顶到右端边界的距离为坡高的2.5倍，上下边界总高为坡高的2倍。

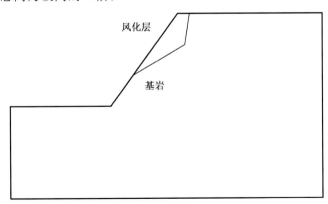

图8-1 风化岩质边坡示意图

岩体物理力学参数　　　　　　表8-1

材料名称	重度（kN/m³）	黏聚力（MPa）	内摩擦角（°）	剪切模量（GPa）	体积模量（GPa）	抗拉强度（MPa）
岩体	25	1	47	18.7	28.4	0.7
风化层	25	0.03	40	1.65	3.04	0.01

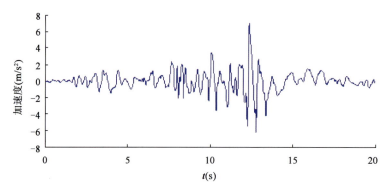

图 8-2　输入的水平向加速度曲线

2）风化岩质边坡动力破坏机制分析

风化层岩质边坡在输入地震波作用的过程中，边坡岩土体塑性状态、位移和应变必将随之发生变化，通过分析风化岩质边坡岩体和风化层参数折减系数均为1时不同时刻单元破坏状态、剪应变增量和位移云图、岩层分界面设置的节理单元接触状态，以得到风化岩质边坡在地震作用下的破坏机制和确定潜在破裂面位置。应当指出的是，单元破坏只意味着应力点达到拉破坏与屈服状态，即使破裂面上各单元都达到拉破坏与屈服状态，也不意味着破裂面发生整体破坏，所以这里所指的破裂面只是潜在的破裂面，既可能处于整体破坏状态，也可能未处于整体破坏状态，破裂面发生整体破坏必须满足极限平衡状态，即破裂面上滑动力等于抗滑力。

（1）根据单元破坏状态分析

如图 8-3 所示，4s 时风化层上部靠近岩层分界面处两个单元发生拉剪破坏，一个单元发生拉破坏，还有一个单元未发生拉破坏，风化层下部靠近分界面位置，单元发生剪破坏。表明此时拉—剪破裂面尚未贯通，当然更不可能发生整体破坏。

如图 8-4 所示，8s 时滑体上部拉破坏的单元逐渐增多，滑体上大部分单元都发生拉破坏或者剪破坏，发生拉破坏和剪破坏的单元集中在风化层中岩层分界面的上部。明显可以看出，风化层上部发生拉破坏的深度增加。风化层中只有少数单元既没有发生拉破坏也没有发生剪破坏，但拉—剪破裂面已经贯通。

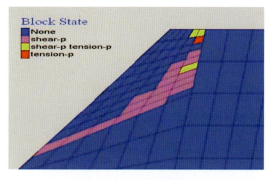

图 8-3　4s 时岩质边坡塑性区

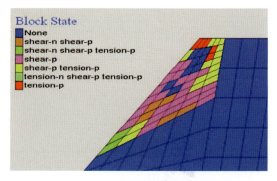

图 8-4　8s 时岩质边坡塑性区

如图 8-5 所示，12.5s 时输入的地震波达到峰值，边坡风化层中除个别单元发生剪破坏以外，绝大部分单元都发生拉破坏和剪破坏，并在岩层分界面上部发生拉裂缝，破裂面的贯通已经十分明显。

如图 8-6 所示，16s 时风化层部分所有的单元都发生拉破坏和剪破坏，并且岩层分界面上部裂缝扩大并向下发展。由于 FLAC 是基于连续介质的差分法，故滑体由于拉破坏形成裂缝不能反映真实情况下的拉裂缝，实际上拉破坏形成的拉裂缝会比图中显示的更明显，滑体上部与基岩之间将完全拉开。这个问题将在下面通过在分界面处设置接触单元进一步分析。到地震作用完毕之后，裂缝扩大到滑体上部靠近岩层分界面处所有单元，并且所有的单元都发生拉破坏和剪破坏。除破裂面拉裂缝和剪切变形外，大部分单元回到了地震之前的状态，表明边坡在地震作用下并没有发生整体破坏，但潜在破裂面已经形成。

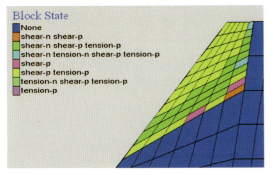

图 8-5　12.5s 时岩质边坡塑性区　　　　　图 8-6　16s 时岩质边坡塑性区

（2）根据剪应变增量分析

如图 8-7 所示，从 4s 时剪应变增量云图可以看出，靠近岩层分界面处，剪应变较小，最大只有 3×10^{-5}。通过前面单元破坏状态分析，此时拉裂面和剪切破坏形成的塑性区没有贯通，边坡也只在风化层中坡顶平面靠近岩层分界面处局部发生了拉破坏。综合以上判断，拉—剪破裂面还没有形成。

如图 8-8 所示，从 8s 时剪应变增量云图来看，剪切破坏形成的塑性区没有贯通。但是通过前面单元破坏状态分析，8s 时风化层中周边单元都发生拉破坏或者剪破坏。综合判断，已经形成贯通的破裂面，其中破裂面上部发生拉破坏，下部为剪切破坏形成的滑移带，但此时边坡并没有形成整体破坏。这点与静力边坡有限元分析相同，塑性区贯通只能作为边坡动力失稳的必要条件而不是充分条件。

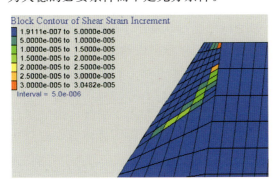
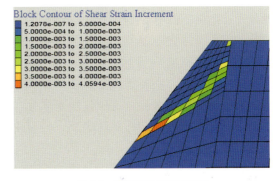

图 8-7　4s 时剪应变增量云图　　　　　　图 8-8　8s 时剪应变增量云图

同样从图 8-9 中 12.5s 时剪应变增量云图来看，很难看出剪切破坏形成的塑性区是否贯通，但结合前面单元破坏状态分析，岩层分界面上部发生拉裂缝，此时拉破坏和剪切破坏组成的破裂面已经贯通。从图 8-10 中 12.5s 时的水平位移云图也可以明显看到贯通的破裂面，破裂面由上部拉裂缝和下部剪切滑移带组成。

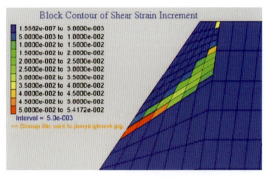
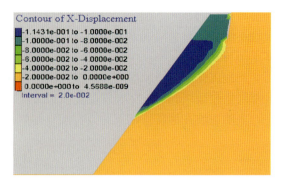

图8-9　12.5s时剪应变增量云图　　　　　图8-10　12.5s时水平位移云图

如图8-11、8-12所示，从16s和20s时剪应变增量云图可以看出，剪切滑移带与拉裂缝形成的破裂面更加明显。从不同时刻的位移和剪应变增量云图可以看出，随着地震的持续作用，剪切破坏逐渐由坡脚向上发展，上部拉裂缝的深度逐渐增加，直到拉裂缝与剪切滑移带形成贯通的破裂面，并且可以发现地震作用下边坡破坏往往是一个过程，而不是在某一时刻完成。

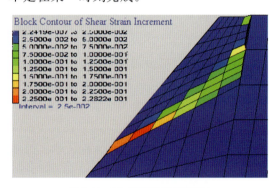
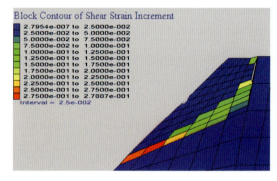

图8-11　16s时剪应变增量云图　　　　　图8-12　20s时剪应变增量云图

（3）根据分界面设置的节理单元接触状态分析

为了更好地分析风化层岩质边坡在动力作用下的破坏过程，在风化层与基岩之间设置接触单元。地震动作用下接触单元的接触分离情况如图8-13所示。从图中可以看出施加地震动荷载后，4s时接触单元大部分都是接触状态，只有在靠近坡顶平面和坡脚处，接触单元上部拉裂。但是从8s开始，滑体上部的接触单元全部处于分离状态，滑体下部的接触全部处于接触状态。主要是由于地震动作用将滑体上部接触全部拉裂，同时产生向下的滑动，故滑体下部不分离。这也说明了风化层岩质边坡在地震动力作用下的破坏由滑体上部拉破坏、下部剪切破坏共同组成，破裂面由拉破坏形成的裂缝和剪切破坏形成的剪切滑移带共同组成。

3）风化岩质边坡破裂面的位置

根据前面塑性区和剪应变增量的分析，破裂面由拉裂缝和剪切滑移带共同组成，将受拉裂缝和剪切破坏区形成的滑移带连接起来就是该岩质边坡动力作用下的破裂面，如图8-14虚线所示。风化层岩质边坡动力失稳基本上是风化层的破坏，这也和汶川地震滑坡现场调查研究得出的结论一致。

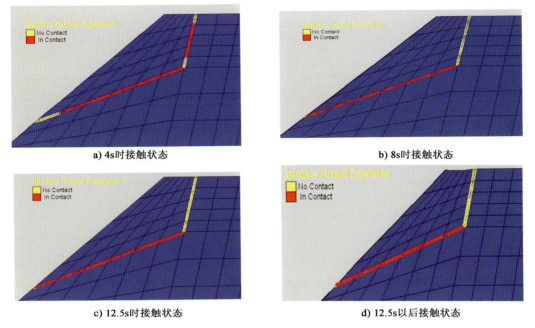

图 8-13 不同时刻接触单元状态云图

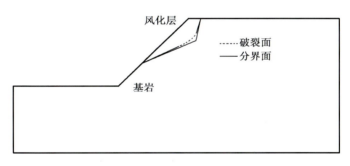

图 8-14 风化岩质边坡动力破裂面位置示意图

8.3.2 土质边坡动力破坏机制分析

1) 算例土质边坡概况

均质土坡，边坡高度 20m，坡角 45°，剪切模量 2.98×10^4 kPa，体积模量 5.04×10^4 kPa，抗拉强度 0，重度 20 kN/m³，黏聚力 40kPa，内摩擦角 20°。地震作用采用人工合成的地震波，相应的水平加速度峰值 1.29m/s²，作用时间 16s，输入的水平向加速度曲线如图 8-15 所示。在进行动力计算之前需要先进行静力计算。FLAC 计算时土体材料为弹塑性材料，采用莫尔—库仑屈服准则，边界条件采用黏滞边界加上自由场边界，阻尼采用局部阻尼，阻尼系数为 0.15。为了模拟剪切波向上传播对边坡动力破坏的作用，动力荷载从边坡底部输入。由于底部动力计算边界采用了黏滞边界，故输入动力荷载时首先将加速度时程转化成速度时程，再进一步转化成应力时程，将应力时程施加到边坡底部。计算边界大小至少需要满足静力条件下的计算精度，坡脚到左端边界的距离为坡高的 1.5 倍，坡顶到右端边界的距离为坡高的 2.5 倍，上下边界总高为坡高的 2 倍。

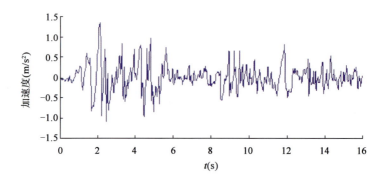

图 8-15　土质边坡输入的水平向加速度曲线

2) 土质边坡动力破坏机制分析

进行土质边坡动力破坏机制分析时，将土体参数逐渐折减至获得土质边坡的动力破裂面，通过分析土体参数折减系数 1.2 时不同时刻单元破坏状态、位移和剪应变增量以得到土质边坡在地震作用下的破坏机制并确定破裂面位置。

(1) 根据单元破坏状态分析

2s 时，输入的地震波达到峰值，此时土质边坡塑性状态如图 8-16 所示。从图 8-16 中可以看出，此时的边坡坡顶后缘、坡面和坡脚一定深度内发生拉破坏，坡顶向下发生拉破坏的深度平均为 4m 左右，坡面向下发生拉破坏的深度大约 1m，其余的大部分土体单元均发生剪破坏，个别单元发生拉破坏和剪破坏。

当输入的地震波到达 4.5s 时，此时的地震波也达到第二次峰值。从图 8-17 中可以看出，此时边坡坡顶后缘、坡面和坡脚一定深度内均发生拉破坏且发生拉破坏的深度增大，坡顶平面向下发生拉破坏的深度平均为 6m 左右，坡面向下发生拉破坏的平均深度大约 3m，坡面和坡顶单元同时发生拉破坏和剪切破坏的单元增多，其余土体单元受剪力的作用。

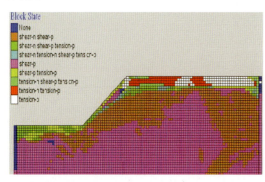

图 8-16　2s 时土质边坡塑性状态云图

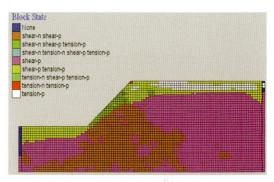

图 8-17　4.5s 时土质边坡塑性状态云图

随着地震动持续进行，从图 8-18～图 8-20 可以看出，坡顶后缘、坡面部位拉剪破坏的影响深度基本没什么变化；从塑性区云图看，拉破坏和剪破坏的范围也没有太大的变化。最终到地震终止时刻 16s 时，坡顶平面一定深度内均是拉破坏和剪破坏，坡面往下一定深度也是拉破坏和剪破坏，拉破坏和剪破坏深度比坡顶处小，其余土体均受剪应力作用。

（2）根据位移和剪应变增量分析

边坡潜在滑体相对于破裂面后不滑部分中的一点位移—时间曲线如图 8-21 所示。2s 时潜在滑体水平相对位移仅有 2cm，此时输入的地震波加速度达到峰值，边坡没有破坏。故地震波达到最大值时不一定是边坡动力破坏的时刻。到 4.5s 时，潜在滑体已经发生了比较大的相对位移，而且相对位移突变，突变完成后相对位移达到 8cm。从 4.5s 开始潜在滑体产生较大的水平滑动，没有剧烈的突变，直到 12s 后出现突变的相对位移，但边坡是否整体失稳，还需要进一步的分析。

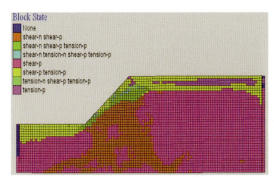

图 8-18　8s 时土质边坡塑性状态

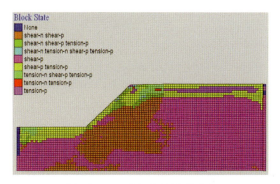

图 8-19　12s 时土质边坡塑性状态

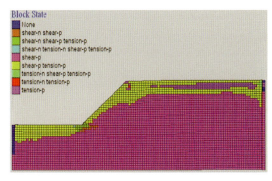

图 8-20　16s 时土质边坡塑性状态

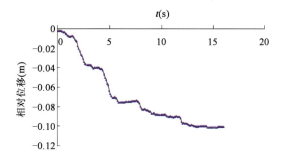

图 8-21　土质边坡相对位移—时间曲线

从图 8-22 中 2s 时剪应变增量云图也可以看出，最大剪应变增量为 1.4×10^{-2}，且只是集中在坡脚附近，没有贯通的剪切滑移面，表明拉破坏区和剪切滑移面构成的破裂面没有贯通。地震波此时达到峰值，但是土质边坡并没有形成贯通的破裂面，更不可能破坏，故进一步证明地震波达到最大值时不一定是边坡动力破坏的时刻。从图 8-23 中 4.5s 剪应变增量云图可以看出，剪应变增量最大值为 4×10^{-2}，此时的边坡剪应变增量云图从坡脚往上将要贯通，距离坡顶平面约 6m，与拉裂区相近，表明上部拉裂区与下部剪切滑移面已经形成拉剪贯通的破裂面。

从图 8-24～图 8-26 中 8s、12s、16s 时的剪应变增量云图均可以清晰地看到，拉破坏和剪破坏组成贯通的破裂面。从土质边坡地震荷载作用下不同时刻的剪应变增量云图中可以看出，随着地震的作用，剪应变增量慢慢增大，到地震结束时，剪应变增量最大值达到 0.1，剪应变增量从坡脚向坡顶延伸，但是剪应变没有贯通，这是由于地震作用下坡顶向下一定深度发生拉破坏，实际情况是土质边坡在地震作用下已经形成拉裂缝和剪切破坏共同组成的破裂面，并且破裂面已经贯通。

综合以上分析可知，土质边坡在地震动作用下的破坏也是一个过程，算例土质边坡如果动力破坏，那么其破坏时间为 4.5～12s 之间。土质边坡在地震作用下的破坏主要由地震作用下坡顶上部拉破坏和从坡脚开始的圆弧形的剪切破坏共同组成。与静力作用下边坡破坏最大的不同在于，坡顶向下拉破坏的深度要大得多，故动力边坡稳定性分析时不能忽略拉破坏的影响。

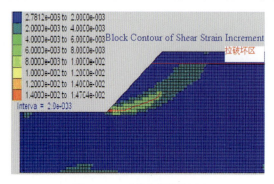
图 8-22　2s 时剪应变增量云图

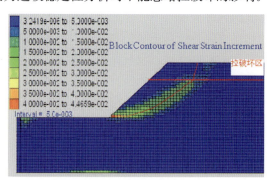
图 8-23　4.5s 时剪应变增量云图

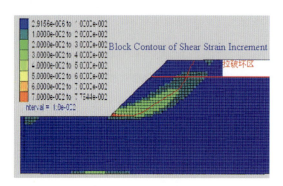
图 8-24　8s 时剪应变增量云图

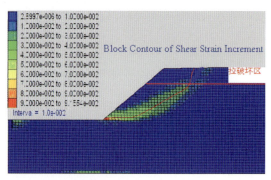
图 8-25　12s 时剪应变增量云图

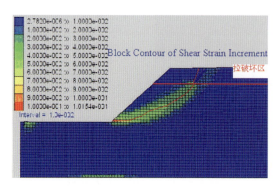
图 8-26　16s 时剪应变增量云图

3）土质边坡动力失稳破裂面位置

土质边坡土体参数折减 1.2 时，FLAC 动力计算得到的塑性云图和剪应变增量云图如图 8-27、图 8-28 所示。从图中可以看出，边坡上部区域拉破坏，拉破坏深度为 6m，局部深度达到 9.8m，下部区域主要为剪切破坏，剪应变从坡脚向上延伸，直到距离坡顶 5.6m 处，这样形成贯通的破裂面，上部拉破坏下部剪破坏。将剪应变增量云图中每个水平面上剪应变增量较大的点连起来，加上拉破坏形成的拉裂缝，就得到边坡动力作用下的破裂面。静力情况下土质边坡在极限状态下的剪应变增量云图如图 8-29 所示。静力情况下折减系数 1.3 时土质边坡的滑面与地震作用下土质边坡的破裂面对比如图 8-30 所示。从图中可以看出，动力作用下破裂面较浅，这与实际地震作用下边坡破坏现象相符。由以上分析可知，对土质边坡可以根据动力有限元计算得到的单元拉破坏与剪切破坏塑性状态云图、剪应变增量云图、水平位移云图判断破裂面的位置。

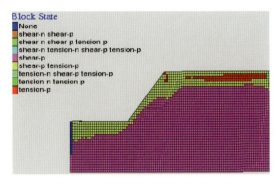

图 8-27　土质边坡动力破坏塑性状态云图
（折减系数 1.2）

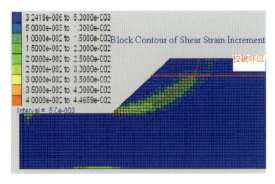

图 8-28　土质边坡动力破坏剪应变增量云图
（折减系数 1.2）

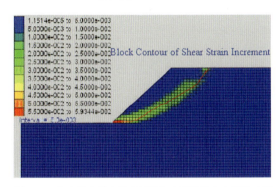

图 8-29　静力下土质边坡在极限状态下的剪应变增量云图
（折减系数 1.3）

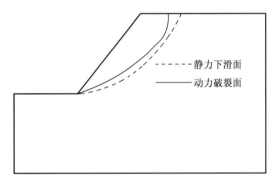

图 8-30　计算得到的破裂面对比图

8.3.3　地震边坡破坏机制振动台试验验证

采用大型振动台试验和数值分析对边坡动力破坏机制进行研究。

1) 振动台试验准备

为研究地震作用下边坡破坏机制，按照 1∶10 的相似比开展了含夹层的岩质边坡模型试验。振动台试验在中国地震局工程力学研究所地震模拟开放实验室的三向电液伺服驱动式地震模拟振动台上进行。振动台台面尺寸：5m×5m，最大负荷质量：30t，最大位移：X、Y 向为 80mm，Z 向为 50mm，最大速度：50cm/s，最大加速度：X、Y 向为 1.0g，Z 向为 0.7g，工作频率范围：0.5～50Hz。试验准备主要包括模型相似设计、模型相似材料的制作、模型的制作、传感器的布置、试验加载方案。

（1）模型相似设计

振动台试验模型边坡放在一个长 3.7m、宽 1.5m、高 1.8m 的模型箱中。根据模型箱的尺寸确定模型边坡高度 1.5m，边坡底部厚度 0.3m，宽度 1.5m，坡角 45°。模型边坡示意图如图 8-31 所示。通过在模型箱内壁粘贴合适厚度软垫尽量消除边界效应的不利影响，模型与原型边坡相似比为 1∶10，模型实验模拟高度 15m 的原型边坡。相似律采用重力相似，主要采用模型与原型边坡重力相似，相似关系推导如下，结果见表 8-2。

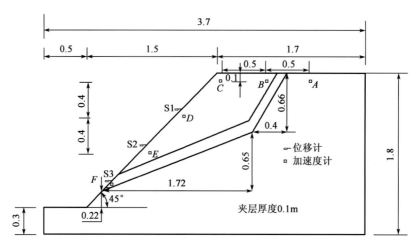

图 8-31 模型边坡示意图（尺寸单位：m）

研究采用的相似律　　　　　　　　　　　　　表 8-2

密度	1	加速度	1	长度	10
力	10^3	速度	$10^{1/2}$	应变	1
模量	10	时间	$10^{1/2}$	应力	10

基本准则：

$$\rho_p = \rho_m,\ a_p = a_m,\ L_p/L_m = 10$$

式中：a——加速度；

　　　ρ——密度；

　　　L——长度；

下标 p——表示该参数是原型的参数；

下标 m——表示该参数是模型的参数。

①力

$$\frac{F_p}{F_m} = \frac{m_p a_p}{m_m a_m} = \frac{\rho_p L_p^3 a_p}{\rho_m L_m^3 a_m} = 10^3 \tag{8-3}$$

式中：F——力；

　　　m——质量。

②应力

$$\frac{\sigma_p}{\sigma_m} = \frac{F_p/A_p}{F_m/A_m} = 10^3 \frac{L_m^2}{L_p^2} = 10 \tag{8-4}$$

式中：σ——法向应力；

　　　A——面积。

③弹性模量

$$\frac{E_p}{E_m} = \frac{\sigma_p \varepsilon_p}{\sigma_m \varepsilon_m} = 10 \tag{8-5}$$

式中：E——弹性模量；

　　　ε——应变。

④持时

$$\frac{T_\mathrm{p}}{T_\mathrm{m}} = \frac{L_\mathrm{p}/v_\mathrm{sp}}{L_\mathrm{m}/v_\mathrm{sm}} = \frac{L_\mathrm{p}\sqrt{G_\mathrm{m}/\rho_\mathrm{m}}}{L_\mathrm{m}\sqrt{G_\mathrm{p}/\rho_\mathrm{p}}} = \sqrt{10} \qquad (8-6)$$

式中：T——持时；

L——长度；

v_s——剪切速度；

G——剪切模量。

(2) 模型相似材料的制作和模型的制作

研究对象为含夹层的软岩边坡，相似材料采用标准砂、石膏粉、滑石粉、甘油，水为基本材料，按照正交设计，在实验室进行直剪参数试验，最后选择配合比 0.7∶0.1∶0.06∶0.03∶0.11 模拟岩体，0.8∶0.02∶0.05∶0.1∶0.03 模拟夹层。岩体相似材料通过控制重度 $25\mathrm{kN/m^3}$ 全入模型箱，制作完成后模型如图 8-32 所示，模型总重量 132kN。对制作完成的模型取样进行材料参数直剪试验，得到实际相似材料的参数，见表 8-3。

图 8-32 制作完毕的边坡模型

相似材料参数的直剪试验结果　　　　表 8-3

材料名称	重度（kN/m³）	黏聚力（kPa）	内摩擦角（°）	压缩模量（MPa）
岩体	25.4	47.4	31.3	96.8
夹层	24.6	10.2	27.1	36.3

(3) 传感器的布置和试验加载方案

研究模拟沿坡面方向的滑动，施加水平向地震波（沿坡面方面），竖直方向施加与水平方向同样的地震波，幅值取水平向幅值的 2/3。输入的水平向加速度为汶川 Wolong 波（NE 向），峰值为 0.98g。将汶川 Wolong 波按照时间压缩比 1∶$\sqrt{10}$ 进行压缩，压缩后地震波如图 8-33 所示，时长 40s。为模拟边坡在地震作用下的破坏机制，将地震波幅值进行调整，按照从 0.1g 开始逐级施加，每次幅值增加 0.1g，直到边坡破坏。输入地震波信息见表 8-4。同时在模型坡面上设置了 6 个加速度（水平方向和垂直方向）监测点、3 个位移监测点。监测仪器布置如图 8-31 所示。

表 8-4 输入地震波信息

地震波	峰值加速度（g）	持时（s）
汶川 Wolong（NE）	0.1，0.2，0.4，0.6，0.8，1	40

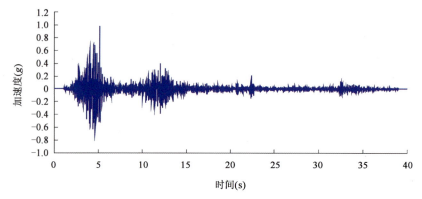

图 8-33　模型输入的加速度曲线

2）振动台试验结果分析

（1）破裂面性质和位置分析

通过模型试验现场观测、录像分析，施加峰值 0.1～0.6g 地震波，边坡坡面和坡顶均没有任何反应。为叙述方便，将正对坡面方向观察图称为正视图，玻璃侧面观察图称为侧视图，坡顶观察图称为坡顶视图，图中虚线为相似材料结构分界线。如图 8-34 所示，施加到 0.7g 时，坡顶上出现裂缝，左侧裂缝较明显，右侧需要仔细观察才能发现裂缝。这是由于箱体两侧边界约束的影响，而且影响不一致，因为箱体一面为玻璃（观察窗），一面为铁板。左右两侧形成贯通的横向裂缝，左侧裂缝可探测，最大深度 3cm 左右，右侧裂缝刚刚开始发展。无法探测深度。从玻璃侧面和正对坡面两个方向看，未见裂缝或变形破坏迹象。

继续施加峰值 0.8g 地震波，坡顶裂缝进一步发展，同时出现第二道水平裂缝，如图 8-35 所示，两条裂缝相距 13～16cm。通过玻璃侧面清晰可见竖向裂缝，裂缝深度 60cm 左右，如图 8-36 所示。玻璃侧面也清晰可见第二道竖向裂缝，深度 35cm 左右。两条裂缝相交于距离坡顶向下 35cm 左右的地方。如图 8-37 正视图所示，坡脚剪出口水平向全贯通，同时在坡面上靠近坡顶的位置发现第二道水平裂缝。出现第二道裂缝的现象说明坡顶局部坡体在巨大的加速度作用下有水平向外运动的迹象，与汶川地震中滑坡破坏现象中水平抛出一致。

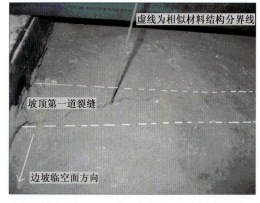

图 8-34　坡顶裂缝图（0.7g）

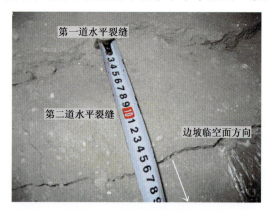

图 8-35　坡顶裂缝图（0.8g）

从图 8-38 边坡下部剪切侧视图中可以看出，边坡坡脚剪切滑移面向上发展，距离坡脚水平距离约 55cm。从以上分析可以看出，加载到 0.8g 时，上部拉裂缝和下部剪切裂缝已经形成贯通的破裂面。

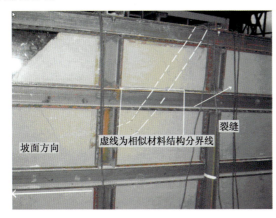
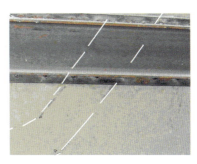

图 8-36　边坡拉裂缝侧视图（0.8g）

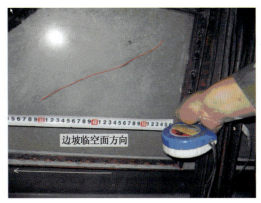

图 8-37　坡脚剪出口正视图（0.8g）　　　图 8-38　边坡下部剪切侧视图（0.8g）

上述分析显示了边坡在地震作用下完整的破坏过程，即最开始坡顶产生竖向拉裂缝，随之坡脚剪出，二者随着地震的作用逐渐发展，直到贯通，形成拉—剪组成的破裂面。边坡破坏后的侧视图和正视图如图 8-39 所示。图 8-40 从侧面显示了破裂面的位置，它既不是传统的剪切滑移面，也不单是坡顶加速度放大效应作用产生的拉裂缝，而是二者的组合。

a) 侧视图　　　　　　　　　　　　　　b) 正视图

图 8-39　模型边坡破坏后的状态

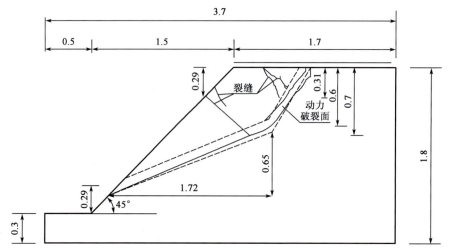

图 8-40　边坡动力破裂面侧视图（尺寸单位：m）

注：图中虚线为夹层材料分界线。

（2）边坡潜在滑体上监测点位移响应分析

坡面上各监测点的相对位移随输入荷载变化曲线如图 8-41 所示。各监测点相对位移为相对于模型箱的位移，也可以认为相对于边坡底部基岩的位移。从图中可以看出，输入地震波峰值从 $0.1g$ 到 $0.5g$，边坡坡面上 3 个监测点相对位移很小，可以认为边坡处于弹性状态；输入地震波峰值从 $0.6g$ 到 $0.7g$ 时，边坡变形逐渐增大，可以认为边坡开始进入塑性；输入地震波峰值从 $0.7g$ 到 $0.8g$ 时，相对位移较大，说明边坡产生了较大的塑性变形。从图 8-41 中还可以看出，$0.8g$ 时曲线出现了拐点。按一般观点，输入地震波峰值 $0.8g$ 时边坡发生动力破坏，这与前面模型边坡破裂面贯通情况一致。由此验证了位移发生突变是边坡动力破坏特征之一。

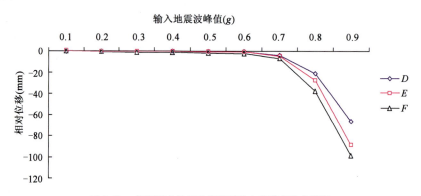

图 8-41　各监测点的相对位移随输入荷载变化曲线图

（3）边坡潜在滑体上监测点加速度响应分析

各监测点的水平加速度响应峰值和放大系数如图 8-42、图 8-43 所示。从图中可以看出，随着输入加速度的峰值增大，各监测点响应加速度也相应增大，但是加速度峰值为 $0.8g$ 时出现异常；从监测点水平加速度放大系数看，水平加速度放大系数随着输入加速度的峰值先减小后增大，至加速度峰值为 $0.8g$ 时，加速度放大系数又随着输入加速度的峰值增大而减小，说明加速度放大系数在输入峰值为 $0.8g$ 时同样出现异常。综合以上分析，认为加速度峰值为 $0.8g$ 时，边坡频谱发生突变，加速度响应异常，表明坡体形状或岩土体材料参数出现重大变化，边坡动力破坏。加速度响应分析进一步验证了上述破裂面、位移分析得出的结论，当输入地震波峰值为 0.8g 时边坡破坏，说明坡体响应加速度发生突变也是边坡动力破坏特征之一。

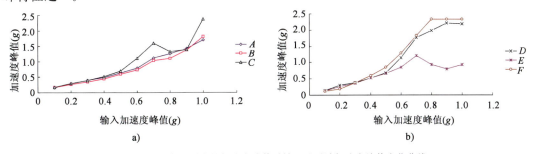

图 8-42　各监测点的加速度峰值随输入地震波加速度峰值变化曲线

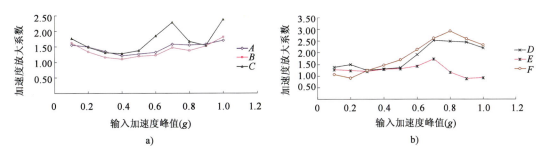

图 8-43　各监测点的加速度放大系数随输入地震波加速度峰值变化曲线

（4）坡顶局部块体抛射现象分析

模型边坡破坏发展的过程中还发现坡顶局部块体水平抛出的现象，如图 8-44 所示。边坡在坡顶具有较大的水平加速度放大效应。从图 8-43 各监测点的加速度峰值曲线可以看出，坡顶 D 点水平加速度最大，在水平地震力作用下呈现出向外抛出的现象。这个现象与汶川地震滑坡调查观察的现象一致。从图 8-44 中可以清晰地看到坡顶局部块体破坏的位置。

图 8-44　坡顶松动体侧视图（0.8g）

3）模型边坡数值分析

（1）FLAC 数值分析条件

采用 FLAC 差分动力有限元模拟模型边坡振动台试验过程。模型示意图如图 8-31 所示，模型材料参数见表 8-3。FLAC 计算时岩体材料为弹塑性材料，采用莫尔—库仑屈服准则，边界条件采用自由场边界，阻尼采用局部阻尼，阻尼系数为 0.15，网格大小根据 FLAC 参考手册要求按下列公式进行计算，不大于 0.63m。数值计算时，网格尺寸最小 0.05m，最大 0.15m，满足要求。

$$G = E/2(1+\gamma)$$

$$v_s = \sqrt{\rho/G} \tag{8-7}$$

$$\Delta l \leqslant (1/8 \sim 1/10)\lambda \tag{8-8}$$

$$\lambda = v_s/f$$

式中：G——剪切模量；
　　　E——压缩模量；
　　　v_s——地震波在模型中的传播速度；
　　　Δl——网格尺寸；
　　　λ——最大频率对应的波长。

先进行静力计算，后进行动力计算。输入图 8-33 所示的按照时间压缩比压缩过后的地震波，从 0.1g 开始逐级施加，每次幅值增加 0.1g，模拟模型边坡振动台试验过程；同时在模型坡面上设置了 6 个加速度（水平方向和垂直方向）监测点、3 个位移监测点，监测点布置如图 8-31 所示。

(2) 模型边坡 FLAC 分析结果

加载地震波峰值为 0.8g 时的模型边坡塑性状态、剪应变增量和位移云图如图 8-45 所示。从数值分析模型塑性状态、剪应变增量和位移云图三个方面判断模型边坡的破裂面的位置与结构面位置相同，上部表现为明显的拉破坏引起的裂缝现象，这点从塑性状态来看比较明显。结合剪切应变增量云图发现，由拉剪结合共同作用形成的破裂面已经贯通，如图 8-45b) 所示。

模型边坡数值计算中还发现，坡顶有水平抛出的迹象，如图 8-45c) 水平位移云图所示；坡顶水平位移和坡脚剪出口的位移量一致，均大于滑体其余部位的水平位移，表明坡顶向边坡临空面运动迹象明显。这与模型振动台试验、汶川地震边坡破坏现象一致。

数值计算得到的各监测点响应水平加速度随输入地震波峰值变化曲线如图 8-46 所示。从加速度峰值来看，由于模型试验中一个工况是在前面很多工况累积的基础上进行的，在每一次地震波作用下，边坡体总有一定的损伤，而数值计算是单一工况下的结果，所以导致模型试验得到的边坡加速度响应稍微偏大，但总体上大致相同，特别是数值计算结果表现出与模型试验相似的规律，即随着输入加速度峰值的增大，监测点响应加速度峰值也随之增大，到 0.8g 时响应加速度峰值减小，出现异常。

由于模型试验每个工况得到的位移是前面所有工况的累计位移，当荷载较大时产生的塑性变形是无法恢复的，而模型试验数值计算是单一工况下得到的位移，这里将数值计算的相对位移按照荷载工况顺序进行累计，数值计算得到累积的相对位移随荷载变化曲线如图 8-47 所示。从图中可以看出，数值分析结果与振动台试验结果相似，当输入加速度峰值 0.8g 时相对位移随输入加速度峰值曲线发生突变。数值分析的结果依然可以得到和模型试验一样的结论，表明边坡在输入地震波峰值为 0.8g 时破坏。

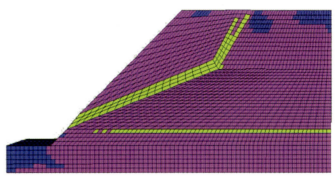

a) 模型边坡塑性状态

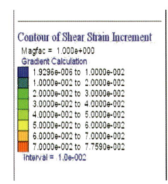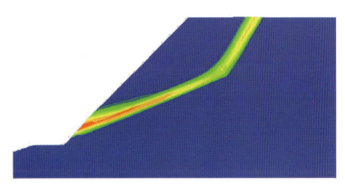

b) 模型边坡剪应变增量云图

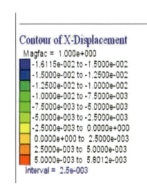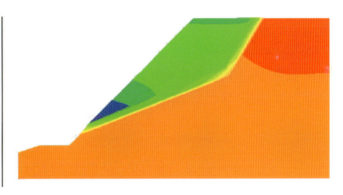

c) 模型边坡水平位移云图

图 8-45　模型边坡数值计算结果（0.8g）

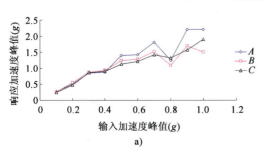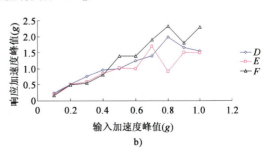

图 8-46　数值计算得到的各监测点的加速度峰值随输入地震波峰值变化曲线

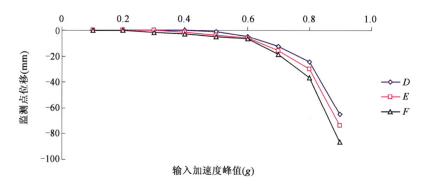

图 8-47　数值计算得到的各监测点的相对位移随输入地震波峰值变化曲线

8.3.4　小结

（1）边坡在地震作用下的破坏机制表现为边坡体的上部拉破坏和下部的剪切破坏。风化层岩质边坡岩层分界线处上部拉裂和下部剪切破坏，最终形成贯通的破裂面。土质边坡主要是坡顶向下一定深度内拉破坏、坡脚向上延伸的剪切滑移带，最终二者连通形成贯通的破裂面。

（2）动力作用下边坡破裂面可以根据动力计算得到的单元拉破坏与剪切破坏状态云图、剪切应变增量云图和水平位移云图综合确定。

（3）地震边坡动力破坏是随时间发展的，而且往往不是在某一时刻突然破坏，而是在一个时间过程内完成的。

（4）采用振动台试验分析了模型边坡的动力响应，通过输入逐级增大幅值的地震波，使模型边坡达到破坏状态。研究了边坡在地震作用下的破坏特征，试验结果表明，破裂面贯通、位移与响应加速度突变可以作为判断边坡动力破坏的依据。不过要特别注意的是破裂面贯通只是边坡破坏的必要条件，而不是充分条件。

（5）振动台模型试验与数值分析得到了较好地相互验证，表明振动台试验结果是可靠的，数值分析是可行的。

8.4　地震边坡动力稳定性分析

目前，地震边坡稳定性分析方法主要有拟静力法、Newmark 分析法、动力有限元时程分析法等。拟静力法是规范规定的工程上常用的方法。该方法计算简单、工程应用方便，但是该方法是按经验在设定的静力荷载下采用静力的方法求得，只是一个经验性的方法。Newmark分析法在国外应用较多，但是缺乏破坏标准，无法进行稳定性判断。动力有限元时程分析法将每一时刻的动应力施加到静应力上，然后按静力方法计算得到每一时刻的安全系数，最后得到安全系数时程曲线。按照评价方法的不同，所得到的安全系数主要有最小动力安全系数、最小平均安全系数、平均安全系数等。这种方法将动力问题转化成静力问题，采用静力的方法求解边坡的动力稳定安全系数，考虑了真实的地震荷载与动力放大效应，但是无法得到地震边坡动力破坏时刻对应的破裂面并反映其破裂面性质，只能采用经验或者静力的方法获得地震边坡的剪切破裂面位置，而且不能考虑拉破坏，由此计算得到的稳定安全系数不能与地震边坡的真实破裂面情况相对应；此外，将某一时刻的荷载作为静荷载进行边坡的动力计算，不能充分反映地震荷载作用下的动力效应。动力有限元时程分析法作为静力计算问题也可采用强度折减法。目前国内学者李海波、戴自航等尝试采用强度折减的办法求得边坡的动力稳定安全系数。这些方法采用完全动力的方法求得地震边坡的稳定安全系数，能够反映边坡的动力特性，较拟静力法和动力有限元时程分析法具有较大的优势，但是还存在以下几个问题：一是没有进一步分析地震边坡破裂面的性质，仍然以剪切滑移面作为地震边坡破裂面；二是没有考虑拉破坏；三是动力边坡失稳破坏标准还需要进一步明确与验证。

本节首先对边坡动力稳定性分析方法提出了分类建议，然后采用动力有限差分程序FLAC，通过对抗剪强度与抗拉强度的折减，分析得到边坡在地震作用下由拉裂缝和剪切滑移带共同组成的破裂面。在此基础上，先用 FLAC 计算得到地震波峰值时刻的动应力，将其施加到静力情况下，然后采用极限平衡法进行静力计算，由此提出了地震边坡安全系数计算的第一种新方法，即修正的时程分析法。该方法改进了现有动力有限元时程分析法中没有考虑拉—剪破裂面的缺点。依据完全动力分析的思路，采用动力强度折减法，在完全动力分析下得到稳定安全系数，由此提出了地震边坡安全系数计算的第二种新方法。这是一种完全动力分析方法，全面考虑了动力效应。

8.4.1 地震边坡稳定性评价方法分类

准确地评价地震荷载作用下边坡的稳定性，需要满足以下三个条件：一是地震荷载和力学参数必须准确。地震荷载必须反映当地真实的地震荷载，因此地震动的输入十分重要。计算参数必须反映边坡的岩土真实强度。当采用静力的方法分析时，应当采用动力参数；如果采用静力参数计算，得到的安全系数偏于保守。当采用动力分析方法时，已考虑了动力作用对稳定性的提高，可以采用静力参数。二是要反映地震荷载作用下边坡发生的拉—剪破裂面，而不是传统的剪切破裂面。对于不同的破裂面，得到的稳定安全系数也不同。三是应当采用合理的分析方法。满足以上三个条件才能够较准确地评价地震边坡的稳定性。本节提出的完全动力分析法可以充分考虑动力效应，避免选取动力强度参数的困难。

基于上述内容，本节对地震边坡稳定性评价方法重新分为如下三种：一是拟静力法；二是动力有限元时程分析法，包括最小动力安全系数法、平均安全系数法与最小平均安全系数法，以及本节将要提出的基于拉—剪破裂面的动力时程分析方法；三是完全动力分析法——强度折减动力分析法。详细分类见表 8-5。

地震边坡稳定性评价方法分类　　　　　　表 8-5

分　　类			特　　点
拟静力法	拟静力+极限平衡法		荷载是静的，破裂面也是由静力方法获得的
	拟静力+有限元强度折减法		稳定性评价方法是静力的
动力有限元时程分析法	基于剪切破裂面的动力有限元时程分析方法	最小动力安全系数法、最小平均安全系数、平均安全系数	荷载是动力的，破裂面由静力方法获得，稳定性评价方法是静力的
	基于拉—剪破裂面的动力时程分析法	动力有限元+拉—剪破坏模式下极限平衡法	荷载是动力的，破裂面由动力方法获得，稳定性评价方法是静力的
完全动力分析法	强度折减动力分析法	考虑拉—剪破坏的动力分析法	荷载是动力的，破裂面由动力方法获得，稳定性评价方法是动力的

8.4.2 基于拉—剪破裂面的动力时程分析法

采用 FLAC 对地震边坡破坏机制、破裂面位置与性质进行了分析,得到边坡在地震作用下的破坏机制表现为边坡体的上部拉破坏和下部的剪切破坏,动力作用下边坡破裂面由拉裂缝与剪切滑移带共同组成。为此,提出基于拉—剪破裂面的动力时程分析法,即将地震边坡峰值时刻对应的动应力施加到静力场,结合拉—剪破裂面和极限平衡法计算得到的安全系数作为地震边坡稳定性评价指标。

采用不平衡推力法进行极限平衡计算,计算时的滑面采用动力失稳机制分析得到的破裂面。图 8-48 所示为某边坡动力破裂面条分示意图,A 点以上部分为拉裂缝。为简单起见,将滑体部分单元等效加速度(平均加速度)与滑体质量乘积作为动力作用施加到静力边坡上。这种等效加速度的假设增大了计算误差。任意土条向下传递的推力按下式计算:

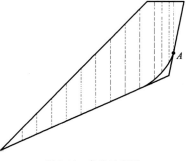

图 8-48 条分示意图

$$P_i = W_i \sin\alpha_i + kW_i \cos\alpha_i - [c_i l_i/F_s + (W_i \cos\alpha_i - kW_i \sin\alpha_i)\tan\varphi_i/F_s] + P_{i-1}\phi_i \quad (8-9)$$

$$\phi_i = \cos(\alpha_{i-1} - \alpha_i) - \tan\varphi_i \sin(\alpha_{i-1} - \alpha_i)/F_s \quad (8-10)$$

$$k = \overline{a}/g \quad (8-11)$$

式中:P_i——条块向下传递的推力;
ϕ_i——传递系数;
k——水平地震系数;
$\overline{a}$——等效加速度。

8.4.3 完全动力分析法

完全动力分析法就是采用强度折减的方法求得边坡的动力安全系数,不需要做任何假定。前面介绍了强度折减动力分析法的基本原理和动力破坏判断准则,现在通过一个算例,阐述如何采用强度折减动力分析法求得边坡动力安全系数。岩质边坡高度 30m,坡角 60°,存在一贯通的软弱结构面,结构面的位置如图 8-49 所示。软弱结构面厚度 1m,边坡物理力学参数见表 8-6。输入的水平地震波为人工合成的一段 7s 的地震波,水平加速度峰值为 1.4m/s²,加速度曲线如图 8-50 所示。如图 8-49 所示,边坡体中设置 A、B、C 三个监测点,A 位于潜在滑体上,B 位于软弱结构中层,C 位于基岩中。FLAC 计算时岩体材料为弹塑性材料,采用莫尔—库仑屈服准则,边界条件采用自由场边界,阻尼采用局部阻尼,阻尼系数为 0.15,先进行静力计算,后进行动力计算。

岩质边坡物理力学参数 表 8-6

材料名称	重度(kN/m³)	黏聚力(MPa)	内摩擦角(°)	弹性模量(GPa)	泊松比	抗拉强度(kPa)
岩体	25	0.6	38	1.5	0.25	500
夹层	20	0.08	25	0.2	0.33	20

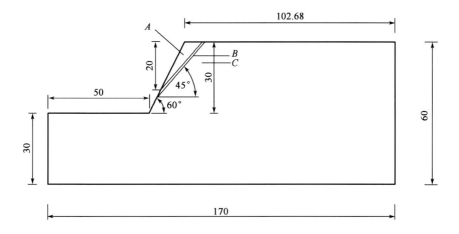

图 8-49　岩质边坡模型示意图（尺寸单位：m）

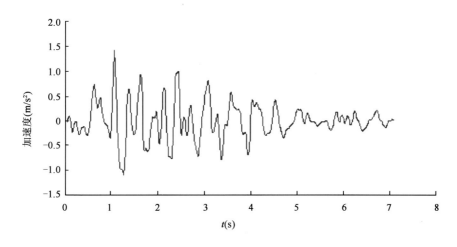

图 8-50　输入的水平向加速度曲线

输入地震波后进行 FLAC 动力计算。图 8-51 为折减系数为 1 时的位移时程曲线图。从图中可以看出，位移曲线在地震作用 1s 时刻发生较大的突变，但是地震作用完毕后，最终位移几乎归零，也就是在地震作用下滑体并没有发生移动。所以与静力问题不同，单凭某一时刻位移发生突变不能判断边坡破坏，但是震动完后的最终位移发生突变，仍然可以作为破坏的判据，即可以从折减系数与位移关系曲线的突变来判断是否破坏。图 8-52 为滑体上 A 点折减系数—位移关系曲线。从图中可以看出，位移突变相对应的折减系数为 1.63。由于位移曲线中可能存在几个突变点，很难准确确定，因此可作为检验验证的方法。然后是看计算中力和位移是否收敛的判据。图 8-53 示出折减系数为 1.65 时的位移时程曲线图。从图中可以看出，地震作用完后，潜在滑体上和不滑部分位移均不再变化，表示计算收敛。从图 8-54 折减系数为 1.66 时的位移时程曲线图中可以看出，不滑部分的位移仍然不变，而潜在滑体上两点的位移在地震作用完后均在继续增大，表示位移发散和边坡发生破坏，判断此时计算不收敛。综合以上分析，算例边坡在输入地震作用下动力稳定安全系数为 1.65。

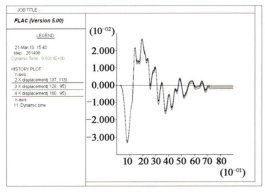

图 8-51 折减系数为 1 时的位移时程曲线（FLAC）

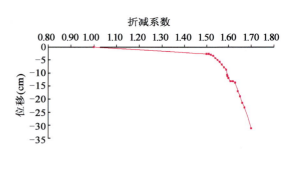

图 8-52 A 点折减系数—位移关系曲线

图 8-53 折减系数为 1.65 时的位移时程曲线（FLAC）

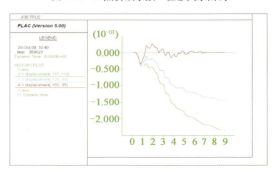

图 8-54 折减系数为 1.66 时的位移时程曲线（FLAC）

8.4.4 土质边坡地震动稳定性分析

1) 算例土质边坡概况

均质土坡，边坡高度 20m，坡角 45°，剪切模量 29.8MPa，体积模量 64.5MPa，重度 20kN/m³，黏聚力 40kPa，内摩擦角 20°，拉力为 0。土质边坡及关键点如图 8-55 所示。地震作用采用人工合成的地震波，相应的水平加速度峰值 1.29m/s²，作用时间 16s，水平向加速度曲线如图 8-15 所示。FLAC 动力计算时土体材料为弹塑性材料，采用莫尔—库仑屈服准则，边界条件为黏滞边界加上自由场边界，阻尼采用局部阻尼，阻尼系数为 0.15。采用 FALC 强度折减法分析得到的算例土质边坡动力破裂面如图 8-55 所示。

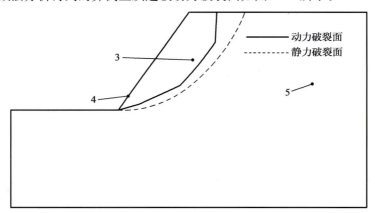

图 8-55 土质边坡及关键点示意图

3、4、5-关键点

2）不同分析方法计算结果的比较

本算例边坡按静力分析得到的安全系数为 1.32。按照本节提出的第一种方法——基于拉—剪破裂面的动力时程分析法，对边坡进行稳定性分析得到安全系数为 0.93。采用本节提出的第二种方法——强度折减动力分析法计算岩质边坡的安全系数，当折减系数为 1.02 时，如图 8-56 所示，关键点（位置见图 8-55）位移曲线保持水平，表示算例土质边坡没有破坏；折减到 1.03 时，如图 8-57 所示，所有关键点位移曲线均倾斜；而且此后随强度折减增大，曲线倾斜度越来越大，图 8-58 所示为折减系数为 1.04 时的关键点位移时间曲线。因此可以判断土质边坡折减至 1.03 时在地震作用下发生破坏，故将土质边坡在地震作用下的稳定安全系数定为 1.02。同时，作出图 8-55 中所示关键点的位移与折减系数的关系曲线，宜选择破裂面或者位移较大部位上的关键点。本算例选择坡脚部位 4 号关键点，即图 8-55 所示 4 号关键点。4 号关键点折减系数—位移关系曲线如图 8-59 所示。从图中可以看出，与位移突变相对应的折减系数为 1.02～1.05，再次证明了边坡动力稳定安全系数为 1.02。

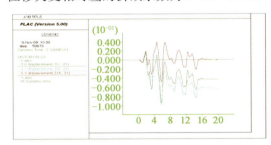

图 8-56　折减系数为 1.02 时的关键点位移曲线图

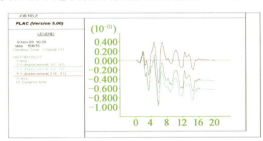

图 8-57　折减系数为 1.03 时的关键点位移曲线图

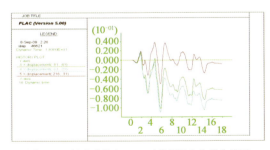

图 8-58　折减系数为 1.04 时的关键点位移曲线图

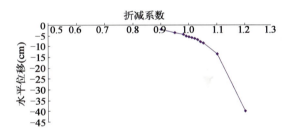

图 8-59　4 号关键点折减系数—位移关系曲线

拟静力安全系数、最小动力安全系数和最小平均安全系数见表 8-7。

算例土质边坡不同方法计算结果　　　　　　　　表 8-7

方　　法		安　全　系　数
拟静力法	拟静力+极限平衡法（水平加速度取峰值加速度的 1/3）	1.21
	拟静力+有限元强度折减法（水平加速度取峰值加速度的 1/3）	1.29
动力有限元时程分析法	动力有限元时程分析法　　　最小动力安全系数法	0.98（极限平衡法）
		0.88（静力 FLAC 强度折减法）
	最小平均安全系数法	1.09（极限平衡法）
	基于拉—剪破裂面的动力时程分析法　采用峰值加速度时刻对应动力荷载	0.93
完全动力分析法	FLAC 强度折减动力分析法	1.02

从表 8-8 中可以看出，本节提出的两种方法中，基于拉—剪破裂面的动力时程分析法计算得到的安全系数比最小动力安全系数法（采用极限平衡法计算）降低 5.1%，表明采用拉—剪破裂面时，安全系数有所降低，主要是拉破坏的影响。FLAC 强度折减动力分析法得到的安全系数比最小动力安全系数法（采用静力有限元强度折减法计算）提高 15.9%，表明 FLAC 强度折减动力分析法能够充分考虑动力效应，相当于提高了静力强度参数。

算例土坡不同方法计算结果差值   表 8-8

方　法	安 全 系 数	方　法	安 全 系 数
基于拉—剪破裂面的动力时程分析法	0.93	FLAC 强度折减动力分析法	1.02
最小动力安全系数法（极限平衡法）	0.98	最小动力安全系数法（静力有限元强度折减法）	0.88
差值	−5.1%	差值	15.9%

8.5　强度折减动力分析法在锚杆支护边坡抗震设计中的应用

锚杆支护边坡具有施工简便、安全和经济等特点，是边坡工程中一种主要支护方式。目前，锚杆支护边坡设计主要采用理论计算、工程类比和动态设计等方法进行，通过开展相关试验研究，锚杆支护边坡静力设计已经比较成熟。但是目前锚杆支护边坡抗震设计主要采用拟静力的方法，对其地震作用特性研究较少，尤其是对锚杆在地震作用下的破坏过程、破坏机制研究更少。汶川地震边坡破坏现象调研发现，锚杆支护边坡具有较好的抗震效果，相反在同一地方原来认为具有很好的岩体、没有采取支护措施的边坡段在地震作用下发生破坏。国内外学者对锚杆地震作用特性进行了研究，通过离心机试验和现场爆炸试验研究了锚杆在地震波和爆炸波作用下的动力响应，但是并没有涉及不同波作用的响应和锚杆在波动作用下的破坏特征。本节采用 FLAC 对锚杆支护边坡地震作用下的动力特性进行了数值分析，首先对锚杆支护岩质边坡在各种不同地震波下的动力响应进行了研究，然后结合强度折减动力分析法对锚杆支护岩质边坡在地震作用下的破坏机制进行了研究，最后提出锚杆支护边坡抗震设计方法。

8.5.1　岩质边坡锚杆支护抗震动力分析

一岩质边坡高度 30m，坡角 75°，存在一软弱结构面，倾角 60°，结构面厚度为 0.5m，如图 8-60 所示。岩体与软弱结构面物理力学参数见表 8-9。边坡等级为二级，重要性系数为 1.0。算例边坡未支护时静力安全系数为 1.15，处于基本稳定状态。边坡处于 8 度抗震设防地区，峰值加速度 $2m/s^2$，拟采用锚杆支护，边坡初步设计剖面如图 8-61 所示。采用全长黏结锚杆，锚杆竖向间距 3m，横向间距 2m。锚杆设计见表 8-10。边坡表层喷射 100mm 厚的素混凝土防止岩体风化。支护后算例边坡静力安全系数为 1.31，满足规范要求。

岩体物理力学参数 表 8-9

材料名称	重度（kN/m³）	黏聚力（MPa）	内摩擦角（°）	弹性模量（GPa）	泊松比	抗拉强度（MPa）
岩体	25	1	47	46	0.23	0.7
软弱结构面	25	0.06	30	4.2	0.27	0.01

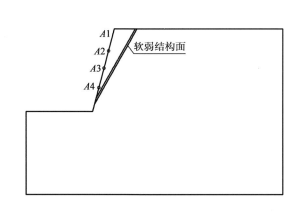
图 8-60 岩质边坡示意图

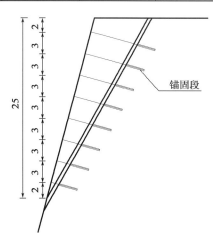
图 8-61 算例边坡锚杆支护设计剖面（尺寸单位：m）

锚 杆 设 计 表 8-10

锚杆层数	锚杆位置（m）	锚固段长度（m）	锚杆长度（m）	锚筋直径（mm）	锚孔直径（mm）
1	2	3	9.8	25	100
2	5	3	9.0	25	100
3	8	3	8.2	25	100
4	11	3	7.4	25	100
5	14	3	6.6	25	100
6	17	3	5.8	25	100
7	20	3	5.0	25	100
8	23	3	4.2	25	100

1）计算模型

选取一个 2m 宽的边坡体进行 FLAC 动力有限元分析，岩体材料为弹塑性材料，采用莫尔—库仑屈服准则，Cable 单元模拟锚杆，在锚杆锚头部位设置较大的黏结参数以模拟锚头的作用。FLAC 计算输入的锚杆参数见表 8-11。边界条件采用自由场边界，阻尼采用局部阻尼，阻尼系数为 0.15。地震波采用单向水平输入，输入的地震波分别为 EL Centro 波（EL，1940 年，NS 向）、Linghe 波（Linghe，1995 年，NS 向）和 qiqi 波（qiqi，1997 年，NS 向），如图 8-62 所示。地震波进行了过滤和基线校正。

锚杆物理力学参数 表 8-11

材料名称	弹性模量（MPa）	屈服荷载（kN）	锚筋直径（mm）	黏结强度（N/m）	黏结刚度（N/m²）	锚孔直径（mm）
锚杆	2×10^4	178	25	10×10^5	2×10^7	100

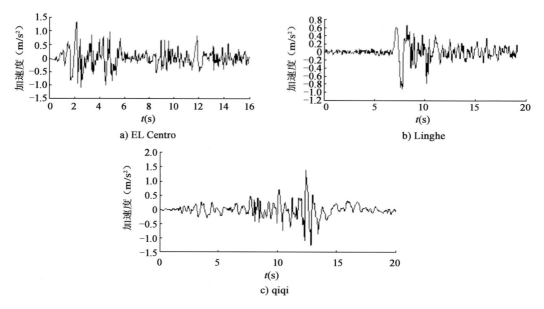

图 8-62 计算输入的地震加速度曲线

2) 不同地震动参数下锚杆支护边坡的动力响应分析

目前，还没有比较成熟和公认合理的方法评价地震边坡稳定性，但是规范推荐、工程应用较多的拟静力法与加速度相关，故坡面加速度可以在一定程度上反映边坡的动力稳定性。为此，在边坡坡面上按一定间距选取 4 个监测点，监测点位置如图 8-60 所示。并定义各测点动力响应加速度峰值（PGA）与输入地震加速度峰值的比值为 PGA 放大系数，通过分析无锚杆支护和有锚杆支护两种情况下岩质边坡和土质边坡在不同地震动参数下对 PGA 放大系数的影响，研究地震动参数变化对锚杆支护边坡动力响应的影响，以分析锚杆支护在各种不同地震下的抗震效果和锚杆支护边坡动力响应。

采用 FLAC 软件对算例岩质边坡在各种地震波下的动力特性进行分析，主要分析坡面 PGA 放大系数在锚杆支护前后的变化。为了探讨输入地震动强度的影响，将每种波的输入加速度峰值分别调整为 $1.0 m/s^2$、$2.0 m/s^2$、$4.0 m/s^2$、$8.0 m/s^2$。为考虑输入地震波频谱的影响，对 qiqi 波采用 4 种不同的时间压缩比，即将地震波的持时进行压缩使地震波频谱改变。计算输入的地震波见表 8-12。

计算输入的地震波参数 表 8-12

工况序号	地震波类型	幅值（m/s²）	时间压缩比
1～3	EL、LH、qq	1	1
4～6	EL、LH、qq	2	1
7～9	EL、LH、qq	4	1
10～12	EL、LH、qq	8	1
13	qq	2	1
14	qq	2	1.5
15	qq	2	2
16	qq	2	2.5

注：EL-EL Centro 波；LH-Linghe 波；qq-qiqi 波。

锚杆支护边坡的动力特性与受到的地震动密切相关，本节计算了考虑地震波类型、幅值、频率的影响，以分析锚杆支护前后在各种不同地震波下算例边坡坡面 PGA 放大系数的变化情况。本算例计算选取 4 个监测点，其中监测点 A_1、A_3 在锚杆支护前后的 PGA 放大系数见表 8-13。从表中可以看出，在各种地震波作用下，锚杆支护均能有效地降低边坡 PGA 放大系数，最大达到 21.35%，最小也达到 5% 左右。锚杆支护在各种地震作用下都具有较好的抗震效果，在遭受不大于设计地震烈度的地震时，抗震效果比较突出，能够降低边坡坡面的 PGA 放大系数 10% 以上，显著提高了边坡在地震作用下的动力稳定性。

A_1、A_3 监测点 PGA 放大系数　　　　表 8-13

工况序号	地震波类型	峰值加速度 (m/s^2)	时间压缩比	监测点 A_1			监测点 A_3		
				PGA 放大系数		差值 (%)	PGA 放大系数		差值 (%)
				未支护	支护		未支护	支护	
1	EL	1	1	3.11	2.51	19.29	2.61	2.15	17.62
2	LH			2.81	2.35	16.37	1.91	1.71	10.47
3	qq			2.91	2.31	20.62	2.81	2.21	21.35
4	EL	2	1	2.31	2.03	12.15	2.11	1.91	9.50
5	LH			2.03	1.80	11.33	1.91	1.76	7.87
6	qq			2.21	1.81	18.14	1.81	1.54	14.68
7	EL	4	1	2.26	2.11	6.63	2.10	2.01	4.28
8	LH			2.13	2.01	5.41	2.01	1.95	2.98
9	qq			2.15	1.95	9.29	2.05	1.86	9.26
10	EL	8	1	1.69	1.60	5.18	1.60	1.49	7.03
11	LH			1.60	1.52	5.15	1.52	1.41	6.91
12	qq			1.78	1.69	5.19	1.66	1.53	7.85
13	qq	2	1	2.21	1.81	18.14	2.06	1.76	14.60
14	qq	2	1.5	2.31	1.93	16.46	2.18	1.88	13.79
15	qq	2	2	2.36	2.03	13.99	2.18	1.98	9.40
16	qq	2	2.5	2.41	2.13	11.62	2.23	2.08	6.74

(1) 地震波类型的影响

水平输入的各种幅值的地震波类型有 EL Centro 波、Linghe 波、qiqi 波。从表 8-13 中可以看出，同样地震加速度峰值下，锚杆支护后 PGA 放大系数降低程度不同。以峰值加速度 $2m/s^2$ 为例，图 8-63 给出了监测点 A_1、A_3 锚杆支护后 PGA 放大系数降低程度与地震波类型的关系曲线。从图中可以看出，qiqi 波作用下锚杆支护后 PGA 放大系数降低最多，EL Centro 波次之，Linghe 波最少。可见，在不同地震作用下锚杆抗震支护的效果是不同的，主要是各种地震波的频谱特性不同；在地震波作用下，锚杆与岩体动力相互作用也不一样。

(2) 地震波幅值的影响

从表 8-13 中可以看出，同种地震作用下，加速度峰值不同，锚杆支护后 PGA 放大系数降低程度不同。以 EL Centro 波为例，图 8-64 给出了监测点 A_1、A_3 锚杆支护后 PGA 放大系数降低程度与加速度峰值的关系曲线。从图中可以看出，作用的地震波峰值越大，锚杆支护后 PGA 放大系数降低程度越低。峰值加速度为 $8m/s^2$ 时，锚杆支护后 PGA 放大系数降低只有 5% 左右，说明按照 8 度地震烈度设计的锚杆边坡在遭受不大于设计地震烈度的地震时均具有良好的抗震效果，但是在遭受罕遇地震强震作用下锚杆支护的抗震效果有限。

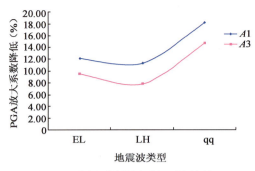
图 8-63 不同地震波作用下坡面监测点处 PGA 放大系数降低程度

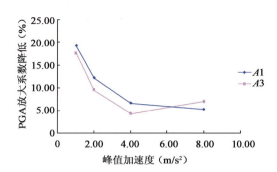
图 8-64 不同峰值加速度地震波作用下坡面监测点处 PGA 放大系数降低程度

（3）地震波频率的影响

为了探讨输入的地震波频率对锚杆支护抗震效果的影响，对加速度峰值为 $2m/s^2$ 的 qiqi 波，将时间压缩比分别为调整 1、1.5、2、2.5 后施加到边坡上。图 8-65 给出了监测点 $A1$、$A3$ 锚杆支护后 PGA 放大系数降低程度与时间压缩比的关系曲线。从图中可以看出，随着输入波频率增加，PGA 放大系数降低程度减小。这是因为随着输入波频率增加，坡面岩体加速度放大效应逐渐增强，表现出 PGA 放大系数增大的趋势，锚杆支护的抗震效果也随之降低。

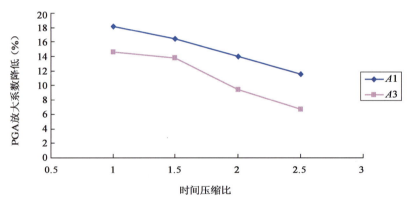

图 8-65 不同频率地震波作用下坡面 PGA 放大系数降低程度

8.5.2 锚杆支护边坡在地震作用下的抗震机制分析

算例锚杆支护边坡，静力下安全系数为 1.31，分别输入峰值加速度为 $1m/s^2$、$4m/s^2$、$8m/s^2$，持时 10s 的 qiqi 波进行动力响应分析。

当输入峰值加速度为 $1m/s^2$ 的 qiqi 波，折减系数为 1.3 时，地震作用完毕之后滑体部分关键点位移—时间曲线仍然水平（图 8-66），锚杆也没有达到拉力屈服状态，边坡仍然保持稳定，说明边坡在遇到小于设计地震烈度的地震时，锚杆支护具有良好的抗震效果。

当输入峰值加速度为 $4m/s^2$ 的 qiqi 波，折减系数为 1.2 时；当输入峰值加速度为 $8m/s^2$ 的 qiqi 波，折减系数为 1.1 时，地震作用完毕之后滑体部分关键点位移都倾斜向下，如图 8-67 所示。表示边坡已经在地震作用下破坏，此时锚杆在滑面附近轴力也达到极限状态。图 8-68 所示为第 6 排锚杆靠近滑面部位单元屈服状态示意图。图中纵坐标，0 表示没有屈服，1.0 表示正在屈服，2.0 表示曾经屈服。从图中可以清楚地看出锚杆屈服过程，锚杆有效地延缓了边坡的动力破坏。

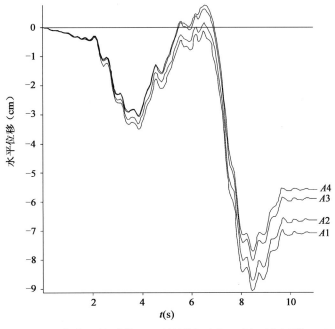

图 8-66 位移—时间曲线（qiqi 波峰值加速度 1m/s²，折减系数 1.3）

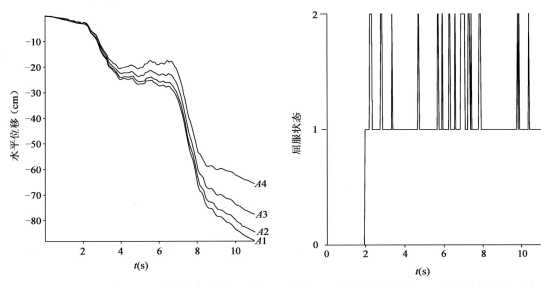

图 8-67 位移—时间曲线（qiqi 波峰值加速度 4m/s²，折减系数 1.2）

图 8-68 锚杆单元屈服状态（qiqi 波峰值加速度 4m/s²，折减系数 1.2）

以输入峰值加速度为 8 m/s² 的 qiqi 波为例分析锚杆破坏过程，当折减系数为 1.3，计算至 2s 时，锚杆轴力达到拉力极限而屈服，锚杆滑面附近单元轴力—时间曲线图如图 8-69 所示；计算至 3.7s 时，滑体部位产生了较大的水平变形和竖直变形，锚杆在滑面部位同时承受了较大的剪切力，使得 Cable 单元产生较大的径向变形，锚杆变形如图 8-70 所示，锚杆在地震作用下失效。从以上分析可知，本算例条件下锚杆支护边坡破坏过程是锚杆首先屈服，进而加剧潜在滑体的滑动，产生较大的水平和垂直变形，锚杆发生拉断破坏或者剪断破坏，锚杆破坏失效，锚杆支护边坡在地震作用下动力破坏。

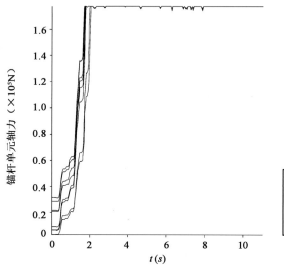

图 8-69　锚杆轴力—时间曲线图（qiqi 波峰值加速度 8m/s²，折减系数 1.1）

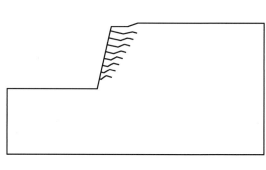

图 8-70　锚杆变形状态（qiqi 波峰值加速度 8m/s²，折减系数 1.1）

8.5.3　锚杆支护边坡抗震设计新方法

1）锚杆支护边坡抗震设计步骤

（1）按照常规荷载进行静力设计，满足静力工况下的安全系数标准，一般边坡要求达到 1.25。

（2）将地震荷载作为偶然荷载进行校核。采用强度折减动力分析法计算地震荷载下的动力安全系数，要求达到规定的动力安全系数标准。《核电厂抗震设计规范》（GB 50267—1997）规定斜坡采用动力有限元计算，要求安全系数达到 1.2；《铁路工程抗震设计规范》（GB 50111—2006）要求高度大于 12m 的边坡抗震安全系数达到 1.15。考虑到一般边坡并没有核电工程重要性高，所以计算时动力安全系数标准取 1.1～1.15，对锚杆边坡取 1.15。

（3）若满足以上两个条件，则设计可行；否则，从第一步开始重新设计。

2）算例边坡锚杆抗震设计

采用 8.5.1 节中算例边坡进行抗震设计，按照常规荷载进行静力设计，静力下安全系数达到 1.31，满足静力工况下安全系数的要求。现对其地震动力下安全系数进行校核。

根据强度折减动力分析法计算地震作用下锚杆支护边坡的安全系数，采用式（8-1）、式（8-2）对强度参数进行折减，利用 FLAC 进行动力分析，图 8-60 中关键点位移发散，表示计算不收敛。如图 8-71 所示，当折减系数为 1.22 时，坡面和潜在滑面里面的关键点水平位移时程曲线在地震作用完毕之后都保持水平，表示地震作用完毕后潜在滑体不会滑动，保持稳定；当折减系数为 1.23 时，坡面上的关键点水平位移时程曲线在地震作用完毕之后倾斜，而潜在滑面里面的关键点水平位移时程曲线在地震作用完毕之后都保持水平，表示地震作用完毕后滑体继续向下滑动，边坡破坏。基于以上分析认为，算例边坡在锚杆支护后输入地震作用下的安全系数为 1.22，满足动力工况下边坡安全系数要求。所以，8.5.1 中算例初步设计是可行的。

强度折减动力分析法完全考虑了锚杆与岩体在地震作用下的相互作用，并且直接评价支护后边坡的安全系数，具有较大的优越性。算例证明，采用强度折减动力分析法进行锚杆支护边坡的抗震设计是可行的。

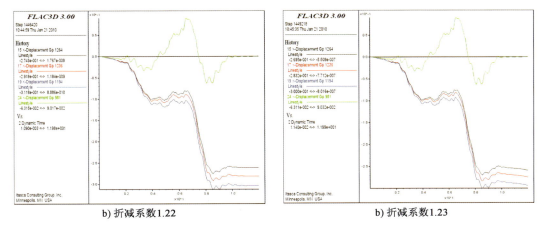

图 8-71　关键点位移时程曲线

8.5.4　锚杆支护边坡动力稳定敏感性分析

基于以上研究成果，利用 FLAC 结合强度折减动力分析法初步分析了 8.5.1 中算例锚杆位置、锚杆间距、锚杆安装角、锚固段长度、锚孔直径、锚筋直径对边坡动力安全系数的影响。

1）锚杆位置的影响

为了分析锚杆位置对锚杆抗震效果的影响，8.5.1 中算例边坡锚杆支护参数中锚杆间距 3m、锚固段长度 3m、倾角 15°、锚孔直径 100mm、锚筋直径 25mm 不变，将第一层锚杆距离坡顶水平面的距离分别调整为 1m、1.5m、2m 三种情况，输入图 8-62 所示调整后的 qiqi 波，峰值加速度为 $2m/s^2$。锚杆位置与边坡动力安全系数关系曲线如图 8-72 所示。从图中可以看出，第一排锚杆距离坡顶越近，锚杆边坡动力安全系数越大。

2）锚杆间距的影响

为了分析锚杆间距对锚杆抗震效果的影响，8.5.1 中算例边坡锚杆支护参数中第一排锚杆距离坡顶 1.5m、锚固段长度 3m、倾角 20°、锚筋直径 25mm、锚孔直径 100mm 不变，将第一层锚杆排间距分别调整为 2m、3m、4m 三种情况，输入图 8-62 所示调整后的 qiqi 波，峰值加速度为 $2m/s^2$。锚杆间距与边坡动力安全系数关系曲线如图 8-73 所示。从图中可以看出，锚杆间距对支护边坡动力安全系数较敏感。

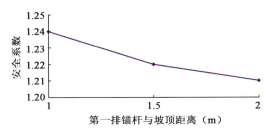

图 8-72　锚杆位置与边坡动力安全系数关系曲线

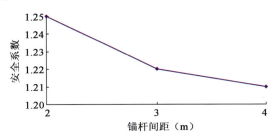

图 8-73　锚杆间距与边坡动力安全系数关系曲线

3）锚杆安装角的影响

为了分析锚杆安装角对锚杆抗震效果的影响，8.5.1 中算例边坡锚杆支护参数中第一排锚杆距离坡顶 1.5m、锚固段长度 3m、锚杆间距 3m、锚筋直径 25mm、锚孔直径 90mm 不变，将锚杆安装角分别调整为 10°、15°、20°三种情况，输入图 8-62 所示调整后的 qiqi 波，峰值加速度为 2m/s²。锚杆安装角与边坡动力安全系数关系曲线如图 8-74 所示。从图中可以看出，锚杆安装角对锚杆支护边坡动力安全系数影响不大，不敏感。

4）锚固段长度的影响

为了分析锚固段长度对锚杆抗震效果的影响，8.5.1 中算例边坡锚杆支护参数中第一排锚杆距离坡顶 1.5m、锚杆间距 3m、锚杆倾角 15°、锚筋直径 25mm、锚孔直径 100mm 不变，将锚杆锚固段长度分别调整为 3m、4m、5m 三种情况，输入图 8-62 所示调整后的 qiqi 波，峰值加速度为 2m/s²。锚固段长度与边坡动力安全系数关系曲线如图 8-75 所示。从图中可以看出，锚固段长度对边坡动力安全系数很敏感，但锚杆长度达到一定长度后，再增加锚杆长度无法进一步提高边坡动力安全系数，所以锚杆长度有一个最优值。

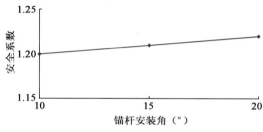

图 8-74　锚杆安装角与边坡动力安全系数关系曲线　　图 8-75　锚固段长度与边坡动力安全系数关系曲线

5）锚孔直径的影响

为了分析锚孔直径对锚杆抗震效果的影响，8.5.1 中算例边坡锚杆支护参数中第一排锚杆距离坡顶 1.5m、锚杆间距 3m、锚固段长度 3m、锚杆倾角 15°、锚筋直径 25mm 不变，将锚杆锚孔直径分别调整为 90mm、100mm、110mm 三种情况，输入图 8-62 所示调整后的 qiqi 波，峰值加速度为 2m/s²。锚孔直径与边坡动力安全系数关系曲线如图 8-76 所示。从图中可以看出，锚孔直径对锚杆支护边坡动力安全系数影响不大，不敏感。

6）锚筋直径的影响

为了分析锚筋直径对锚杆抗震效果的影响，8.5.1 中算例边坡锚杆支护参数中第一排锚杆距离坡顶 1.5m、锚杆间距 3m、锚固段长度 3m、锚杆倾角 15°、锚孔直径 100mm 不变，将锚筋直径分别调整为 20mm、25mm、30mm 三种情况，输入图 8-62 所示调整后的 qiqi 波，峰值加速度为 2m/s²。锚筋直径与边坡动力安全系数关系曲线如图 8-77 所示。从图中可以看出，锚筋直径大于 25mm 以后对边坡动力安全系数不敏感，可以认为锚筋直径只要达到一定设计值，就不再对边坡动力安全系数产生影响，可以认为不敏感。

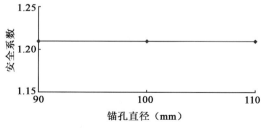
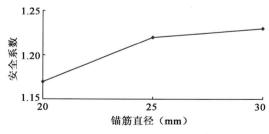

图 8-76　锚孔直径与边坡动力安全系数关系曲线　　图 8-77　锚筋直径与边坡动力安全系数关系曲线

8.5.5 锚杆支护边坡振动台试验研究

锚杆抗震性能模型试验在中国地震局工程力学研究所地震模拟开放实验室的三向电液伺服驱动式地震模拟振动台上进行,振动台台面尺寸为 5m×5m,最大负荷质量 30t,最大位移:X、Y 向为 80mm,Z 向为 50mm,最大速度:50cm/s,最大加速度:X、Y 向为 1.0g,Z 向为 0.7g,工作频率范围:0.5~50Hz。

1) 试验相似材料制作与模型制作

原型与模型相似比 10:1,动力相似关系按照重力相似律推导,相似关系见表 8-2。试验模型尺寸如图 8-78 所示。模型边坡高度 1.5m,坡角 60°,锚杆共 5 列 6 排。

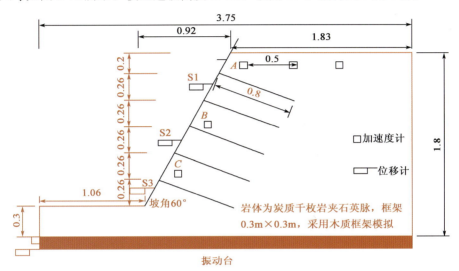

图 8-78 试验模型示意图(尺寸单位:m)

相似材料采用标准砂、石膏粉、滑石粉、甘油、水为基本材料,按照正交设计,在试验室进行直剪参数试验,最后选择配合比 0.7:0.1:0.06:0.03:0.11 模拟岩体,岩体相似材料通过控制相似材料重度 25kN/m³ 垒入模型箱。锚筋采用直径 6mm 钢筋模拟,锚杆长度 0.8m,倾角 20°,间距 0.3m,水平间距 0.3m。框架采用木质框架模拟,与锚杆连接。锚杆锚孔直径为 20mm,采用水泥浆现场浇注而成。制作完成后模型如图 8-79 所示。模型总重力 112.7kN。对制作完成的模型取样进行材料参数直剪试验,得到实际相似材料的参数见表 8-14。由于模型制作过程中挤压十分密实,实际材料参数大于表中值。

图 8-79 制作完毕的锚杆支护边坡模型

模型材料物理力学参数　　　　表 8-14

材料名称	重度(kN/m³)	弹性模量(MPa)	泊松比	黏聚力(kPa)	内摩擦角(°)	抗拉强度(kPa)
岩体	25.4	96	0.25	47	32	10
锚杆	25	1×10³	0.2	按线弹性材料处理		

2）试验加载方案

试验选择 3 条有代表性的地震波作为地震激励，它们分别是汶川 Wolong（NE）波、EL Centro 波和 Taft 波。每条地震波的加速度峰值与持时根据相似关系进行了调整，如图 8-80 所示。振动台试验时每条地震波均是先水平向输入，后水平垂直双向输入，其中垂直向加速度峰值取水平向加速度峰值 2/3。为了考虑峰值大小对锚杆动力响应的影响，EL Centro 波和 Taft 波峰值分别取 0.1g、0.2g、0.4g；为了考虑边坡破坏状态下锚杆的动力响应，Wolong（Wenchuan NE）波分别取 0.1g、0.2g、0.4g、0.6g、0.8g、1g，见表 8-15。

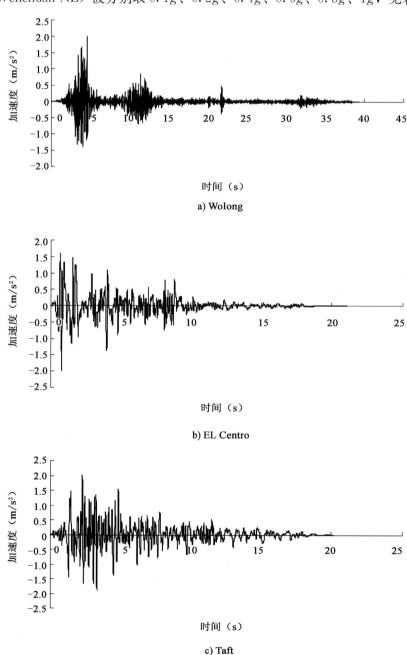

图 8-80　模型试验输入的压缩后的水平向加速度曲线

输入地震波信息　　　　　　　表 8-15

地 震 波	峰值加速度（g）	持时（s）
Wolong（NE）	0.1，0.2，0.4，0.6，0.8，1	40
EL Centro	0.1，0.2，0.4	21
Taft	0.1，0.2，0.4	20

3）试验测点布置

试验在边坡上设置加速度、位移监测点，如图 8-78 所示。在锚杆中选一列进行锚杆轴向应变监测，每个监测列上所有锚杆的锚筋上贴应变片，每个锚筋上贴 3 个，间隔 0.2m，如图 8-81 所示。

锚杆长度80cm，每隔20cm贴1个应变片

图 8-81　应变片布置图

4）锚杆振动台试验结果分析

（1）坡面加速度响应分析

锚杆支护边坡后能够约束坡面的水平位移，降低坡面响应加速度峰值。试验中在坡面上设置了 3 个加速度监测点 A、B、C，如图 8-78 所示。为方便分析，将坡面响应水平加速度峰值与输入水平加速度峰值比值定义为水平 PGA 放大系数。PGA 放大系数同样反映了边坡在地震作用下的动力特性，坡面监测点水平 PGA 放大系数见表 8-16。

输入不同地震波下坡面监测点水平 **PGA** 放大系数　　　　　　　表 8-16

输入地震波	地震波类型	PGA 放大系数		
		监测点 A	监测点 B	监测点 C
0.1g 单向	Wolong	1.32	1.40	1.18
	EL Centro	1.21	1.33	1.09
	Taft	1.45	1.43	1.17
0.1g 双向	Wolong	1.65	1.49	1.17
	EL Centro	1.35	1.38	1.00
	Taft	1.46	1.46	1.18
0.2g 单向	Wolong	1.62	1.65	1.22
	EL Centro	1.25	1.28	0.93
	Taft	1.34	1.34	1.12
0.2g 双向	Wolong	2.11	2.05	1.38
	EL Centro	1.41	1.41	1.02
	Taft	1.71	1.61	1.25
0.4g 单向	Wolong	1.31	1.23	0.97
	EL Centro	1.21	1.31	1.11
	Taft	1.47	1.66	1.28
0.4g 双向	Wolong	1.39	1.52	1.23
	EL Centro	1.25	1.26	1.16
	Taft	1.44	1.60	1.10

输入图 8-80 所示 Wolong、EL Centro、Taft 三种地震波，单向、双向各输入一次。双向输入时，垂直加速度峰值取水平向峰值的 2/3，分析不同地震波作用下坡面响应加速度。

从表 8-16 中可以看出，输入不同的地震波，锚杆支护边坡的坡面水平 PGA 放大系数不同，而坡面响应水平加速度一定程度上反映了边坡的动力稳定性，由此可知锚杆在不同的地震波作用下的抗震性能是有差别的。为了更清晰地反映了这一情况，将表 8-16 中的监测点 A 和监测点 B 的水平 PGA 放大系数绘成曲线，如图 8-82 所示。从图 8-82 中可以清晰地看到以下两点：

①输入不同地震波，地震波幅值 0.1g、0.2g、0.4g 各种情况下，双向输入情况下坡面水平 PGA 放大系数普遍大于单向输入情况下的水平 PGA 放大系数，水平 PGA 放大系数越大，边坡的动力稳定性越差，证明了单向输入情况下进行锚杆抗震设计是偏于危险的，锚杆抗震设计应该按照双向输入考虑。

②本次模型试验中，输入 EL Centro 波情况下，坡面 3 个监测点的 PGA 放大系数均小于输入 Wolong 波和 Taft 波的情况，说明本次锚杆支护对 EL Centro 波锚杆的抗震效果最好；这同时也说明了另一个问题，对同一个边坡支护设计问题，输入不同的地震波进行锚杆抗震设计是必需的，也反映了采用拟静力法进行抗震设计的不足之处，不能反映不同地震波的频谱特性。

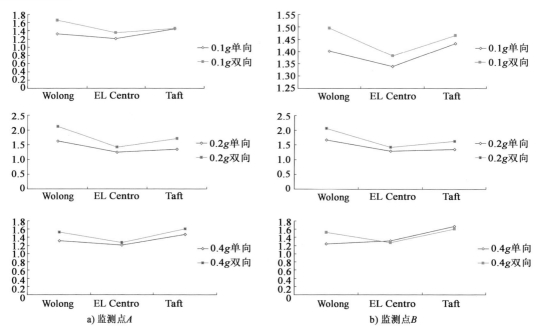

图 8-82　不同地震波下监测点水平 PGA 放大系数曲线

（2）不同地震波作用下锚杆轴力的动力响应

为研究不同地震波作用下锚杆轴力的动力响应，在每排锚杆上设置了 3 个应变监测点，锚杆从上至下共分 5 排，从坡顶开始分别为第 1~5 排，每排锚杆的锚筋上贴 3 个应变片，从锚杆口部到底部开始分别为监测点 1、2、3。锚杆轴力与应变之间的换算按照下式进行，将锚杆轴力峰值进行对比研究：

$$F = EA\xi \tag{8-12}$$

式中：F——轴力；

E——锚筋弹性模量,本试验采用的 $\phi 6mm$ 钢筋弹性模量为 $2\times 10^5 MPa$;

A——钢筋截面积;

ξ——钢筋的应变。

通过分析锚杆轴力峰值出现的时刻,可以看出锚杆受力的先后顺序。以第 4 排锚杆为例,输入汶川 Wolong 波(0.4g 单向),如图 8-83 所示。正峰值时刻为 7.05s,负峰值时刻为 7.5s。第 4 排锚杆 3 个监测点的轴力时程曲线如图 8-84 所示,轴力为正表示锚杆受拉,为负表示锚杆受压,受拉状态为危险状态。本算例只研究锚杆的受拉状态,后面的锚杆峰值均指锚杆受拉状态下的峰值。监测点 1 轴力的峰值时刻为 7.1s,监测点 2 峰值时刻为 7.5s,监测点 3 峰值时刻为 7.6s,说明锚杆的轴力受力过程是由外向里,坡面首先向外运动,进而锚杆受拉,将力逐渐传递到里面稳定岩层。

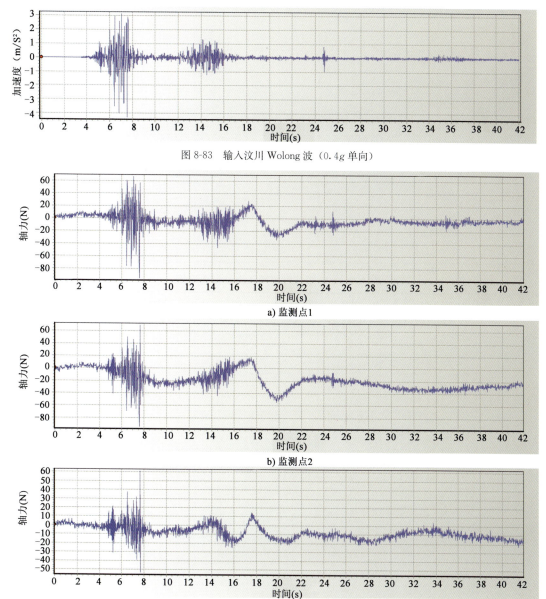

图 8-83 输入汶川 Wolong 波(0.4g 单向)

a) 监测点1

b) 监测点2

c) 监测点3

图 8-84 第 4 排锚杆轴力时程曲线(0.4g 单向 Wolong)

输入不同地震波下锚杆监测点轴力峰值,见表8-17、表8-18。从两个表中可以看出,输入不同的地震波情况下,第2~4排锚杆轴力3个监测点一般中间锚杆轴力较大,第1排锚杆轴力监测点3轴力较大,同时还可以看出边坡腰部第3、4排锚杆轴力较大,至于锚杆轴力是否会随着地震波幅值的增大而增大,可以通过研究不同幅值情况下锚杆轴力峰值获得。

输入 0.1g、0.2g 地震波时锚杆轴力监测点峰值　　　　　表 8-17

锚杆位置	监测点位置	锚杆轴力峰值（N）(0.1g 双向)			锚杆轴力峰值（N）(0.2g 双向)		
		Wolong	EL Centro	Taft	Wolong	EL Centro	Taft
第1排	监测点1	—	—	—	51	15	10
	监测点2	—	—	—	32	14	22
	监测点3	—	—	—	55	20	26
第2排	监测点1	26	12	18	31	55	33
	监测点2	42	32	12	34	66	54
	监测点3	50	42	28	42	60	36
第3排	监测点1	32	32	32	40	54	48
	监测点2	52	60	36	58	90	73
	监测点3	36	36	27	62	42	42
第4排	监测点1	40	22	42	114	70	68
	监测点2	26	—	40	96	51	62
	监测点3	20	22	15	22	53	42
第5排	监测点1	30	27	—	46	68	42
	监测点2	—	—	—	—	—	—
	监测点3	—	—	—	—	—	—

输入 0.4g 地震波时锚杆轴力监测点峰值　　　　　表 8-18

锚杆位置	监测点位置	锚杆轴力峰值（N）(0.4g 单向)			锚杆轴力峰值（N）(0.4g 双向)		
		Wolong	EL Centro	Taft	Wolong	EL Centro	Taft
第1排	监测点1	40	70	80	80	60	70
	监测点2	82	70	86	88	88	70
	监测点3	122	90	119	142	86	125
第2排	监测点1	42	42	44	44	32	34
	监测点2	72	85	76	64	71	85
	监测点3	24	40	35	30	34	28
第3排	监测点1	66	79	101	80	119	93
	监测点2	70	80	81	120	143.7	94
	监测点3	60	34	50	82	105	56
第4排	监测点1	80	82	94	226	137.5	212
	监测点2	44	65	71	200	202	175
	监测点3	21	40	28	96	59	100
第5排	监测点1	25	88	50	60	66	60
	监测点2	—	—	—	—	—	—
	监测点3	—	—	—	—	—	—

同一地震波作用下，每排锚杆的峰值不同。输入汶川 Wolong 波 0.4g 单向地震波时，每排锚杆的监测点 1 轴力时程曲线如图 8-85 所示。第 1～5 排监测点 1 轴力峰值分别为 40N、42N、66N、80N、25N，第 3、4 排锚杆的轴力最大。图 8-86 所示为输入汶川 Wolong 波 0.8g 双向地震波下每排锚杆的监测点 1 轴力时程曲线。从图 8-86 中可以看出，第 1～5 排监测点 1 轴力峰值分别为 135N、66N、113N、226N、75N，仍然为第 4 排锚杆的轴力最大，但是第 1 排锚杆的轴力已经超过第 3 排锚杆的轴力。从中分析认为，随着地震波幅值的增大，坡面响应加速度增大，特别是坡顶位置处的加速度放大系数较坡面其余位置大；同时前面边坡破裂机制的分析认为坡顶局部块体会在较大水平地震力作用下向外抛出，所以坡顶水平位移较大，进而出现较大的轴力。说明锚杆受到地震力时，第 1 排锚杆也将受到较大的力，与传统的边坡设计思想"强腰固角"不同，顶部锚杆在较大地震作用下也将受到较大的力。传统的拟静力法按照平均分配每排轴力的原则进行锚杆设计是偏于危险的。

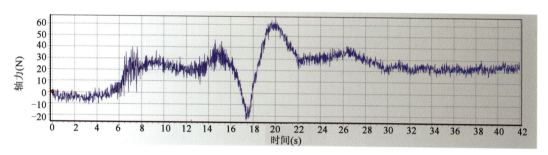

a) 第1排锚杆监测点1

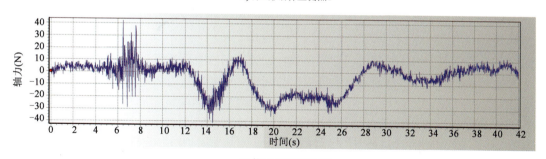

b) 第2排锚杆监测点1

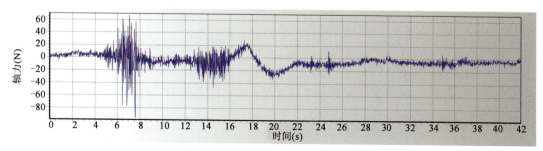

c) 第3排锚杆监测点1

图 8-85

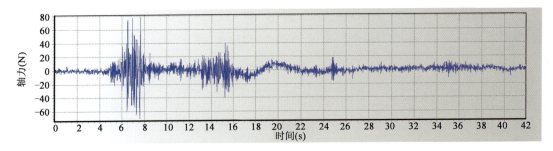

d) 第4排锚杆监测点1

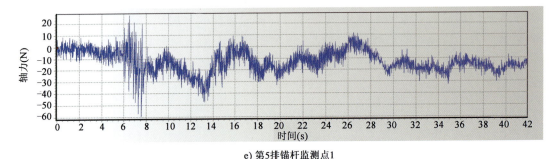

e) 第5排锚杆监测点1

图 8-85　每排锚杆监测点1轴力时程曲线（0.4g 单向 Wolong）

8.5.6　小结

（1）在各种地震波作用下，锚杆支护均能有效地降低边坡坡面 PGA 放大系数，能够取得较好的抗震效果，不同的地震波下锚杆支护抗震效果不同，在遭受大于设计地震烈度的地震时，锚杆仍然能取得一定的支护效果，表明传统的拟静力设计方法是可行的，但是无法充分地体现锚杆的抗震效果。

（2）地震作用下锚杆破坏过程首先是锚杆轴力达到极限而屈服，进而加剧潜在滑体的滑动，产生较大的水平和垂直变形，锚杆发生拉断破坏或者剪断破坏，锚杆破坏失效，滑体滑出，锚杆支护边坡在地震作用下动力破坏。边坡锚杆支护的抗震机制在于约束边坡在地震作用下的变形，当锚杆在地震作用下破坏时，能够充分发挥锚杆延性，有效地延迟边坡破坏时间。采用振动台试验进一步揭示，锚杆在地震作用下的受力机制是边坡坡面在地震作用下向外运动，锚杆受拉，将力逐渐传递到稳定岩层，锚杆的轴力动力受力过程是由外向里。

（3）利用 FLAC，采用强度折减动力分析法分析了地震荷载作用下锚杆支护边坡的安全系数，同时提出边坡锚杆支护抗震设计新方法，即先在静力下设计，采用强度折减动力分析法计算边坡锚杆支护后的动力安全系数并进行校核，要求锚杆设计同时满足静力和动力下的安全系数要求。算例研究表明，该方法能够考虑边坡在地震作用下的动力特性，能够考虑锚杆与岩体的相互作用，相比传统的拟静力法具有较大的优势，同时证明强度折减动力分析法可以应用于锚杆支护边坡的抗震设计。

（4）利用强度折减动力分析法分析了地震荷载作用下锚杆位置、锚杆间距、锚杆安装角、锚固段长度、锚孔直径、锚筋直径对边坡动力安全系数的敏感性，得出：锚杆安装角、锚孔直径、锚筋直径对锚杆支护边坡动力安全系数不敏感；锚杆位置、锚杆间距、锚固段长度对锚杆支护边坡动力安全系数较敏感。以上分析为锚杆抗震设计及优化提供了好的方法及可操作的方向。

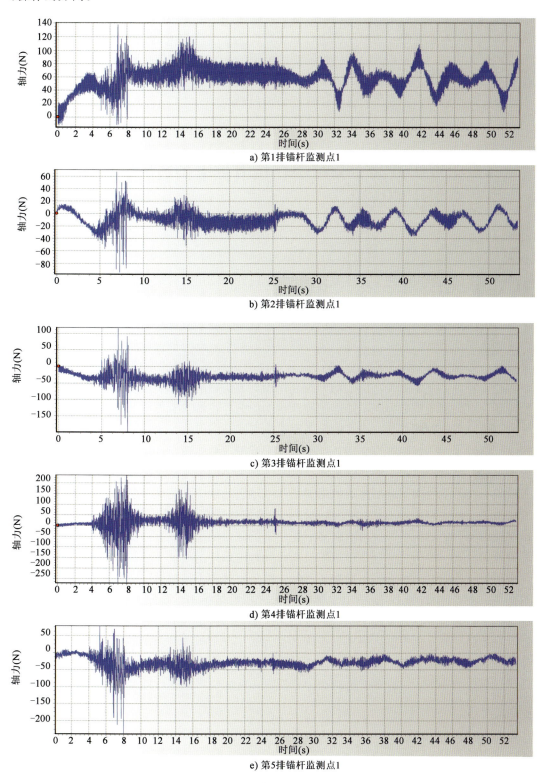

图 8-86　每排锚杆监测点 1 轴力时程曲线（0.8g 双向 Wolong）

(5)采用振动台试验研究了锚杆在地震作用下的动力特性。试验结果表明，不同地震波作用下锚杆的轴力和坡面监测点加速度动力响应是不同的，说明采用动力有限元分析方法进行锚杆抗震设计应该输入多种不同的地震波进行校核。

(6)振动台试验表明，边坡顶部锚杆在地震作用下受到较大的力。地震波强度较小时，位于边坡腰部锚杆的轴力最大，但随着地震波幅值的增大，坡顶锚杆轴力增加较快，与边坡腰部锚杆轴力均较大。这与传统的边坡锚杆设计思想"强腰固脚"不同，传统的拟静力法按照平均分配每排轴力的原则进行锚杆设计是偏于危险的。

8.6 强度折减动力分析法在抗滑桩支护边坡动力稳定性分析中的应用

8.6.1 抗滑桩抗震设计简介

滑坡是山区地震灾害的主要现象。据不完全统计，汶川地震造成的滑坡和不稳定斜坡多达1万多处。目前，汶川地震灾区正处在重建的关键时刻，高烈度地区边坡（滑坡）防治工程已成为灾区重建的一个热点和难点问题。抗滑桩是边坡（滑坡）治理中一种主要的支护手段，广泛应用于滑坡治理中，取得了较好的效果。但是，抗滑桩设计还不是很成熟，特别是抗震设计，目前主要采用拟静力法进行设计，动力荷载采用经验取值，无法反映边坡（滑坡）的动力特性，更无法考虑桩土动力相互作用，无法解决存在多级滑面和潜在次生滑面的复杂问题，更受制于拟静力法不能准确地评价支护前后边坡（滑坡）的稳定系数，基于拟静力法抗震设计可能存在浪费，也可能给工程带来了潜在的风险。汶川地震调研表明，抗滑桩支护滑坡能够提供良好的抗震作用，抗滑桩支护的滑坡整体稳定，但是抗滑桩上部滑体产生了较大位移，给滑坡带来了潜在的风险，已有的研究不能很好地解释相应的机制。目前的研究主要集中在承受竖向荷载的建筑桩基遭受水平地震的响应（建筑桩基础的受力变形特性与边坡抗滑桩有较大差异），而对承受水平荷载的边坡抗滑桩动力响应研究较少。目前主要采用模型试验和数值分析研究抗滑桩在地震作用下的动力响应，没有涉及边坡（滑坡）抗滑桩抗震设计的研究，使得抗滑桩支护滑坡抗震设计理论始终落后于工程实践。

采用传统的拟静力法进行抗滑桩设计时，首先将地震力按照经验简化成水平作用力施加到边坡滑坡上，然后采用传统的不平衡推力法求得滑坡推力，确定桩嵌入深度、桩截面尺寸、桩间距，然后采用假定推力形式的方法求抗滑桩的弯矩和剪力，一般假定为三角形或者矩形。目前已开展采用有限元强度折减法计算静力工况下抗滑桩内力的研究，在考虑桩土相互作用的基础上，能确保工程设计的安全性和经济性。本章针对边坡抗滑桩抗震设计，采用FLAC进行动力分析，结合强度折减动力分析法，对如何将强度折减动力分析法应用于抗滑桩抗震设计进行了研究。

8.6.2 算例应用

1）抗滑桩抗震设计步骤

(1)自重工况下进行抗滑桩设计，一般要求达到规范规定的安全系数，直接采用强度折减法进行设计,计算抗滑桩受到的最大设计弯矩和剪力。

(2) 自重+地震工况下进行抗滑桩设计,采用强度折减动力分析法,将强度参数折减规范规定的稳定安全系数,输入符合当地地震烈度的地震波,求得地震完毕之后的抗滑桩内力,同时采用强度折减动力分析法求抗滑桩支护后边坡的动力安全系数,要求动力安全系数大于规范规定的稳定安全系数;否则,返回第一步,重新进行静力工况下的设计。

(3) 根据以上计算结果,对桩的参数进行调整,直到既满足安全系数要求,又达到工程经济的要求。

2) 算例概况

一滑坡高度 60m,存在一明显滑带,滑带倾角 25°,滑带厚度为 1m,如图 8-87 所示。滑坡岩土体物理力学参数见表 8-19。拟采用抗滑桩支护滑坡安全等级为二级,重要性系数为 1.0,自重工况下滑坡稳定安全系数要求达到 1.15,自重+地震工况下滑坡稳定安全系数要求到达 1.1。计算过程中,在坡体内选取 3 个关键点,对计算过程中坡体的位移和速度进行监测。关键点的位置如图 8-87 所示。

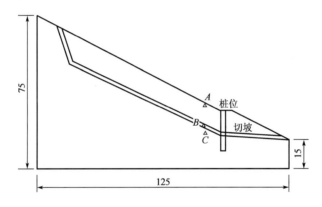

图 8-87 滑坡示意图(尺寸单位:m)

滑坡岩土体物理力学参数 表 8-19

材料名称	重度 (kN/m³)	弹性模量 (MPa)	泊松比	黏聚力 (kPa)	内摩擦角 (°)	抗拉强度 (kPa)
滑床	25	1000	0.25	1800	47	500
滑带	20	50	0.33	5	24	5
滑体	20	100	0.3	20	30	10
桩	25	3×10^4	0.2	按线弹性材料处理		

3) 计算模型

选取一个桩剖面采用 FLAC 进行平面问题分析,采用弹塑性模型、莫尔—库仑屈服准则、pile 单元模拟桩,拟采用的悬臂桩长 20m,桩截面宽 1.5m、高 2.5m,桩埋入深度 7.5m,桩间距 5m。FLAC 计算输入的抗滑桩物理力学参数见表 8-20。边界条件采用自由场边界,阻尼采用局部阻尼,阻尼系数取 0.15。

抗滑桩物理力学参数 表 8-20

名称	法向耦合刚度 (N/m²)	切向耦合刚度 (N/m²)	切向耦合黏聚力 (N/m)	法向耦合黏聚力 (N/m)	切向耦合内摩擦角 (°)	法向耦合内摩擦角 (°)
桩	2×10^{11}	2×10^{11}	3×10^4	1×10^4	30	0

该滑坡所处地区地震基本烈度为 8 度，计算中输入的地震波以最大地震加速度 0.2g（相当于 8 度基本烈度）为标准按比例进行缩放，地震波持时为 10s。计算输入的地震波进行了过滤和基线校正。地震波加速度时程曲线如图 8-88 所示。

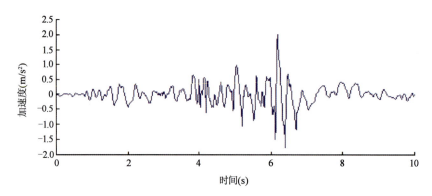

图 8-88　计算输入的地震波加速度时程曲线

4）强度折减动力分析法抗滑桩抗震设计

自重工况下，折减系数为 1.15 时的弯矩和剪力如图 8-89、图 8-90 所示，最大弯矩 4.93×10^4 kN·m，最大剪力 1.05×10^4 kN。采用强度折减动力分析法结合 FLAC 动力分析进行抗震设计，当折减系数为 1.1 时，地震完毕之后的弯矩和剪力如图 8-91、图 8-92 所示，最大弯矩 6.94×10^4 kN·m，最大剪力 1.36×10^4 kN。地震完毕后的弯矩和剪力最大，将其作为抗滑桩内力设计值。综合上述分析，按照强度折减动力分析法进行抗震设计，设计弯矩 6.94×10^4 kN·m，设计剪力 1.36×10^4 kN。拟静力法计算结果与本方法计算结果比较见表 8-21。从表中可以看出，采用本方法计算得到的结果大于拟静力法计算结果，说明采用拟静力法进行抗震设计存在风险。

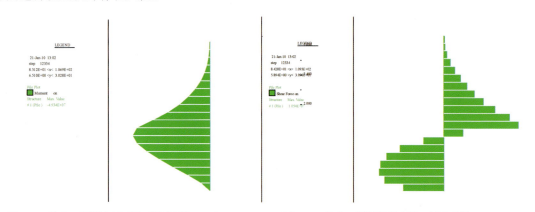

图 8-89　静力工况设计弯矩图（折减系数 1.15）　　图 8-90　静力工况设计剪力图（折减系数 1.15）

不同方法计算结果对比　　表 8-21

方　　法	推力分布形式	弯矩（kN·m）	剪力（kN）
拟静力法	三角形	4.45×10^4	1.03×10^4
	梯形	5.72×10^4	1.29×10^4
	矩形	6.35×10^4	1.41×10^4
强度折减动力分析法	地震完毕	6.94×10^4	1.36×10^4

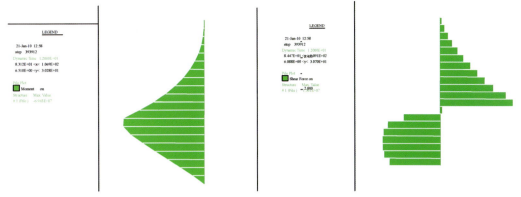

图 8-91 地震作用后弯矩图（折减系数 1.1）　　图 8-92 地震作用后剪力图（折减系数 1.1）

5）抗滑桩支护后的动力安全系数

该算例滑坡采用抗滑桩支护后，根据汶川地震灾区调查结果，认为地震作用下抗滑桩一般不会出现问题；随着滑坡岩土体参数的降低，地震作用下滑动面出现在桩顶，滑体越过桩顶滑出。当折减系数为 1.16 时，滑体和滑面、基岩中 3 个关键点（图 8-87）位移—时间曲线保持水平，如图 8-93 所示。说明地震作用下滑体不会越顶破坏。当折减系数为 1.17 时，3 个关键点（图 8-87 所示）位移—时间曲线倾斜，如图 8-94 所示。说明地震作用下滑体越顶破坏。综合以上分析，可以认为支护后滑坡桩顶滑体动力安全系数为 1.16，不会发生越顶破坏，达到规范规定的稳定安全系数。

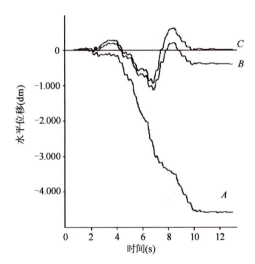
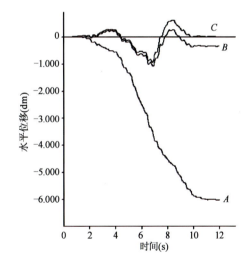

图 8-93　折减系数为 1.16 时关键点位移—时间曲线　　图 8-94　折减系数为 1.17 时关键点位移—时间曲线

8.6.3　抗滑桩支护边坡振动台试验分析

结合成兰铁路上一典型车站边坡断面，进行抗滑桩振动台试验研究。

1）工程背景

该工点位于规划修建成兰铁路的茂县车站与茂县隧道之间，段内属构造侵蚀低中山区，地形起伏较大，地表高程 1 474～1 544m，最大高差约 70m。段内表层覆盖第四系坡残积粉质黏土（Q_4^{el+dl}），黄褐色，硬塑，含少量强风化千枚岩质细角砾，厚 1～4m；第四系冲洪积卵石土（Q_4^{al+pl}），青灰色，中密，潮湿～饱和，粒径以 6～20cm 为主，含少量漂石，厚15～35m；下伏基岩为志留系中茂县群（$S_{4/mx}$）炭质千枚岩夹石英脉，灰黑色、炭黑色，岩体节理较发育，岩质较软，易风化，浸水后易软化。强风化带（W_3）岩体破碎，钻探岩芯呈碎块状、角砾状，厚1～3m，呈透镜状局部分布于测区卵石层下，其下为弱风化带（W_2），岩质新鲜。典型断面如图 8-95 所示。

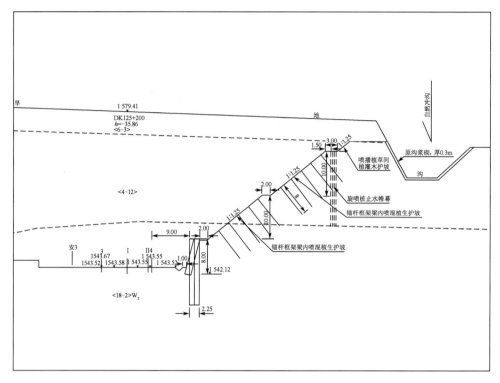

图 8-95 典型断面及支护形式（尺寸单位：m）

线路以路堑形式顺接茂县隧道进口洞门。路堑左侧放坡开挖作为变电所用地，路堑右侧设桩间墙后放坡，最大中心挖深 33m。路堑右侧堑顶存在一自然冲沟，沟深 2～6m，沟宽 3～8m，距离堑顶 5～10m，沟内无常年流水。地表水为顺沟谷而下的小河，常年流水，水量较大，主要受上游冰雪融水及大气降水补给，流量受季节影响变化较大。地下水主要为第四系孔隙水和基岩裂隙水。第四系孔隙水潜水主要赋存于坡表覆盖层中，由大气降雨补给，水量不大；基岩裂隙水赋存于基岩裂隙中，水量较大，主要由大气降水及河水渗流补给。段内坡面多为荒地，灌木较发育，坡脚垦为农田，种植玉米等作物。线路位于茂县至北川 302 国道旁，交通条件较好。

设计依据：

（1）该段地震动峰值加速度为 $0.15g$。

（2）岩土体参数，〈4-12〉卵石土：$\gamma = 21.0 kN/m^3$，$c = 10 kPa$，$\varphi = 30°$。

（3）〈18-2〉炭质千枚岩夹石英脉（W_2）：$\gamma = 24.0 kN/m^3$，$c = 500 kPa$，$\varphi = 35°$。

典型断面工程措施如图 8-95 所示。

（1）路堑坡脚设锚固桩，桩截面为 1.5m×2.25m，桩间距（中—中）为 5m，桩长 15m，采用 C35 混凝土浇筑。

（2）桩顶设二级护坡，均设锚杆框架梁护坡。框架梁采用 C30 钢筋混凝土现场立模浇筑，节点间距 3.0m，锚杆设置在框架梁的节点上，与坡面垂直施作。锚杆采用 ZB40/20 自进式锚杆，锚杆长 8m。框架内采用喷混植生护坡防护。

2) 抗滑桩振动台模型试验准备

振动台试验模拟了抗滑桩支护边坡动力响应，模型示意图如图 8-96 所示。相似材料采用标准砂、石膏粉、滑石粉、甘油，水为基本材料，按照正交设计，在试验室进行直剪参数试验，最后选择配合比 0.7∶0.1∶0.06∶0.03∶0.11 模拟下部炭质千枚岩，0.8∶0.02∶0.05∶0.1∶0.03 模拟上部卵石土。岩体相似材料通过控制重度 $25kN/m^3$ 垒入模型箱，制作完成后模型如图 8-97 所示，模型总重量 118kN。对制作完成的模型取样进行材料参数直剪试验，得到实际相似材料的参数见表 8-22。锚筋采用 $\phi6mm$ 钢筋模拟，锚杆长度 0.4m，间距 0.15m，水平间距 0.25m。框架采用木质框架模拟，与锚杆连接，锚杆采用水泥浆现场浇注而成。桩采用塑料板黏结而成，尺寸 $0.1m \times 0.11m \times 0.75m$。将桩两端支撑，采用中间加集中荷载测其相应的位移的方法，反算得到模型桩的弹性模量为 $1.17 \times 10^3 MPa$。原型与模型相似比 20∶1，动力相似关系按照弹性重力相似律推导，相似关系见表 8-23。

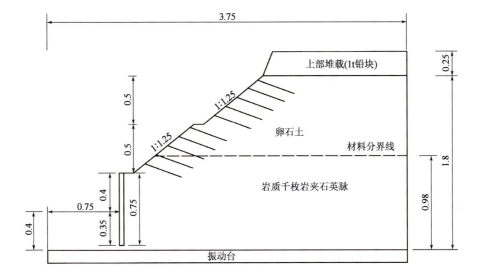

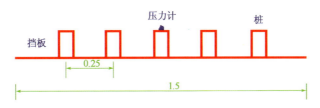

图 8-96 抗滑桩试验模型示意图（尺寸单位：m）

模型材料物理力学参数　　　　　　　　　　　　　　　　表 8-22

材料名称	重度（kN/m³）	弹性模量（MPa）	泊松比	黏聚力（kPa）	内摩擦角（°）	抗拉强度（kPa）
上部	25	36	0.35	10	27	1
下部	25	96	0.25	47	32	10
桩	25	1.17×10^3	0.2	按线弹性材料处理		
锚杆	25	1×10^3	0.2			

图 8-97 制作完毕的抗滑桩模型

抗滑桩抗震试验采用的相似关系 表 8-23

密度	1	加速度	1
力	20^3	速度	$20^{1/2}$
模量	20	时间	$20^{1/2}$
长度	20	频率	$20^{-1/2}$
应变	1	应力	20

试验选择 3 条有代表性的地震波作为地震激励,它们分别是汶川 Wolong(NE)波、EL Centro 波和 Taft 波。每条地震波的加速度峰值与持时根据相似关系按照试验需要进行调整,调整后的地震波如图 8-98 所示。振动台试验时每条地震波均是先水平向输入,后水平垂直双向输入,其中垂直向加速度峰值取水平向加速度峰值 2/3。为了考虑峰值大小对桩和边坡动力响应的影响,EL Centro 波和 Taft 波峰值分别取 0.1g、0.2g、0.4g;为了考虑边坡破坏状态下桩的动力响应,汶川 Wolong(NE)波分别取 0.1g、0.2g、0.4g、0.6g、0.8g、1g,见表 8-24。在中间一根桩前后设置土压力监测点,如图 8-99 所示。

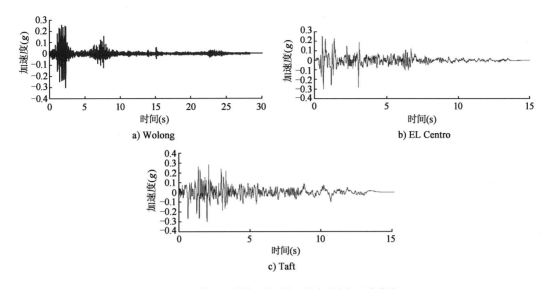

图 8-98 模型试验输入的压缩后的水平向加速度曲线

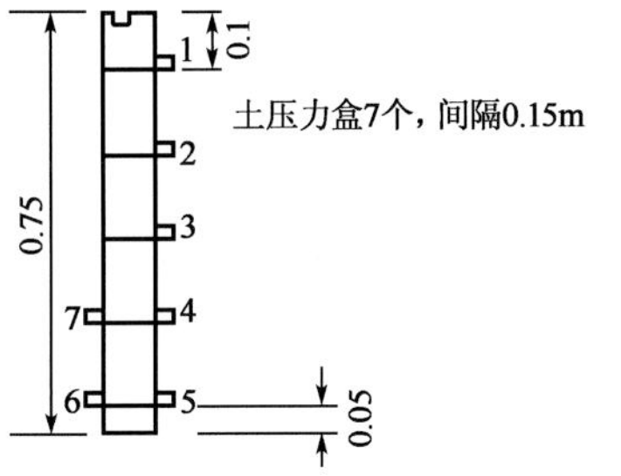

地震波	峰值加速度（g）	持时（s）
Wolong（NE）	0.1, 0.2, 0.4, 0.6, 0.8, 1	28.4
EL Centro	0.1, 0.2, 0.4	13.8
Taft	0.1, 0.2, 0.4	14.3

抗滑桩试验输入地震波信息　　表 8-24

图 8-99 土压力盒布置图（尺寸单位：m）

3) 抗滑桩振动台模型试验结果分析

(1) 桩后动土压力分析

桩后设置了 5 个土压力监测点，桩前设置了 2 个土压力监测点，具体位置如图 8-99 所示。这里只分析地震引起的增加的土压力，称为动土压力，不考虑静力作用下的土压力。

输入峰值 0.4g 的地震波，桩后 5 个监测点的动土压力峰值见表 8-25。从表 8-25 中可以看出，桩底监测点静土压力和动土压力均较小，说明地震波作用下桩底周围土压力变化不大，桩身上部的中间监测点 2 静土压力最大，地震作用下的动压力也最大。从不同的地震波作用下可以看出，相同幅值的地震波情况下，三种地震波引起的桩后和桩前动土压力不同，其中 Wolong 波引起的动土压力最大，Taft 波次之，EL Centro 波引起的动土压力最小，说明不同地震波作用下，抗滑桩与岩土体动力相互作用是不同的。进行抗滑桩抗震设计时需要输入不同类型的地震波进行抗震设计。传统的拟静力法进行抗震设计，以单一的加速度峰值进行设计是偏于危险的。从表 8-25 中还可以看出，单向输入的地震波引起的动土压力小于双向输入地震波情况下的动土压力，说明进行抗滑桩抗震设计应该双向输入地震波。

输入 0.4g 地震波桩后土压力 表 8-25

地震波类型	桩后土压力（kPa）				
	监测点 1	监测点 2	监测点 3	监测点 4	监测点 5
静力	26.7	92.7	15.6	47.8	8.7
Wolong 单向	15.6	45.2	13.6	66.9	5.8
Wolong 双向	42.5	61.2	17.8	58.7	5.8
EL Centro 单向	10.5	36.8	12.8	64.1	5.7
EL Centro 双向	10.1	40.4	21.3	61.2	6.1
Taft 单向	12.7	42.8	16.5	52.1	5.8
Taft 双向	34.5	86.9	13.8	64.9	5.7

图 8-100 所示为输入 0.4g 双向 Wolong 波桩后 5 个监测点的动土压力时程曲线。从图中可以看出，靠近桩底的监测点 5 动土压力变化较小，说明在 Wolong 波作用下，靠近桩底的部位土压力变化不是很大。从图 8-100 中桩后第 1~4 个监测点的动土压力时程曲线可以看出，监测点 1 的动土压力峰值时刻 5.228s，监测点 2 的动土压力峰值时刻 5.232s，监测点 3 的动土压力峰值时刻 5.42s，监测点 4 的动土压力峰值时刻 5.652s，而输入的 Wolong 波的峰值时刻为 3.996s，说明桩后动土压力峰值时刻晚于输入地震波的峰值时刻；同时还说明，桩后土体的作用由桩顶土体向外运动引起，桩身受力由桩顶向下逐步传递。

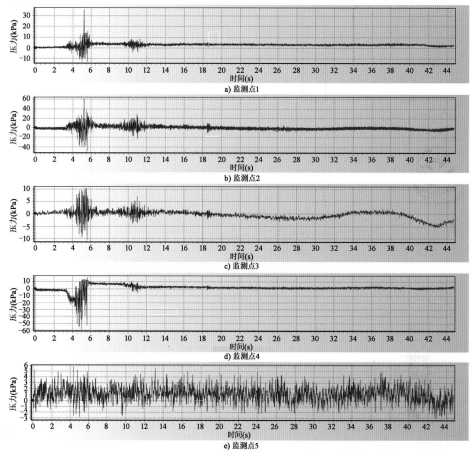

图 8-100 桩后监测点动土压力时程曲线（0.4g 双向 Wolong 波）

输入 0.4g 双向 Wolong 波、EL Centro 波和 Taft 波时，桩后滑面以上 3 个监测点土压力不同时刻沿桩身的分布分别如图 8-101～图 8-103 所示。图中土压力为静土压力加上动土压力。图 8-101 所示为输入 Wolong 波时不同时刻桩后土压力分布。0s 时刻为静力条件下的土压力，此时桩后土压力分布为抛物线形，上部开口较多；5.2s 时刻为峰值时刻的桩后土压力，此时桩顶部位土压力增加较大，桩底动土压力也稍有增加，但在桩后土压力分布仍为抛物线形，上部开口较大，抛物线的顶点较高；10.3s 时刻为地震波第二峰值时刻的桩后土压力，小于 5.2s 峰值时刻的桩后土压力，桩后土压力分布形式变化不大，仍为抛物线形，上部开口大，顶点高度小于 5.2s 时刻，大于静力下顶点高度。从图 8-102、图 8-103 中输入 0.4g 双向 EL Centro 波和 Taft 波的桩后土压力分布中同样可以得到同样的结论，地震作用下悬臂桩桩后土压力分布为抛物线形，地震作用过程中，桩后土压力分布基本形式不变，但是抛物线顶点的高度会随地震波输入发生变化，峰值时刻抛物线顶点高度最大。

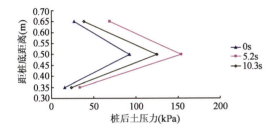

图 8-101　桩后土压力分布形式（0.4g 双向 Wolong 波）

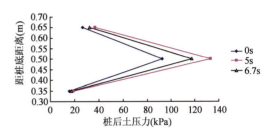

图 8-102　桩后土压力分布形式（0.4g 双向 EL Centro 波）

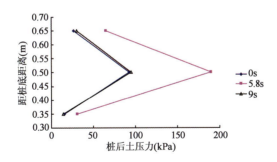

图 8-103　桩后土压力分布形式（0.4g 双向 Taft 波）

桩后动土压力随输入地震波峰值的变化曲线如图 8-104 所示。从图中可以看出，输入 Wolong 波和 Taft 波情况下监测点 1 和监测点 2 动土压力增加较快，输入 EL Centro 波监测点 1 和监测点 2 动土压力增加较慢，而输入三种地震波情况下测点 3 动土压力增长趋势基本一致。

(2) 桩顶相对位移的分析

桩顶设置了一个位移传感器，测量地震作用下桩顶相对于边坡模型底部稳定基岩的位移，双向输入工况下累计相对位移见表 8-26。所有工况结束之后桩顶的累计相对位移只有 33mm，0.8g 双向 Wolong 波输入之后累计的相对位移只有 22mm，位移量非常小，桩顶稍向外倾斜，但是在可控范围之内。最后一个工况（1g 双向 Wolong 波）之后桩保持稳定，说明模型边坡设置的抗滑桩是稳定的。

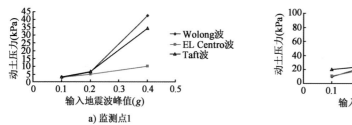
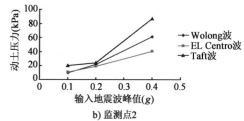

a) 监测点1　　　　　　　　　　b) 监测点2

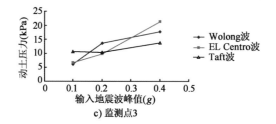

c) 监测点3

图 8-104　桩后动土压力随输入地震波峰值的变化曲线

桩顶的累计位移　　　　　　　　　　　　　　　　　　表 8-26

工况顺序	输入地震波	累计相对位移（mm）
1	0.1g 单向 Wolong	0.8
2	0.1g 双向 Wolong	0.2
3	0.1g 单向 EL Centro	−0.1
4	0.1g 双向 EL Centro	0
5	0.1g 单向 Taft	0.2
6	0.1g 双向 Taft	0.1
7	0.2g 单向 Wolong	0.1
8	0.2g 双向 Wolong	−2.5
9	0.2g 单向 EL Centro	−2.6
10	0.2g 双向 EL Centro	−2.6
11	0.2g 单向 Taft	−2.8
12	0.2g 双向 Taft	−2.8
13	0.4g 单向 Wolong	−4.3
14	0.4g 双向 Wolong	−4
15	0.4g 单向 EL Centro	−3.6
16	0.4g 双向 EL Centro	−4.3
17	0.4g 单向 Taft	−5
18	0.4g 双向 Taft	−5.5
19	0.6g 单向 Wolong	−7
20	0.6g 双向 Wolong	−10
21	0.8g 双向 Wolong	−22
22	1g 双向 Wolong	−33

8.6.4 小结

(1) 结合强度折减动力分析法，提出采用抗滑桩抗震设计新方法，即将参数折减到边坡动力安全系数情况下，FLAC动力计算得到抗滑桩内力，同时要求支挡后边坡动力安全系数满足要求。算例研究表明新方法是可行的。

(2) 采用强度折减动力分析法计算支挡结构，既可以考虑支护结构与岩土介质在地震作用下的动力响应，反映结构与岩土的相互作用，又可以直接算出结构内力，直接计算得到支护后的次生破裂面及其安全系数，确保工程的安全性，因而具有很大的优越性和很广的应用前景。

(3) 强度折减动力分析法可以得到的实际推力分布。传统拟静力法进行抗滑桩设计计算时，桩上的推力分布是假定的，不同的假设对支护结构内力影响很大，因而传统算法有较大误差。

(4) 结合成兰铁路上一典型边坡，采用振动台试验对抗滑桩抗震性能进行了研究，结果表明不同地震波作用下抗滑桩的动力响应是不同的，且双向输入情况下桩后土压力大于单向输入的情况，说明抗滑桩采用以单一的峰值为标准的拟静力进行设计是偏于危险的，采用动力有限元进行抗滑桩抗震设计应该输入多种不同的地震波进行校核，并采用双向输入进行抗滑桩的动力计算。

(5) 地震作用下悬臂桩的桩后土压力分布为抛物线形，上部开口较大；地震作用过程中，桩后土压力分布基本形式不变，但抛物线顶点高度会发生变化，峰值时刻达到最高点。

参 考 文 献

[1] 黄润秋，李为乐."5·12"汶川大地震触发地质灾害的发育分布规律研究[J].岩石力学与工程学报，2008，27 (12)，2585-2591.

[2] 许强，黄润秋."5·12"汶川大地震诱发大型崩滑灾害动力特征初探[J].工程地质学报，2008，16 (6)：721-729.

[3] Stamatopoulosa C A, Bassanoua M, Brennanb A J. Mitigation of the Seismic Motion Near the Edge of Cliff-type Topographies[J]. Soil Dynamics and Earthquake Engineering, 2007 (27)：1082-1100.

[4] Lin Meiling, Wang Kuolung. Seismic Slope Behavior in a Large-scale Shaking Table Model Test. Engineering Geology, 2006 (86)：118-133.

[5] Oded Katz, Einat Aharonov b. Landslides in Vibrating Sand Box: What Controls Types of Slope Failure and Frequency Magnitude Relations? Earth and Planetary Science Letters, 2006 (247)：280-294.

[6] Li X P, Siming H E. Seismically Induced Slope Instabilities and the Corresponding Treatments：the Case of a Road in the Wenchuan Earthquake Hit Region[J]. Journal of Mountain Science, 2009, 6 (1)：96-100.

[7] Terzaghi K. Mechanisms of Landslides, Engineering Geology (Berdey) Volume[M]. Geological Society of America, 1950.

[8] Seed H B. Considerations in the Earthquake-resistant Design of Earth and Rockfill Dams

[J]. Geotechniaue, 1979, 1 (29): 251-263.

[9] Siyahi B J, Bilge G. Pseudo-static Stability Analysis in Normally Consolidated Soil Slopes Subjected to Earthquakes. Teknik Dergi/Technical Journal of Turkish Chamber of Civil Engineers Turkish Chamber of Civil Engineers, 1998, 9: 457-461.

[10] Ausilio E, Conte E, Dente G. Seismic Stability of Reinforced Slopes. Soil dynamics and Earthquake Engrg, 2000, 19 (3): 159-172.

[11] Ling H I, Cheng A D. Rock Sliding Induced by Seismic Force. International Journal of Rock Slopes against Wedge Failures. Rock Mechanics and Rock Engrg, 2000, 33 (1): 31-51.

[12] 林宗元. 岩土工程勘察设计手册[M]. 北京: 中国建筑工业出版社, 1996.

[13] 中华人民共和国国家标准. GB 18306—2001 中国地震动参数区划图[S]. 北京: 中国标准出版社, 2001.

[14] 中华人民共和国国家标准. GB 50267—97 核电厂抗震设计规范[S]. 北京: 中国计划出版社, 1997.

[15] Seed H B. Stability of Earth and Rockfill Dams during Earthquakes. In Embankment-Dam Engrg. Casagrande, Vol. (Eds Hirschfeld and Poulos), JohnWiley, 1973.

[16] Newmark N M. Effects of Earthquakes on Dams and Embankments [J]. Geotechnique, 1965, 15 (2): 139-160.

[17] 廖振鹏. 工程波动理论导论[M]. 2版. 北京: 科学出版社, 2002.

[18] 杜修力. 工程波动理论与方法[M]. 北京: 科学出版社, 2009.

[19] 李育枢, 高广运, 李天斌. 偏压隧道洞口边坡地震动力反应及稳定性分析[J]. 地下空间与工程学报, 2006, 2 (5): 738-743.

[20] 郑颖人, 叶海林, 黄润秋. 地震边坡破坏机制及其破裂面的分析探讨[J]. 岩石力学与工程学报, 2009, 28 (8): 1714-1723.

[21] 郑颖人, 叶海林, 黄润秋, 等. 边坡地震稳定性分析探讨[J]. 地震工程与工程振动, 2010, 30 (2): 66-73.

[22] 刘春玲, 祁生文, 童立强. 利用FLAC3D分析某边坡地震稳定性[J]. 岩石力学与工程学报, 2004, 23 (16): 2730-2733.

[23] 戴妙林, 李同春. 基于降强法数值计算的复杂岩质边坡动力稳定性安全评价分析[J]. 岩石力学与工程学报, 2007, 26 (Supp. 1): 2749-2754.

[24] 刘汉龙, 费康, 高玉峰. 边坡地震稳定性时程分析方法[J]. 岩土力学, 2003, 24 (4): 553-556.

[25] 唐洪祥, 邵龙潭. 地震动力作用下有限元土石坝边坡稳定性分析[J]. 岩石力学与工程学报, 2004, 23 (8): 1318-1324.

[26] 李海波, 肖克强, 刘亚群. 地震荷载作用下顺层岩质边坡安全系数分析[J]. 岩石力学与工程学报, 2007, 26 (12), 2385-2394.

[27] 郑颖人, 赵尚毅. 有限元强度折减法在土坡与岩坡中的应用[J]. 岩石力学与工程学报, 2004, 23 (19): 3381-3388.

[28] 赵尚毅, 郑颖人, 张玉芳. 极限分析有限元法讲座——Ⅱ有限元强度折减法中边坡失稳的判据探讨[J]. 岩土力学, 2005, 26 (2): 332-336.

[29] 郑颖人, 赵尚毅, 邓楚键. 有限元极限分析法及其在岩土工程中的应用研究[J]. 中国工程科学, 2006, 8 (12): 39-61.

[30] 张敏政. 地震模拟试验中相似律应用的若干问题[J]. 地震工程与工程振动, 1997, 17 (2): 52-58.

[31] Iai, Susumu. Similitude for Shaking Table Tests on Soil-structurefluid Model in 1-g Gravitational Field. Soils and Foundations, 1989, 29 (1), 105-118.

[32] Meymand, Philip J. Shaking Table Scale Model Tests of Nonlinear Soil-Pile-Superstructure Interaction in Soft Clay, PhD dissertation, U. C. Berkeley, 1998.

[33] 于玉贞, 邓丽军, 李荣建. 砂土边坡地震动力响应离心模型试验[J]. 清华大学学报 (自然科学版), 2007, 47 (6): 789-792.

[34] 于玉贞, 邓丽军. 土工动力离心模型试验在边坡工程中的应用综述[J]. 世界地震工程, 2007, 23 (4): 212-215.

[35] 于玉贞, 邓丽军. 抗滑桩加固边坡地震响应离心模型试验[J]. 岩土工程学报, 2007, 29 (9), 1320-1323.

[36] 于玉贞, 李荣建, 柴霖, 等. 铜质模型桩加固边坡的动力离心模型试验研究[J]. 水文地质工程地质, 2008 (5): 41-46.

[37] 薛亚东, 张世平, 康天合. 回采巷道锚杆动载响应的数值分析[J]. 岩石力学与工程学报, 2003, 22 (11): 1903-1906.

[38] 高峰, 石玉成, 韦凯. 锚杆加固对石窟地震反应的影响[J]. 世界地震工程, 2006, 22 (2): 84-88.

[39] 董建华, 朱彦鹏. 框架锚杆支护边坡地震响应分析[J]. 兰州理工大学学报, 2008, 34 (2): 118-124.

[40] Tannantf D D, Brummerf R K, Yi X. Rock Bolt Behavior Under Dynamic Loading: Field Tests and Modeling[J]. Int. J. Rock Mech. Min. Sci. & Geomech. Abstr, 1995, 32 (6): 537-550.

[41] 叶海林, 郑颖人, 黄润秋, 等. 强度折减动力分析法在滑坡抗滑桩抗震设计中的应用研究[J]. 岩土力学, 2010 (s1): 66-73.

[42] 陶云辉, 周勇波, 王伟峰. 地震条件下双排抗滑桩受力分析[J]. 路基工程, 2010 (2): 163-166.

[43] 罗渝, 何思明, 何尽川. 地震作用下抗滑桩作用机制研究[J]. 长江科学院院报, 2010, 27 (6): 26-29.

[44] 叶海林, 郑颖人, 黄润秋, 等. 岩质边坡锚杆支护参数地震敏感性分析[J]. 岩土工程学报, 2010, 32 (9): 1374-1379.

[45] 胡聿贤. 地震工程学[M]. 北京: 地震出版社, 1988.

第9章 多手段、动态、全过程滑坡预警预报研究

9.1 概述

9.1.1 现有滑坡预报方法评述

自 1968 年日本学者斋藤迪孝提出滑坡蠕变破坏三阶段理论，40 多年来，滑坡预报方法经历了由经验预报—经验方程预报—数学模型预报—数值模拟预报，由定性预报到定量预报再到综合预报的发展过程。预报依据由宏观破坏现象发展到监测数据分析。预报方法由专家的工程经验、经验数学公式发展到基于统计、回归、智能理论建立针对性的数学预报模型，再到基于数值模拟的分析结果，取得了长足的进步。

总的来说，在滑坡时间预报中，临滑阶段的预报由于宏观表现充分、监测资料完备，各方面的前兆、趋势明显，相对较为成功，国内外的滑坡成功预报实例大多依赖于临滑阶段的信息。而对于中长期和短期的预报，由于影响因素复杂，内外诱因不确定，增加了准确预报的难度，这也是滑坡预报成为世界性难题之一的重要原因。20 世纪 90 年代后，随着科学的发展，GPS、GIS、自动测量机器人、无线传输、卫星遥感技术、无人机航拍等先进监测技术广泛应用，极大地丰富了监测手段，使滑坡变形破坏过程直观、可视化程度显著提高，然而即使在拥有大量监测数据的前提下，由于缺乏众多可信的样本以及无法综合考虑滑坡所处环境条件及坡体自身地质结构等个性特征，简单依靠数学推演，仍难以做到准确预报。目前滑坡预报中主要存在如下问题：

（1）预报手段较为单一，主要采用监测位移速度，尤其以滑坡日位移变形量作为滑坡判断标准，而不同岩土材料和不同性质的滑坡日位移量差异很大，还存在着大量突变、断点、负值的现象，容易造成错报与漏报。

（2）滑坡的发生和发展是内、外诸多诱发因素共同作用的结果。在计算预报方面，未能充分考虑滑坡变形动态过程和及时分析滑坡稳定性影响因素的变化情况，也没有弄清监测位移变形发生变化的具体原因和滑坡强度参数随时间变化的规律，难以做出正确的

预测。

（3）滑坡的稳定性评判缺少统一的标准。宏观现象、监测数据、数值分析三方面的评价标准未能相互对应，尤其是缺乏可靠的滑坡稳定性的定量指标。

为提高滑坡预报水平，减少漏报、误报，必须采用综合预报的研究思路，基于宏观现象分析、监测位移趋势分析、滑坡变形破坏机制分析，采用宏观观测、变形监测、数值分析等多种手段，从定性、定量、定趋势等角度出发，系统研究滑坡变形破坏规律，准确界定滑坡预报的对象。

9.1.2 滑坡预警预报的对象和作用

从滑坡预警预报对变形破坏时间的要求出发，滑坡预报对象分为两类：一类是渐发性的滑坡，是指由于坡体受到长期内外因素的影响，逐渐发展变形而致破坏，这就是通常所指的需要预警预报的滑坡；另一类是突发性的滑坡，是指由于某种特殊原因，如坡体堆载、削脚，或遇到特大暴雨、连续强降雨、地震等突发因素的影响，从而诱发突然而来的破坏。从边（滑）坡的重要性来讲，又可以分为灾害影响程度及范围较小的一般滑坡和灾害影响严重而需要严加防范的重要滑坡，后者正是我们日常预报的对象。

滑坡预警预报在边（滑）坡工程中的作用主要有以下三个方面：

（1）确保施工安全，为边（滑）坡工程现场施工提供及时的预警。尤其是在有变形的坡体上进行工程施工，必须及时地掌握滑坡稳定状态的动态变化，确保工程施工安全。如边坡支挡工程中开挖基坑，此时边坡没有支护，稳定安全系数不足，很可能出现滑坡险情，因此必须及时掌握边坡稳定状态的变化，并进行施工险情预报。

（2）确保运营安全，评价滑坡工程治理的效果。滑坡治理工程在竣工后和运行中需要进行评估，以便决定是否还需进行治理。有些大型滑坡分期进行治理，在第一期工程完成后，需通过监测才能决定后续工程可否继续施工。如重庆市万州至梁平高速公路张家坪大滑坡分三级三层，监测表明中层蠕动，深层未动，故主要治理中层，且中级滑坡影响公路运行，因此是治理重点。一期工程实施后监测两年，监测数据表明滑坡已稳定。依据这一评估，不再实施二期工程，节约了投资。

（3）对十分危险但暂时不宜处理或来不及处理的滑坡，通过监测预报来达到防灾减灾的目的。尤其是已经出现了一些初期滑坡迹象的边坡或在环境条件发生预期的改变后可能导致失稳的边坡，可通过对边坡的监测做出相应灾害预报，力争最大限度地减少损失，如新滩滑坡和黄茨滑坡的成功监测与预报。

9.2 滑坡预报全过程及阶段划分

从广义上讲，滑坡预报包括时间预报和空间预报。从狭义上讲，滑坡预报就是指对坡体失稳，发生剧滑时间的预报，即滑坡滑动时间预报。滑坡变形破坏的发生、发展一般分为三个阶段，斋藤迪孝提出了滑坡的蠕变三阶段被广泛应用，如图9-1a）所示。对应阶段①为减速蠕变段；阶段②为等速蠕变段；阶段③为加速蠕变段。为方便预报起见，我们将阶段③又分为两个阶段——加速蠕变过渡段和剧速蠕变段，前者表示滑坡将加速发展，后者表示即将出现临滑。

对应不同的滑坡阶段可以划分出相应的预报阶段。阶段①减速蠕变段，与预报关系不大，不做预报。等速蠕变段、加速蠕变过渡段、剧速蠕变段分别对应中长期预报、短期预报、临滑预报，如图 9-1a）所示。对于中长期滑坡和短期滑坡，重在研究各阶段的变形状况，并确定滑坡所处预报阶段及进入下一阶段所需的大致时间；对于临滑阶段，重在研究如何预报滑坡的准确时间。

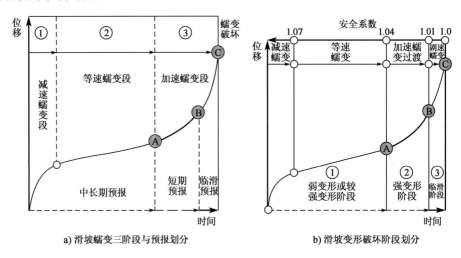

图 9-1　滑坡位移—时间曲线

A-等速蠕变和加速蠕变的临界点；B-加速蠕变过渡段和剧速蠕变段的临界点；C-滑坡失稳点

不同滑坡预报阶段的预报依据、预报目的、预报特点、预报期限和预报标准各不相同。

9.2.1　中长期预报

（1）预报依据：斜坡已经存在某些滑坡迹象（包括老滑坡的残留迹象和新生滑坡的初始迹象），但尚未出现较明显的位移变化，因而是对滑坡今后变形行为和破坏时间的趋势性预报。

（2）预报目的：存在滑坡的可能性，需要对滑坡进行监测和观察。

（3）预报特点：这是一种"可能性"预报，不确定性大，现实中随着外界条件和时间的变化，滑坡变形可能持续发生，也可能在变形之后恢复稳定。中长期预报不要求预报出确切的滑坡时间，但应该指出目前滑坡处于何种阶段，是以较快的速度开展还是较为缓慢的速度进行着。

（4）预报期限：依据经验，对中大型滑坡一般为半年至数年，对特大型滑坡的持续时间可长达数十年，如新滩滑坡。预报到年较为合适。

（5）预报标准：

①有较明显的滑坡迹象，坡体产生蠕变与挤压变形，属于弱变形或较强变形阶段。

②依据本章研究结果，滑坡的安全系数一般在 1.10～1.04 之间，滑坡处于一般欠稳定状态。

③预测位移与位移速度短时期内有反复变动，但长期范围内位移趋于增大，位移速度时大时小，基本处于等速阶段。

9.2.2 短期预报

(1) 预报依据：滑坡后缘、前缘、两侧全面表现出来可观察到的不断发展的变形和裂缝，而且情况日趋严重。可根据监测数据和观察资料，对滑坡短期内的变形行为和破坏时间做出粗略预报。

(2) 预报目的：基本上确定滑坡必将发生，必须对滑坡进行详细的监测和密切观察，以便预测剧滑时间和灾害影响范围，并采取应急抢险措施或防范措施，减轻灾害影响或进行滑坡治理。

(3) 预报特点：滑坡变形持续增长，位移—时间曲线由线性状态转为非线性，出现一定加速。明显的变形迹象与位移速度加速表明，滑坡必将发生，只有采取各种治理措施（如卸载、压脚、支护等）才可能消除或减缓滑坡。

(4) 预报期限：大型滑坡一般在1个月到6个月，预报尺度为月或旬。

(5) 预报标准：

①滑坡迹象明显发展，坡体处于挤压至滑动阶段，属于强变形阶段。

②滑坡的安全系数在1.04～1.01之间，坡体处于严重欠稳定状态。

③滑坡位移由等速增长转向加速增长，位移—时间曲线由线性发展转为非线性发展，呈加速状态，处于蠕变曲线的等速蠕变阶段发展至临滑阶段之间的加速过渡段。

如图9-1所示，经过长期的等速变形，滑坡位移迅速增长，宏观变形破坏特征日益明显，位移—时间曲线非线性增长，发生滑坡的趋势日益增大。加速蠕变过渡阶段，是滑坡工程治理的最后"黄金时期"，如果确定该滑坡必须治理，那么应在等速蠕变阶段进行必要的勘察，提出治理方案。由于该阶段宏观变形破坏迹象明显，社会民众关注度加大，同时经过长时间的监测，已基本掌握滑坡物理力学性质及变形破坏规律，应立即执行针对性的治理方案，一旦错过了这一时期，滑坡即将进入剧速蠕变段，发生灾害的趋势便不可逆转。

9.2.3 临滑预报

(1) 预报依据：滑坡的变形破坏现象和详细的全方位的综合监测数据出现突变，表明滑坡即将出现剧滑状态。

(2) 预报目的：必须严密监视滑坡的动态变化，随时根据影响因素的变化对预报结果做出修改，并采取一切措施，最大限度地减少灾害。对处于临滑状态的滑坡，需要立即彻底转移危险区内的人员和物资，对危及交通安全的滑坡区域，实施严格的交通管制。

(3) 预报特点：坡体的变形破坏出现突变，位移—时间曲线处于剧速蠕变阶段，表明滑坡即将发生。临滑预报是滑坡时间预报中最为重要的阶段，要对滑坡临滑状态做出预报。

(4) 预报期限：依据经验，大型滑坡一般在数天至10d左右，预报尺度为天。

(5) 预报标准：

①滑坡变形与裂缝突然持续增快、增大，滑坡出现明显剧滑预兆，处于滑动至剧滑阶段。

②滑坡的安全系数在1.01～1.0之间，坡体处于不稳定阶段。

③滑坡的位移速度发生突变，出现了明显的位移加速度，位移—时间曲线处于剧速蠕变阶段，呈陡峭的曲线形，同时支护结构受力状况也发生突变。

对于防灾减灾来说，临滑预报是预报成败的关键。成功的预报首先必须准确弄清何时进入剧滑阶段和滑坡的具体日期。因此滑坡的预报应重在研究"两段"、"三点"。"两段"即加速蠕变过渡段和剧速蠕变段。"三点"分别指等速蠕变段和加速蠕变段的临界点 A、加速蠕变过渡段和剧速蠕变段的临界点 B、发生滑坡失稳时间的点 C（图 9-1）。这三个点是滑坡变形从"量变"到"质变"的重要转折点。

9.3　滑坡变形破坏全过程及其阶段划分

滑坡变形破坏全过程及其阶段划分可从地质现象的宏观观察、监测位移变化及位移计算分析三个角度来表述。

9.3.1　宏观变形破坏全过程及其阶段划分

边（滑）坡的发生、发展、破坏是一个长期、渐进的过程。初始阶段，在内外诱因的作用下，边（滑）坡主滑带剪应力达到其抗剪强度，滑坡体的中下部产生塑性变形——蠕变，裂缝一般最早出现在滑坡体的后缘，早期为新生雁行状小裂隙，断断续续而不贯通，没有错动与高差出现，变形速率缓慢，伴生的宏观破坏现象不明显。随着塑性区的逐渐增大，中部坡体向下挤压，引起后部牵引段与稳定体之间发生拉裂，坡体中上部出现下沉、下错等现象，这是产生裂缝的主要原因。随着变形的开展，裂缝逐渐贯通、延伸、变宽，使牵引段发生拉裂，为地表水的灌入和下渗提供了有利的条件，进而弱化滑带部位的抗剪强度，主滑段和牵引段向前移动共同推挤抗滑段滑体。边（滑）坡体无明显变形；边（滑）坡后缘地表或建筑物上出现一条或数条地裂缝，由断续分布而逐渐贯通；滑坡两侧、滑坡前缘均无明显变形或滑坡两侧出现羽状裂缝。这一阶段滑坡处于蠕变阶段，变形量不大，一般称为弱变形阶段，它对应着等速蠕变段，如图 9-1b) 所示。

当抗滑段滑面全部形成和贯通之后，滑坡进入整体滑动阶段。后缘下沉增大，滑坡壁增高，两侧壁逐渐出现的羽状裂缝被侧壁剪切裂缝错断，滑坡前缘显示出滑坡剪出口，形成舌状突出，部分地面鼓起形成鼓丘。不具有抗滑段的滑坡，如一些岩层顺层滑坡，主滑段和牵引段滑面贯通即进入蠕滑阶段。滑体重心降低，坡度变缓，建筑物变形加大，树木发生歪斜。这一阶段滑面贯通，滑坡已经开始，变形量日益增大，一般称为强变形阶段，它对应着加速蠕变过渡段，如图 9-1b) 所示。

随着滑动距离的增加，滑带土的抗剪强度逐渐衰减到残余强度，阻滑力减小，滑坡会加速滑动而进入剧滑阶段。坡面上出现多组横张、扭张及纵向剪裂缝，基岩被切割成块体，堆积物因张拉而疏松，小的土石体开始撒落，方量逐渐加大，频次逐渐加快，滑坡体变形速率急剧增长，变形量剧增，造成较严重的破坏。滑体后部急剧下沉出现陷落和反坡平台，形成较高的滑坡壁，壁上可见新鲜的滑动擦痕。滑体上裂缝增多、增大，建筑物严重变形，甚至倒塌，滑坡前、后缘因变形大形成"醉汉林"。在滑坡的临滑阶段还会表现出明显的前兆异常，主要为变形异常（滑坡、崩塌发生前数天或数小时，一般会伴随间断的小规模崩滑、滚石、坠石，坡体后缘裂缝加速张开、闭合、陷落，前缘隆起、鼓胀等）、地下水异常（包括滑坡体及前缘泉点数目增加或减少，水位跃变，水质、水量、水温、水的颜色发生变化等）、动物异常（包括蛇、鼠出洞，鱼群聚集，鸡飞、犬吠等）、地声（包括岩土体移动、破裂、摩擦发出的声响，建筑物倒塌、滚石发出的声响等）、地气（包括滑坡区冒出的有味或无味的热气等）。这一阶段滑坡变形剧增，临近滑坡，因而称为临滑阶段，它对应着剧速蠕变段，如图 9-1b) 所示。

9.3.2　监测位移变形全过程及阶段划分

位移速率与位移变形是滑坡失稳破坏的主要外在表现，因而滑坡监测项目主要是位移速率和位移变形。图 9-1 表示位移与时间的关系。边坡开挖或滑坡刚开始时，位移速率迅速增加，随后滑坡位移速率逐渐减少，因而称这一阶段为减速蠕变段，它对滑坡不会直接构成威胁。而后，滑坡进入等速蠕变段，位移—时间曲线为一倾斜直线，但滑坡变形增加不多，滑坡处于弱变形阶段。当滑坡进入加速蠕变过渡段后，位移呈非线性增长，位移曲线斜率逐渐加大，滑坡进入强变形阶段。当位移快速增大时，位移曲线斜率急剧增大，达到了临滑阶段，滑坡变形发生突变，而且持续增长直至破坏。

目前人们对滑坡属于弱变形、强变形和临滑变形阶段的宏观破坏现象积累了大量的定性的经验，可为预测、判断滑坡的稳定状态提供评判标准；监测评判指标体系虽然目前还没有定量指标，但可清楚地将位移变形过程划分为上述减速、等速和加速三个阶段。

9.3.3　计算分析全过程及其阶段划分

滑坡的计算分析主要是通过计算获得位移速率—时间曲线和位移—时间曲线，因而计算必须采用黏弹塑性模型。计算参数一般可依据勘察资料及后来的地形、地质变化状况来取得，一些明显的变化情况如地形参数等可通过进一步勘测获得。而岩土参数受降雨或库水入渗等影响发生的变化往往难以获得，这就需要对多种不同的岩土参数情况进行计算，不同的岩土参数对应着滑坡的不同稳定安全系数。通过计算得到的位移—时间曲线与监测得到的位移—时间曲线对比，就可得到滑坡的实时稳定安全系数，详见后述。

依据本章研究结果，当安全系数为 1.1~1.08 时，滑坡位移速率均逐渐减少为零，趋于稳定；当安全系数为 1.07~1.04 时，位移速率接近等速，相应为等速蠕变段或弱变形阶段；当安全系数为 1.04~1.01 时，相应为加速蠕变段或强变形阶段；当安全系数为 1.01~1.0 时，位移与位移速率剧增，位移增大两个数量级，计算失真，滑坡进入临滑阶段。由此可认定 1.01~1.0 之间滑坡处于临滑阶段；1.04~1.01 之间滑坡处于强变形阶段。为安全起见，设定安全系数在 1.1~1.04 之间滑坡处于弱变形阶段。

9.4　多手段、动态、全过程滑坡预警预报

9.4.1　概述

为提高滑坡预警预报水平，既不要漏报，又要尽量减少不必要的预警。在宏观观察、位移监测、数值分析的基础上，综合考虑滑坡宏观变形特征、位移监测数据及内部变形破坏机制，提出了一种多手段、动态、全过程滑坡预警预报新思路，如图 9-2 所示。

多手段指采用宏观观察、位移监测、数值分析等多种手段，并将这些手段有机结合，做到从定趋势、定性、定量的角度对位移监测曲线、宏观破坏现象和数值分析结果进行综合判断。

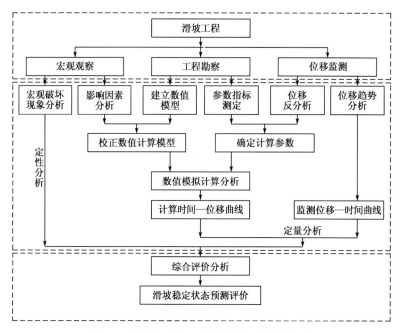

图 9-2 多手段、动态、全过程滑坡预警预报思路

动态是指在研究过程中，动态考虑滑坡内、外诱发因素变化的影响，分析滑坡位移增长变化的具体原因，能反映滑坡内在强度与稳定性逐渐降低的这一过程，从运动机制上对滑坡的变形与滑动进行分析和预测。为确定滑坡的实时稳定状态，即确定每一时段的滑坡稳定安全系数，需要计算出一系列不同稳定安全系数下的位移—时间曲线，再通过与监测的位移—时间曲线比较，最终确定各个时刻实时稳定安全系数。

全过程是指从等速蠕变阶段、加速蠕变过渡段到剧速蠕变阶段，从弱变形、强变形到临滑阶段，全程掌握滑坡变形破坏情况，定量确定以安全系数为指标的滑坡稳定状态，并能在临滑阶段对滑坡滑动时间做出准确预报。

这种预报思路基于完备的勘测资料，对滑坡的地质地貌特征的准确认识、坡体的物理力学参数的测试或反演、详细的滑坡宏观变形破坏现象和位移变形监测数据等前提条件；同时对数值模型和数值计算有较高要求，需要选择合适的黏弹塑理论模型和位移反分析力学参数的方法。

9.4.2 监测位移分析

这里通过具体滑坡工程实例进行监测位移分析。重庆市某工程滑坡主体工程于 2003 年 6 月完工。2006 年 6 月份，相继出现多条地面裂缝，房屋开裂，地面普遍出现下陷，园内厕所后部地面下陷达 63cm，不得不拆除。2007 年 5 月 24 日夜间，宾馆与变电所之间围墙发生局部倒塌。库岸隆起，且范围、高度日益增加。土溜次数越来越多，裂缝宽度与测点变形明显增大。滑坡迹象日趋明显。该滑坡威胁到长江库岸及附近村民的安全，一旦失稳，经济损失惨重，必须进行应急抢险和工程处理。

1) 监测场地关键断面和关键点的选取

大型滑坡监测点众多,在整个监测的过程中会有成千上万的监测数据,如果不能有效处理、分析,就难以掌握滑坡变形发展,做出准确预报。选取关键监测断面和关键监测点,进行监测数据的分析是准确预报滑坡发展趋势的重要前提。

依据重庆市某滑坡场地的监测报告,监测场地中设置水平位移监测点23个,测试断面5个,断面位置及所属监测点具体分布情况见图9-3和表9-1。

监测断面及所属监测点位置描述   表9-1

断面编号	位置描述	断面监测点编号	附注
1-1	强变形区的左侧	JC01、JC04、JC06、JC09、JC12	监测点JC24、JC25、JC28位于滑坡强变形区边缘部位
2-2	强变形区的右侧	JC03、JC08、JC11、JC14	
3-3	弱变形区的左侧	JC15、JC18、JC21、JC26	
4-4	弱变形区的中部	JC16、JC19、JC22	
5-5	弱变形区的右侧	JC17、JC20、JC23、JC27	

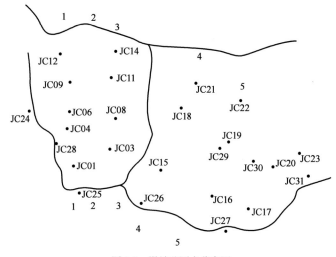

图9-3 滑坡监测点分布图

选择关键测试断面和关键监测点,不但要看该断面是否在滑坡主轴断面或与其平行的断面上,还应看该断面上测点的多寡、位移敏感性的强弱,以及测点变形规律是否明显。鉴于滑动范围主要在1-1、3-3断面,因此首先排除了4-4、5-5三个断面及其所属的11个监测点。对滑坡强变形区范围之内和边缘的1-1、3-3断面及JC24、JC25、JC28各点的原始监测数据进行如下处理:分析了每个测点的日位移速率,平均3d、10d的位移速率,平均6d、20d的加速度,具体情况见表9-2~表9-4。

滑坡边缘及外围各点位移   表9-2

监测点编号	位置描述	日位移量>10mm的天数(d)	平均3d的位移速率>4mm/d的天数(d)	平均10d的位移速率>1mm/d的天数(d)	平均6d的加速度>4mm/d²的天数(d)	平均20d的加速度>2mm/d²的天数(d)
JC28	中部西侧	3	3	3	7	4
JC24	外围西侧	2	3	1	2	2
JC25	坡前南侧	6	3	3	9	2

1-1 断面监测点位移　　　　表 9-3

监测点编号	位置描述	日位移量>10mm 的天数(d)	平均 3d 的位移速率>10mm/d 的天数(d)	平均 10d 的位移速率>4mm/d 的天数(d)	平均 6d 的加速度>5mm/d² 的天数(d)	平均 20d 的加速度>3mm/d² 的天数(d)
JC01	平地坡顶接近后缘	很多（>100mm 的有 3d）	很多（>50mm/d 的有 3d）	很多（>20 mm/d 的有 3d）	很多（>30mm/d² 的有 4d）	很多（>20mm/d² 的有 2d）
JC04	平地	10	4	4	6	2
JC06	坡上	13	3	4	5	1
JC09	坡上	6	2	4	7	2
JC12	坡前斜坡	0（>5mm 有 3d）	0（>3mm/d 有 2d）	0（>2mm/d 有 1d）	0（>2mm/d² 有 1d）	0（>1mm/d² 有 2d）

3-3 断面监测点位移　　　　表 9-4

监测点编号	位置描述	日位移量>10mm 的天数(d)	平均 3d 的位移速率>5mm/d 的天数(d)	平均 10d 的位移速率>4mm/d 的天数(d)	平均 6d 的加速度>4mm/d² 的天数(d)	平均 20d 的加速度>2mm/d² 的天数(d)
JC03	后缘平地	5	3	2	2	3
JC08	坡上	2	2	1	2	2
JC11	坡中平地	2	3	2	2	1
JC14	坡前坡地	0（>5mm 有 5d）	0（>4mm/d 有 3d）	0（>2mm/d 有 2d）	0（>2mm/d² 有 2d）	0（>0mm/d² 有 1d）

分析监测数据得出如下结论：初始变形开展主要发生在坡体后缘，前缘变形在滑坡后期才日趋明显，因此本滑坡属于推动式滑坡。此类滑坡坡后位移大于坡前，关键观测点宜放置在坡中间。由于中部各个监测点的位移均大于坡体前缘，坡体前缘位移速率小，累计变形量小，因此中前部监测点均可作为观测预报点。滑坡后缘处 JC01 点日位移量、平均位移量以及平均加速度，与其他各点相比较大，日位移量超过 100mm 的有 3d，存在突变现象，变形变化过大，不宜作为关键监测点；滑坡的边界上各点及其外围点，如 JC12、JC14、JC24、JC28，变形较小，情况特殊，不宜作为关键监测点；1-1 断面的 JC01、JC04、JC06、JC09、JC12 点的位移速率大于同期的 3-3 断面的 JC03、JC08、JC11、JC14 点，因而采用 1-1 断面作为研究断面。由于裂缝开展、工程开挖等原因造成的在整个监测周期中数据不完整、记录不连续的监测点不宜当作关键监测点，因此 1-1 断面上的 JC01、JC04、JC12 点均不宜作为关键监测点。

综上所述，选取 1-1 断面为关键测试断面，选取 1-1 断面的 JC06、JC09 点为关键监测点。

2）监测位移趋势分析

滑坡的位移变形是其稳定状态最直观的反映。传统的预报方法将滑坡变形速率作为预报判据，当其大于某临界值时就会发出警报，而在实际分析中，以 JC09 监测数据为例，如图 9-4 所示，监测点的位移—时间曲线经常出现突变、负值或断点的现象。突变一般发生在连续降雨期间或降雨后,表明监测点位移速率并非真正很大,坡体并非真正出现了大的位移,这是由于连续降雨之后,土体变软,弹性模量降低所致。天晴后,模量回弹,位移速率变小。而出现负值的情况,一般是由于土体的干缩。断点主要是由于天气条件恶劣,出现强降雨或云雾等不适合量测的天气,缺少当日数据,当日的变形累计到了随后的测量中。

从 2007 年 5 月 8 日到 8 月 31 日,JC09 点日位移速率大于 10mm/d 的有 10d,最大 26mm/d,大于 5mm/d 更为普遍。如果以 5mm/d 为预报标准,就会造成大量误报。因此,以位移突变作为预报标准,不够充分和全面,仅可参考。日位移速率的变化与外因天气、内因土体干缩等因素有关,仅看日位移变化量的增大不能判断滑坡的产生和发展。

原始的监测数据难以反映滑坡变形的真实规律,但从位移总体趋势上来把握滑坡变形规律,情况就会好转。如图 9-5 所示,其中实线为 JC09 点累计位移变形,虚线为累计位移变形趋势曲线。监测位移的总体趋势曲线基本符合所谓的蠕变三阶段理论。因而必须通过观测关键监测点的位移变形趋势确定滑坡所处的稳定阶段。

从图 9-5 可知,监测位移总体趋势线大致分为三段,6 月 14 日之前,坡体处于直线等速蠕变阶段;6 月 23 日至 7 月 22 日,相对于前一阶段,坡体处于速度较高的直线等速蠕变阶段,相当于加速蠕变过渡段的初始段;7 月 22 日后,由于采取了削方、压脚等工程措施,总体趋势线呈抛物线形,并于 8 月 3 日后逐渐平滑,坡体处于减速蠕变到逐步稳定阶段,8 月下旬基本稳定。

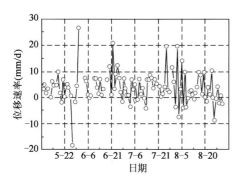

图 9-4 JC09 日位移量
(2007 年 5 月 8 日至 8 月 31 日)

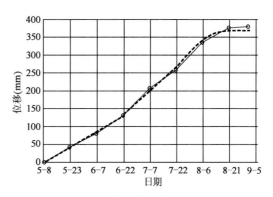

图 9-5 JC09 累计位移变形量总体趋势曲线

9.4.3 滑坡的数值分析

1) 考虑蠕变的强度折减法

(1) 蠕变模型选取

蠕变是岩土材料的基本力学特性,滑坡产生大变形乃至失稳都与岩土体蠕变有关。当计算滑坡的稳定性时,由于稳定性与本构无关,此时可采用弹塑性模型;当进行滑坡预报时,为了计算滑坡在不同稳定状态下的位移—时间曲线,以便于和监测位移—时间曲线进行对比,因而必须采用黏弹塑性模型和黏弹塑性有限元强度折减法。这正是本部分研究的内容。

在传统的强度折减法中,岩土体的力学性质用弹塑性本构模型表示,通过折减强度参数使边坡逐渐达到整体失稳。与弹塑性强度折减法相比,考虑蠕变的强度折减法选用黏弹塑性本构模型,边坡的整体失稳仍然通过折减强度参数实现。

选取合适的蠕变本构模型对于数值模拟分析至关重要。目前，常用的蠕变本构模型主要有：元件组合模型、经验模型、积分形式的蠕变模型、损伤蠕变模型。其中元件模型在实际工程中应用十分广泛。它是采用基本元件模型，包括虎克弹性体（H）、牛顿黏性体（N）和圣维南塑性体（S）进行组合来模拟岩土体的蠕变力学行为。具有概念直观、简单形象、物理意义明确等优点，同时也可以较全面地反映岩土体的各种蠕变性状，如蠕变、应力松弛、弹性后效等。元件模型中较著名的有马克斯威尔（Maxwell）体、开尔文（Kelvin）体、宾汉姆（Bingham）体、鲍埃丁—汤姆逊（Poynting-Thomson）体以及由上述若干个元件体和基本元件组合而成的广义模型，如广义开尔文（Kelvin-Voigt）模型、广义马克斯威尔模型、伯格斯（Burgers）模型、西原模型等。通过这类模型或模型组合形成的复合蠕变模型可以不同程度地模拟岩土体变形与时间有关的性态。由于线性蠕变模型的组合元件是线性的，无论其组合形式如何复杂，模型均无法描述岩土体蠕变的非线性特征，而且也不能反映岩土体的加速蠕变阶段。但是滑坡的变形发展中强度参数是不断减小的，亦即滑坡的稳定安全系数逐渐减少。因而可通过改变岩土体的强度参数即改变滑坡的稳定安全系数来反映滑坡的变形发展状况。由此就可依据滑坡的位移—时间曲线反映滑坡处于等速蠕变段还是加速蠕变阶段。

在选取蠕变模型时一方面要反映我们关心的滑坡长期变形的蠕变性质，另一方面要考虑到现有数值模拟软件的具体条件以及分析实际工程问题的可行性，因此元件模型仍是首选。蠕变模型的选取应当尽量符合监测得到的位移—时间曲线的性状和土体的特性。确定蠕变参数的方法首先需要对岩土体取样，通过室内的蠕变或应力松弛试验来确定，但流变参数，尤其是黏滞系数需要通过现场监测位移反分析来获得，这样才能更符合实际情况。为了分析滑坡长期蠕变变形对稳定状态的影响，选用 FLAC 软件中 Cvisc 模型，其一维应力状态下的蠕变模型如图 9-6 所示。

该模型由马克斯威尔模型、开尔文模型（两个模型串联成为伯格斯模型）和一个塑性元件串联而成。图 9-6 中，δ 为岩土体应力；E_M、E_K、η_M 和 η_K 分别为弹性模量、黏弹性模量、马克斯威尔黏滞系数和开尔文黏滞系数；σ_f 为岩土体材料的屈服强度；ε_M、ε_K 和 ε_P 和分别为马克斯威尔体、开尔文体的应变和塑性应变。在 FLAC 计算中，默认条件下

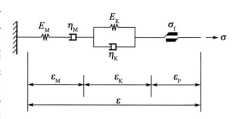

图 9-6　FLAC 中 Cvisc 蠕变模型示意图

马克斯威尔和开尔文的黏性系数 η_M、η_K 均为无穷大，而在特性参数的表示中两个参数为零。如果 η_K 采用默认值，无论 G_K 被赋予什么值，计算中开尔文体都不会发挥作用；如果 η_M 采用默认值，而 η_M 则被自动设置为默认值 10^{-20}；如果将 η_M 取为零，而开尔文体的参数不为零时，Cvisc 模型将退化为广义开尔文模型和莫尔—库仑塑性元件的串联。在时步为零时只有马克斯威尔的弹性部分起作用，模型相当于线弹性模型。FLAC 蠕变计算具有以下两个特点，实际计算中需加以注意：

①与弹塑性静力条件下的时步不同，在 FLAC 中，蠕变计算的时间和时步均是真实的，而弹塑性计算中的时步只是为了达到最后的静力平衡人为假设的一个量，没有物理意义。

②蠕变是与时间相关的变形，FLAC 中，可以人为地设置时间步长。当时步设为零时，无论采用哪个蠕变模型，计算过程都被简化成了相应的弹性问题或弹塑性问题。同样，也可

以通过命令 set creep off 将蠕变选项关闭，程序同样不计算蠕变。施加这个命令可以在进行蠕变计算之前让模型达到弹塑性的静力平衡，再打开蠕变开关，进行蠕变变形计算。蠕变本构方程中要用到时步，所以时步的取值会影响位移变形的计算结果。

时步 Δt 并不可以任意设置，在蠕变计算过程中，如果想使力学系统始终保持平衡，由时间引起的应力改变量与应变引起的应力改变量相比不能太大，否则不平衡力过大，惯性效应会影响计算结果。在实际计算过程中，开始时一般将蠕变时步取为比 Δt_{max}^{cr} 小两到三个数量级，然后通过自动时步调节命令，根据设置的参数自动调节时步，以便在满足计算精度的前提下尽量缩短计算时间。如果 Cvisc 模型的马克斯威尔元件的黏性系数 η_M 取为零，马克斯威尔元件的蠕变开关被关闭，岩土材料表现为衰减蠕变的特性。

从理论意义上来讲，考虑蠕变特性与否，都与岩土体的稳定安全系数无关。传统方法在进行极限分析时并未考虑蠕变效应，但为了掌握滑坡的实时稳定状态，动态预报滑坡安全系数，我们在研究中考虑了岩土材料的衰减蠕变特性，以期建立时间与滑坡稳定状态的对应关系。

（2）失稳判据讨论

对于弹塑性强度折减法，数值计算不收敛、塑性区的贯通、计算滑移面上位移发生突变且无限发展是常用的三个计算失稳判据。与弹塑性强度折减法相比，考虑蠕变的强度折减法，计算中选用 FLAC 软件，计算蠕变的时间为真实的物理时间，每个时间段被均分为多个时间步，在每个时间步并未像弹塑性计算中反复迭代使得最大不平衡力趋于 0，因此很难以数值计算中力的不收敛作为边坡失稳的判据，仍然可采用计算位移不收敛作为判据。同时 FLAC 无法显示塑性应变云图，但可以通过查看剪切应变增量云图的方式对滑坡位移变形进行分析。下面提出黏弹塑性边坡的失稳判据：

①剪切应变增量云图中各种不同的颜色表示着应变的大小，滑带中应变大的彩色，随着滑带强度的降低，从局部逐渐发展至整个滑带，此时滑带破坏。因而可以剪切应变增量云图中表示大应变的彩色带从坡顶到坡脚是否贯通作为判据。

②滑坡整体位移发生突变，且长时间难以趋于稳定。前句采用了位移突变的判据，后句采用了位移不收敛的判据。

③由于极限分析方法中，强度和稳定性与位移的关系不大，因而黏弹塑性问题也可采用弹塑性问题求解稳定安全系数。依据后述内容，两种计算方法的结果误差大致在 1%。

（3）算例分析

边坡断面如图 9-7 所示。坡体内有一贯通的软弱层，物理力学参数见表 9-5。分别采用不考虑蠕变的常规强度折减法和考虑蠕变的强度折减法进行计算。边坡网格划分如图 9-8 所示。

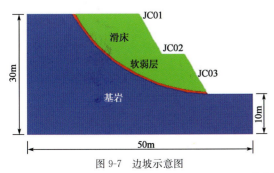

图 9-7 边坡示意图

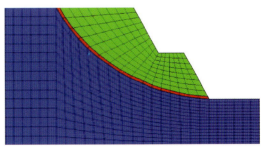

图 9-8 网格划分

滑坡体物理力学参数 表 9-5

材料名称	弹性模量（MPa）	泊松比	黏弹模量（MPa）	黏滞系数 MPa·d	重度（kN/m³）	黏聚力（kPa）	内摩擦角（°）
滑体	10	0.3	—	—	20	200	28
软弱层	4	0.3	16	12	20	30	20
基岩	3 000	0.25	—	—	23	270	25

先采用不考虑蠕变的强度折减法进行计算，这时只采用弹性模量，但不考虑黏弹性。采用 FLAC 自带的弹塑性强度折减法对滑坡进行稳定性分析。基岩、滑体及软弱层均采用莫尔—库仑模型，通过二分法不断搜寻最小的使边坡失稳的折减系数。由于存在软弱层，边坡剪切变形较为集中，反映在剪切应变增量彩色云图上，当折减系数为 1.12 时，可看到一条表示大剪应变的明显彩色带已经贯通。同时边坡的位移变形有数量级的增长，且无限增大。按上述黏弹塑性强度折减法的破坏失稳判据，表示折减系数为 1.12 时边坡处于失稳状态。边坡的稳定安全系数为 1.12。如图 9-9 所示，贯通的彩色带就是强度折减法计算找出的坡体失稳的滑面。

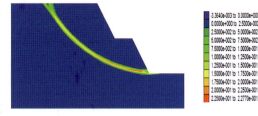

图 9-9　弹塑性条件下边坡滑面

然后采用考虑蠕变的强度折减法对边坡进行稳定性分析。计算过程中主要考虑自重条件下软弱层的蠕变变形对滑坡稳定性的影响，计算蠕变时间为 200d。不断折减滑坡体强度参数，计算折减后的强度参数条件下滑坡的弹塑性变形情况。变形稳定后打开蠕变开关，对模型中 3 个监测点进行蠕变计算（图 9-7），记录 3 个监测点的水平位移随时间开展的情况。

当折减系数由 1.02 逐步增加到 1.10 时，3 个监测点的水平位移值最终都趋向于一个稳定值，随着折减系数的增加，趋向收敛的速度逐渐缓慢。当折减系数为 1.11 时，监测点的水平位移值持续增长，长时间难以稳定，也就是位移不收敛。最大位移值约为 427mm，而同一监测点、相同折减系数、弹塑性条件下的位移只有 135mm，同时在剪切应变增量云图中已经出现明显的贯通彩色带。由此表明，考虑蠕变条件，当折减系数为 1.11 时，滑坡处于失稳状态。与弹塑性条件下失稳破坏时的折减系数 1.12 相比，两者相差很小，表明计算是正确的。

滑坡的稳定安全系数是定量表示滑坡稳定状态的重要指标，准确确定滑坡实时安全系数，就能对滑坡做出准确预报。计算中不同的折减系数对应着滑坡实时安全系数。滑坡实时安全系数见表 9-6。

不同折减系数对应的滑坡安全系数 表 9-6

天然状态安全系数	1.12	1.12	1.12	1.12	1.12	1.12	1.12
折减系数	1.02	1.04	1.05	1.06	1.08	1.10	1.11
实时安全系数	1.10	1.08	1.07	1.06	1.04	1.02	1.01

不同稳定安全系数所对应的计算水平位移—时间曲线是不同的，如图 9-10 所示。当安全系数为 1.1 时，3 个监测点的水平位移最终都趋于一个稳定值，表明当安全系数大于 1.1 时，滑坡处于稳定变形阶段 [图 9-10a]；当安全系数为 1.07 时，水平位移持续增长，但增幅很小 [图 9-10c]，表明当安全系数小于 1.08 时，滑坡处于等速变形阶段；当安全系数为

1.04 时，位移增长明显高于 1.07 时［图 9-10d］，但总体增长不大，表明当安全系数处于 1.07～1.04 之间时，滑坡处于等速变形阶段或是弱变形和较强变形阶段，这一阶段变形时间很长，而且也不会发生滑坡失稳，因此这段曲线的斜率可取 150d 以后的稳定段；当安全系数为 1.02 时，水平位移非线性增长，增长幅度很大，水平位移总量成倍增加［图 9-10e］；当安全系数为 1.01 时，水平位移剧速增长而难以稳定［图 9-10f］，表明滑坡在 1.04～1.01 之间处于加速变形阶段或是强变形阶段；而安全系数在 1.01～1.00 之间时，滑坡处于临滑阶段，随时都有发生失稳的可能性。当安全系数为 1.02 时，离滑坡已为时不远，可取位移—时间曲线中 50d 左右的曲线斜率［图 9-10e］；而安全系数为 1.01 时，已进入临滑阶段，可取 10～20d 的曲线斜率［图 9-10f］。

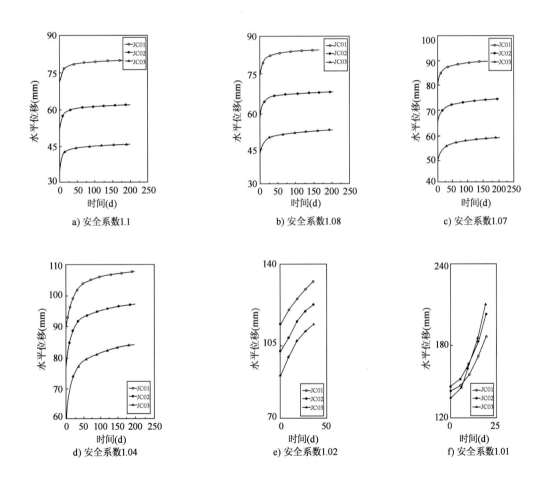

图 9-10 不同安全系数对应的水平位移—时间曲线

对比分析相同安全系数情况下，弹塑性和考虑蠕变特性的滑坡剪切应变增量云图（图 9-11），随着安全系数的减小，最大应变增量的差值越来越大。安全系数大于 1.07 时，两者的差值约为 0.7×10^{-2}；安全系数为 1.04 时，差值增加到 1.2×10^{-2}；安全系数为 1.02 时，差值为 3×10^{-2}；安全系数为 1.01 时，剪切应变增量最大值差值突增一个数量级，为 2.2×10^{-1}，即达到了破坏。

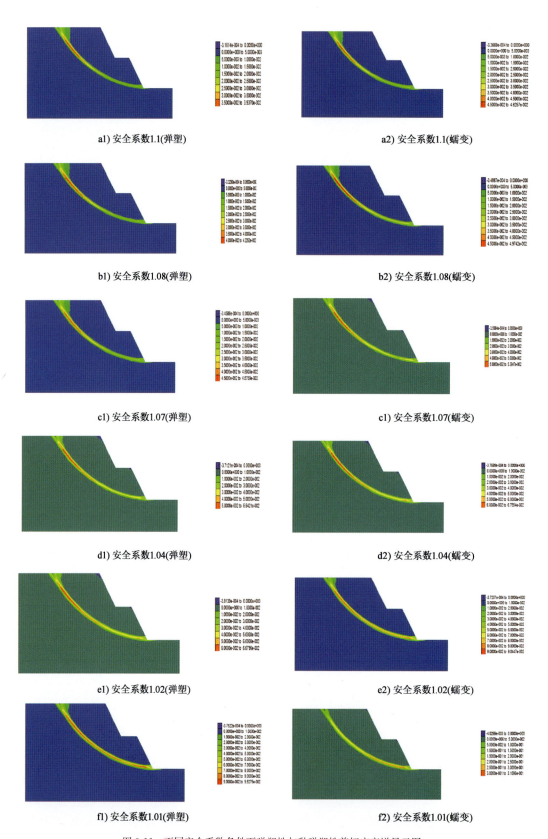

图 9-11 不同安全系数条件下弹塑性与黏弹塑性剪切应变增量云图

两种分析方法所对应的监测点水平位移总量及滑坡蠕变变形情况,如表 9-7、表 9-8、图 9-12、图 9-13 所示。两者位移量的差别在于是否考虑蠕变变形,如果要求两者的位移相等,那么必须采用等代弹性模量,这一模量必须采用监测位移反分析求得。

考虑蠕变特性的监测点水平位移变形总量(mm)　　　表 9-7

监测点	安 全 系 数					
	1.1	1.08	1.07	1.04	1.02	1.01
JC01	80.16	84.62	90.02	107.6	135.1	316.3
JC02	61.79	67.41	74.33	97.23	134.3	384.6
JC03	45.81	51.48	58.68	83.91	127.3	426.9

弹塑性条件下监测点水平位移变形总量(mm)　　　表 9-8

监测点	安 全 系 数					
	1.1	1.08	1.07	1.04	1.02	1.01
JC01	70.55	74.16	78.56	90.85	105.7	138.2
JC02	51.44	55.82	61.29	76.86	96.26	141.3
JC03	35.09	39.24	44.63	60.86	82.58	135.5

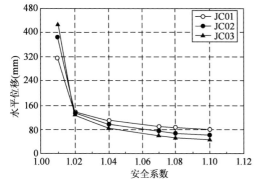

图 9-12　考虑蠕变特性的监测点水平位移变形总量

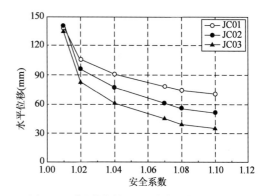

图 9-13　弹塑性条件下监测点水平位移变形总量

由图 9-12 考虑蠕变特性时,安全系数大于 1.1,水平位移增长平缓,表明滑坡处于稳定变形阶段。当安全系数为 1.07~1.04 之间时,增长速率逐步提高,表明滑坡处于弱变形和较强变形阶段;当安全系数为 1.04~1.02 之间时,趋势曲线扬起,位移量迅速增长,表明滑坡处于强变形阶段;当安全系数为 1.01 时,位移总量迅速增长。可见滑坡临滑阶段安全系数在 1.01~1.00 之间。

对于考虑衰减蠕变特性的广义开尔文模型来讲,蠕变参数主要有三个:瞬时弹模、蠕变弹模、黏滞系数。依据蠕变参数敏感性分析结果,黏滞系数对于计算位移—时间曲线,无论是计算累计位移总量的大小还是对线形的影响都不大。黏弹模量对位移值的影响较大,而对计算线形的影响很小。位移—时间曲线的线形主要受到稳定安全系数的影响,这就表明线形与稳定安全系数有很好的一致性。因而对于滑坡稳定状态的研究,不能以具体定量的数值作为预报判据,主要应该看位移—时间曲线的线形斜率及其发展趋势。如果某一稳定安全系数下的计算位移—时间曲线与监测位移—时间曲线斜率相同,就能确定该滑坡的实时安全系数。

(4) 现场监测点位移—时间曲线的计算预测

上述均为某一确定的稳定安全系数条件下的计算位移—时间曲线,而现场监测中,滑坡的稳定安全系数都随时间与变形的发展而逐渐降低,因而安全系数随时间不断变化,由此可以通过上述计算曲线来预测监测点的位移—时间曲线。这是因为在相同稳定安全系数下,两者的曲线斜率相同。监测点的位移—时间曲线预测如图 9-14 所示。当稳定系数在 1.07~1.04 之间时，都处于等速蠕变阶段，曲线斜率变化很小；当稳定系数在 1.03~1.01 之间时，都处于加速蠕变阶段，斜率变化很大；稳定系数为 1.04 时，处于等速蠕变段与加速蠕变段之间；在剧速阶段，稳定系数在 1.01~1.00 之间，曲线斜率接近垂直。

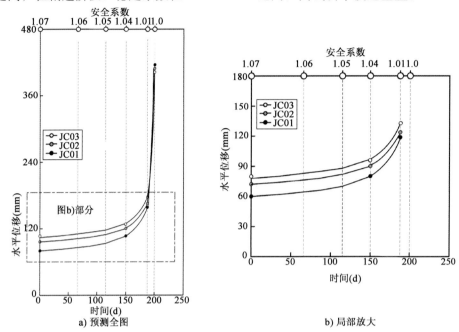

图 9-14　监测点计算位移—时间曲线预测

2) 滑坡计算参数反分析

准确确定岩土体的力学参数是进行滑坡稳定性分析的重要前提。力学参数对于整个数值的模拟效果至关重要，选取得当才能模拟有效，可为工程决策提供可靠依据，否则，无论数值分析方法精度有多高，都会造成"垃圾进，垃圾出"的后果，直接影响滑坡安全及工程治理效果与滑坡预报的准确性。传统的室内试验和现场试验的方法由于样本缺乏代表性，不能代表整个场地情况，而且人为扰动因素难以避免，均难取得令人满意的结果，因此岩土体力学参数的选取成为滑坡研究的一个难点。

20 世纪 70 年代发展起来的基于现场量测位移反演分析岩土体力学参数的方法是解决这一难点问题的重要手段之一。这种方法既有岩土力学的理论性，又有依托现场实际量测的实践性，是联系工程实践和理论研究的桥梁，可充分利用先进监测手段获得的位移数据，综合反映边坡内部破坏机制和外部宏观变形特征，通过位移反演岩土体力学参数指标。

位移反分析研究经历了从弹性、黏弹性、弹塑性到黏弹塑性的发展过程，研究领域遍及参数反演、模型反演、时间序列建模反演及智能化反演。采用的计算方法有：有限元、边界元、有限元和边界元耦合法，可用来进行平面问题和三维实体的反演。依据的理论基础从线弹性理论到非线性理论，从确定性分析到非确定性分析，在岩土体弹性模量、泊松比以及地应力等方面都取得了理想的反演成果。

传统的位移反分析方法的局限性主要表现为：连续、均质、各向同性的基本假设与实际复杂、不均匀、不连续的工程状况存在很大差异。由于计算模型的非线性，求解过程中要花费大量时间进行多次正向计算，耗时过长。同时由于抗剪强度指标对位移变形的敏感性差，智能算法虽然行之有效，但反算结果受样本质量的影响和限制较大。反分析解的存在性和稳定性仍值得研究。常规的反演方法难以取得理想的反演结果，需要寻找新的反演思路。通常对边（滑）坡的稳定性分析问题需要反演强度参数，而对于滑坡预报问题需要反演蠕变参数。

在位移反分析中，如何求得灵敏度矩阵是位移反分析的关键。常规的计算偏导数的差分法在函数偏导数急剧振荡处或偏导数在较大区间趋于 0 时（对应响应对参数不敏感的情况），计算精度较差。复变量求导法可以很好地解决一般解析分析无法解决的强非线性和隐函数偏导数计算问题。

（1）复变量求导法基本原理

复变量求导法只需要函数计算，就可以高精度地计算函数偏导数，避免了复杂的求导运算，解决问题时灵敏度高。X. W. Gao 等将该技术引入边界元计算位移梯度问题。刘明维等运用该技术来反算岩土体弹塑性强度参数和抗剪强度指标，取得了满意的结果。复变量求导法可以解决一般解析分析无法解决的强非线性和隐函数偏导数计算问题，且一步即可完成计算，计算量是常规差分法的一半以下。

该方法基本原理如下：对实函数 $f(x)$ 的实变量 x 施加非常小的虚部 h（通常 $h=10^{-15}$），用复数表示为 $x+ih$，对 $f(x+ih)$ 按泰勒级数展开。

$$f(x+ih) = f(x) + ih\frac{f'(x)}{1!} - \frac{h^2 f''(x)}{2!} + \cdots + (ih)^n \frac{f^n(x)}{n!} + \cdots \tag{9-1}$$

Im 和 Re 分别表示 $f(x+ih)$ 的虚部和实部。

$$f'(x) = \frac{\text{Im}[f(x+ih)]}{h} + 0(h^2) \tag{9-2}$$

$$f''(x) = \frac{2[f(x) - \text{Re}(f(x+ih))]}{h^2} + 0(h^2) \tag{9-3}$$

对于那些函数非常复杂、求导特别困难的情况，该方法更具优点。该方法可用有限元程序进行反演分析。与传统的计算方法相比，复变量求导法具有更高的计算精度。例如与有限差分法相比，在步长很小（一般 $h<10^{-10}$）的情况下，有限差分可能无法计算，而复变量求导法却能得出准确的结果。

算例 9-1： 函数 $f(x,y,z) = 4x^3 + 2x^2 yz + 3xyz$

$$\frac{\partial f(x,y,z)}{\partial x} = 12x^2 + 4xyz + 3yz \tag{9-4}$$

采用复变量求导法，计算如下：

$f(x+ih, y, z) = 4(x+ih)^3 + 2(x+ih)^2 yz + 3(x+ih)yz$
$= 4(x^3 + i^3 h^3 + 3x^2 ih + 3i^2 xh^2) + 2(x^2 + i^2 h^2 + 2xih)yz + 3xyz + 3yz(ih)$
$= 4x^3 + 2x^2 yz + 3xyz - 2h^2 yz + ih(4xyz + 3yz - 4h^2 + 12x^2)$

因为 h 极小，一般取值为 $h=10^{-15}$，所以：

$$\frac{\text{Im}(f(x+ih, y, z))}{h} = 4xyz + 3yz - 4h^2 + 12x^2 = 12x^2 + 4xyz + 3yz \tag{9-5}$$

复变量求导法的程序实现也非常方便，采用 FORTRAN 语言编程如下：

```
Complex xc, Func
Data x, y, z, h/1., 2., 3., 1.E-15/
xc=Cmplx (x, h)
df/dx=Aimag (Func (xc, y, z)) /h
```

```
Write（*，*）dfdx
Stop
end
function Func（x，y，z）
complex x，Func
func＝4*x*x*x+2*x*x*y*z+3*x*y*z
end
```

通过计算,得出当 $x=1, y=2, z=3$ 时, $f(x,y,z)$ 对 x 的偏导数 $\dfrac{\partial f(x,y,z)}{\partial x}=54.0000$。

在进行参数位移反分析时,计算位移对反演参数的灵敏度,需要把参数变换为复数形式,计算出的位移为复数域的位移。由于实数空间是复数空间的子空间,实数可以看作虚部为零的复数,因此复数域位移的实部即为一般意义下的位移,其虚部是为了计算位移对待反演参数的导数而引入的过渡变量。

（2）计算流程和程序实现

在位移反分析法、牛顿—拉普森迭代优化方法、复变量求导法、黏弹塑性有限元基本理论研究的基础上,提出了基于复变量求导的黏弹塑性位移反分析思路。基于编制的黏弹塑性有限元计算程序,将计算参数复域化,采用复变量求导法求取灵敏度矩阵,完成反算参数的迭代,直到最终得到符合要求的解。

岩土体的黏弹塑性位移可以采用有限元方法进行计算。进行复变量位移分析时,只要把常规有限元程序中的实函数和实变量转化为复函数和复变量即可,程序中的变量除了待反演参数要加上一非常小的虚部外,其余变量的虚部均为零。边界条件作为相应变量（力或者位移）的实部直接施加给相应的变量。因此,复域位移的求解过程与常规的有限元计算过程完全相同。依据黏弹塑性有限元原理编制的程序结构图如图9-15所示。

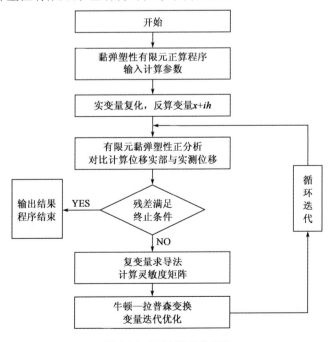

图 9-15　反分析程序流程图

基本程序结构框图如图 9-16 所示。在 D. R. J. Owen 和 E. Hinton（1980）的有限元程序基础上，采用 FORTRAN 90 程序设计语言，加入了复变量求导方法和反分析思想，完成了基于复变量求导法（CVDM）反演岩土物理力学参数程序编制。程序实现时，有几个特点：

①待求变量 x_i 在输入数据时采用复数形式，加上一个非常小的虚部即 $x_i + ih$，其中 h 在 $10^{-15} \sim 10^{-20}$ 间取值。

②有限元计算在复域内展开，得出的测点处位移值也为复数形式，实部为测点计算位移，可为进一步迭代提供参考，而虚部正好用于计算灵敏度矩阵 $\left[\dfrac{\partial u}{\partial x}\right]$，进而计算 Δx，完成变量的迭代。

③反演计算是否满足要求，可以采用实测位移与计算位移的残差表示，以 $\sum\limits_{i=1}^{m} R_i^2(X) < 10^{-10}$ 为终止条件。

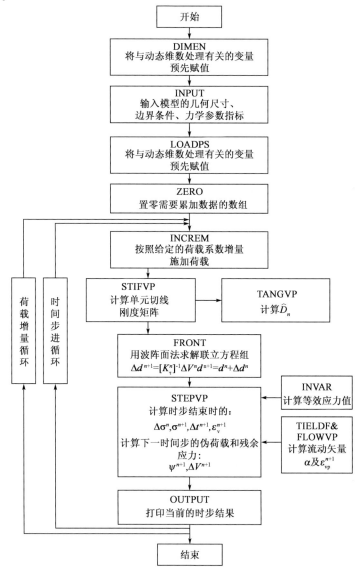

图 9-16　黏弹塑性有限元计算程序结构图

（3）算例分析

算例 9-2：如图 9-17 所示的黏弹塑性厚圆柱筒，内径 100mm，外径 200mm，沿轴向为平面应变状态，承受内压。压力 $p = 20$ MPa 情况下逐步稳定，其基本物理力学参数弹性模量 $E = 21\,000$ MPa，泊松比 $\nu = 0.3$，黏滞系数 $\eta = 1\,000$ MPa·d，初始时间步长 0.1d，采用显式时间积分法、Von-Mises 屈服准则，单向屈服应力 24MPa，时间步进参数 0.01，稳定收敛性容许误差参数 0.1%，测点为网格节点 45、46、47、48、49、50、51 共 7 个点。通过量测测点位移，反算其物理力学参数 E、ν、η、F_0（单项屈服应力）。

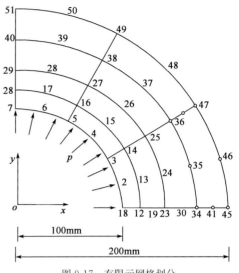

图 9-17 有限元网格划分

为了验证黏弹塑位移反分析程序的可行性，以有限元计算得到测点处理论计算位移值作为实际量测值，测点位移理论值见表 9-9。首先确定反算参数变化范围（表 9-10），在进行某参数的反分析时，将其余参数作为已知。反演计算结果见表 9-11～表 9-14。

测点位移理论值（mm） 表 9-9

测点号	45	46	47	48
x 向位移	0.087 22	0.084 23	0.075 54	0.061 66
y 向位移	0	0.022 57	0.043 61	0.061 66
测点号	49	50	51	
x 向位移	0.043 61	0.022 57	0	
y 向位移	0.075 54	0.084 22	0.087 22	

反算参数变化范围 表 9-10

弹性模量 E（GPa）	泊松比 ν	单向屈服应力 F_0（MPa）	黏滞系数（MPa·d）
18～24	0.15～0.45	19.5～28.5	900～1 100

弹性模量反演计算结果表（算例 9-2） 表 9-11

初始值（GPa）	迭代次数	反演计算值（GPa）	残差 $\sum_{i=1}^{m} R_i^2(X)$
18	1	18.000	1.60×10^{-3}
	2	20.662	1.38×10^{-5}
	3	20.995	3.38×10^{-9}
	4	21.001	7.71×10^{-11}
24	1	24.000	8.09×10^{-4}
	2	20.585	2.09×10^{-5}
	3	20.992	7.55×10^{-9}
	4	21.001	7.75×10^{-11}

注：弹性模量 E 的理论值为 21GPa。

黏滞系数反演结果　　　　　　　　　　　　　　　表 9-12

初始值（MPa·d）	迭代次数	反演计算值（MPa·d）	残差 $\sum_{i=1}^{m} R_i^2(X)$
1 100	1	1 100.0	1.99×10^{-7}
	2	1 015.8	2.83×10^{-9}
	3	1 002.2	7.86×10^{-11}
900	1	900.0	1.14×10^{-7}
	2	1 024.1	7.37×10^{-9}
	3	1 003.1	8.47×1^{-11}

注：黏滞系数 η 的理论值为 1 000 MPa·d。

泊松比反演计算结果　　　　　　　　　　　　　　表 9-13

初始值	迭代次数	反演计算值	残差 $\sum_{i=1}^{m} R_i^2(X)$
0.15	1	0.15	2.97×10^{-4}
	2	0.37	1.42×10^{-4}
	3	0.31	1.02×10^{-6}
	4	0.30	7.72×10^{-11}
0.45	1	0.450	8.02×10^{-4}
	2	0.325	1.53×10^{-5}
	3	0.301	1.97×10^{-8}
	4	0.300	7.72×10^{-11}

注：泊松比 ν 的理论值为 0.3。

单向屈服应力反演计算结果　　　　　　　　　　　表 9-14

初始值（MPa）	迭代次数	反演计算值（MPa）	残差 $\sum_{i=1}^{m} R_i^2(X)$
19.5	1	19.50	4.82×10^{-3}
	2	20.34	1.35×10^{-3}
	3	22.60	1.23×10^{-4}
	4	23.64	1.84×10^{-6}
	5	23.97	8.51×10^{-11}
28.5	1	28.50	2.02×10^{-4}
	2	21.07	6.60×10^{-4}
	3	23.57	2.93×10^{-6}
	4	23.99	7.71×10^{-11}

注：单向屈服应力 F_0 理论值为 24MPa。

由图 9-18～图 9-21 可以看出，在 3～5 次迭代范围内，该程序可快速、精确反算黏弹模量、黏滞系数、泊松比、单向屈服应力，既可反算强度参数，又可反算流变参数，反算结果十分接近理论值，充分证明了该方法的有效性和精确性。

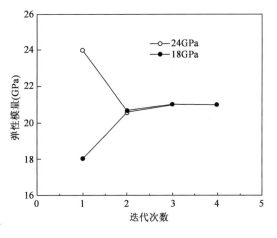

图 9-18 迭代次数与弹性模量关系曲线

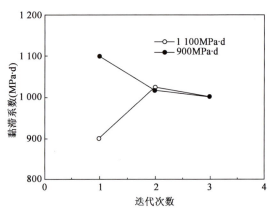

图 9-19 迭代次数与黏滞系数关系曲线

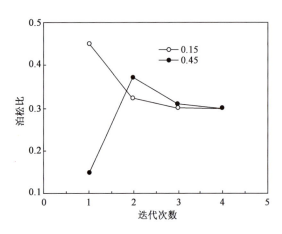

图 9-20 迭代次数与泊松比关系曲线

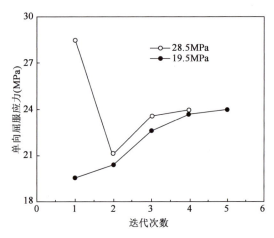

图 9-21 迭代次数与单向屈服应力关系曲线

算例 9-3：一岩质边坡重度 $\gamma=20.58\text{kN/m}^3$，泊松比 $\nu=0.30$，黏聚力 $c=0.11\text{MPa}$，内摩擦角 $\varphi=30°$，弹性模量 200MPa，黏滞系数 1 000MPa·d，边坡测点位移的理论值见表 9-15。已知黏弹模量范围 150～250MPa，黏滞系数变化范围 850～1 150 MPa·d，由测点位移反演计算黏滞系数及弹性模量。边坡有限元网格划化情况如图 9-22 所示。左右边水平约束，底部水平和垂直双向约束。采用显式时间积分、莫尔—库仑屈服准则，时间步长 0.1d，稳定性收敛容许参数 0.1%。首先假定其他参数已知。通过计算分析，取得了理想的反算结果。反演计算结果见表 9-16、表 9-17。

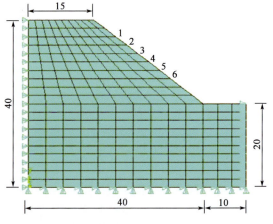

图 9-22 有限元网格划分（尺寸单位：m）

测点位移理论值（mm）　　　　　　　　　　　　　　　　表 9-15

测点号	x 向位移	y 向位移	测点号	x 向位移	y 向位移
1	−1.598	−2.855	4	−2.745	−4.405
2	−1.983	−3.334	5	−3.085	−4.96
3	−2.371	−3.859	6	−3.371	−5.498

弹性模量反演计算结果（算例 9-3）　　　　　　　　　　　　表 9-16

初始值（MPa）	迭代次数	反演计算值（MPa）	残差 $\sum_{i=1}^{m} R_i^2(X)$
150	1	150.0	6.14×10^{-4}
	2	187.5	2.44×10^{-5}
	3	199.9	1.21×10^{-10}
250	1	250.0	2.21×10^{-4}
	2	189.7	2.55×10^{-5}
	3	200.1	1.26×10^{-10}

注：弹性模量 E 的理论值为 200MPa。

黏滞系数反演结果　　　　　　　　　　　　　　　　表 9-17

初始值（MPa·d）	迭代次数	黏滞系数反演计算值（MPa·d）	残差 $\sum_{i=1}^{m} R_i^2(X)$
850	1	850	2.62×10^{-6}
	2	983	6.54×10^{-9}
	3	997	1.08×10^{-10}
1 150	1	1 150	2.54×10^{-6}
	2	1 035	5.35×10^{-9}
	3	1 002	1.15×10^{-10}

注：黏滞系数 η 的理论值为 1 000 MPa·d。

如图 9-23、图 9-24 所示，从反演结果来看，对于岩质边坡的弹性模量和黏滞系数，采用基于复变量求导的位移反分析程序，可快速、准确进行反算，反演结果与理论值的差别很小，充分说明了该程序的有效性和计算效率。

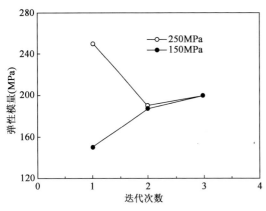

图 9-23　迭代次数与弹性模量关系曲线

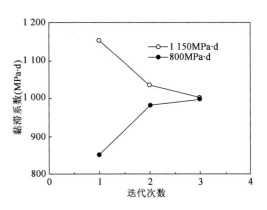

图 9-24　迭代次数与黏滞系数关系曲线

9.5 滑坡稳定性评价指标体系

进行准确的滑坡预警预报，必须建立相应的评判标准。对多手段、分阶段的预报体系来说，应从滑坡变形破坏的宏观现象、位移监测数据、数值计算三个方面分别建立相应的评判指标。不同稳定阶段的滑坡，变形破坏特征存在显著差异。从宏观现象来看，滑坡分为稳定、弱变形、强变形和临滑四个阶段。目前人们对滑坡属于弱变形、强变形和临滑阶段的宏观破坏现象积累了大量定性的经验，可为预测、判断滑坡稳定状态提供评判标准。

从位移监测数据来说，滑坡可分为零变形、等速变形、加速变形和剧速变形四个阶段。等速变形阶段实际位移时大时小，趋于等速，但变形速度也会稍有变化，呈逐渐增大的趋势；加速变形阶段位移增大加快，由等速逐渐转向加速，速度越来越大；剧速变形阶段多数测点的位移、速度剧增，持续高速增长不再出现明显下降，直至滑坡发生。

从数值计算来看，由后述可知，其评价指标可采用定量的稳定安全系数。当安全系数大于 1.1 时，滑坡无变形，处于稳定状态；安全系数为 1.1～1.04 时，变形速度接近等速，处于基本稳定状态或弱变形与较强变形阶段；安全系数为 1.04～1.01 时，变形速度趋于加速，处于加速蠕变过渡段，边坡处在强变形阶段；安全系数为 1.01～1.00 时，位移与速度剧增，位移增大两个数量级，计算失真，计算机已无法计算，滑坡进入剧速变形和临滑阶段。

表 9-18 分别列出了宏观现象、位移监测、数值计算的四个变形破坏阶段及相应的评价指标。

滑坡预警预报全程评价指标　　　　　　　　　　　　　表 9-18

变形阶段	稳定状态	弱变形与较强变形状态	强变形状态	临滑状态
变形速度	零速度	等速变形	加速变形	剧速变形
稳定安全系数	>1.1	1.1～1.04	1.04～1.01	1.01～1.00
现场观察指标	边（滑）坡体及其上面的建筑物均无明显变形，无地裂缝	主滑带剪应力超过其抗剪强度发生蠕动，裂缝逐渐扩大并使牵引段发生拉裂；边（滑）坡体无明显变形；边（滑）坡后缘地表出现一条或数条地裂缝，由断续分布而逐渐贯通；滑坡两侧、滑坡前缘均无明显变形或滑坡两侧出现羽状裂缝；坡体中上部出现下沉、下错等现象	主滑段和牵引段滑面形成，滑体沿其下滑推挤抗滑段，抗滑段滑带逐渐形成；坡体中、上部下沉并向前移动，下部受挤压而抬升，变松；后缘主拉裂缝贯通、加宽，外侧下错，并向两侧延长；滑坡两侧中、上部有羽状裂缝出现并变宽，两侧剪切裂缝向抗滑段延伸；前缘地面有局部隆起，先出现平行滑动方向的放射状裂缝再出现垂直滑动方向的鼓胀裂缝，时有坍塌，泉水增多或减少	滑体开始整体向下滑移，重心逐渐降低；抗滑段滑面贯通，从地面剪出，整个滑动面贯通，滑体整体滑移后缘裂缝增多、加宽，地面下陷，滑坡壁增高，建筑物倾斜；两侧裂缝与后缘张裂缝及前缘剪出口裂缝完全贯通，两侧壁出现；前缘坍塌明显，泉水增多并混浊，剪出口附近出现鼓丘
监测数据指标	位移不大，速度趋于零	位移逐渐增大，速度时大时小，趋于等速，无明显加速，处于等速变形阶段	位移快速增大，由等速逐渐转向加速，处于加速变形阶段	大多数测点位移与速度剧增，持续高速增长，不再出现明显下降，剧烈加速，处于剧速变形阶段

续上表

变形阶段	稳定状态	弱变形与较强变形状态	强变形状态	临滑状态
数值计算指标	位移速度减小，直至趋于零；位移值趋于常数，处于稳定状态	位移线性增大，速度近似等速，无明显加速，处于等速变形和弱变形阶段	位移增速较大，速度由等速转向加速变形，处在加速变形与强变形阶段	位移与速度剧增，位移增大两个数量级，计算失真，计算机已无法计算，处于剧速变形与临滑阶段

9.6 工程实例分析

滑坡的预警预报重点在于判断滑坡目前处在何种稳定阶段，稳定安全系数多大以及准确预报滑坡临滑时间。本节仍以上述重庆市某滑坡工程实例来说明如何确定滑坡实时的稳定安全系数。

9.6.1 滑坡影响因素分析和计算参数确定

现有的研究表明，滑坡变形监测结果与数值计算结果往往存在较大差异。究其原因，首先是由于滑坡计算中没有充分考虑计算条件与计算参数的变化；其次是参数选取不当或计算条件考虑不周。计算前需要对滑坡稳定性影响因素进行动态的实时评估，确定滑坡变形增长变化的具体原因，解释滑坡宏观破坏现象所对应的诱因变化，修正计算条件与计算参数，见表9-19。

滑坡影响因素评价分析　　表9-19

内部因素	具体影响	外部因素	具体影响
滑坡范围、地形（坡高、坡度）	由实地勘测所得，数据较为准确。虽然在计算分析中，为了方便计算，无论是用条分法还是有限元法对地形都做一定近似，但其误差影响不大。如果地形有明显起伏，需验算实际与计算的差别	长时间强降雨对坡体的渗透、浸泡，c、φ值降低	土体强度显著降低，地下水位上升，滑体重力增大，增大了不稳定性
岩土参数 γ、c、φ	对稳定性分析影响严重，重度 γ 值一般不易选错，且影响较小，强度 c、φ 从安全的角度考虑，计算时一般 c、φ 值会稍小于实际情况	工程开挖与坡脚卸载	降低稳定性
滑体与滑带的水文地质特性（地下水位、渗透系数）	地下水位越高，渗透性越好，坡体稳定性越低	上部堆载与下部压脚	前者降低稳定性，后者增大稳定性
滑动面位置与形状	对稳定性影响很大，本节计算分析采用有限元强度折减法，通过折减强度参数，自动求得滑面，分析合理	河岸的冲刷作用	侵蚀坡脚，削弱强度，稳定性降低，诱发新滑坡、复活老滑坡
计算方法的可靠性	经严格论证，采用严格条分法与有限元强度折减法进行稳定性分析时，一般都可得到准确的结果	库水位升降高度与速度	库水水位升降高度大、速度快，动水压力会随之增大，对滑坡稳定性不利
		地震	可以造成坡体的移动、运动，使土体液化影响坡体的稳定状态

按照表 9-19 对算例滑坡影响因素评价分析如下：2005 年 5 月～10 月库水水位逐渐上升至 156m，致使部分滑体、滑带被水浸泡，强度降低。本滑坡稳定性主要受到降雨与库水位上升到 156m 后库水浸泡的影响，滑体与滑带强度降低，在计算中要加以考虑。由于库水位变动不大，对稳定性影响很小，不予考虑。计算中可采用勘察设计时的强度参数，但需要采用强度折减法来考虑滑坡强度参数的弱化对稳定性的影响，计算出不同安全系数下对应的位移—时间曲线。

依据四川省地质工程勘察设计院的勘测资料及位移监测数据对滑坡滑带的蠕变参数进行了反演分析。滑坡体物理力学参数见表 9-20。

滑坡体物理力学参数　　　　　　　　　　　表 9-20

材料名称	弹性模量（MPa）	泊松比	流变弹性模量（MPa）	黏滞系数（MPa·d）	天然状态			饱和状态		
					重度（kN/m³）	黏聚力（kPa）	内摩擦角（°）	重度（kN/m³）	黏聚力（kPa）	内摩擦角（°）
滑体	3.23	0.3	—	—	20.2	49.97	15.0	20.6	29.43	11.0
滑带	1.3	0.3	6.95	反演	20.2	39.45	11.7	20.6	21.8	9.3
滑床	1300	0.25	—	—	25.1	270	27.2	—	—	—

由表 9-20 可以看出，天然状态和饱和状态下，滑体土和滑带土的强度参数指标差别很大，进一步说明了滑坡影响因素评价分析中水的作用对滑坡稳定状态的影响。库水达到 156m 时，由于受库水长时间的浸泡，有很大一部分滑坡岩土体的抗剪强度下降，因此可以判定该滑坡的产生主要是因为库水及降雨入渗所致。

弹性模量和黏滞系数对计算位移—时间曲线有影响，因而必须选择合理的计算参数。弹性模量可以用试验确定，但黏弹模量与黏滞系数需要采用监测位移反演。如果两个参数同时反演有困难，那么至少有一个参数需要采用反演确定。

反演计算选取 1-1 断面，建立计算模型，有限元网格划分如图 9-25 所示。全部采用 4 节点单元，共计节点 3 881 个，单元 3 709 个。边界条件为左右两侧水平约束，下部固定，上部自由边界。

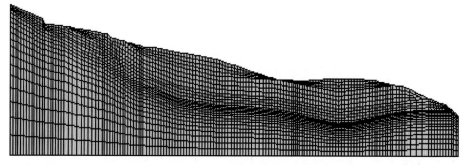

图 9-25　有限元网格划分

结合室内蠕变试验及模型参数辨识结果，经 FLAC 多次试算确定滑带土黏滞系数变化范围为 8～15 MPa·d。选取 1-1 断面的 JC04、JC06、JC09 点作为关键点。反演起始时间为 2006 年 10 月 1 日。由于 2007 年 7 月中旬采取了相应的工程治理措施，对滑坡的蠕变变形过程有一定程度的扰动，因此选取 2007 年 5 月到 6 月底关键点的水平位移作为反演依据。位移反分析的参考样本见表 9-21。

关键监测点水平位移样本 表9-21

日期	计算时间 (d)	监测水平位移 (mm)		
		JC04	JC06	JC09
2007-5-10	222	368.56	465.64	406.32
2007-5-20	232	384.32	494.73	434.36
2007-5-30	242	403.18	530.60	439.05
2007-6-10	253	469.57	585.83	487.42
2007-6-20	263	509.46	633.28	529.60
2007-6-30	273	544.20	647.62	594.55

采用基于复变量求导的黏弹塑性位移反演程序，经过6次迭代，得出滑带土的黏滞系数为10.74MPa·d。依据反演分析参数及勘测资料，对考虑蠕变特性的滑坡变形情况进行了计算。

9.6.2 不同安全系数对应的计算位移—时间曲线

该工程东侧园区滑坡地质模型如图9-26所示。由于1-1断面位于滑坡主轴上，将该滑坡简化为1-1断面的平面应变问题。对关键监测断面1-1，建立计算模型，划分网格如图9-27所示。首先将强度参数按天然状态考虑，让边坡在重力作用下达到弹塑性应力平衡。将初始计算得到的弹塑性位移场清零。模型的左、右边界水平约束，下部边界全约束。计算周期为2006年10月1日到2007年8月28日。

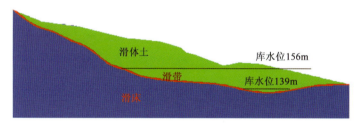

图9-26 滑坡地质模型

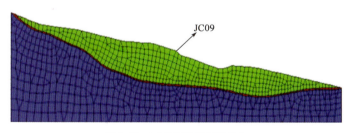

图9-27 1-1断面计算网格划分

依据现场勘测，与上部滑体相比，软弱滑带的蠕变特性尤为明显，同时考虑到FLAC的计算时间为真实物理时间，计算节点越多，计算周期就越长，因此上部滑体及下部滑床选用莫尔—库仑模型，中部软弱滑带选用Cvisc模型，计算中将Cvisc模型中的马克斯威尔元件部分的蠕变开关关闭，对应的即广义开尔文模型。黏弹塑性部分的力学参数取地质资料所提供的值，其中库水以上的强度参数取天然状态的值，库水以下的强度值在饱水状态的强度值周围变化，用考虑蠕变的强度折减法计算边坡的稳定性。

将坡体失稳临界状态即安全系数为 1.0 时对应的 c、$\tan\varphi$，按照比例进行折减，给出安全系数为 1.08、1.05、1.04、1.03、1.02、1.01 时的 c、$\tan\varphi$ 值，计算坡体蠕变模型监测点 JC09 位移开展及等效剪切应变情况（图 9-28），由此可以看出滑面塑性贯通的情况。由图 9-28 可以看出，安全系数为 1.05 时，滑面接近贯通；安全系数为 1.02 时，滑面完全贯通，但整个滑面尚未达到极限应变状态，计算收敛，不会发生极限破坏。

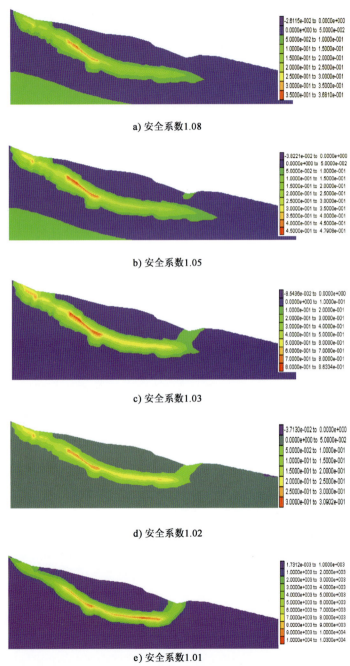

a) 安全系数1.08

b) 安全系数1.05

c) 安全系数1.03

d) 安全系数1.02

e) 安全系数1.01

图 9-28 剪切应变增量云图

对应的日累计位移变形量见表 9-22。2006 年 10 月到 2007 年 5 月之间，依据日累计位移变形量与时间关系总体趋势曲线，在直线等速蠕变阶段，直线段斜率即平均日位移速度为

3mm/d。依据滑坡变形机制，初始位移速度较小，因此取平均位移速度为 2.53mm/d，滑坡累计位移估计为 400mm。位移监测工作从 2007 年 5 月 8 日开始，因此，将 400mm 的初始位移量叠加到 2007 年 5 月 9 日之后的累计变形中。

JC09 不同安全系数下累计位移变形量（mm） 表 9-22

日 期	安 全 系 数					监测数据
	1.08	1.05	1.04	1.03	1.02	
2007-5-22	282	332	388	500	725	442
2007-6-5	321	408	468	596	853	479
2007-6-19	333	436	538	682	969	518
2007-7-3	347	466	595	762	1080	592
2007-7-17	359	497	676	881	1242	673
2007-7-31	375	527	741	1018	1489	700

9.6.3 确定滑坡实时的稳定安全系数

考虑蠕变情况下不同安全系数对应的滑坡时间—位移曲线以及监测位移趋势曲线对比情况，如图 9-29 所示。

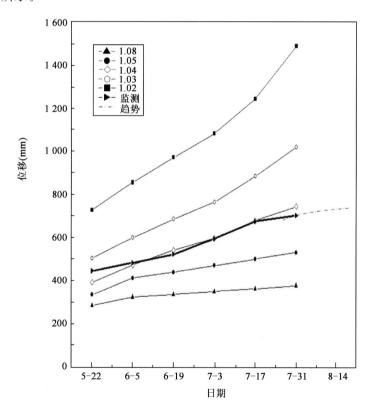

图 9-29 数值计算位移趋势曲线与监测位移趋势曲线

对比实际监测和计算位移—时间曲线，可较为准确地判断滑坡实时的稳定状态。监测位移—时间曲线，不仅表现了滑坡的蠕变特性，还与不同时刻的稳定安全系数有关。随着变形破坏的开展，安全系数不断减小。曲线斜率也在随时间不断增大。如图9-29所示，从曲线的斜率变化来看，6月19日以前曲线斜率与安全系数1.05~1.04的位移—时间曲线斜率相近，由此可判断此时滑坡安全系数为1.05~1.04；6月19日至7月17日之间曲线斜率与安全系数1.04~1.03相近，由此可判断此时的安全系数为1.04~1.03；7月17日以后随着削坡压脚位移速度逐渐减少，8月初安全系数逐渐增大，8月下旬坡体趋于稳定。

计算位移—时间曲线与监测位移—时间曲线的对比，主要看两者的曲线斜率，因为它与稳定安全系数有很好的一致性，此外也可以参看总位移量的大小。由此我们就可以确定滑坡实时的稳定安全系数，尤其是当前滑坡处于哪一稳定阶段，这对滑坡的预警预报起着关键作用。

9.6.4 滑坡稳定状态的综合评价

1) 宏观破坏现象分析

算例工程的滑坡变形始于2006年6月，坡体相继出现多条地面裂缝，房屋开裂。2006年10月以后出现平行的雁羽状地面裂缝，裂缝宽0.5~20cm，地面普遍出现下陷，下陷高度1~63cm。裂缝所经过房屋大多被拉裂。园内厕所后部地面下陷达63cm，不得不拆除。从2006年10月到2007年6月，滑坡由弱变形阶段逐步过渡到较强变形阶段。5月24日夜间，该工程宾馆与变电所之间围墙发生局部倒塌。6月中旬，坡体库岸中下部，条石护坡已经出现隆起现象，肉眼可辨。该裂缝隆起约3cm，且随着时间推移，隆起日趋明显。民房后面有3处出现土溜，土方量在20~25m³。深部位移测斜管被推移破坏。进入6月下旬，变形继续增强，滑坡已经进入强变形阶段，土溜土方量持续增加，民房烟囱基本被剪断。库岸隆起部分高度、范围增加。公路外部沉降明显，水泥垫层遭到破坏。移民房挡墙后部土体出现裂缝，且与民房位移开展不均匀，距离日趋接近。土溜次数越来越多，裂缝宽度与测点变形明显增大，表明滑坡已进入强变形阶段。直至7月中旬，经过削方、压脚等治理，坡体变形逐渐减小，至8月下旬基本趋于稳定。

2) 滑坡监测曲线分析

该工程于2006年5月出现滑坡迹象，2006年雨季后至2007年6月中旬分别处于等速蠕变阶段与弱变形至较强变形阶段；6月中旬以后，监测曲线处于加速阶段；7月中旬以后，通过治理逐渐趋于稳定。2007年6月中旬前安全系数为1.07~1.04；2007年6月中旬至7月中旬，进入加速蠕变过渡段与强变形阶段，安全系数为1.04~1.03，未进入临滑阶段。由于7、8月的削方、压脚治理，8月下旬滑坡趋于基本稳定。

3) 数值计算分析

依据数值计算曲线与监测曲线对比，可以确定6月19日以前滑坡安全系数为1.05~1.04。6月19日至7月17日之间安全系数为1.04~1.03。7月17日以后随着削坡、压脚，位移速度逐渐减小，8月初安全系数逐渐增大，8月下旬滑坡趋于基本稳定。

4) 滑坡稳定状态综合评判

对比表9-18滑坡稳定状态评价指标体系，依据宏观现象分析、监测位移趋势分析，考虑蠕变的数值模拟分析结果，对该滑坡做出如下综合评价：6月19日以前滑坡安全系数为1.05~1.04，处于弱变形与较强变形阶段；6月19日至7月17日之间安全系数为1.04~1.03，处于强变形阶段；7月17日以后随着削坡、压脚，位移速度逐渐减小，8月初安全系数逐渐增大，8月下旬滑坡趋于基本稳定。

9.7 临滑预报与滑动时间预报

9.7.1 临滑预报现状

临滑预报是滑坡预报工作的关键,决定着预报成败。当滑坡进入临滑阶段时,各方面变形特征十分明显,鉴于积累了大量的监测及观测资料,前兆显著,其发展趋势易于发现和掌握,如果预报方法得当,有条件做到准确预报滑坡滑动时间。对于滑坡滑动时间预报,国内外学者进行了大量的研究尝试,建立了一批有效的预报模型和预警指标。位移变形速度是最常用的判别标准,国内外现有的滑坡预报实例,大多依据滑坡位移—时间监测资料作为预报的依据,如1920年日本的斋藤迪孝对高汤山滑坡的成功预报,1991年梅宋生等对鸡鸣寺滑坡的成功预报,1994年铁道部科学研究院西北分院对黄茨滑坡的成功预报。因此,位移是十分重要的预报参数。但简单地以某一日位移速度阈值或位移突变作为滑坡是否进入临滑阶段的判据是不充分的。

临滑预报重点在于判断滑坡何时进入临滑阶段与准确确定滑坡滑动时间。如图 9-1 所示,关键在于首先掌握进入临滑状态的第二个临界点 B。依据经验,此时将发生位移突变、多点突变与持续突变,最好结合滑坡稳定性定量分析,当安全系数在 1.02 及其以下时,即可判断滑坡进入临滑阶段,进而预报滑坡具体发生时间。判定滑坡进入剧速蠕变阶段后,可依据位移—时间曲线加速蠕变段及临滑阶段初期的数据,采用基于实数编码的遗传算法来优化反演出改进斋藤模型的参数,可对滑坡滑动时间 C 点做出预报。

许强提出了用改进切线角的方式,通过将累计位移量除以初始等速蠕变阶段的位移速度,将位移—时间曲线转化为横纵坐标统一时间量纲的 T-t 曲线。在此基础上,依据改性的切线角对临滑阶段及具体滑动时的切线角进行统计分析,并在诸多已有的成功滑坡预报实例中得以应用,得到了一些普适性的结论。认为当切线角大于 $83°$~$85°$时,滑坡进入临滑阶段;当切线角等于 $88.9°$时,滑坡将发生滑动。

9.7.2 基于改进的斋藤模型和遗传算法的临滑预报研究

1) 改进的斋藤模型

位移变形是滑坡失稳破坏的宏观表现。当发生滑坡时,理论上讲滑坡的位移速度将趋于无穷大,因此对滑坡的时间预报实质上是位移趋向无穷大时的预报。斋藤模型基于室内蠕变试验和工程实例经验分析,具有坚实的物理基础,经过半个世纪的发展,被广泛应用于滑坡、地震、火山爆发等地质灾害的预报研究中。斋藤模型的基本表达式为:

$$\ln(t-t_0) = a - b\ln\dot{\varepsilon}_t \tag{9-6}$$

$$\dot{\varepsilon} = d\varepsilon_t/dt \tag{9-7}$$

式(9-6)中,ε_t 表示 t 时刻的变形,t_0 可取为加速变形阶段后期的任意时刻。

要求解方程(9-6),可在位移—时间关系曲线上取三点 A、B、C(图 9-30),使其在位移上所对应的两个间距相等即 $d_1=d_2$,由此可求出参数 a 和 b。由此推出滑坡启动时间为:

$$t_r - t_0 = \frac{1/2(t_1-t_0)^2}{(t_1-t_0)-1/2(t_2-t_0)} \tag{9-8}$$

实际情况下，滑坡三阶段难以具体划分，如果 A、B、C 三个点属于监测位移曲线上的任意点，只保证间距相等，对于三点的不同取值，导致 t_r 会有不同的计算结果。如果三点都在加速蠕变过渡段后期之后的范围内，与实际较为符合。在减速蠕变阶段、等速蠕变阶段及加速蠕变过渡段前期的三点，跨度越大，误差越大。原则上讲，斋藤模型必须应用加速蠕变过渡段后期与临滑阶段的观测数据。

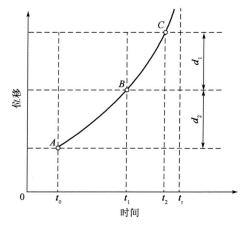

图 9-30　斋藤模型

式（9-6）也可表示为变形加速阶段某时刻 t 的变形速率 $\dot{\varepsilon}_t$ 与该时刻距破坏时 t_r 的时间 (t_r-t) 的 b 次方成反比，即：

$$(t_r-t)\cdot\dot{\varepsilon}_t^b = K \quad (K\text{ 为常数}) \tag{9-9}$$

据式（9-9），推导出变形随时间变化的函数如下：

$$\ln(t_f-t) = c - m(\ln\dot{\varepsilon}) \tag{9-10}$$

式中：$\dot{\varepsilon}$——蠕变速率；

c，m——常数。

通过积分及简化，当 $b \neq 1$ 时，可转化为：

$$D = G + H(t_f-t)^J \tag{9-11}$$

式（9-11）就是改进的斋藤预报公式。只有当 $J<0$ 且 $H>0$ 时，才符合理论条件下滑坡发生时位移量、位移速度、加速度趋于无穷大的原理，即 $\lim\limits_{t \to t_f} D = 0$，$\lim\limits_{t \to t_f}\dfrac{dD}{dt}=0$，$\lim\limits_{t \to t_f}\dfrac{d^2 D}{dt^2}=0$。

因此可通过目标寻优的方法，依据变形加速阶段的 t 值及其所对应的 D 值，来确定 G、H、t_f、J 的参数值，进而确定滑坡剧滑破坏时间 t_f。

2）遗传算法在临滑预报中的应用

遗传算法（Genetic Algorithms，简称 GA），基于达尔文的进化论和孟德尔的自然遗传学说，是模拟遗传选择和自然淘汰的生物进化过程的一种随机搜索与全局优化算法。它通过模拟自然选择和自然遗传过程中发生的繁殖、杂交和突变现象演变而成。首先采用某种编码方式将解空间映射到编码空间，每个编码对应问题的一个解，称为个体或染色体，再随机确定起始的一群个体称为种群。在后续迭代中，按照适者生存原理，根据适应度大小挑选个体，并借助各种遗传算子对个体进行交叉和变异，生成代表新的解集的种群，该种群比前代更适应环境，如此进化下去直到满足优化准则。此时末代个体，经过解码可作为问题近似最优解。

优化选择过程结合了自然选择及随机信息交换的思想，既能消除原解中的不适应因素，又能利用已有信息实现全局寻优，具有自组织、自适应、自学习且收敛速度较快等优良特性，已被引用到岩土工程的研究中，广泛应用于参数反分析及稳定性分析中。

遗传算法的操作主要包括几个基本的遗传因子：选择、交叉、变异。选择是指从种群中选择优良的个体并淘汰劣质个体的操作，适应度值越大的个体，被选择的可能性就越大。交叉是把两个父代个体的部分结构加以替换重组而生成新个体的操作。通过交叉操作,遗传算法的搜索能力得以飞跃性的提高。变异就是以较小的概率随机地改变种群中的个体(染色体)的某些基因的值。

采用实数编码的形式,一般将待优化参数编码,每个参数均被表示为位串形式。基于实数编码的遗传算法具有较强的优越性。将要优化反演的 G、H、t_f、J 四个参数,采用实数编码的形式改变为向量 $A=(G, H, t_f, J)$ 的形式,向量 A 为一条染色体。这种编码方式可大大提高优化反演的效率。适应度函数可有效指导面向参数优化的正确方向发展,进而逼近最佳参数组合,如何选取适应度函数是整个算法效率优劣的关键。评价反演结果优劣,决定遗传操作是否终止的主要指标,同时又要考虑反演寻优的参数对目标函数的灵敏性,选取适应度函数:

$$f = \frac{n}{1+\sqrt{Y}} \quad Y = \sum_{i=1}^{n}(d_i - d'_i)^2 \tag{9-12}$$

式中:d_i——预测位移;

d'_i——监测位移。

当适应度函数接近 1 时,计算结果接近实测结果。

种群数量选用 20 个。选取绝对父本最优选择法。遗传操作采用均匀交叉、一点交叉、两点交叉、居中交叉的随机选择方法。最大允许迭代次数为 1 000,也是操作确定终止的准则。基于实数编码的遗传算法优化改进斋藤模型参数的设计思路如下:

利用遗传算法的自适应性,在一定范围之内,随机选取若干组 G、H、t_f、J 值作为初始解,代入式(9-12),计算适应度函数值,查看是否满足最大迭代次数或误差门限的计算终止条件,如果不满足,对初始函数值进行分析比较,优选出适应值较大的参数值作为父代,对父代参数执行交叉操作、变异操作等遗传寻优,得到新的若干组参数作为子代重复上述的数值计算过程,并对适应度函数进行判别,循环反复,直到适应度函数最趋近于 1 时,输出最优解。算法的基本流程如图 9-31 所示。

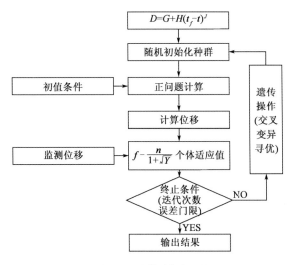

图 9-31 遗传寻优流程图

为了验证基于实数编码的遗传算法能否适应于斋藤模型的参数优化反演问题,进而对滑坡具体时间进行预报,选取鸡鸣寺滑坡监测数据为例,进行了相应的预报研究。

3）工程实例

湖北省秭归县鸡鸣寺滑坡位于长江三峡库区，1991年6月29日凌晨4时58分，发生失稳破坏，主滑方向为275°，主滑面长为250～300m，宽为150m，滑坡体厚为15m，滑体体积为$6×10^5 m^3$。滑坡掩埋及摧毁的民房295间、柑橘树12 000株、耕地16 000m^2等，造成直接经济损失约153.3万元。由于监测预警及时、准确，危险区内无一人伤亡，使财产损失降至了最低。

长期监测成果表明，该滑坡发育至失稳破坏前，经历了减速蠕变阶段、匀速及加速蠕变过渡阶段、临滑阶段。

对图9-32和表9-23进行分析可知，进入1991年6月中旬后，受持续降雨等综合因素影响，滑坡体后缘裂缝变形加剧，6月22日（对应时间为438d）之前位移值持续增长，增幅也逐渐加大，6月22日位移量由6月21日的223.8mm跃升为242.2mm，增幅高达约18mm/d，22日后，位移增幅高速发展（约为17mm/d），表明滑坡已由加速蠕变过渡段进入剧速蠕变阶段，需要结合滑坡影响因素动态分析及滑坡破坏宏观现象分析结果，综合分析滑坡产生位移突变的具体原因。

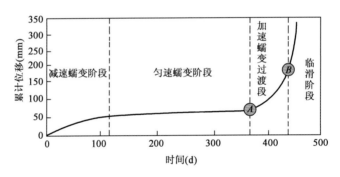

图9-32 鸡鸣寺滑坡监测位移曲线（B点：438d，即1991年6月22日）

鸡鸣寺滑坡位移对比　　　　　　　表9-23

具 体 日 期	时间（d）	监测位移（mm）	预测位移（mm）	方　　差
1991-6-15	431	183.25	178.74	$6.07×10^{-4}$
1991-6-16	432	187.71	185.54	$1.34×10^{-4}$
1991-6-17	433	192.17	192.94	$1.60×10^{-5}$
1991-6-18	434	198.03	201.03	$2.30×10^{-4}$
1991-6-19	435	206.62	209.93	$2.57×10^{-4}$
1991-6-20	436	215.21	219.79	$4.54×10^{-4}$
1991-6-21	437	223.80	230.81	$9.81×10^{-4}$
1991-6-22	438	242.19	243.24	$1.88×10^{-5}$
1991-6-23	439	260.38	257.42	$1.29×10^{-4}$
1991-6-24	440	276.11	273.83	$6.75×10^{-5}$
1991-6-26	442	293.75	293.16	$4.11×10^{-6}$
1991-6-27	443	317.37	316.41	$8.96×10^{-6}$

鸡鸣寺滑坡稳定性影响因素主要包括山体的地质地貌、降雨及工程扰动影响。首先进行该滑坡的地形地貌及运动机制分析，临空面的形成是造成鸡鸣寺滑坡主要内在因素。该滑坡的西坡属顺向坡，坡向为253°，坡度平均为40°，局部因采石影响，坡角大于40°，山前坡脚为采石场，宽为153 m，临空面高为70~80 m，形成了滑坡滑动的有利临空条件。滑体及其地层倾向与地形坡向一致，倾角为30°。岩性则以灰岩夹泥页岩为主，风化严重，岩体松散，岩石软硬相间，泥页岩在地下水的作用下极易变形成为软弱层，为山体滑动提供了有利的滑动面。在滑坡的运动方向上也无相应的结构阻碍，因此一旦发生移动破坏，必将导致滑坡的产生。

大气降雨是鸡鸣寺滑坡的主要诱发因素。本区气候湿润，初夏多雨，多年平均降雨量为950~1 900mm，雨量多集中在5~9月份，暴雨频繁。据统计，1991年5月初至滑前共降雨206mm，其中5月1~31日10时降雨93.2mm，5月1日、31日对应时间分别为385d和416d，5月31日10时~6月12日10时降雨39.9mm，6月12日（对应时间418d）10时~16日（对应时间422d）10时降雨61.9mm。在此期间，滑坡体后缘裂缝斜向位移速度相应加大，1991年4~5月斜向位移速度为0.04~1.28 cm/d，到6月以后，位移速度急剧上升，达到4~5月份日位移平均速度的5~6倍。因此，可以得出正是由于持续的降雨入渗，削弱了滑坡的强度参数，使得滑坡的位移变形发生突变，导致了滑坡的产生。

不合理的工程扰动是造成鸡鸣寺滑坡的重要促发因素。自1970年起在该滑坡体的前缘就有一水泥厂不断地开山取石造成滑坡体向西倾斜开口，形成了良好的临空面；采石时放炮振动山体，使山体岩石破碎，强度降低，加上降雨等因素终于导致滑坡形成。人为的工程扰动在这次滑坡的产生中起到了很大的促进作用。

分析滑坡稳定性影响因素的动态变化过程可知，滑坡位移突变的产生是由于各种诱发因素长期作用，由量变到质变，且发生滑动后，不会发生运动阻碍现象，突变将持续高速发展。

从宏观破坏现象来看，进入6月中旬滑坡体后缘裂缝全部贯通，下滑擦痕明显，岩土体摩擦散发出硝烟味。多组扭张、横张及纵向剪切裂缝出现在滑体表面，基岩被切割成块体，堆积物由于张拉作用逐渐疏松，有小的石块撒落，方量逐渐加大、频次逐渐增多，滑坡前缘出现弧形鼓丘，位移变形速度剧增。对照表9-18滑坡预警预报全程评价指标可知，滑坡已接近临滑阶段。

综合滑坡稳定性因素分析、宏观破坏现象分析及监测位移时间曲线分析结果，可确定1991年6月22日前后为滑坡加速蠕变过渡段和剧速蠕变阶段的临界点B。此后，滑坡进入临滑阶段，需采取相应的预报防治措施，利用后期监测数据，加大监测密度，通过插值处理，丰富监测数据，依据基于实数编码的遗传算法优化反演的斋藤预报模型，可对滑坡具体发生时间做出预测。计算中取值范围设定为：$J<0, H>0$，t_f取值$[430\sim460]$，G值随机。依据遗传算法对该滑坡监测位移曲线加速蠕变过渡段后期的位移数据进行反演分析，得出如下结果：

$$D = 195.3 + 998.96(445.24 - t)^{-1.391} \tag{9-13}$$

遗传寻优得出的滑坡滑动时间为445.24d，对应日期为1991年6月29日。如图9-33所示，实测数据与预测数据拟合程度高，说明了该方法的有效性。与原始的斋藤模型相比，改进的斋藤模型可适用于加速蠕变过渡段后期之后的监测预报，因此如何准确判断滑坡所处稳定、变形阶段，界定滑坡位移—时间曲线的临界点B是进行滑坡预报的重要前提。

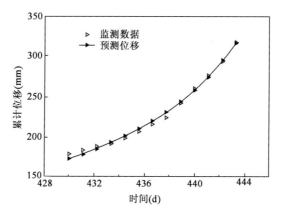

图 9-33 鸡鸣寺滑坡监测数据与预测数据

9.7.3 基于连续改进切线角的临滑阶段与滑动时间预报

1) 临滑阶段的判断

对于大量存在的一般性滑坡，往往缺少勘察数据，不做定量计算，一般依据监测的位移—时间曲线进行预报。本条提出基于连续改进切线角的临滑阶段与滑动时间预报。

通常预报人员结合工程实际，依据监测数据，如声发射频率、切线角、矢量角、位移变形、位移加速度等定量指标，认为当其值超过某个规定的数值时即可判断滑坡已进入临滑阶段。当采用切线角时，当切线角大于 85°即进入临滑阶段。不过这种判断还需要结合宏观现象分析，尤其是多年来的判断经验，当监测位移发生突变、多点突变与持续突变时达到临滑阶段。

2) 连续改进切线角法

分析滑坡累计位移—时间变形曲线，在滑坡发生的过程中，曲线的斜率不断发生变化。临滑阶段曲线近乎竖直。许强提出了基于位移—时间曲线的切线角的滑坡预报方法，指出原始的累计位移—时间曲线，由于测量周期不同，切线角不存在唯一性，定义不严密，数值不确定。改进的切线角通过将累计位移除以匀速变形阶段的位移速度，将横纵坐标同量纲化，获得的切线角具有唯一性，不随监测周期发生变化；同时还提出当切线角大于 85°时，滑坡进入临滑阶段。

位移—时间曲线的位移坐标转化为时间量纲的公式为：

$$T(i) = \frac{\Delta S(i)}{v} \tag{9-14}$$

式中：$\Delta S(i)$——某一时间段（一般采用 1 个监测周期）的位移变形量；
v——等速变形阶段的位移速率；
$T(i)$——纵坐标的时间量纲值。

依据 T-t 曲线，改进的切线角的表达式为：

$$\alpha_i = \arctan \frac{T(i) - T(i-1)}{t_i - t_{i-1}} = \frac{\Delta T}{\Delta t} \tag{9-15}$$

式中：α_i——改进的切线角 t_i 某一监测时刻 Δt 与 ΔS 相应的单位时间段，一般采用 1 个监测周期 ΔT 单位时间段内 $T(i)$ 的变化量。

由式（9-15）计算 T-t 曲线上某点的改进切线角，一般采用相邻两点（1个监测周期，如1d、1周）的监测数据求得，但滑坡变形是一个非线性的过程，对于加速蠕变过渡段后期之后的数据来说，由于位移持续增长，增长曲线仍为非线性，采用式（9-15）计算出的切线角还不够精确。对于临滑预报来说，准确判断何时进入临滑阶段是进行后续研究的重要前提，因此可根据该监测点及前后相邻监测点的数据，拟合成二次多项式的形式，进而求得该点的斜率值，确定切线角的大小。运用 Matlab 软件编制相应程序，输入相应的 T-t 值，就可得出各个点的连续改进切线角值。

采用不同方法计算的曲线切线角见表9-24。对同一组数据，分别采用成都理工大学的方法和拟合多项式进行切线角的计算。分析结果，两者具有较大差别。对于同一点的切线角而言，采用3个点的数据拟合多项式的方法计算值大于两点拟合数据。对于滑坡临滑预报，准确判断滑坡具体时间需要首先判断滑坡是否进入了临滑阶段，而加速蠕变过渡段后期，位移变形并非直线增长。因此如果以改进切线角为判据，应依据更精密的计算结果。对于5个点拟合多项式所得的切线角与3个点的拟合数据十分相近，且该方法获得切线角值的个数少于3点拟合，因此选用3点拟合多项式来进行切线角的计算。对于第二临界点 B 的判定是研究的关键所在，进入临滑阶段后切线角近乎直线增长，说明成都理工大学提出的利用前后两点确定切线角的方式，对于临滑阶段来说是正确的。而这里不再采用许强等提出的88.9°的滑动时间判别标准，将依据加速蠕变过渡段后期及临滑阶段部分的监测数据，采用基于实数编码的遗传算法对改进斋藤模型参数寻优，便可较好地对具体滑动时间做出预报。

采用不同方法计算的曲线切线角 表9-24

x	y	两点法（°）	三点法（°）	五点法（°）
1	2	—	—	—
2	3	45	68.20	—
3	7	75.96	81.25	81.25
4	16	83.66	84.56	84.75
5	28	85.24	86.31	86.21
6	47	86.99	87.06	—
7	67	87.13	—	—

3）工程实例

黄茨滑坡位于甘肃省永靖县盐锅峡镇黄茨村。铁道部科学研究院西北分院通过地质调查、宏观现象分析，认为该滑坡于1994年7月已进入滑坡加速蠕变后期。黄茨滑坡是我国在应用斋藤预报理论的基础上，依据滑坡破坏变形功率理论，对滑坡临滑时间做出科学、准确、成功预报的第一个工程实例，提出了"单点分析、总体预报、逐步逼近、综合决策"的研究思路，建立了包括电子位移计、声发射仪、钻孔测斜仪的立体监测体系。经过7个月的监测，从1994年9月底到滑坡剧滑前对其进行了大量的监测，掌握了滑坡变形的动态信息，积累了丰富的变形数据，为滑坡预报研究提供了一个不可多得的实例。滑坡4个监测点的位移—时间曲线如图9-34所示。

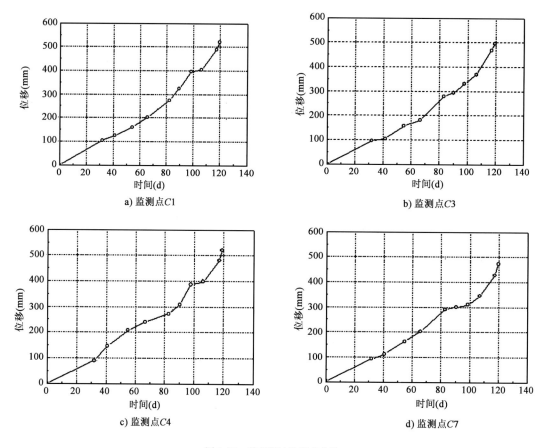

图 9-34 黄茨滑坡监测点位移

采用连续改进切线角法，对 C1、C3、C4、C7 四条监测曲线，进行统一量纲的处理，得到 T-t 曲线，如图 9-35 所示。分析各个监测点位移—曲线所对应的改进切线角，见表 9-25。由于开始监测时，滑坡已进入加速蠕变段后期，因此切线角值大于 45°。监测点 C7 于 1995 年 1 月 23 日发生突变，最早达到 85°，监测点 C4 于 1 月 24 日达到 85.25°；截至 1995 年 1 月 25 日，4 个监测点位移—时间曲线的改进切线角均达到 85°以上，保持持续增长。具体到每个监测点：监测点 C1 切线角增幅最大为 1.46°/d，发生在 1 月 24 日，之前的增幅约 0.65°/d，1 月 24 日切线角增至 85.41°，之后增幅保持约 0.7°/d，T-t 曲线逐日趋向垂直；进入 1 月下旬，监测点 C3 切线角增幅约为 0.6°/d，1 月 25 日突增为 2.18°/d，切线角增至 85.75°，1 月 25 日后增幅约 0.7°/d，持续增长；监测点 C4 切线角增幅在 0.5°/d 之下，增幅持续增长，1 月 25 日突增 1.27°，切线角增至 85.4°，1 月 25 日后以增幅约 0.8°/d，持续高速增长；监测点 C7 切线角于 1 月 23 日发生突变，增幅约 2.01°/d 之后，保持约 0.55°/d 的增幅，持续高速增长。

同时依据位移监测结果，1994 年 12 月份冬季灌溉后，各个监测点的位移均出现加速状态；1995 年 1 月中旬，各个监测点出现显著加速运动现象。对于监测点 C1，1995 年 1 月 22 日之前，位移速率都保持在 10mm/d 以下，1 月 22 日位移速率突增为 25mm/d，之后保持 15mm/d 高速持续增长；对于监测点 C3，1 月 16 日之前位移速率约为 12mm/d，1 月 18 日后保持 18mm/d 的高速增长，1 月 24 日位移速率突变为 28mm/d，且增幅不断增加，持续高速发展；监测点 C4 的位移速率在 1994 年 12 月下旬增长加剧，增幅不断提高，1995 年 1 月 22 日位移速率突变增长为 32mm/d，之后保持大约 25mm/d 的速率高速增长；监测点 C7 的位移加剧情况类似于其他各点，位移速率由 1 月初的 5mm/d 逐步增长为 20mm/d，1 月 24 日位移速率突变为 27mm/d，1 月 26 日增长为 36mm/d，位移变形高速发展。

黄茨滑坡连续改进切线角 表 9-25

日　期	时间（d）	监测点 C1（°）	监测点 C3（°）	监测点 C4（°）	监测点 C7（°）
1995-1-18	110	81.31	81.88	83.21	81.99
1995-1-19	111	81.96	82.26	83.34	82.76
1995-1-20	112	82.38	82.38	83.46	82.85
1995-1-21	113	82.84	82.44	83.77	82.87
1995-1-22	114	83.52	82.52	83.9	83.01
1995-1-23	115	83.95	82.75	83.99	85.02
1995-1-24	116	85.41	83.57	84.13	85.61
1995-1-25	117	86.09	85.75	85.4	86.12
1995-1-26	118	86.84	86.62	86.22	86.64
1995-1-27	119	87.34	87.18	86.98	87.35

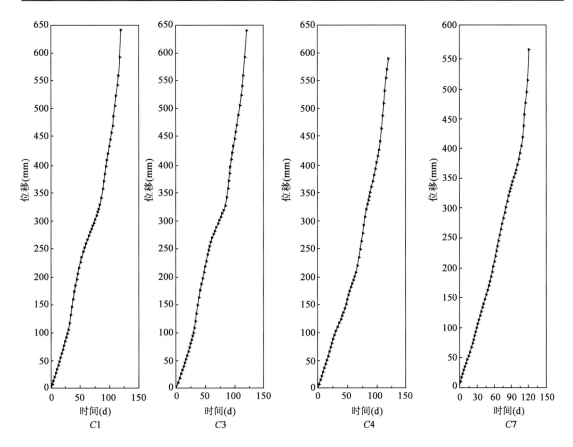

图 9-35　黄茨滑坡 T-t 曲线

按照监测变形、位移突变、多点突变与持续突变的变形特征，可对进入临滑的 B 点做出判断。按上所述，可确定于1995年1月24日后进入临滑阶段，剧滑破坏随时都可发生，应依据临滑段及加速蠕变过渡段后期的监测数据，采用基于实数编码的遗传算法，对斋藤模型参数进行优化分析，进而预报滑坡具体时间。计算中参数取值范围设定为：$J<0, H>0$，t_f 取值 $[120\sim135]$，G 值随机。

依据1994年12月29日之后的监测数据，对预报模型参数进行优化，分析对比预报位移和监测位移曲线，如图9-36所示。由图9-36及表9-26、表9-27可知，依据黄茨滑坡加速蠕变过渡段后期及临滑阶段的监测数据，通过基于实数编码的遗传算法来优化斋藤模型参数，可准确预报滑坡发生时间，监测点 $C1$、$C4$、$C7$ 的预测时间就在1995年1月30日即滑坡发生的当天。各个监测点的实际监测数据与预测数据拟合程度高，充分说明了该方法对于此类滑坡临滑预报的有效性。

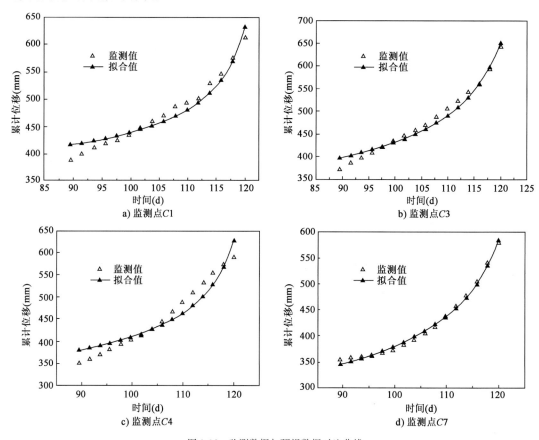

图9-36 监测数据与预报数据对比曲线

黄茨滑坡模型参数优化结果

表9-26

监测点	G	H	t_f	J	预测时间（d）	具体时间
监测点 $C1$	282.01	599.96	123.64	-0.43	123.6	1995年1月30日14时
监测点 $C3$	301.32	789.97	123.86	-0.52	123.86	1995年1月30日19时
监测点 $C4$	103.83	799.98	124.13	-0.31	124.13	1995年1月31日2时
监测点 $C7$	131.3	991.53	123.39	-0.22	123.39	1995年1月30日9时

监测位移与预测位移对比分析　　　　　　表 9-27

日　期	时间 (d)	监测点 C1 (mm)		监测点 C3 (mm)		监测点 C4 (mm)		监测点 C7 (mm)	
		监测数据	预测数据	监测数据	预测数据	监测数据	预测数据	监测数据	预测数据
1994-12-29	89	320.70	347.29	370.78	396.87	349.87	379.09	353.77	345.03
1994-12-31	92	331.36	349.83	383.13	402.40	360.55	384.15	358.27	350.82
1995-1-02	94	341.09	351.29	395.49	408.41	371.22	389.65	360.74	357.05
1995-1-04	96	350.83	362.74	407.84	414.97	381.90	395.64	363.37	363.79
1995-1-06	98	360.56	364.19	420.20	422.18	392.83	402.22	366.72	371.12
1995-1-08	100	370.30	375.64	432.55	430.15	404.33	409.48	371.52	379.14
1995-1-10	102	380.03	378.10	444.91	439.04	415.83	417.58	381.42	387.98
1995-1-12	104	389.77	385.55	457.26	449.05	427.33	426.70	391.78	397.81
1995-1-14	106	399.50	390.00	469.62	460.43	442.91	437.09	403.36	408.85
1995-1-16	108	412.19	394.94	487.00	473.54	455.31	449.09	417.59	421.41
1995-1-18	110	427.39	406.81	505.05	488.90	467.71	463.22	437.40	435.92
1995-1-20	112	442.58	410.68	523.10	507.26	490.11	480.25	457.21	453.02
1995-1-22	114	457.77	438.55	541.14	529.79	522.51	501.43	477.03	473.70
1995-1-24	116	472.96	456.42	559.19	558.42	547.91	528.95	504.01	499.62
1995-1-26	118	488.15	474.29	591.90	596.68	562.60	567.22	540.72	533.89
1995-1-28	120	519.80	521.53	640.81	651.90	590.12	616.96	577.44	583.29

求取连续的改进切线角，首先要对累计位移—时间曲线进行滤波处理，取得趋势曲线；然后可采用均匀插值的方法，提高监测数据的数量，以进行后续的计算操作。

9.8　三级预警预报体系的实施

根据滑坡变形发展速度与出现危险的可能性大小不同，可将预警预报分成三种等级模式：一是注意预警（三级预警），表示应引起预警预报相关工作人员的高度注意，进行宏观调查，查清位移快速增长的具体原因，并将有关情况汇报相关管理部门；二是警示预警（二级预警），表示滑坡变形发展很快，有出现滑坡的可能性，应及时对当地居民进行警示；三是临滑预警（一级预警），表明滑坡进入临滑阶段，经领导部门同意下令，居民必须及时强制撤离，以减少生命财产的损失。

下面，针对两种滑坡类型，分别对三个预警预报阶段提出具体的实施方法。

（1）中长期预报对应滑坡等速蠕变阶段。首先应根据监测数据，明确滑坡变形发展趋势，确定滑坡预报阶段。当处于中长期预报阶段时，对第一类型的滑坡一般只做三级预警，当日位移速率明显增大，增长速率为前期平均速率的 2 倍以上，或出现前所未有的最大速率，可做出三级预警。同时立即进行宏观观察，检查周边工程扰动情况，对照天气、水文等各种因素，提出位移迅速增长的原因，确定滑坡预警预报类型。如属于第一类滑坡形式，后继位移速度迅速降低，则可取消预报。如果后继位移持续增长，则可根据宏观观测、稳定系数计算分析、监测数据与预警预报指标，调整预警等级为二级。如属第二类预报类型，除调整预警等级为二级外，尚应立即采取措施，消除其不利因素，如位移继续迅速增长，且坡体内多个测点大幅度增长，在计算分析后，认为已经进入临滑阶段的，经领导批准后，迅速调整为一级预警。

（2）短期预报对应滑坡加速蠕变过渡变形阶段。因而短期预报对应二级预警，发生滑坡的可能性大大增加，初估滑坡时间在数月之内。此时预报工作人员应增加监测次数，实时进行分析，将近期可能发生滑坡的消息及时警示，同时发挥群测群防的力量，鼓励群众观察滑坡变形变动情况。无论何种类型滑坡，如位移继续迅速增长，且坡体内部多个测点都出现大幅度增长，在计算分析后，认为已经进入临滑阶段的，经领导批准后，迅速调整为一级预警，并按照预定的滑坡预报方案，预报滑坡滑动日期。

（3）临滑预报。进入临滑预报阶段，预警等级应调整为一级，滑坡将在数天内发生。此时变形趋势显著，宏观现象突出，应在密切关注滑坡发展趋势和主要影响因素变动情况的同时，准确预报滑坡滑动时间。

9.9 本章小结

本章重点研究了多手段、动态、全过程滑坡预警预报方法，还分析了临滑预报，提出了滑坡滑动时间预报的两种方法。

（1）在斋藤滑坡蠕变三阶段的基础上，提出了滑坡预报全过程及其阶段划分，包括中长期预报、短期预报、临滑预报，指出了滑坡各阶段的预报依据、预报目的、预报期限和预报标准。

（2）提出了滑坡变形破坏全过程，并从地质现象宏观观测、监测位移变化及位移计算分析的三个角度，提出了其相应的阶段划分方法。

（3）提出了多手段、动态、全过程滑坡预警预报方法。通过监测位移分析，提出了监测位移趋势分析。进行了滑坡的数值分析，包括提出考虑蠕变的强度折减法，求解不同滑坡稳定状态下即不同滑坡稳定安全系数下的位移—时间曲线，提出了基于复变量求导法的滑坡计算参数反分析方法，由监测位移数据反演滑坡强度参数或蠕变参数。

（4）建立了滑坡稳定性的宏观观测、位移监测与数值计算的评价指标体系，给出了稳定安全系数作为滑坡稳定的定量指标。通过计算出的一组不同稳定安全系数下的位移—时间曲线与监测的位移—时间曲线对比，获得了滑坡不同时刻的稳定安全系数。

（5）提出了临滑预报与滑坡滑动时间的两种预报方法：一种是基于广义斋藤模型和遗传算法的临滑预报方法，另一种是基于连续改进切线角的临滑预报方法。前者适用于重大滑坡的预报，后者适应于一般性滑坡的预报。

（6）提出了三级预报体系及其实施方法，尽量减少错报与漏报。

参 考 文 献

[1] 郑颖人，陈祖煜，王恭先，等．边坡与滑坡工程治理[M]．北京：人民交通出版社，2007．

[2] 王恭先,马惠民.我国滑坡防治综述.第十届土力学及岩土工程学术会议论文集[C].重庆:重庆大学出版社,2007.

[3] 王恭先,徐峻龄,刘光代,等.滑坡学与滑坡防治技术[M].北京:中国铁道出版社.2004.

[4] 李秀珍,许强,黄润秋,等.滑坡预报判据研究[J].中国地质灾害与防治学报,2003,4(14):5-11.

[5] 刘汉东.边坡失稳实时预报理论与方法[M].郑州:黄河水利出版社,1996.

[6] 郑颖人,赵尚毅.岩土工程极限分析有限元法及其应用[J].土木工程学报,2005,38(1):91-98.

[7] 郑颖人,赵尚毅.用有限元强度折减法求滑(边)坡支挡结构的内力[J].岩石力学与工程学报,2004,23(20):3552-3558.

[8] 郑颖人,赵尚毅.有限元强度折减法在土坡与岩坡中的应用[J].岩石力学与工程学报,2004,23(19):3381-3388.

[9] 陈卫兵,郑颖人,冯夏庭,等.考虑岩土流变特性的强度折减法研究[J].岩土力学,2008,29(1):101-105.

[10] Lyness J N, Moler C B. Numerical Differentiation of Analytic Functions[J]. SIAM Journal of Numerical Analysis, 1967, 4 (2): 202-210.

[11] Gao X W, Liu D D, Chen P C. Internal Stresses in Inelastic BEM Using Complex-variable Differentiation[J]. Computational Mechanics, 2002, 28 (1): 40-46.

[12] Gao X W. A New Inverse Analysis Approach for Multi-region Heat Conduction BEM Using Complex-variable-differentiation Method[J]. Engineering Analysis with Boundary Elements, 2005, 29 (8): 788-795.

[13] 刘明维,郑颖人,张玉芳.一种基于复变量求导法的岩土体抗剪强度参数反演新方法[J].计算力学学报,2009,8(6):676-683.

[14] 郭力,高效伟.复变量求导法灵敏度分析及弹塑性参数反演[J].东南大学学报(自然科学版),2008,38(1):141-145.

[15] 谭万鹏,郑颖人.岩质边坡弹粘塑性计算参数位移反分析研究[J].岩石力学与工程学报,2010,29(S1):2988-2993.

[16] 王勖成,邵敏.有限单元法基本原理和数值方法[M].北京:清华大学出版社,1995.

[17] 谭万鹏,郑颖人,王凯.考虑蠕变特性的滑坡稳定状态分析研究[J].岩土工程学报,2010,32(S2):5-8.

[18] 谭万鹏,郑颖人,陈卫兵.动态、多手段、全过程滑坡预警预报研究[J].四川建筑科学研究,2010,36(1):106-111.

[19] 徐嘉谟.关于滑坡预报问题[J].工程地质学报,1998,6(4):319-325.

[20] 许强,曾裕平.一种改进的切线角及对应的滑坡预警判据[J].地质通报,2009,28(4):501-505.

[21] 王建锋.两类经典滑坡发生时间预报模型的理论分析[J].地质力学学报,2004,10(1):40-45.